“十四五”时期水利类专业重点建设教材（职业教育）
“互联网+”融媒体新形态教材

建筑材料与检测

主　编　吝　杰　吕贵梅
副主编　郝　转　赵鲁斌　秦　腾
　　　　刘昌礼　曹　宇　谭　弘
主　审　卜现团

黄河水利出版社
·郑　州·

内 容 提 要

本书为“十四五”时期水利类专业重点建设教材(职业教育),是在中国水利教育协会的指导下,按照职业教育国家教学标准编写完成的。全书内容包括课程导论、建筑材料的基本性质、胶凝材料及其检测、砂石骨料及其检测、混凝土及其检测、建筑砂浆及其检测、砌体材料及其检测、建筑钢材及其检测、沥青及沥青混凝土等。

本书可作为高等职业院校、高等专科学校的水利工程、水利水电建筑工程、水利水电工程智能管理等专业的教材,也可供相关专业的工程技术人员阅读参考。

图书在版编目(CIP)数据

建筑材料与检测 / 斉杰, 吕贵梅主编. --郑州 : 黄河水利出版社,2025. 1. -- (“十四五”时期水利类专业重点建设教材). -- ISBN 978-7-5509-4071-0

Ⅰ. TU502

中国国家版本馆 CIP 数据核字第 2025GH1099 号

组稿编辑:田丽萍　电话:0371-66025553　E-mail:912810592@ qq. com

责任编辑	李晓红	责任校对	杨秀英
封面设计	张心怡	责任监制	常红昕
出版发行	黄河水利出版社 地址:河南省郑州市顺河路 49 号　邮政编码:450003 网址:www. yrcp. com　E-mail:hhslcbs@ 126. com 发行部电话:0371-66020550		
承印单位	河南承创印务有限公司		
开　　本	787 mm×1 092 mm　1/16		
印　　张	21.5		
字　　数	510 千字	印　数	1—2 100
版次印次	2025 年 1 月第 1 版		2025 年 1 月第 1 次印刷
定　　价	59.00 元		

前 言

本书是根据《中共中央关于认真学习宣传贯彻党的二十大精神的决定》,中共中央办公厅、国务院办公厅《关于推动现代职业教育高质量发展的意见》,国务院《国家职业教育改革实施方案》(简称“职教 20 条”),教育部《职业院校教材管理办法》《高等学校课程思政建设指导纲要》《高等职业学校专业教学标准》,水利部、教育部《关于进一步推进水利职业教育改革发展的意见》,中国水利教育协会《关于加强“十四五”时期水利类专业教材建设的通知》等文件精神和全国职业教育大会精神,在中国水利教育协会的精心组织和指导下,组织编写的“十四五”时期水利类专业重点建设教材。

“建筑材料与检测”是水利工程类专业的一门理论与实践紧密结合的专业基础课程。本书以水利工程类专业的人才培养方案和课程标准、材料检测行业技术人员岗位资格要求为引领,将国家、行业最新标准和规范,行业发展的新知识、新技术、新工艺、新方法,丰富的动画、微课、视频等数字化资源,以及党的二十大精神、思政案例有机融入教材,践行“三教”改革,理论联系实际、教学面向生产,产教融合、校企合作编写,体现了高等职业教育的特点,突出了适用性、实践性、创新性的教材特色,形成了融媒体新形态一体化、立体化教材。

本书以建筑材料的性能、应用与检测为主线,主要介绍了水利工程中常用建筑材料的品种、规格、工程应用与建筑材料性能检测等基本知识和技能。全书按模块进行编写,主要内容包括课程导论、建筑材料的基本性质、胶凝材料及其检测、砂石骨料及其检测、混凝土及其检测、建筑砂浆及其检测、砌体材料及其检测、建筑钢材及其检测,沥青及沥青混凝土等。每个模块按项目组织编排教学内容,每个项目包括材料基础知识和材料性能检测两部分,基础知识以讲解概念、基本技能为主,材料性能检测结合实际工作任务编排实训项目,重点培养学生的材料检测技能;通过项目将理论知识和实践技能有机结合,便于“教、学、练”一体化教学模式的实施;每个模块配备了类型丰富多样的基础知识训练题,便于教师教学和学生学习。通过对本书的学习,读者可以根据工程实际正确选择、合理使用建筑材料,掌握建筑材料检测方法,并具备建筑材料质量评价能力,为将来从事水利工程施工员、监理员、材料检测员岗位工作打下基础。

本书编写人员及编写分工如下:山东水利职业学院斉杰编写课程导论、模块 2;福建水利电力职业技术学院曹宇编写模块 1;山西水利职业技术学院郝转编写模块 3;山东水利职业学院吕贵梅编写模块 4;山东水利职业学院赵鲁斌编写模块 5;山东水利职业学院刘昌礼编写模块 6;山东水利职业学院秦腾编写模块 7;吉林水利电力职业学院谭弘、单家珣编写模块 8 及附录。本书由斉杰、吕贵梅担任主编,斉杰负责规划及统稿;由郝转、赵鲁斌、秦腾、刘昌礼、曹宇、谭弘担任副主编,单家珣参编;由升禾(山东)检测科技有限公司卜现团担任主审。

本书在编写过程中参考了其他院校和专家的一些著作和教材,得到了山东省水利工程试验中心有限公司、山东水发工程质量检测有限公司、升禾(山东)检测科技有限公司及黄河水利出版社的大力支持,在此一并表示感谢!

由于编写时间仓促,书中难免存在不足之处,恳请读者提出宝贵意见,以便修正。

编　者

2024年8月

数字化资源索引

续表

序号	数字化资源名称	数字化资源类型	页码
码 2-11	水泥的技术指标(二)	微课	48
码 2-12	水泥体积安定性质量事故案例	文档	49
码 2-13	水泥标准稠度用水量测定	动画	50
码 2-14	水泥凝结时间测定	动画	50
码 2-15	水泥体积安定性测定(标准法)	动画	50
码 2-16	水泥石的腐蚀与防治措施	微课	50
码 2-17	水泥的腐蚀	动画	52
码 2-18	通用硅酸盐水泥的技术性质	微课	53
码 2-19	水泥的验收与储存	微课	64
码 2-20	散装水泥	文档	64
码 2-21	出厂水泥质量检验报告	文档	64
码 2-22	袋装水泥取样	动画	66
码 2-23	水泥标准稠度用水量检测	视频	68
码 2-24	水泥凝结时间检测	视频	71
码 2-25	水泥体积安定性检测	视频	72
码 2-26	水泥胶砂强度检测	视频	74
码 2-27	水泥检测委托单、原始记录、检测报告	文档	77
码 3-1	细骨料(砂)认知(一)	微课	81
码 3-2	细骨料(砂)认知(二)	微课	82
码 3-3	颗粒级配	动画	82
码 3-4	砂含泥量试验	动画	85
码 3-5	砂泥块含量试验	动画	85
码 3-6	砂取样	动画	88
码 3-7	砂颗粒级配检测	视频	89
码 3-8	砂表观密度检测	视频	91
码 3-9	砂表观密度试验	动画	91
码 3-10	砂堆积密度检测	视频	92
码 3-11	砂紧密堆积密度试验	动画	92
码 3-12	砂含泥量检测	视频	93
码 3-13	砂泥块含量检测	视频	94
码 3-14	砂检测委托单、原始记录、检测报告	文档	95

续表

续表

续表

序号	数字化资源名称	数字化资源类型	页码
码 8-5	沥青软化点试验	动画	279
码 8-6	沥青针入度检测	视频	284
码 8-7	沥青延度检测	视频	287
码 8-8	沥青软化点检测	视频	289

目 录

课程导论

【学习目标】

1. 了解建筑材料在工程中的地位与作用及建筑材料的发展趋势。
2. 熟悉建筑材料的定义、分类、技术标准及数据修约规则。
3. 明确课程目的、任务和基本要求。

一、建筑材料的概念与分类

建筑材料是指各类建筑工程中所应用的材料及制品的总称，是一切建筑工程的物质基础。一般所说的建筑材料，除了用于建筑物本身的各种材料，还包括卫生洁具、采暖及空调设备等器材，以及施工过程中的暂设工程，如脚手架、模板等所用的材料，即广义的建筑材料。本课程讨论的是狭义的建筑材料，即构成建筑工程本身的材料。

码 0-1 微课：材料的概念与分类

建筑材料种类繁多，为了研究、使用和叙述的方便，常从不同的角度对建筑材料进行分类。通常按材料的化学成分和使用功能分类。

（一）按化学成分分类

根据建筑材料的化学成分，建筑材料可分为无机材料、有机材料和复合材料三大类，见表 0-1。

表 0-1 建筑材料按化学成分分类

分类			实例
无机材料	金属材料	黑色金属	铁、钢及其合金
		有色金属	铜、铝及其合金
	非金属材料	天然石材	砂、石及石材制品等
		烧结黏土制品	砖、瓦、陶瓷等
		胶凝材料	水泥、石灰、石膏、水玻璃等
		玻璃	平板玻璃、特制玻璃等
		无机纤维材料	玻璃纤维、石棉、矿物棉等
有机材料	植物材料		木材、竹材、植物纤维及其制品
	沥青材料		石油沥青、煤沥青及沥青制品
	合成高分子材料		建筑塑料、建筑涂料、胶黏剂、合成橡胶等

续表 0-1

分类		实例
复合材料	非金属材料与非金属材料复合	水泥混凝土、砂浆等
	有机与无机非金属材料复合	聚合物混凝土、玻璃纤维增强塑料等
	金属与无机非金属材料复合	钢筋混凝土、钢纤维混凝土等
	金属与有机材料复合	铝塑管、彩色涂层压型板、铝箔面油毡等

码 0-2　文档:长城　　码 0-3　文档:赵州桥　　码 0-4　文档:陶瓷

(二)按使用功能分类

根据建筑材料在建筑工程中的部位和使用功能,可分为结构材料、围护材料和功能材料三大类。

1. 结构材料

结构材料主要是指构成建筑物受力构件和结构所用的材料,如基础、梁、板、柱、框架等所用的材料。这类材料的主要技术性能要求是强度和耐久性。目前所用的结构材料主要有砖、砌块、石材、混凝土、钢筋混凝土、预应力钢筋混凝土及钢材等。

2. 围护材料

围护材料是用于建筑物围护结构的材料,如墙体、门窗、屋面等部位使用的材料。围护材料不仅应具有一定的强度和耐久性,还要求同时具有保温隔热、防水、隔音等性能。常用的围护材料有砖、砌块、混凝土及各种墙板、屋面板等。

3. 功能材料

功能材料主要是指满足各种功能要求所使用的材料,如防水材料、保温材料、吸声材料、隔音材料、采光材料、室内外装饰材料等。

二、建筑材料在工程中的地位和作用

建筑材料是建筑生产经营活动的物质基础,建筑材料的正确选择、合理使用,以及新材料的开发利用对建筑工程来讲起到了事半功倍的作用,主要体现在以下几方面:

(1)建筑材料是一切建筑工程的物质基础。建筑材料工业推动着建筑业的发展,是国民经济的支柱产业之一,与人们的生活息息相关,不可分割。为了解决人们的居住问题,必须修建房屋;为了解决粮食和能源问题,必须兴建水利工程;为了解决人员流动,必须兴建铁路、公路、港口、机场等交通设施。各种建筑物与构筑物都是在合理设计基础上由各种建筑材料建造而成的。任何优秀的建筑都是材料和艺术、技术以最佳方式融合为一体的产物。

(2)材料的质量直接影响工程质量。建筑材料的质量是建筑工程优劣的关键,是建筑工程质量得以保证的前提。工程材料选用是否合理、产品是否合格、是否通过检验、保管使用是否得当等,都将直接影响建筑工程的使用功能、安全及耐久性。事实上,国内外建设工程中的质量事故,绝大部分都与材料的质量缺陷相关。

码 0-5　文档:我国新时代十年伟大成就

(3)建筑材料的费用是决定工程造价的主要因素。建筑材料不仅用量大,而且费用高,在建筑工程总造价中,建筑材料的费用占总造价的 50% ~ 60%,甚至更高。所以,在建筑工程中恰当地选择、合理地使用建筑材料,对降低工程造价、提高投资效益有着重要的实际意义。

(4)建筑材料与建筑设计、结构、施工之间存在着相互促进、相互依存的密切关系。材料是基础,它决定了建筑的形式和施工方法。随着社会生产力和科学技术的不断进步,建筑材料也在逐步发展。一种新材料的出现,会使结构设计理论大大地向前推进,使一些无法实现的构想变为现实,乃至使整个社会的生产力发生飞跃。建筑工程中很多技术问题的突破和创新,常常决定了建筑材料的突破和创新,新的建筑材料的出现,又将促进结构设计及施工技术的革新。例如,采用建筑砌块和板材替代实心黏土砖墙体材料,就要求结构构造设计和施工工艺、施工设备的改进;高强混凝土的推广应用,要求出台新的钢筋混凝土结构设计和施工技术规程;高层建筑、大跨度结构、预应力结构的大量应用,要求提供更高强度的混凝土和钢材,以减小构件截面尺寸,减轻建筑物自重;装配式建筑的发展,要求提供多规格、多功能预制构件,同时又推进配套材料和施工机械的发展。

因此,作为一名土木工程技术人员,无论是从事设计、施工还是管理工作,均必须掌握建筑材料的基本性质,并做到合理选材和正确使用。

三、建筑材料的发展概况

材料科学的发展标志着人类文明的进步。人类历史按制造生产工具所用材料的种类,划分为史前的石器时代、青铜器时代、铁器时代,发展到目前的人工合成材料、纳米材料、石墨烯,无不标志着材料科学的发展。在生产力发展水平十分低下的原始社会,古代人类以本能利用天然材料搭建一些简陋的住所。到了封建社会,砖、瓦、石灰、石膏的出现,使建筑材料由天然建材进入人工生产阶段。在漫长的封建社会,建筑材料和建筑技术的发展非常缓慢。直到 18、19 世纪,工业革命兴起,促进了工商业和交通运输业的发展,原有的建筑材料已不能满足工程建设的需要,在其他科学技术的推动下,建筑材料进入了一个崭新的发展时期,建筑钢材、水泥、混凝土和钢筋混凝土相继问世而成为主要的结构材料。20 世纪预应力混凝土的出现,极大地拓展了混凝土结构的使用范围,使土木工程跨入了飞速发展的新阶段。21 世纪,高强混凝土、高性能混凝土的研究和应用是混凝土发展的新趋势。同时,一些具有特殊功能的材料应运而生,如保温隔热、吸声、隔音、耐热、防辐射、装饰材料等。随着社会生产力的提高、科学技术的发展及高新技术的应用,尤其是材料科学与工程科学的兴起和发展,无机材料的性能和质量不断提高,品种不断增多;以有机材料为主的化学建材更是异军突起,高性能、多功能、复合化的新型建筑材料应运而生,被广泛应用于各种工程。

建筑材料工业是支撑工农业生产、基础设施建设等国民经济发展的重要基础原材料产业，肩负着“大国基石”的重要职责。近十年来，我国建材行业科技创新突飞猛进，科技进步成就显著，一系列核心技术装备已实现国产化，新型干法水泥窑外分解技术、浮法玻璃等先进生产工艺已占据了主导地位。建材产品的性能、功能显著提升，应用领域不断扩展，如特种石英玻璃、红外玻璃成功应用于天宫、探月、北斗等多项国家重大工程，低热水泥成功应用于世界上最薄的 300 m 级特高拱坝——乌东德水电站，高性能 TPO 防水卷材应用于北京冬奥会场馆建设工程之中。

建筑材料行业在取得巨大成就的同时，与人类社会进步、与环境相容的要求也正在日益提升。“绿水青山就是金山银山”的理念已深入人心，“绿色低碳发展”在建材行业形成共识，在新发展理念驱动下，政策、技术、标准等形成合力，建材行业绿色低碳发展水平得到了全面提升。近十年来，建材全行业年综合利用工业固体废弃物量超过 15 亿 t，160 余条水泥熟料生产线配套建设了协同处置生活垃圾、污泥、危险废弃物等装备。

随着现代化建筑向高层、大跨度、节能、美观、舒适的方向发展和人民生活水平、国民经济实力的提高，研究开发和应用新型建材已成为必然。目前，建筑材料正向着轻质、高性能、多功能的方向快速发展，绿色、低碳、环保的理念也渐入人心，新型复合材料、节能环保材料、利用建筑垃圾和工业废料生产的再生材料等在科学的生产工艺促进下，正向着技术创新和可持续发展的方向阔步前进。

四、建筑材料的技术标准

建筑材料的技术标准是生产和使用单位检验、确认产品质量是否合格的技术文件。为了保证材料质量、产品的适用性、现代化生产和管理，必须对材料产品的技术要求制定统一的标准。其主要内容包括产品规格、分类、技术要求、检验方法、检验规则、包装及标志、运输与储存等。

码 0-6　微课：材料的技术标准

（一）我国的技术标准

我国的技术标准分为国家标准、行业标准、地方标准和企业标准四类。

1. 国家标准

国家标准有强制性标准（GB）和推荐性标准（GB/T）。强制性标准是全国必须执行的技术指导文件，产品的技术指标都不得低于标准中的规定要求。推荐性标准在执行时也可采用其他相关的规定，但推荐性标准一旦被强制执行，就认为是强制性标准，如《水泥胶砂强度检验方法（ISO 法）》（GB/T 17671—2021）。

2. 行业标准

行业标准是各行业为了规范本行业的产品质量而制定的技术标准，也是全国性的技术指导文件，但它是由主管生产部门发布的，如建筑材料行业标准（JC）、建筑工程行业标准（JGJ）、交通行业标准（JT）、水利行业标准（SL）、电力行业标准（DL）等。如《水工混凝土试验规程》（SL/T 352—2020）、《建筑生石灰》（JC/T 479—2013）。

3. 地方标准

地方标准是地方主管部门发布的地方性技术文件（DB），适宜在本地区使用。

4. 企业标准

企业标准是由企业制定发布的指导本企业生产的技术文件(QB),仅适用于本企业。

凡没有制定国家标准、行业标准的产品,均应制定地方标准或企业标准。而地方标准和企业标准规定的技术要求应高于类似(或相关)产品的国家标准。

标准的一般表示方法由标准名称、标准编号和颁布年份等组成,如《通用硅酸盐水泥》(GB 175—2023)、《水泥胶砂强度检验方法(ISO 法)》(GB/T 17671—2021)、《普通混凝土拌合物性能试验方法标准》(GB/T 50080—2016)、《普通混凝土配合比设计规程》(JGJ 55—2011)。

(二)国际标准

采用国际标准是我国一项重要的技术经济政策,可以促进技术进步、提高产品质量、扩大对外贸易及提高我国标准化水平。国际标准大致可分为以下几类:

(1)世界范围内统一使用的国际标准(ISO)。

(2)国际上有影响的团体标准和公司标准,如美国材料与试验协会标准(ASTM)等。

(3)区域性标准,指工业先进国家的标准,如英国标准(BS)、德国工业标准(DIN)、欧洲标准(EN)等。

标准是根据一个时期的技术水平制定的。随着科学技术的发展,以及和国际标准接轨的需要,标准也在不断的变化,应根据技术发展的速度和要求不断进行修订。

五、建筑材料质量检测的有关规定

(一)建筑材料质量检测要求

在工程施工过程中,影响工程质量的主要因素包括材料、机械、人、施工方法和环境条件5个方面。为了保证工程质量,必须对施工的各工序质量从上述5个方面进行事前、事中和事后的有效控制,做到科学管理。其中,建筑材料性能的检测和质量控制是必不可少的重要环节。目前,我国材料质量和工程质量的总体水平参差不齐,与发达国家相比有明显差距,质量问题严重,工程质量事故频发。而材料质量不合格引发的工程质量事故占很大比例,这与材料检测不到位、验收不严格及对检测工作缺乏深入的了解有直接关系。为加强对建设工程质量检测的管理,根据《中华人民共和国建筑法》《建设工程质量管理条例》《建设工程质量检测管理办法》《水利工程质量检测管理规定》,水利工程质量检测单位应当按照规定取得相应资质,并在资质等级许可的范围内依据国家有关法律、法规和标准,对水利工程实体以及用于水利工程的原材料、中间产品、金属结构和机电设备等进行检查、测量、试验等质量检测工作。其检测结果(或报告)是材料验收、建筑工程质量验收的技术依据。

(二)见证取样及送样检测制度

建设工程质量的常规检查一般采用抽样检查方式。正确的抽样方法应保证抽样的代表性和随机性。如何保证抽样的代表性和随机性,有关的技术规范标准中都做出了明确的规定。样品抽取后应将样品从施工现场送到有检测资质的工程质量检测单位进行检测,从抽取样品到送至检测单位检测的过程是工程质量检测管理中的第一步。为强化这个过程的监督管理,杜绝因试件弄虚作假而出现试件合格实体质量不合格的现象,《建设工程质量检测管理办法》中也做了明确规定。在建设工程中实行见证取样和送样是指在建设单位或工程监理单位人员的见证下，由施工单位的相关人员对工程中涉及结构安全的试块、试件和材料在施工现场取样并送至具有相应资质的检测单位进行检测。

(三)检测人员职业道德

(1)程序规范。严格按照检测标准、规范、操作规程进行检测，对计量器具和仪器设备定期检定、校准和校验检查，确保检验数据的准确性和有效性。

(2)科学公正。遵循科学求实原则，检测行为要公正公平，为社会提供公正准确的检验数据。同时，在材料检测过程中还要善于总结、大胆创新，改进试验方法，提高检测的科学性，即要具备勇于质疑、大胆创新的科学精神。

(3)诚信服务。坚持真理、实事求是，不做假试验，不出假报告，敢于揭露举报各种违法违规行为。

(4)爱岗敬业。热爱检测工作，具有坚定的事业心和高度的社会责任感，工作有条不紊，处事认真负责、恪尽职守、踏实勤恳。

六、数据修约

码 0-7　微课：数据修约

(一)有效数字

有效数字表达数字的有效意义，是指在分析工作中实际能够测量到的数字。能够测量到的数字包括直接读取的准确数字和最后一位估计的、不确定的数字。我们把通过直接读取获得的准确数字称为可靠数字，把通过估读得到的那部分数字称为存疑数字。有效数字的个数称为该数的有效位数。例如：刻度为 1 mm 的尺子，不可能精确读出小数点后两位数值，只能估计读出 1 位小数，如 16.5 mm，有三位有效数字，小数点前面的“16”是准确数字，小数点后面的“5”是估计读出的数字；刻度为 0.1 mm 的尺子，可以精确读出第 1 位小数，能估计读出第 2 位小数，如 16.56 mm，有四位有效数字。从上述示例可以看出，有效数字就是保留末一位不准确数字，其余数字均为准确数字，有效数字的位数不仅表示数字的大小，也反映仪器的准确程度。因此，在材料检测过程中，为了取得准确的分析结果，不仅要准确测量，而且要正确记录与计算。

(二)数据修约规则

在进行具体的数字运算之前，通过省略原数值的最后若干位数字，调整保留的末位数字，使最后所得到的值最接近原数值的过程称为数据修约。指导数据修约的具体规则被称为数值修约规则。在材料检测中测试和计算出的各种数值，应按照国家标准《数值修约规则与极限数值的表示和判定》(GB/T 8170—2008)进行修约，经数值修约后的数值称为(原数值的)修约值。

1. 修约间隔

修约间隔是确定修约保留位数的一种方式。修约间隔的数值一经确定，修约值即应为该数值的整数倍。

例如：指定修约间隔为 0.1，修约值即应在 0.1 的整数倍中选取，相当于将数值修约到一位小数。指定修约间隔为 100，修约值即应在 100 的整数倍中选取，相当于将数值修约到百数位。例如:石子的表观密度修约间隔为10,若实测值为2 554 kg/m^3,则正确表达为2 550 kg/m^3。

2. 数据修约规则(进舍规则)

数据修约规则可以用一句口诀概括为:

四舍六入五考虑,五后有数(非零)要进位,五后无数(包括零)看前方,前为奇数要进位,前为偶数全舍光。

(1)拟舍弃数字的最左一位数字小于或等于4时,则舍去,即保留的各位数字不变。

例如:将12.149 8修约到一位小数。

修约前	修约后
12.149 8	12.1

例如:将12.149 8修约到个数位。

修约前	修约后
12.149 8	12

(2)拟舍弃数字的最左一位数字大于或等于6,则进一,即保留的末位数字加1。

例如:将1 268修约到百数位。

修约前	修约后
1 268	1 300

例如:将9.257 6修约到四位有效数字。

修约前	修约后
9.257 6	9.258

(3)拟舍弃数字的最左一位数字是5,且其后有非0数字时,则进1,即保留的末位数字加1。

例如:将10.502修约到个数位。

修约前	修约后
10.502	11

例如:将9.250 1修约到一位小数。

修约前	修约后
9.250 1	9.3

(4)拟舍弃数字的最左一位数字是5,且其后无数字或均为0时,若所保留的末位数字为奇数(1、3、5、7、9)则进1;若所保留的末位数字为偶数(0、2、4、6、8)则舍去。

例如:将26.275 0、23.645 0修约成四位有效数字。

拟修约数值	修约值
26.275 0	26.28
23.645 0	23.64

例如:修约间隔为0.1(或10^{-1}),即修约到一位小数。

拟修约数值	修约值
3.050	3.0
0.35	0.4

15.450 0	15.4

例如：修约间隔为 1 000（或 10^3）。

拟修约数值	修约值
2 500	2 000
3 500	4 000

(5)负数修约时，先将其绝对值进行修约，然后在修约值前加上负号。

例如：将-0.036 5、-0.225 5 修约到三位小数（修约间隔为 10^{-3}）。

修约前	修约后
-0.036 5	-0.036
-0.225 5	-0.226

(6)按照上述规则进行数字修约时，应在确定修约间隔或指定修约数位后一次修约获得结果，不得连续修约。

例如：修约 25.454 6，修约间隔为 1

	修约前	修约后			
正确的做法：	修约前	修约后			
	25.454 6	25			
错误的做法：	修约前	一次修约后	二次修约后	三次修约后	四次修约后
	25.454 6	25.455	25.46	25.5	26

(7)0.5 单位修约（半个单位修约）。0.5 单位修约是指按指定修约间隔对拟修约的数值 0.5 单位进行的修约，即修约到指定数位的 0.5 单位。

方法是：将拟修约数值 X 乘以 2，按指定修约间隔对 $2X$ 进行修约，最后将所得数值再除以 2。

例如：将下列数字修约到个数位的 0.5 单位。

拟修约数值 X	$2X$	$2X$ 修约值（修约间隔为 1）	X 修约值（修约间隔为 0.5）
60.25	120.50	120	60.0
60.38	120.76	121	60.5
-60.75	-121.50	-122	-61.0

在实际工程中，当钢筋强度大于 200 MPa 且小于或等于 1 000 MPa 时，修约间隔为 5 MPa，也就是修约到十数位的 0.5 单位。

例如：CRB550 钢筋试验测得抗拉强度为 567.5 MPa，确定修约后的强度。

拟修约数值 X	$2X$	$2X$ 修约值（修约间隔为 10）	X 修约值（修约间隔为 5）
567.5	1 135	1 140	570

(8)0.2 单位修约。0.2 单位修约是指按指定修约间隔对拟修约的数值 0.2 单位进行的修约，即修约到指定数位的 0.2 单位。

方法是：将拟修约数值 X 乘以 5，按指定修约间隔对 $5X$ 进行修约，最后将所得数值再除以 5。

例如：将下列数字修约到个数位的 0.2 单位。

拟修约数值 X	$5X$	$5X$ 修约值（修约间隔为 1）	X 修约值（修约间隔为 0.2）
5.50	27.50	28	5.6

5.52	27.60	28	5.6

例如:将下列数字修约到百数位的0.2单位。

拟修约数值 X	$5X$	$5X$ 修约值(修约间隔为100)	X 修约值(修约间隔为20)
830	4 150	4 200	840
842	4 210	4 200	840

七、课程任务及基本要求

"建筑材料与检测"是土建类专业的一门非常重要的专业基础课。本课程的任务是使学习者掌握主要建筑材料的性能和特点,熟悉常用建筑材料的技术标准,在实际工作中能根据工程特点和环境条件合理地选择建筑材料。同时,通过本课程的学习,应掌握常用建筑材料的验收、储存与保管方面的基本知识,并具有进行建筑材料检测及其质量评定的职业技能。

在本课程的学习过程中应注意以下几点:

(1)建筑材料的种类繁多,各类材料的知识既有联系又有很强的独立性。在学习过程中要善于分析和对比各种材料的组成、主要性质与应用特点,理解具有这些性质的原因,找出材料的组成、结构同材料性能之间的内在联系。例如,在学习通用硅酸盐水泥中的六大品种水泥时,首先要明确各种矿物成分对水泥性质的影响,再通过分析各品种水泥的矿物组成来理解不同水泥的性质。

(2)"建筑材料与检测"是一门应用技术学科,特别要注意实践和认知环节的学习。要注意将所学的理论知识落实在材料的检测、验收、选用等实践操作技能上。在理论学习的同时,要随时到工地或实验室进行材料的认知实习,并认真完成课程所要求的建筑材料试验。

试验课是本课程的重要环节,其任务是验证基本理论,学习试验方法,培养科学研究能力和严谨缜密的科学态度。做试验时要严肃认真、一丝不苟、精益求精,即使对一些操作简单的试验,也不应例外。要了解试验条件和操作过程对试验结果的影响,并对试验结果做出正确的分析和判断。

(3)建筑材料的发展日新月异,为紧跟时代步伐,要及时了解国内外新材料、新技术、新工艺的现状和发展动向。

习　题

一、填空题

1. 建筑材料按化学成分可分为________、________和________三大类。
2. 我国的技术标准分为________、________、________和________四类。

二、单项选择题

1. 数字1.952 00有效数位为(　　)。

A. 五位　B. 三位　C. 六位　D. 四位

2. 数字 1.945 001 修约成三位有效位数,修约后为(　　)。

A. 1.95　B. 1.94　C. 2.00　D. 2.01

3. 数字 1.945 000 修约成三位有效位数,修约后为(　　)。

A. 1.95　B. 1.94　C. 2.00　D. 2.01

4. 数字 2.845 601 修约成四位有效位数,修约后为(　　)。

A. 2.845　B. 2.846　C. 2.840　D. 2.850

5. 试验计算结果为 0.756 471,修约成三位有效位数,修约后为(　　)。

A. 0.752　B. 0.755　C. 0.757　D. 0.756

6. 密度试验时 2 次平行测定的结果为 1.92 g/cm^3 和 1.93 g/cm^3,平均值修约后为(　　)g/cm^3。

A. 1.91　B. 1.93　C. 1.92　D. 1.90

7. 将 60.25 修约到个数位的 0.5 单位,修约后为(　　)。

A. 60.5　B. 60.0　C. 60.3　D. 60.2

8. 某钢筋的抗拉强度实测值为 397.5 MPa,精确到 5 MPa 的结果为(　　)。

A. 390 MPa　B. 400 MPa　C. 395 MPa　D. 都不正确

三、简述题

1. 简述建筑材料的发展趋势。

2. 简述建筑材料在工程中的地位和作用。

模块1 建筑材料的基本性质

【学习目标】

1. 理解材料物理性质、力学性质、耐久性的含义与影响因素。

2. 掌握材料的物理、力学性能指标的计算。

3. 初步具备判断材料的性能和正确运用材料的能力,为后续内容的学习和正确选择、合理使用建筑材料奠定基础。

建筑材料是建筑工程的物质基础,直接关系到建筑工程的安全性、功能性、使用寿命及经济成本。建筑材料在建筑工程各个部位起着不同的作用,为此要求建筑材料具有相应的不同性质。例如,结构材料应具有良好的力学性能和耐久性能;屋面材料应具有保温隔热、抗渗防水性能;墙体材料应具有保温隔热、吸声隔音性能;严寒或寒冷地区水位变动区材料应具有良好的抗冻性能。另外,建筑材料还经常受到风吹、雨淋、日晒、潮汐、冰冻等各种外界因素的影响,因此还要求建筑材料具有与环境相适应的耐久性。可见,建筑材料在使用过程中所经受的作用很复杂,而且它们之间有时又有耦合作用。因此,对建筑材料性质的要求是严格和多方面的,要充分发挥建筑材料的正常服役性能,满足建筑结构的正常使用要求。

建筑材料的基本性质包括物理性质、力学性质、耐久性等。本模块仅讨论材料基本性质中的共性问题,材料的特性将在后续的学习模块中讨论。

项目1 材料的物理性质

主要内容	知识目标	能力目标
材料与质量有关的物理性质,材料与水有关的物理性质,材料与热有关的性质	掌握材料的各物理性能指标的概念、公式及表示方法,理解材料的体积组成、材料的孔隙率、孔隙特征对材料性质的影响	能够根据材料的孔隙率、孔隙特征、含水状态等分析材料的性质,合理地选择和使用材料

一、与质量有关的物理性质

码1-1 微课:材料与质量有关的物理性质

(一)材料的体积组成与含水状态

1. 材料的体积组成

块状材料在自然状态下的总体积包括固体物质体积与孔隙体积两部分。材料内部的孔隙按常温、常压下水能否进入分为开口孔隙和闭口孔隙,如图 1-1 所示。

散粒材料是指具有一定粒径材料的堆积体,如建筑工程中常用的砂、石等。散粒材料的堆积体积包括颗粒中固体物质体积、孔隙体积和颗粒间空隙体积三部分,如图 1-2 所示。

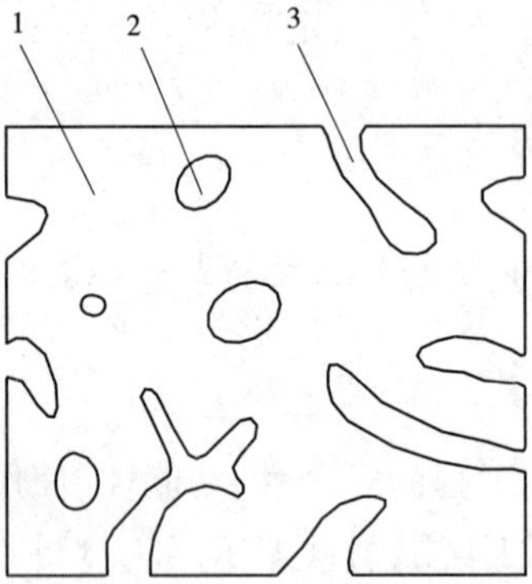

1—颗粒中固体物质;2—闭口孔隙;
3—开口孔隙。

图 1-1 块状材料体积构成示意图

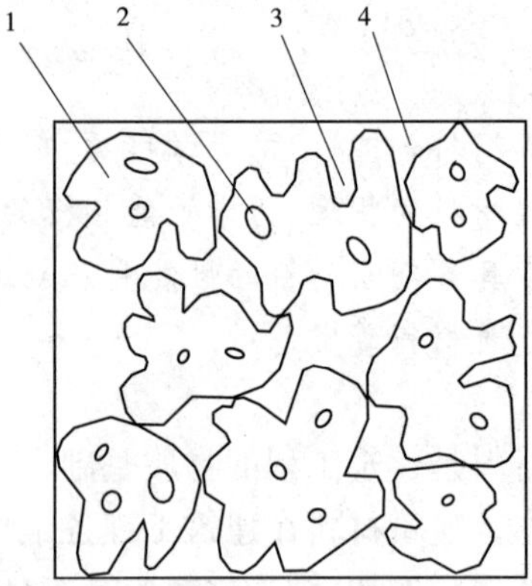

1—颗粒中固体物质;2—闭口孔隙;3—开口孔隙;
4—颗粒间的空隙。

图 1-2 散粒材料体积构成示意图

2. 材料的含水状态

材料在大气中或水中会吸附一定的水分,根据材料吸附水分的情况,材料的含水状态分为干燥状态、气干状态、饱和面干状态及湿润状态,如图 1-3 所示。

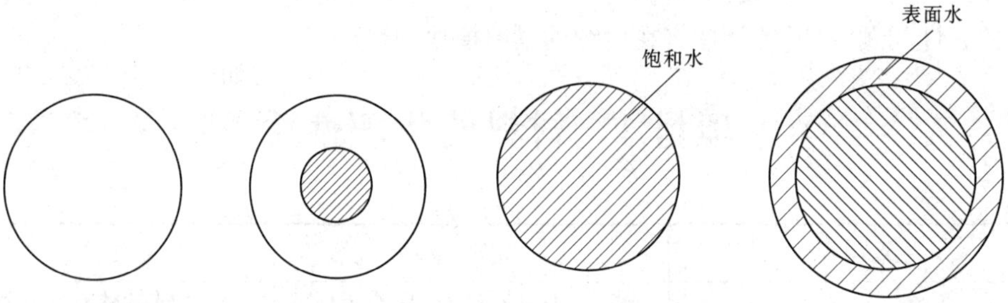

(a)干燥状态 (b)气干状态 (c)饱和面干状态 (d)湿润状态

图 1-3 材料的含水状态

(二)密度

密度是指材料在绝对密实状态下单位体积的质量,按下式计算:

$$\rho = \frac{m}{V} \tag{1-1}$$

式中 ρ——材料的密度,g/cm^3 或 kg/m^3;

m——材料在干燥状态下的质量,g 或 kg;

V——材料在绝对密实状态下的体积,cm^3 或 m^3。

绝对密实状态下的体积是指不包括孔隙在内的体积,即材料固体物质的体积(V)。

实际工程中，除钢材、玻璃、沥青等少数材料可视为不含孔隙之外，绝大部分材料都存在一定的孔隙。通常情况下，对结构致密、外观规则的材料，如钢材、玻璃等，按其外形尺寸求得体积；对结构致密、外观不规则的材料，用排水法测定其密实体积；对于多孔材料，如砖、瓦等，一般采用排液法（密度瓶法）测定其绝对密实状态下的体积。在测定其密度时，应把材料磨成细粉，经干燥至恒重后，用密度瓶测定其体积，该体积即可视为材料绝对密实状态下的体积。材料磨得愈细，测定的密度值愈精确。

码 1-2　动画：水泥密度测定

材料密度的大小取决于其组成物质的原子量和分子结构，原子量越大，分子结构越紧密，材料的密度则越大。

（三）表观密度

表观密度是指材料在自然状态下单位体积的质量，按下式计算：

$$\rho_0 = \frac{m}{V_0} \tag{1-2}$$

式中　ρ_0——材料的表观密度，g/cm^3 或 kg/m^3；

m——材料的质量，g 或 kg；

V_0——材料在自然状态下的体积，或称表观体积，cm^3 或 m^3。

码 1-3　动画：表观密度测定

材料在自然状态下的体积（V_0）是指材料的固体物质体积（V）与内部孔隙（开口孔隙和闭口孔隙）体积之和。对于外形规则的材料，可直接按外形尺寸计算出体积。对于外形不规则的材料，可以用排液法或封蜡排液法测得其体积。

对于外形不规则的坚硬颗粒，因其颗粒内部封闭孔隙极少，如砂、石等，用排液法测得的颗粒体积与其密实体积基本相同，因此砂、石表观密度可近似地当作其密度，故称视密度。

材料含水状态变化时，其质量和体积均发生变化，因此测定材料表观密度时，应同时测定含水率，并予以注明。通常所说的表观密度是指干表观密度。

（四）堆积密度

堆积密度是指散粒材料在堆积状态下单位体积的质量，按下式计算：

$$\rho_0' = \frac{m}{V_0'} \tag{1-3}$$

式中　ρ_0'——散粒材料的堆积密度，g/cm^3 或 kg/m^3；

m——散粒材料的质量，g 或 kg；

V_0'——散粒材料的体积，cm^3 或 m^3。

码 1-4　动画：砂松散堆积密度测定

散粒材料在堆积状态下的体积包括固体物质体积、颗粒内部的孔隙体积及颗粒之间的空隙体积。测定散粒材料的堆积密度时，材料的质量是指在一定容积的容量筒内的材料质量，其堆积体积是指所用容量筒的容积。

堆积密度与材料的装填方式及含水状态有关。堆积密度按装填方式不同分为松散堆积密度和紧密堆积密度。

建筑工程中,评定材料性能,进行材料用量、构件自重、配料计算以及确定堆放空间时,均需要用到材料的密度、表观密度和堆积密度。常用建筑材料的密度、表观密度和堆积密度见表 1-1。

表 1-1　常用建筑材料的密度、表观密度和堆积密度　　单位:kg/m^3

材料名称	密度	表观密度	堆积密度
钢材	7 800 ~ 7 900	7 850	
花岗岩	2 700 ~ 3 000	2 500 ~ 2 800	
石灰石	2 400 ~ 2 600	1 600 ~ 2 400	
砂	2 500 ~ 2 600		1 400 ~ 1 700
水泥	2 800 ~ 3 100		1 100 ~ 1 300
普通玻璃	2 500 ~ 2 600	2 500 ~ 2 600	
普通混凝土		2 000 ~ 2 800	
碎石或卵石	2 600 ~ 2 900	2 500 ~ 2 850	1 400 ~ 1 700
松木	1 550 ~ 1 600	400 ~ 800	
发泡塑料		20 ~ 50	

(五)密实度与孔隙率

密实度是指材料体积内被固体物质所充实的程度,也就是固体物质的体积占总体积的比例,用 D 表示,按下式计算:

$$D = \frac{V}{V_0} \times 100\% = \frac{\rho_0}{\rho} \times 100\% \tag{1-4}$$

孔隙率是指材料体积内孔隙体积占材料总体积的百分率,用 P 表示,按下式计算:

$$P = \frac{V_0 - V}{V_0} \times 100\% = \left(1 - \frac{V}{V_0}\right) \times 100\% = \left(1 - \frac{\rho_0}{\rho}\right) \times 100\% \tag{1-5}$$

密实度与孔隙率的关系,可用下式来表示:

$$D + P = 1 \tag{1-6}$$

材料的密实度和孔隙率从不同方面反映了材料的密实程度,通常采用孔隙率表示。孔隙率的大小直接反映了材料的致密程度。

建筑材料的许多工程性质,如强度、吸水性、抗渗性、抗冻性、导热性等都与材料的孔隙有关。这些性质不仅与材料的孔隙率大小有关,而且与材料的孔隙特征有关。孔隙特征是指孔隙的种类(开口孔隙和闭口孔隙)、孔隙大小及孔隙的分布是否均匀等。孔隙按尺寸大小,分为微细孔隙(简称微孔,孔径在 0.01 mm 以下)、毛细孔隙(简称细孔,孔径在 0.01 mm 以上及 1.0 mm 以下)及粗大孔隙(简称大孔,孔径在 1.0 mm 以上)三种。不同的孔隙对材料的性能影响各不相同。一般而言,孔隙率较小,且连通孔隙较少的材料,其吸水性较小,强度较高,抗冻性和抗渗性较好。

【工程案例 1-1】 已知某种砌墙砖 $\rho_0=1\ 700\ kg/m^3$,$\rho=2.50\ g/cm^3$,求其密实度和孔隙率。

解:依已知条件可求其密实度为:

$$D=\frac{\rho_0}{\rho}\times 100\%=\frac{1\ 700}{2\ 500}\times 100\%=68\%$$

其孔隙率为:

$$P=1-D=1-68\%=32\%$$

(六)材料的填充率与空隙率

填充率是指散粒材料在某容器的堆积体积内,被其颗粒填充的程度,以 D' 表示,按下式计算:

$$D'=\frac{V_0}{V_0'}\times 100\%=\frac{\rho_0'}{\rho_0}\times 100\% \tag{1-7}$$

空隙率是指散粒材料在某容器的堆积体积内,颗粒之间的空隙体积占堆积体积的百分率,以 P' 表示,按下式计算:

$$P'=\frac{V_0'-V_0}{V_0'}\times 100\%=\left(1-\frac{V_0}{V_0'}\right)\times 100\%=\left(1-\frac{\rho_0'}{\rho_0}\right)\times 100\% \tag{1-8}$$

填充率与空隙率的关系,可用下式来表示:

$$D'+P'=1 \tag{1-9}$$

空隙率和填充率从不同方面反映了散粒材料的颗粒之间相互填充的致密程度,通常采用空隙率表示。空隙率可作为控制混凝土骨料级配与计算砂率的依据。

二、与水有关的性质

码 1-5　微课:材料与水有关的物理性质

(一)亲水性与憎水性

材料在空气中与水接触,根据其能否被水润湿,将材料分为亲水性材料和憎水性材料。

材料亲水性和憎水性可用润湿角 θ 表示。在材料、空气、水三相交界处,沿水滴表面作切线,切线与材料表面(水滴一侧)所得夹角 θ,称为润湿角,如图 1-4 所示。

θ 值越小,浸润性越强,当 θ 为 0°时,表示材料完全被水润湿。一般认为当 $\theta\leqslant 90°$时,水分子之间的内聚力小于水分子与材料分子之间的吸引力,此种材料称为亲水性材料;当

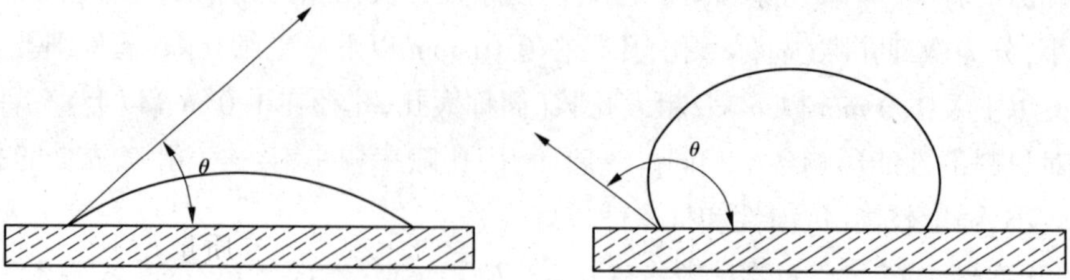

(a)亲水性材料　　(b)憎水性材料

图 1-4　材料的润湿角示意图

θ>90°时,水分子之间的内聚力大于水分子与材料分子之间的吸引力,材料表面不易被水润湿,此种材料称为憎水性材料。

土木工程中所用的混凝土、砂浆、砖石、木材等大多数材料属于亲水性材料,只有少数材料如沥青、石蜡、塑料等为憎水性材料。亲水性材料易被水湿润,且水分能沿着材料表面的开口孔隙或通过毛细管作用而渗入材料内部。憎水性材料则能阻止水分渗入毛细管中,从而降低材料的吸水性。憎水性材料常用作防水、防潮及防腐材料,也可对亲水性材料进行表面处理,以降低其吸水性。

码 1-6　动画:材料的亲水性与憎水性

(二)吸水性

材料在水中能吸收水分的性质称为吸水性。材料的吸水性大小用吸水率表示,有质量吸水率与体积吸水率两种表示方法。

质量吸水率是指材料在吸水饱和时,内部所吸水分的质量占材料干燥质量的百分率,按下式计算:

$$W_{质} = \frac{m_{湿} - m_{干}}{m_{干}} \times 100\% \tag{1-10}$$

式中　$W_{质}$——材料的质量吸水率(%);

$m_{湿}$——材料在吸水饱和状态下的质量,g;

$m_{干}$——材料在干燥状态下的质量,g。

对一些吸水性很强的轻质多孔材料,如加气混凝土、木材等,因其质量吸水率往往超过 100%,常以体积吸水率表示其吸水性。

体积吸水率是指材料在吸水饱和时,其内部所吸收水分的体积占干燥材料自然体积的百分率,按下式计算:

$$W_{体} = \frac{m_{湿} - m_{干}}{V_0} \times \frac{1}{\rho_{水}} \times 100\% \tag{1-11}$$

式中　$W_{体}$——材料的体积吸水率(%);

V_0——干燥材料在自然状态下的体积,cm^3;

$\rho_{水}$——水的密度,g/cm^3。

质量吸水率与体积吸水率存在如下关系:

$$W_{体} = W_{质}\rho_0 \frac{1}{\rho_{水}} \tag{1-12}$$

材料的吸水性不仅取决于材料的亲水性和憎水性,也与其孔隙率的大小及孔隙构造特征有关。密实材料及具有封闭孔隙的材料是不吸水的;具有粗大贯通孔的材料因其水分不易留存,吸水率常小于孔隙率;而那些孔隙数量多且具有细小贯通孔的亲水性材料往往具有较大的吸水能力。一般没特别说明,材料的吸水率都指其质量吸水率。不同材料的吸水率差别很大,花岗岩为 0.2% ~ 0.7%,普通混凝土为 2% ~ 4%,烧结普通砖为 8% ~15%。

(三)吸湿性

材料在潮湿空气中吸收水分的性质称为吸湿性。材料的吸湿性用含水率表示。含水率是指材料内部所含水的质量占材料干燥质量的百分率,按下式计算:

$$W_{含} = \frac{m_{含} - m_{干}}{m_{干}} \times 100\% \tag{1-13}$$

式中 $W_{含}$——材料的含水率(%);

$m_{含}$——材料含水时的质量,g;

$m_{干}$——材料烘干至恒重时的质量,g。

材料的吸湿性主要取决于材料的组成和构造。通常总表面积较大的粉状或颗粒状材料及开口贯通孔隙率较大的亲水性材料具有较强的吸湿性。材料的吸水率是一个定值,而含水率是随环境而变化的。当空气湿度较大且温度较低时,材料的含水率就大,反之则含水率小。材料所含水分与空气湿度相平衡时的含水率,称为平衡含水率。

材料吸水后,其质量增加,导热性增大,强度降低,抗冻性能变差。所以,工程中某些部位的材料应采取有效的防护措施。

(四)耐水性

材料在长期饱和水作用下不被破坏,其强度也不显著降低的性质称为耐水性。材料的耐水性用软化系数表示,其计算公式为:

$$K_{软} = \frac{f_{饱}}{f_{干}} \tag{1-14}$$

式中 $K_{软}$——材料的软化系数;

$f_{饱}$——材料在饱水状态下的抗压强度,MPa;

$f_{干}$——材料在干燥状态下的抗压强度,MPa。

软化系数的大小反映材料浸水后强度降低的程度,其取值范围为 0~1,其值越大,表明材料的耐水性越好。长期处于水中或潮湿环境的重要建筑物或构筑物,必须选用软化系数不小于 0.85 的材料。用于受潮湿较轻或次要结构的材料,则软化系数不宜小于 0.70。通常认为软化系数大于或等于 0.85 的材料是耐水性材料。

【工程案例 1-2】 某石材在气干、绝干、水饱和情况下测得的抗压强度分别为 174 MPa、178 MPa、165 MPa,求该石材的软化系数,并判断该石材可否用于水下工程。

解:依已知条件可求该石材的软化系数为:

$$K_{软} = \frac{f_{饱}}{f_{干}} = \frac{165}{178} = 0.93$$

由于该石材的软化系数为 0.93，大于 0.85，故该石材可用于水下工程。

(五)抗渗性

材料抵抗有压液体(水或油)渗透的性质称为抗渗性。抗渗性常用渗透系数和抗渗等级表示。

渗透系数是指单位厚度的材料，在单位水压力作用下，单位时间内透过单位面积的水量。其计算公式为：

$$K=\frac{Qd}{AtH} \tag{1-15}$$

式中 K——渗透系数，cm/s；

Q——透水量，cm^3；

d——试件厚度，cm；

A——透水面积，cm^2；

t——透水时间，s；

H——静水压力水头，cm。

K 值愈大，表示材料渗透的水量愈多，即抗渗性愈差。

对于混凝土和砂浆，其抗渗性常用抗渗等级表示。抗渗等级以规定的试件，在标准试验方法下所能承受的最大静水压力来确定，以符号 Wn 表示(国家标准、建筑工程行业标准用 Pn 表示)，其中 n 表示材料所能承受最大水压力 10 倍的 MPa 数，如 W4、W6、W8、W10 等，分别表示材料能承受 0.4 MPa、0.6 MPa、0.8 MPa、1.0 MPa 的水压而不渗水。

材料的抗渗性不仅与材料本身的亲水性和憎水性有关，还与其孔隙率和孔隙特征有关。材料的孔隙率越大，连通孔隙越多，其抗渗性越差；高密实材料或具有封闭孔隙的材料具有较高抗渗性。地下建筑、防水工程、水工建筑物等，均要求有较高的抗渗性。

(六)抗冻性

抗冻性是指材料在吸水饱和状态下，能经受多次冻结和融化作用(冻融循环)而不破坏，强度也不显著降低的性能。

材料的抗冻性用抗冻等级表示。抗冻等级是以规定的试件，在规定试验条件下，其强度降低不超过 25%，且质量损失不超过 5%时所能承受的最大的冻融循环次数来表示的。用符号 Fn 表示，其中 n 即为最大冻融循环次数，如 F50、F100、F150 等，分别表示材料抵抗 50 次、100 次、150 次冻融循环，强度降低和质量损失均未超过规定的程度。

影响材料抗冻性的因素有内因和外因。内因是指材料的组成、结构、构造、孔隙率的大小和孔隙特征、强度等。外因是指材料孔隙中充水的程度、冻结温度、冻结速度、冻结频率等。抗冻性良好的材料抵抗温度变化、干湿交替等破坏作用的性能也较强。所以，抗冻性是评价材料耐久性的一个重要指标。

三、与热有关的性质

(一)导热性

材料传导热量的性能称为导热性。材料的导热能力用导热系数表示，其物理意义是指单位厚度(1 m)的材料，当两个相对侧面温差为 1 K 时，在单位时间(1 s)内通过单位面积(1 m^2)所传递的热量。材料传热示意图如图 1-5 所示。其计算公式为：

$$\lambda = \frac{Qd}{At(T_2 - T_1)} \tag{1-16}$$

式中　λ——材料的导热系数，W/(m·K)；

Q——传导的热量，J；

A——热传导面积，m^2；

d——材料厚度，m；

t——导热时间，s；

T_2-T_1——材料两侧的温差，K。

码 1-7　微课：材料与热有关的物理性质

材料的导热性取决于材料的化学组成、结构、构造、孔隙率与孔隙特征、含水状况及导热时的温度等。无机材料的导热系数大于有机材料。孔隙率越大，封闭的孔隙越多，材料的导热系数越小；粗大、开口的连通孔隙，易形成对流，反而增大其导热性。大多数建筑材料(金属除外)的导热系数随温度的升高而增加。由于水和冰的导热系数都比空气大很多，故当材料受潮后，导热性能会明显提高。因此，绝热材料应经常处于干燥状态。

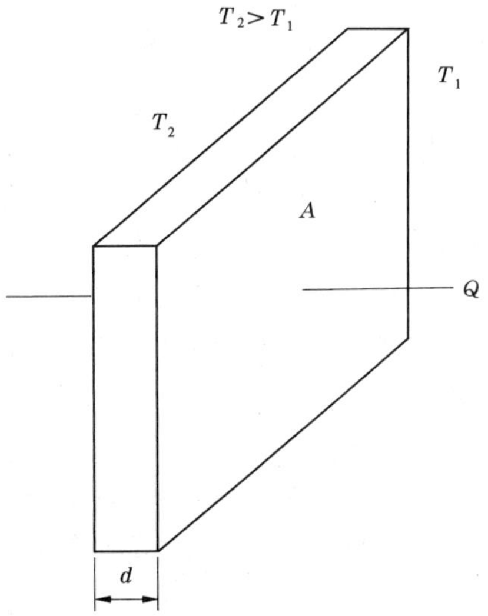

图 1-5　材料传热示意图

导热系数愈小，材料的绝热性能愈好，材料的保温隔热性能越强。一般将 λ 小于 0.23 W/(m·K)的材料称为绝热材料。建筑材料导热系数的范围为 0.023~400 W/(m·K)，数值变化很大，见表 1-2。

表 1-2　常用材料的导热系数和比热容

材料	导热系数/[W/(m·K)]	比热容/[J/(g·K)]	材料	导热系数/[W/(m·K)]	比热容/[J/(g·K)]
铜	400	0.38	松木(横纹—顺纹)	0.17 ~ 0.35	2.51
钢材	58	0.48	水	0.60	4.19
花岗岩	3.49	0.92	冰	2.20	2.05
普通混凝土	1.28	0.88	泡沫塑料	0.03	1.30
普通黏土砖	0.81	0.84	密闭空气	0.023	1.00

(二)比热容

材料加热时吸收热量、冷却时放出热量的性质称为热容量。热容量的大小用比热容 C 表示。比热容是指单位质量(1 g)材料温度升高或降低 1 K 时,所吸收或放出的热量。其计算公式为:

$$C=\frac{Q}{m(T_2-T_1)} \tag{1-17}$$

式中 C——材料的比热容,J/(g · K);

Q——材料吸收或放出的热量,J;

m——材料的质量,g;

T_2-T_1——材料受热或冷却后的温差,K。

比热容是衡量材料吸热或放热能力的物理量。对于墙体、屋面等围护材料,应选用导热系数小、热容量大(或者比热容大)的材料。这是因为热容量越大(或者说比热容越大),材料在温度变化时吸收或放出的热量就越多,能在热流变动或采暖设备供热不均时缓和室内温度波动,有利于环境温度的稳定,并且可以节约能源。

材料中比热容最大的是水,因此蓄水的平屋顶能使室内冬暖夏凉,沿海地区的昼夜温差也较小。材料的导热系数和比热容是对建筑物进行热工计算的重要参数。几种常见材料的比热容见表 1-2。

(三)热变形性

材料随温度的升降而产生热胀冷缩变形的性质称为材料的热变形性,习惯上称为温度变形。材料的热变形性常用线膨胀系数 α 来表示,计算公式为:

$$\alpha=\frac{\Delta L}{L\times\Delta t} \tag{1-18}$$

式中 α——材料的线膨胀系数,1/K;

ΔL——试件的膨胀或收缩值,mm;

L——试件在升降温前的长度,mm;

Δt——温度差,K。

线膨胀系数 α 越大,表明材料的热变形性越大。在多种材料复合使用时,应充分考虑材料的热变形性,尽量选用线膨胀系数相近的材料,以避免材料间产生较大的温度应力,出现开裂破坏。如钢筋混凝土中的钢筋和混凝土之所以能共同工作,一个重要的原因是它们的热膨胀系数基本相同。

(四)耐燃性

材料对火焰和高温的抵抗能力,称为材料的耐燃性。建筑装饰材料的耐燃性能按照《建筑内部装修设计防火规范》(GB 50222—2017)的规定,分为不燃性(A)、难燃性(B_1)、可燃性(B_2)和易燃性(B_3)四级。

(1)不燃性(A)。在空气中受到火烧或高温作用时,不起火、不燃烧、不碳化的材料,如砖、天然石材、混凝土、砂浆、金属材料等。

(2)难燃性(B_1)。在空气中受到火烧或高温作用时,难起火、难燃烧、难碳化,当离开火源后燃烧或微烧立即停止的材料,如纸面石膏板、水泥石棉板、水泥刨花板等。

(3)可燃性(B_2)。在空气中受到火烧或高温作用时,立即起火或燃烧,且离开火源后仍继续燃烧或微烧的材料,如胶合板、纤维板、木材等。

(4)易燃性(B_3)。在空气中受到火烧或高温作用时,立即起火,并迅速燃烧,且离开火源后仍继续燃烧的材料,如部分未经阻燃处理的塑料、纤维织物等。

在装饰工程中,应根据建筑物的耐火等级和材料的使用部位,选用不同级别的耐燃材料。

(五)耐火性

耐火性是指材料在火焰和高温作用下,保持其不被破坏、性能不明显下降的能力。材料的耐火性用耐火极限表示。耐火极限是指按规定方法,从材料受到火的作用起,直到材料失去支持能力、完整性被破坏或失去隔火作用的时间,以 h 或 min 计。

一般耐燃的材料不一定耐火,而耐火的材料一般都耐燃。如钢材是不燃烧材料,但其耐火极限仅有 0.25 h,故钢材虽为重要的建筑结构材料,但其耐火性却较差,使用时须进行防火处理。

(六)耐急冷急热性

材料的耐急冷急热性又称材料的抗热震性,指材料抵抗急冷急热交替作用保持其原有性质的能力。

许多无机非金属材料(如瓷砖、玻璃)在急冷急热交替作用下,易产生巨大的温度应力,引起爆裂破坏。

项目2　材料的力学性质

主要内容	知识目标	能力目标
材料的强度和强度等级,材料的弹性和塑性,材料的韧性和脆性,材料的硬度和耐磨性	掌握材料强度和强度等级的含义及影响因素,理解材料的弹性和塑性、脆性和韧性的概念	能够根据工程特点,正确分析工程不同部位对材料力学性能的要求,合理使用建筑材料

材料的力学性质是指材料在外力(荷载)作用下,抵抗破坏和变形能力的性质。力学性质是设计各种工程结构时选用材料的主要依据,对建筑物的正常使用、安全使用是至关重要的。

一、材料的强度和强度等级

码1-8　微课:材料的力学性质

(一)材料的强度

材料在外力作用下抵抗破坏的能力,称为材料的强度。

当材料承受外力作用时,内部就产生应力。随着外力逐渐增加,应力也相应增大,直至材料内部质点间的作用力不能再抵抗这种应力时,材料即破坏,此时的极限应力值就是材料的强度,即极限强度。

根据外力作用方式的不同,材料强度有抗拉强度、抗压强度、抗剪强度和抗弯(抗折)强度等,材料受力示意图如图 1-6 所示。

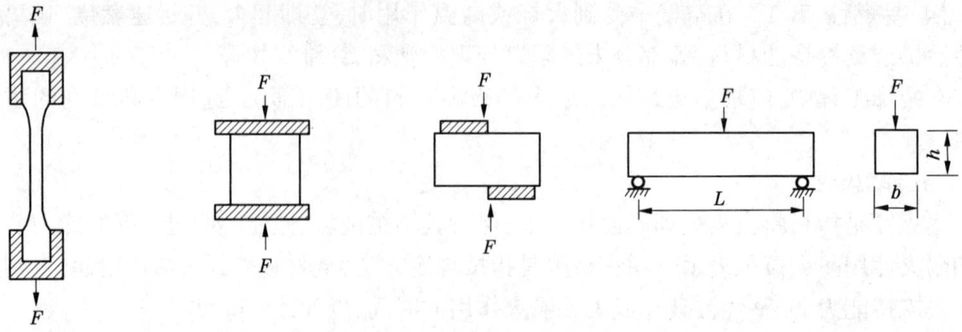

图 1-6　材料受力示意图

材料的强度是按照规范规定的试验方法,将制作好的试件安放在材料试验机上,施加外力(荷载),直至破坏,根据试件尺寸和破坏时的荷载值,计算材料的强度。强度试验属于破坏性试验。

码 1-9　动画:材料受力分析

材料的抗拉强度、抗压强度和抗剪强度计算式为:

$$f = \frac{F}{A} \tag{1-19}$$

式中　f ——材料的强度,MPa;

F ——破坏荷载,N;

A ——受力截面面积,mm^2。

材料的抗弯强度与试件受力情况、截面形状以及支承条件有关。通常是将矩形截面的条形试件放在两个支点上,中间作用一集中荷载。

材料抗弯强度的计算式为:

$$f = \frac{3FL}{2bh^2} \tag{1-20}$$

式中　f ——材料的抗弯强度,MPa;

F ——破坏荷载,N;

L ——试件两支点的间距,mm;

b、h ——试件矩形截面的宽、高,mm。

(二)强度等级

对以力学性质为主要性能指标的材料,通常按其强度值的大小划分为若干个强度等级,便于工程上设计和施工选用。脆性材料如水泥、混凝土、砖、砂浆等主要以抗压强度划分强度等级,而塑性材料如钢材主要以抗拉强度划分强度等级,强度等级是人为划分的,是不连续的。例如,普通混凝土按照立方体抗压强度标准值划分为 C15、C20、C25、C30、C35、C40、C45、C50、C55、C60、C65、C70、C75、C80 14 个强度等级。碳素结构钢按屈服强度划分为 Q195、Q215、Q235、Q275 4 个强度等级(牌号)。

(三)影响强度的因素

1. 材料的组成和构造

不同材料由于其组成及构造不同,其强度也不相同。即使是组成成分相同的材料,其构造越密实,强度越高。对于非均质材料来讲,各个方向的强度也不相同,如木材顺纹方向的抗拉强度远大于其横纹方向的抗拉强度,混凝土的抗压强度远大于其抗拉强度等。在工程中选用材料时,要注意扬长避短。

2. 试验条件

材料的强度与试验条件有关,如试件形状、尺寸、表面状态、含水率、环境温度、试验时加荷速度等。通常来讲,当材料相同时,试件越大,测得的强度越低;试验时加荷速度越快,测得的强度越高。

为使试验结果准确且具有可比性,规范对材料的试验方法有明确的规定,试验时,必须严格按照规范规定的标准方法进行。

(四)比强度

为了对不同材料的轻质高强性能进行比较,可采用比强度这一指标。比强度是反映材料单位体积质量的强度,其值等于材料的强度与其表观密度的比值,是衡量材料轻质高强性能的指标。比强度高的材料具有轻质高强的特性,可用作高层、大跨度工程的结构材料。轻质高强是材料今后的发展方向。几种主要材料的比强度值见表1-3。

表1-3 几种主要材料的比强度值

材料	表观密度/(kg/m^3)	强度/MPa	比强度/[MPa/(kg/m^3)]
普通混凝土	2 400	40	0.017
低碳钢	7 850	420	0.054
松木(顺纹抗拉)	500	100	0.200
烧结普通砖	1 700	10	0.006
铝材	2 700	170	0.063
铝合金	2 800	450	0.161
玻璃钢	2 000	450	0.225

【工程案例1-3】 人们在测试混凝土等材料的强度时发现,同一批材料,加载速度过快,所测强度数值偏高。试分析其原因。

原因分析:材料的强度除与其组成结构有关外,还与测试条件有关。当加荷速度快时,荷载的增长速度大于材料裂缝扩展速度,即材料的变形速度滞后于荷载增长速度,故测得的强度数值偏高。因此,在材料强度测试时,必须按照相应规范规定的加荷速度进行,这样测出的强度数值才具有可比性。

二、材料的弹性和塑性

(一)材料的弹性

材料在外力作用下产生变形,若除去外力后变形随即消失并能完全恢复原来形状的性质,称为弹性。这种可恢复的变形称为弹性变形。

弹性变形属可逆变形,其数值大小与外力成正比,其比例系数 E 称为材料的弹性模量。材料在弹性变形范围内,弹性模量 E 为常数,其值等于应力 σ 与应变 ε 的比值,用下式表示:

$$E=\frac{\sigma}{\varepsilon} \tag{1-21}$$

式中 E ——材料的弹性模量,MPa;

σ——材料的应力,MPa;

ε——材料的应变,无量纲。

弹性模量是衡量材料抵抗变形能力的一个重要指标,弹性模量越大,材料越不易变形,亦即刚度越大。弹性模量是结构设计的重要参数。

(二)材料的塑性

材料在外力作用下产生变形,若除去外力后仍保持变形后的形状和尺寸,并且不产生裂缝的性质称为塑性。不能消失(恢复)的变形称为塑性变形。塑性变形为不可逆变形,是永久变形。

实际上,在建筑材料中,纯弹性变形的材料是没有的。有些材料在受力不大时,仅产生弹性变形;当受力超过一定限度后,即开始产生塑性变形,如低碳钢。有些材料在受到外力时,弹性变形和塑性变形同时产生,当外力取消后,弹性变形恢复,而塑性变形保留,通常将这种材料称为弹塑性材料,如混凝土。弹塑性材料的变形曲线如图 1-7 所示,BC 为可恢复的弹性变形,OB 为不可恢复的塑性变形。

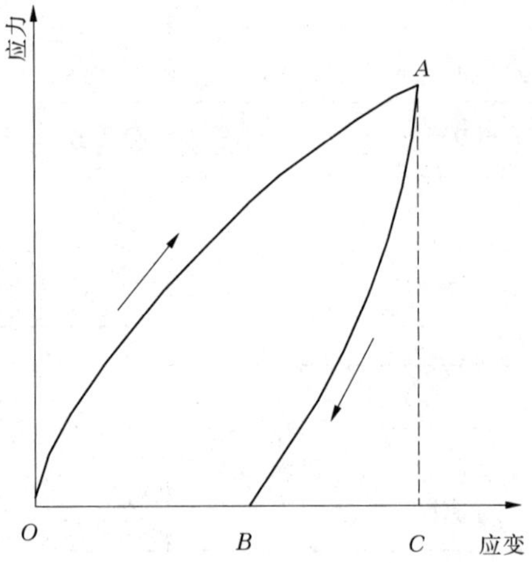

图 1-7　弹塑性材料的变形曲线

三、材料的脆性与韧性

(一)材料的脆性

材料在外力作用下,当外力达到一定限度后,材料无明显塑性变形而突然断裂的性质称为脆性。在常温、静荷载下具有脆性的材料称为脆性材料。脆性材料的特点是抗压强度远大于其抗拉强度,受力作用时塑性变形小,而且破坏时无任何征兆,有突变性,主要适合于承受压力静荷载。建筑材料中大部分无机非金属材料为脆性材料,如普通混凝土、砖、石、陶瓷等。

(二)材料的韧性

在冲击、振动荷载的作用下,材料能够吸收较大的能量,同时也能产生一定的变形而不致破坏的性质称为韧性或冲击韧性。常见的韧性材料有建筑钢材、木材、塑料等。吊车梁、桥梁、路面等受冲击、振动荷载及有抗震要求的结构构件应选用具有较高韧性的材料。

码1-10 动画:脆性与韧性

四、材料的硬度与耐磨性

(一)材料的硬度

硬度是指材料表面能抵抗其他较硬物体压入或刻划的能力。不同材料的硬度测定方法不同,通常采用的有刻划法和压入法两种。刻划法常用于测定天然矿物的硬度。矿物硬度分为10级(莫氏硬度),其递增的顺序为:滑石1,石膏2,方解石3,萤石4,磷灰石5,正长石6,石英7,黄玉8,刚玉9,金刚石10。钢材、木材及混凝土等的硬度常用压入法测定。材料的硬度愈大,则其耐磨性愈好,但不易加工。工程中有时也可用硬度来间接推算材料的强度,如回弹法测定混凝土强度,实际上是用回弹仪测定混凝土表面硬度,间接推算混凝土强度。

(二)材料的耐磨性

耐磨性是指材料表面抵抗磨损的能力。材料的耐磨性与材料的组成成分、结构、强度、硬度等有关。在建筑工程中,用于踏步、台阶、地面等部位的材料,应具有较高的耐磨性。水利工程中,泄洪与输水建筑物如冲沙闸、泄洪洞、溢洪道、输水隧洞等,易遭受水流冲磨破坏,也应选用较高耐磨性材料建造。一般来说,强度较高且密实的材料,其硬度较大,耐磨性较好。

码1-11 动画:莫氏硬度

项目3 材料的耐久性

主要内容	知识目标	能力目标
材料耐久性的概念,材料耐久性的影响因素	掌握材料耐久性的概念,理解材料耐久性的影响因素及提高材料耐久性的措施	能够根据工程所处的环境条件,正确分析影响耐久性的因素,合理选择建筑材料

材料在使用过程中,能抵抗周围各种介质的侵蚀而不破坏,也不失去其原有性能的性质,称为耐久性。

一、耐久性的影响因素

材料在使用过程中引起其性能劣化的原因,归纳起来,可分为内在因素和外在因素两个方面。

(一)内在因素

内在因素主要包括材料的结构和构造、化学成分或组成等，是造成材料耐久性下降的根本原因。当材料密实性较大时，耐久性通常较好；开口贯通且孔隙较大的材料，耐久性通常较差；当材料的成分或组成易溶于水或其他液体，或易与其他物质产生化学反应时，材料的耐水性、耐蚀性等较差；无机矿物质脆性材料在温度剧变时，耐急冷急热性较差；晶体材料较同组成的非晶体材料的化学稳定性高；含不饱和键的有机材料，抗老化性较差。

码 1-12 微课：材料的耐久性

(二)外在因素

外在因素是指材料在使用过程中长期受到周围环境和各种自然因素的破坏作用，主要包括物理作用、化学作用、机械作用、生物作用和大气作用等。

物理作用包括材料的干湿变化、温度变化及冻融变化等。这些变化可引起材料的收缩和膨胀，长期而反复作用会使材料逐渐破坏。

化学作用包括酸、碱、盐及其水溶液，各种腐蚀性气体对材料的侵蚀作用，使材料的组成成分发生质的变化，而引起材料的破坏，如水泥石的化学侵蚀、钢材的锈蚀等。

机械作用包括冲击、疲劳荷载及各种气体、液体和固体引起的磨损或磨耗等。

生物作用包括菌类、昆虫等的侵害作用，导致材料发生腐朽、虫蛀等而破坏，如木材及植物纤维材料的腐烂等。

大气作用指在阳光、空气及辐射的作用下，材料逐渐老化、变质而破坏，如沥青、高分子材料的老化。

耐久性是材料的一项综合性质，因材料的组成和构造不同，其耐久性的内容也不同，所以无法用一个统一的指标去衡量所有材料的耐久性。如钢材因锈蚀而破坏；石材、混凝土、砂浆、烧结普通黏土砖等无机非金属材料，主要是因冻融、风化、碳化、干湿变化等物理作用而破坏，当与水接触时，有可能因化学作用而破坏；沥青、塑料、橡胶等有机材料因老化而破坏。

二、材料耐久性的测定

对材料耐久性最可靠的判断，是对其在使用条件下进行长期的观察和测定，但是这需要较长时间。为此，近年来采用快速检验法，这种方法是根据相似性理论模拟实际使用条件，将材料在实验室进行快速试验，根据试验结果及其耐久性评价标准，对材料的耐久性做出判定或预测。在实验室进行快速试验的项目主要有干湿循环、冻融循环、碳化等。

三、提高材料耐久性的重要意义

在实际工程中，由于各种原因，建筑材料常会因耐久性不足而过早破坏，因此耐久性是建筑材料的一项重要技术性质。在设计选择建筑材料时，尤其是恶劣环境或严酷环境条件下，必须考虑材料的耐久性问题。采用耐久性良好的建筑材料，对充分发挥建筑材料的正常服役性能，保证建筑结构长期正常使用，延长建筑物使用寿命，降低维修费用，节约资源、保护环境等，均具有十分重要的意义。

习　题

一、填空题

1. 材料的吸水性大小用__________表示,吸湿性大小用__________表示。
2. 材料与水接触时,按能否被水润湿,将材料分为__________和__________两大类。
3. 材料的抗冻性以材料在吸水饱和状态下所能抵抗的__________来表示。
4. 孔隙率越大,材料的导热系数越__________,其绝热性能越__________。
5. 散粒材料的堆积体积由固体体积、__________和__________组成。
6. 材料与水有关的性质有亲水性与憎水性、__________、__________、__________、吸湿性和__________。
7. 同种材料的孔隙率越______,其强度越高。当材料的孔隙一定时,______孔隙越多,材料的保温性能越好。
8. 亲水性材料按含水情况分为干燥状态、__________、__________和气干状态。
9. 在水中或长期处于潮湿状态下使用的材料,应考虑材料的__________性。
10. 当孔隙率相同时,分布均匀而细小的封闭孔隙含量愈大,则材料的吸水率______、保温性能______、耐久性______。

二、名词解释

1. 材料的孔隙率　　2. 堆积密度
3. 材料的含水率　　4. 表观密度
5. 材料的强度

三、单项选择题

1. 材料在水中吸收水分的性质称为(　　)。
   A. 吸水性　B. 吸湿性　C. 耐水性　D. 渗透性
2. 材料的耐水性用(　　)来表示。
   A. 渗透系数　B. 抗冻性　C. 软化系数　D. 含水率
3. 评定钢材强度的基本指标是(　　)。
   A. 抗压强度　B. 抗拉强度　C. 抗弯强度　D. 抗折强度
4. 某材料吸水饱和后重110 g,比干燥时重了10 g,此材料的吸水率等于(　　)。
   A. 10%　B. 11.1%　C. 9.1%　D. 9.9%
5. 含水率为10%的砂220 g,其干燥后的质量是(　　)g。
   A. 209　B. 209.52　C. 210　D. 200
6. 以下四种材料中属于憎水性材料的是(　　)。
   A. 花岗岩　B. 木材　C. 石油沥青　D. 混凝土
7. 材料的抗渗等级为W6,说明该材料所能承受的最大水压力为(　　)。

A. 6 MPa　B. 0.6 MPa　C. 60 MPa　D. 66 MPa

8. 对于同一种材料，密度、表观密度与堆积密度之间的关系是(　　)。

A. 密度>堆积密度>表观密度　B. 密度>表观密度>堆积密度

C. 堆积密度>密度>表观密度　D. 表观密度>堆积密度>密度

9. 当材料的孔隙率增大时，材料的(　　)一定降低。

A. 密度和表观密度　B. 抗冻性和抗渗性

C. 表观密度和强度　D. 憎水性和亲水性

10. 脆性材料的特征是(　　)。

A. 破坏前无明显变形　B. 抗压强度与抗拉强度均较高

C. 抗冲击破坏时吸收能量大　D. 受力破坏时，外力所做的功大

11. 保温效果好的材料，其(　　)。

A. 热传导性要小，热容量要小　B. 热传导性要大，热容量要小

C. 热传导性要小，热容量要大　D. 热传导性要大，热容量要大

12. 一般而言，材料的导热系数是(　　)。

A. 金属材料>无机非金属材料>有机材料

B. 金属材料>有机材料>无机非金属材料

C. 金属材料<有机材料<无机非金属材料

D. 金属材料<无机非金属材料<有机材料

13. 材料的耐水性可用软化系数表示，软化系数是(　　)。

A. 吸水后的表观密度与干表观密度之比

B. 饱水状态的抗压强度与干燥状态的抗压强度之比

C. 饱水后的材料质量与干燥质量之比

D. 饱水后的材料体积与干燥体积之比

四、判断题

1. 材料在空气中吸收水分的性质称为材料的吸水性。(　　)

2. 同一种材料，其表观密度越大，则其孔隙率越小。(　　)

3. 材料的抗冻性与材料的孔隙率有关，与孔隙中的水饱和程度无关。(　　)

4. 材料的软化系数愈大，材料的耐水性愈好。(　　)

5. 材料吸水饱和时水占的体积可视为开口孔隙体积。(　　)

6. 材料进行强度试验时，加荷速度快的比加荷速度慢的试验结果指标值偏大。(　　)

7. 隔热保温工程设计时，应尽量选用比热容大、导热系数小的材料。(　　)

8. 材料含水会使堆积密度和导热性增大，强度提高，体积膨胀。(　　)

9. 材料的渗透系数愈大，其抗渗性能愈好。(　　)

五、简述题

1. 某砖在干燥状态下的抗压强度为 20 MPa，在吸水饱和状态下抗压强度为 14 MPa，

请问此砖是否适宜用于潮湿环境的建筑物？

2. 简述材料强度的概念及其影响强度测定的因素。

3. 试述材料的孔隙率和空隙率的概念及其区别。

4. 简述材料导热系数的物理意义及其影响因素。

5. 简述材料的耐久性与其应用价值间的关系，能否认为材料的耐久性越高越好？

6. 软化系数是反映材料什么性质的指标？为何要控制这个指标？

7. 简述材料的亲水性与憎水性在建筑工程中的应用。

8. 影响材料抗渗性的因素有哪些？如何改善材料的抗渗性？

9. 保温、隔热材料为什么要注意防潮、防冻？

10. 材料孔隙率的大小和孔隙特征是如何影响密度、表观密度、抗渗性、抗冻性、导热性等性质的？

六、计算题

1. 某材料的表观密度为 1 820 kg/m^3，孔隙率为 30%，试求该材料的密度。

2. 某石材在气干、绝干、水饱和状态下测得的抗压强度分别为 172 MPa、178 MPa、168 MPa，求该石材的软化系数，并判断该石材可否用于水下工程。

3. 某一块状材料的全干质量为 100 g，自然状态体积为 40 cm^3，绝对密实状态下的体积为 33 cm^3，试求该材料的密度、表观密度和密实度。

4. 今购进含水率 5%的砂子 500 t，实为干砂多少吨？若需干砂 500 t，应购进含水率 5%的砂子多少吨？

5. 烧结普通砖的尺寸为 240 mm×115 mm×53 mm，已知其孔隙率为 37%，干燥质量为 2 487 g，浸水饱和质量为 2 984 g。试求该砖的表观密度、密度、质量吸水率。

模块 2　胶凝材料及其检测

【学习目标】

1. 掌握气硬性胶凝材料石灰、石膏、水玻璃的技术性质、用途，能正确合理地使用气硬性胶凝材料。

2. 掌握通用硅酸盐水泥的技术性质，能根据工程特点和使用环境条件，正确合理地选择和使用不同品种水泥。

3. 能熟练进行水泥的细度、凝结时间、体积安定性、胶砂强度等技术指标的检测。

4. 熟悉水泥的验收和保管。

建筑工程中，凡是经过一系列物理、化学作用，能将散粒材料或块状材料黏结成整体的材料称为胶凝材料。

胶凝材料按化学成分可分为无机胶凝材料和有机胶凝材料两大类。有机胶凝材料种类较多，在建筑工程中常用的有沥青、各类胶乳剂等。无机胶凝材料按凝结硬化的条件不同又分为气硬性胶凝材料和水硬性胶凝材料。气硬性胶凝材料只能在空气中凝结硬化，并保持和发展自身强度；水硬性胶凝材料不仅能在空气中凝结硬化，而且能在水中更好地凝结硬化，保持和发展自身强度。工程中常用的石灰、石膏、水玻璃属于气硬性胶凝材料，各种水泥均属于水硬性胶凝材料。

项目 1　石　灰

主要内容	知识目标	能力目标
石灰的原料与生产，石灰的熟化与凝结硬化，石灰的技术标准，石灰的性质、应用及储存	了解石灰的原料和生产工艺，理解石灰的熟化与凝结硬化原理，掌握石灰的品种、技术要求、主要性质及应用	能够根据工程实际情况，结合石灰的性质，正确合理地使用石灰

石灰是工程中使用最早的气硬性胶凝材料之一。石灰具有原料来源广、生产工艺简单、成本低廉和使用方便等特点，因此至今仍被广泛应用于建筑工程中。

一、石灰的原料与生产

（一）石灰的原料

生产石灰的原料主要是以含碳酸钙为主的天然岩石，如石灰石、白垩、白云质石灰石等，这些天然原料中的黏土杂质一般控制在 8%以内。

石灰的另一来源是化学工业副产品。如用电石(碳化钙)制取乙炔的电石渣,其主要成分是 $Ca(OH)_2$,即消石灰。

码 2-1 微课:石灰的性质及应用

(二)石灰的生产

由石灰石煅烧成生石灰,实际上是碳酸钙($CaCO_3$)的分解过程,其反应式如下:

$$CaCO_3 \xrightarrow{900 \sim 1\,200\ ℃} CaO+CO_2 \uparrow$$

由于窑内煅烧温度不均匀,产品中常含有少量的欠火石灰和过火石灰。欠火石灰含有未完全分解的碳酸钙内核,降低了石灰的产量;过火石灰表面有一层深褐色熔融物质,阻碍石灰的正常熟化;正火石灰质轻(表观密度为 800 ~ 1 000 kg/m^3)、色匀(白色或灰白色),工程性质优良。

石灰原料中常含有少量碳酸镁,煅烧时生成氧化镁。因此,氧化钙和氧化镁是石灰的主要成分。

二、石灰的熟化与硬化

(一)石灰的熟化

生石灰与水反应生成氢氧化钙,称为石灰的熟化。其反应式如下:

$$CaO+H_2O \longrightarrow Ca(OH)_2+64.9\ kJ/mol$$

石灰熟化时放出大量的热,并且体积迅速膨胀 1.5 ~ 2.0 倍。

熟化时根据加水量的多少,可得到石灰膏和消石灰粉。将生石灰放在化灰池中,用过量的水(生石灰体积的 3 ~ 4 倍)消化成石灰水溶液,然后通过筛网,流入储灰坑内,随着水分的减少,逐渐形成石灰浆,最后形成石灰膏。为了消除过火石灰的危害,石灰浆应在储灰坑中存放两周以上,使过火石灰充分熟化,这个过程称为“陈伏”。“陈伏”期间,石灰浆表面应保有一层水分,与空气隔绝,以免碳化。

消石灰粉是由块状生石灰用适量的水熟化而成的,加水量以使其充分消解而又不过湿成团为度。工地上常用分层喷淋法进行消化,目前多在工厂中用机械法将生石灰熟化成消石灰粉,再供利用。

应特别指出,块状生石灰必须充分熟化后方可用于工程中。若使用将块状生石灰直接破碎、磨细制得的生石灰粉,则可不预先熟化、“陈伏”而直接使用。这是因为磨细生石灰粉的细度高,水化反应速度可提高 30~50 倍,且水化时体积膨胀均匀,避免了局部膨胀过大。使用磨细生石灰粉,克服了传统石灰硬化慢、强度低的特点(强度可提高约 2 倍),不仅提高了工效,而且节约了场地,改善了施工环境,但其成本较高。

(二)石灰的硬化

石灰的凝结硬化是结晶和碳化两个交错进行的过程。

1. 结晶

石灰浆体中的水分被砌体部分吸收及蒸发后,石灰胶粒更加紧密,同时氢氧化钙从饱和溶液中逐渐结晶析出,使石灰浆体凝结硬化,产生强度并逐步提高。

2. 碳化

浆体中的氢氧化钙与空气中的二氧化碳发生化学反应,生成碳酸钙,反应式如下:

$$Ca(OH)_2+CO_2+nH_2O \longrightarrow CaCO_3+(n+1)H_2O$$

碳酸钙与氢氧化钙两种晶体在浆体中交叉共生,构成紧密的结晶网,使石灰浆体逐渐变成坚硬的固体物质。

由于结晶和碳化过程十分缓慢,且氢氧化钙易溶于水,故石灰不能用于潮湿环境及水下的工程部位。

三、石灰的分类和技术要求

(一)建筑生石灰的分类和技术要求

根据《建筑生石灰》(JC/T 479—2013),生石灰按其加工情况分为块状生石灰和粉状生石灰;按其化学成分分为钙质石灰(氧化镁含量≤5%)和镁质石灰(氧化镁含量>5%);根据化学成分的含量每类分成不同等级,见表 2-1。建筑生石灰的化学成分、物理性质应分别符合表 2-2、表 2-3 要求。

表 2-1　建筑生石灰的分类

类别	名称	代号	说明
钙质石灰	钙质石灰 90	CL 90	CL 90 中 CL 表示钙质石灰,90 表示生石灰中 CaO+MgO 的百分含量
	钙质石灰 85	CL 85	
	钙质石灰 75	CL 75	
镁质石灰	镁质石灰 85	ML 85	ML 85 中 ML 表示镁质石灰,85 表示生石灰中 CaO+MgO 的百分含量
	镁质石灰 80	ML 80	

表 2-2　建筑生石灰的化学成分　%

名称	CaO+MgO	MgO	CO_2	SO_3
CL 90-Q CL 90-QP	≥90	≤5	≤4	≤2
CL 85-Q CL 85-QP	≥85	≤5	≤7	≤2
CL 75-Q CL 75-QP	≥75	≤5	≤12	≤2
ML 85-Q ML 85-QP	≥85	>5	≤7	≤2
ML 80-Q ML 80-QP	≥80	>5	≤7	≤2

注:Q 为块状生石灰;QP 为粉状生石灰。

表 2-3　建筑生石灰的物理性质

名称	产浆量/(dm^3/10 kg)	细度	
		0.2 mm 筛余量/%	90 μm 筛余量/%
CL 90-Q CL 90-QP	≥26 —	— ≤2	— ≤7
CL 85-Q CL 85-QP	≥26 —	— ≤2	— ≤7
CL 75-Q CL 75-QP	≥26 —	— ≤2	— ≤7
ML 85-Q ML 85-QP	—	— ≤2	— ≤7
ML 80-Q ML 80-QP	—	— ≤7	— ≤2

(二)建筑消石灰的分类和技术要求

根据《建筑消石灰》(JC/T 481—2013),消石灰按其化学成分分为钙质消石灰(氧化镁含量≤5%)和镁质消石灰(氧化镁含量>5%);按扣除游离水和化学结合水后 CaO+MgO 的百分含量每类分成不同等级,见表 2-4。建筑消石灰的化学成分、物理性质应分别符合表 2-5、表 2-6 要求。

表 2-4　建筑消石灰的分类

类别	名称	代号	说明
钙质消石灰	钙质消石灰 90	HCL 90	HCL 90 中 HCL 表示钙质消石灰,90 表示消石灰中 CaO+MgO 的百分含量
	钙质消石灰 85	HCL 85	
	钙质消石灰 75	HCL 75	
镁质消石灰	镁质消石灰 85	HML 85	HML 85 中 HML 表示镁质消石灰,85 表示消石灰中 CaO+MgO 的百分含量
	镁质消石灰 80	HML 80	

表 2-5　建筑消石灰的化学成分

名称	CaO+MgO	MgO	SO_3
HCL 90 HCL 85 HCL 75	≥90 ≥85 ≥75	≤5	≤2
HML 85 HML 80	≥85 ≥80	>5	≤2

注:表中数值以试样扣除游离水和化学结合水后的干基为基准。

表 2-6 建筑消石灰的物理性质

名称	游离水/%	安定性	细度	
			0.2 mm 筛余量/%	90 μm 筛余量/%
HCL 90 HCL 85 HCL 75 HML 85 HML 80	≤2	合格	≤2	≤7

四、石灰的性质与应用

(一)石灰的性质

1. 保水性和可塑性好

生石灰熟化为石灰浆时,生成了颗粒极细(直径约 1 μm)的呈胶体分散状态的氢氧化钙,表面吸附一层较厚的水膜,因而保水性好,水分不易泌出,并且水膜使颗粒间的摩擦力减小,故可塑性也好。石灰的这一性质常被用来改善水泥砂浆的保水性,以克服水泥砂浆保水性较差的缺点。

2. 硬化慢,强度低

从石灰浆体的硬化过程可以看出,由于空气中二氧化碳稀薄,碳化极为缓慢。碳化后形成紧密的碳酸钙硬壳,不仅不利于二氧化碳向内部扩散,同时也阻止水分向外蒸发,致使碳酸钙和氢氧化钙结晶体生成量减少且生成缓慢,硬化强度也不高。按 1:3配合比的石灰砂浆,其 28 d 的抗压强度只有 0.2 ~ 0.5 MPa,而受潮后,石灰溶解,强度更低。

3. 硬化时体积收缩大

石灰硬化时,蒸发大量游离水而引起显著收缩,产生裂缝。因此,石灰除调成石灰乳做薄层涂刷外,不宜单独使用。通常施工时掺入一定量的骨料(如砂子等)或纤维材料(如麻刀、纸筋等),以提高抗拉强度,抵抗收缩引起的开裂。

4. 耐水性差

在石灰硬化体中,大部分仍然是未碳化的氢氧化钙,氢氧化钙微溶于水,当已硬化的石灰浆体受潮时,耐水性极差,甚至使已硬化的石灰溃散。因此,石灰不宜用于易受水浸泡的建筑部位。

(二)石灰的用途

1. 制作石灰乳

石灰膏或消石灰粉加入过量的水稀释成的石灰乳,是一种传统的室内粉刷涂料。目前已很少使用,大多用于临时建筑的室内粉刷。

2. 配制砂浆

用石灰膏与砂、麻刀、纸筋配制成的石灰砂浆、麻刀灰、纸筋灰,广泛用作内墙、顶棚的抹灰砂浆。在水泥、砂配制成的水泥砂浆中掺入石灰膏,即成为混合砂浆,不但可以节约水泥,而且能提高水泥砂浆的保水性和砌筑、抹灰质量,广泛用于砌筑及抹灰工程。

3. 配制灰土和三合土

将消石灰粉与黏土拌和,称为石灰土(灰土),若再加入砂石或炉渣、碎砖等即成三合土。石灰常占灰土的10% ~ 30%(体积比),即一九灰土、二八灰土及三七灰土。石灰量过高,往往导致强度和耐水性降低。施工时,将灰土或三合土混合均匀并夯实,可使彼此黏结为一体,同时黏土等成分中含有的少量活性 SiO_2 和活性 Al_2O_3 等酸性氧化物,在石灰长期作用下反应,生成不溶性的水化硅酸钙和水化铝酸钙,使颗粒间的黏结力不断增强,灰土或三合土的强度及耐水性能也不断提高。因此,灰土和三合土广泛用于建筑物基础和道路的垫层。

4. 生产无熟料水泥和硅酸盐制品

石灰与活性混合材料(如粉煤灰、高炉矿渣等)混合,并掺入适量石膏等,磨细后可制成无熟料水泥。

用磨细生石灰掺加纤维状填料或轻质骨料,搅拌成型后,用二氧化碳进行人工碳化,可制成碳化石灰板,用作隔墙板、天花板等。用磨细生石灰与硅质材料(含 SiO_2 的材料,如粉煤灰、煤矸石、浮石等)混合,经成型、蒸压或蒸汽养护,可生产硅酸盐制品,如灰砂砖、粉煤灰砖、加气混凝土砌块等。

五、石灰的储存和运输

生石灰在储存和运输时应注意防水、防潮。生石灰在空气中放置太久,会吸收空气中的水分而熟化成消石灰粉,再与空气中的二氧化碳反应,生成碳酸钙而失去胶结能力,因此生石灰不易久存。一般为防止其碳化失效,石灰运到现场后立即熟化成石灰乳,将储存期变成陈伏期。另外,生石灰受潮熟化会放出大量的热量,因此应与易燃、易爆物品分开存放。

【工程案例 2-1】 某工地急需配制石灰砂浆。当时有消石灰粉、生石灰粉及生石灰三种材料可供选用。因生石灰价格相对较便宜,便选用,并马上加水配制石灰膏,再配制石灰砂浆。使用数日后,石灰砂浆出现众多凸出的膨胀性裂缝,请分析原因。

原因分析:由于石灰膏的陈伏时间不够,过火石灰未充分熟化,数日后过火石灰颗粒在已硬化的石灰砂浆中熟化,体积膨胀,导致产生膨胀性裂缝。《砌筑砂浆配合比设计规程》(JGJ/T 98—2010)规定:生石灰熟化成石灰膏时,熟化时间不得少于7 d;磨细生石灰粉的熟化时间不得少于3 d;消石灰粉是未充分熟化的石灰,不得直接用于砌筑砂浆。

项目2　建筑石膏

主要内容	知识目标	能力目标
建筑石膏的原料与生产,建筑石膏的凝结与硬化,石膏的主要性质、应用	理解石膏的凝结与硬化原理,掌握石膏的主要性质、应用与储存	能够根据所学的知识对石膏的应用及石膏制品的相关问题进行分析与解决

建筑石膏是以硫酸钙为主要成分的气硬性无机胶凝材料,其原料来源丰富,生产能耗较低,建筑石膏及其制品有着悠久的发展历史,并具有许多优良的性能,在建筑材料领域中得到广泛的应用,并发挥着重要作用。

一、建筑石膏的原料与生产

生产建筑石膏的主要原料是天然二水硫酸钙($CaSO_4 \cdot 2H_2O$)矿石(或称生石膏),也可以是一些富含二水硫酸钙的工业副产品,如磷石膏、脱硫石膏等。

码 2-2　微课:石膏的性质及应用

根据建筑石膏的原料不同,建筑石膏分为:①天然建筑石膏(代号为N),以天然石膏为原料;②脱硫建筑石膏(代号为S),以石灰、氢氧化钙或石灰石湿法脱除烟气中二氧化硫时产生的以二水硫酸钙($CaSO_4 \cdot 2H_2O$)为主要成分的副产品为原料;③磷建筑石膏(代号为P),以磷矿石湿法制取磷酸时产生的以二水硫酸钙($CaSO_4 \cdot 2H_2O$)为主要成分的副产品为原料。目前世界上约90%的建筑石膏原料是天然石膏,由于环境与成本的因素,工业副产品建筑石膏的用量也日益增加。

将天然二水石膏或化工石膏经加热、煅烧、脱水、磨细即得石膏胶凝材料。根据加热温度和压力的不同,可制得多种晶体结构、性能各异的石膏胶凝材料。建筑工程中最常用的石膏品种是建筑石膏,它是将原材料加热至107 ~ 170 ℃温度下,煅烧成的β型半水石膏(也称熟石膏)经磨细而成的一种白色粉末状材料,反应式如下:

$$CaSO_4 \cdot 2H_2O \xrightarrow{107 \sim 170\ ℃} \beta\text{-}\ CaSO_4 \cdot \frac{1}{2}H_2O + 1\frac{1}{2}H_2O$$

二、建筑石膏的凝结与硬化

建筑石膏与适量的水混合后,开始形成均匀的可塑性浆体,很快石膏浆体失去塑性,这个过程称为石膏的凝结。此后,石膏浆体开始产生强度,并逐渐发展成为坚硬的固体,这个过程称为石膏的硬化(见图2-1)。其反应式如下:

$$CaSO_4 \cdot \frac{1}{2}H_2O + 1\frac{1}{2}H_2O \rightarrow CaSO_4 \cdot 2H_2O$$

半水石膏遇水溶解,生成不稳定的饱和溶液,溶液中的半水石膏水化生成二水石膏,二水石膏的溶解度比半水石膏小许多,所以二水石膏很快会从过饱和溶液中析出成为晶体;二水石膏的析出又促使上述过程不断进行,直到半水石膏完全转变成二水石膏为止。浆体中的水分因水化和蒸发而逐渐减少,浆体变稠并失去塑性,强度不断增长直至最大值,完成了石膏的硬化。

石膏的凝结和硬化是一个连续的过程,这个过程既有物理变化又有化学变化。凝结可分为两个阶段:初凝和终凝。石膏浆体开始失去可塑性的状态称为初凝,从加水开始至初凝的这段时间为初凝时间;石膏浆体完全失去可塑性,并开始产生强度称为终凝,从加水开始至

码 2-3 动画:石膏的凝结与硬化

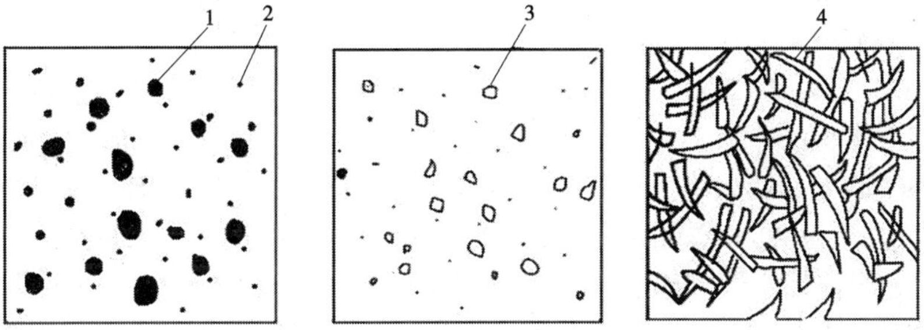

1—半水石膏;2—二水石膏胶体微粒;3—二水石膏晶体;4—交错的晶体。

图 2-1 建筑石膏的凝结与硬化示意图

终凝的这段时间为终凝时间。

三、建筑石膏的技术标准

根据国家标准《建筑石膏》(GB/T 9776—2022),天然建筑石膏(N)、脱硫建筑石膏(S)、磷建筑石膏(P)每类按 2 h 湿抗折强度分为 4.0、3.0、2.0 三个等级。按产品名称、代号、等级及标准编号的顺序标记,例如,等级为 2.0 的天然建筑石膏标记为:建筑石膏 N 2.0 GB/T 9776—2022。建筑石膏的物理力学性能应符合表 2-7 的要求。

表 2-7 建筑石膏技术指标

等级	凝结时间/min		2 h 湿强度/MPa,不小于		干强度/MPa,不小于	
	初凝,不小于	终凝,不大于	抗折	抗压	抗折	抗压
4.0			4.0	8.0	7.0	15.0
3.0	3	30	3.0	6.0	5.0	12.0
2.0			2.0	4.0	4.0	8.0

四、建筑石膏的性质与应用

(一)建筑石膏的特性

与水泥和石灰等无机胶凝材料相比,石膏具有以下特征:

(1)凝结硬化快。建筑石膏一般在加水后的 3 ~ 5 min 内即可初凝,30 min 内即达到终凝。为满足施工操作的要求,可加入缓凝剂,以降低半水石膏的溶解度和溶解速度。常

用的缓凝剂有硼砂、柠檬酸等。

(2)凝结硬化时体积微膨胀。建筑石膏硬化过程中体积略有膨胀,其体积膨胀率为0.05% ~ 0.15%。这使得石膏制品表面光滑细腻、尺寸精确、轮廓清晰、形体饱满,干燥时不裂缝,有利于制造复杂图案的石膏装饰制品。

(3)孔隙率高、表观密度小、强度低。建筑石膏水化反应的理论需水量只占半水石膏质量的18.6%,但在使用中,为满足施工要求的可塑性,往往要加60% ~ 80%的水,由于多余水分蒸发,在内部形成大量孔隙,孔隙率可达50% ~ 60%。因此,其表观密度小(800~1 000 kg/m^3),强度低。

(4)有较好的功能性。石膏制品孔隙率高,且均为微细的毛细孔,因此导热系数小,一般为0.121 ~ 0.205 W/(m · K),保温隔热性好;吸声性强;吸湿性大,使其具有一定的调温、调湿功能。

(5)具有良好的防火性。建筑石膏与水作用转变为$CaSO_4 \cdot 2H_2O$,硬化后的石膏制品含有占其总质量20.93%的结合水,遇火时,结合水吸收热量后大量蒸发,在制品表面形成水蒸气幕,隔绝空气,缓解石膏制品本身温度的升高,有效地阻止火的蔓延。

(6)耐水性和抗冻性差。建筑石膏硬化后有很强的吸湿性和吸水性,在潮湿条件下,晶粒间的结合力减弱,导致强度下降,其软化系数仅为0.2 ~ 0.3。另外,石膏浸泡在水中,由于二水石膏微溶于水,也会使其强度下降。石膏制品吸水后受冻,会因水分结冰膨胀而破坏,故抗冻性差。

(二)建筑石膏的用途

1. 室内粉刷及抹灰

建筑石膏颜色洁白、质地细腻,与水拌和成石膏浆体,可用作室内粉刷涂料。建筑石膏加水、砂拌和成石膏砂浆,多用于室内抹灰。用石膏砂浆抹灰后的墙面不仅光滑、细腻、洁白美观,而且石膏砂浆隔热保温性能好,热容量大,能够调节室内温度和湿度,给人以舒适感,故称其为室内高级抹灰材料。

2. 石膏板及装饰制品

建筑石膏可与石棉、玻璃纤维、轻质填料等配制成各种石膏板材,它具有轻质、绝热、吸声、不污染、不老化、对人体健康无害等优点,而且施工方便快捷。常用的石膏板主要有纸面石膏板、纤维石膏板、空心石膏板和石膏砌块等。

石膏装饰制品是以优质石膏为主要原料,掺入少量的纤维增强材料和胶料,加水拌和成石膏浆体,经注模成型。石膏装饰制品主要有装饰板、装饰吸声板、装饰线角、花饰、装饰浮雕壁画、挂饰及建筑艺术造型等。石膏装饰制品具有色彩鲜艳、品种多样、造型美观、施工简单等优点,是公用和住宅建筑物的墙面和顶棚常用的装饰制品,适用于中高档室内装饰。

五、建筑石膏及其制品的储运

建筑石膏在储运过程中,应防止受潮及混入杂物,一般储存期为3个月,过期或受潮后,强度会降低,需重新检验,确定等级。

储存板材时应按不同品种、规格及等级在室内分类、水平堆放,底层应用垫条与地面隔开,堆高不超过 300 mm。在储存和运输过程中,应防止板材受潮和碰损。

【工程案例 2-2】 某工人用建筑石膏粉加水,拌成一桶石膏浆,用以在光滑的天花板上直接粘贴石膏饰条,前后半小时完工。几天后,厨房、厕所、浴室处粘贴的石膏饰条突然坠落。

原因分析:厨房、厕所、浴室等处一般较潮湿,普通石膏制品在潮湿的环境中,晶体间的黏结力削弱,强度下降、变形,且还会发霉。

建筑石膏一般不宜在潮湿和温度过高的环境中使用。欲提高其耐水性,可在建筑石膏中掺入一定量的水泥或其他含活性 SiO_2、Al_2O_3 及 CaO 的材料,如粉煤灰、石灰等。掺入有机防水剂亦可改善石膏制品的耐水性。

项目3 水玻璃

主要内容	知识目标	能力目标
水玻璃的生产,水玻璃的硬化,水玻璃的特性及水玻璃的应用	了解水玻璃的生产工艺,理解水玻璃的硬化原理,掌握水玻璃的主要性质及应用	能够根据工程实际情况,结合水玻璃的性质,合理地使用水玻璃

水玻璃俗称泡花碱,是由碱金属氧化物和二氧化硅结合而成的一种水溶性碱金属硅酸盐物质。根据碱金属氧化物种类的不同,常见的水玻璃品种有硅酸钠水玻璃($Na_2O \cdot nSiO_2$)和硅酸钾水玻璃($K_2O \cdot nSiO_2$)。工程中常用是硅酸钠液态水玻璃,是由固体水玻璃溶解于水而得的,因所含杂质不同而呈青灰色、黄绿色,水玻璃以无色透明的液体为佳。

一、水玻璃的生产

硅酸钠水玻璃的主要原料是石英砂、纯碱或含碳酸钠的原料。其生产方法有干法生产和湿法生产两种,多为干法生产。

湿法生产是将石英砂和氢氧化钠水溶液在压蒸锅(0.2 ~ 0.3 MPa)内用蒸汽加热溶解而成水玻璃溶液。

干法生产是将石英砂和碳酸钠磨细拌匀,在 1 300 ~ 1 400 ℃温度下熔融,生成硅酸钠,冷却后即为固态水玻璃,其反应式如下:

$$Na_2CO_3 + nSiO_2 \xrightarrow{1\,300 \sim 1\,400\ ℃} Na_2O \cdot nSiO_2 + CO_2 \uparrow$$

将固态水玻璃在 0.3 ~ 0.8 MPa 的压蒸锅内加热溶解可得无色、淡黄色或青灰色透明或半透明的胶状水玻璃,即液态水玻璃。

水玻璃分子式中 SiO_2 与碱金属氧化物的摩尔数比值 n 称为水玻璃模数。水玻璃模数一般在 1.5 ~ 3.5,水玻璃模数与其黏度、溶解度有密切关系。水玻璃模数越大,水玻璃中胶体组分越多,水玻璃黏性越大,越难溶于水。模数为 1 时,能在常温下溶解于水中;模数为 2 时,只能在热水中溶解;模数大于 3 时,要在 0.4 MPa 以上的蒸汽中才能溶解。相同模数的水玻璃,其密度和黏度越大,硬化速度越快,硬化后的黏结力与强度越高。工程中常用水玻璃的模数为 2.6 ~ 2.8。

二、水玻璃的硬化

液体水玻璃在空气中吸收 CO_2，形成无定形硅酸凝胶，并逐渐干燥而硬化，其化学反应式为：

$$Na_2O \cdot nSiO_2 + CO_2 + mH_2O \rightarrow Na_2CO_3 + nSiO_2 \cdot mH_2O$$

因空气中 CO_2 浓度较低，上述反应过程进行得非常缓慢，为加速硬化，常加入促硬剂氟硅酸钠（Na_2SiF_6），促使硅酸凝胶析出速度加快。氟硅酸钠的掺量不可过多，也不能过少，掺量过多，会引起凝结过快，给施工带来困难；掺量过少，不仅硬化速度慢、强度低，而且未反应的水玻璃易溶于水，导致耐水性差，其适宜掺量为水玻璃质量的 12% ~ 15%。另外，需要特别注意的是，氟硅酸钠有毒性，操作时要十分小心，注意安全。

三、水玻璃的技术性质

（一）黏结力强

水玻璃硬化后具有较高的黏结强度、抗拉强度和抗压强度。用水玻璃配制的水玻璃混凝土抗压强度可达 15 ~ 40 MPa，水玻璃胶泥的抗拉强度可达 2.5 MPa。此外，水玻璃硬化后析出的硅酸凝胶还可堵塞毛细孔隙，防止水分渗透。

（二）耐酸性好

硬化后水玻璃的主要成分是硅酸凝胶，所以它能抵抗大多数无机酸和有机酸的侵蚀，尤其是在强氧化酸中仍有较高的化学稳定性，但水玻璃不耐碱性介质侵蚀。

（三）耐热性高

水玻璃硬化后形成 SiO_2 无定形硅酸凝胶，在高温下强度并不降低，甚至有所增加，因此具有良好的耐热性能。

四、水玻璃的应用

（一）作为灌浆材料，加固地基

将模数为 2.5 ~ 3.0 的液体水玻璃与氯化钙溶液交替灌入地基中，两种溶液反应生成硅酸凝胶，能包裹土壤颗粒并填充其孔隙，起胶结作用。另外，硅酸凝胶因吸收地下水经常处于膨胀状态，阻止水分的渗透，因而不仅可以提高地基的承载力，而且可以提高其不透水性。用这种方法加固的砂土地基，抗压强度可达 3 ~ 6 MPa。

（二）配制耐酸、耐热混凝土和砂浆

以水玻璃为胶凝材料，加入促硬剂、耐酸粉、耐酸骨料，可配制成耐酸混凝土和砂浆，常用于冶金、化工、金属等行业的防腐蚀工程。

利用水玻璃的耐热性，用它与促硬剂、耐热的填料、骨料等配制成耐热混凝土和耐热砂浆，用于高炉基础、热工设备基础和围护结构等耐热工程。

（三）作为涂刷或浸渍材料

将液体水玻璃涂刷天然石材、混凝土等建筑材料以及建筑物的表面，能提高密实性、

不透水性和抗风化能力,用浸渍法处理多孔材料也可达到相同的效果。此外,用水玻璃涂刷钢筋混凝土中的钢筋,可起到一定的阻锈作用;调制液体水玻璃时,可加入耐碱颜料和填料,兼有饰面效果。

(四)修补裂缝、堵漏

将液体水玻璃、粒化高炉矿渣粉、砂和促硬剂按一定比例配制成砂浆,直接压入砖墙裂缝内,可起到黏结和增强的作用。用水玻璃配制各种促凝剂,掺入水泥浆、砂浆或混凝土中,用于堵漏、抢修。在水玻璃中加入2 ~ 5种矾,可配成二矾或多矾快凝防水剂,可用于堵漏、填缝及局部抢修。

项目4 水泥基础知识

主要内容	知识目标	能力目标
水泥的生产与矿物组成,水泥的水化与凝结硬化,水泥的技术性质,水泥的性能与应用,水泥的验收与储存	了解水泥的生产工艺,理解水泥的水化与凝结硬化,掌握水泥的技术性质、特点、工程应用,熟悉水泥的验收与储存	能够根据工程特点和所处环境条件,正确合理地选用水泥品种。会进行水泥的验收与保管

水泥属于水硬性无机胶凝材料,是工程建设中最重要的建筑材料之一。水泥的问世对工程建设起到了巨大的推动作用,引起了工程设计、施工技术、新材料开发等领域的巨大变革。水泥广泛应用于房屋建筑、道路、交通、水利、海港、矿山等工程,常用来制造各种形式的钢筋混凝土、预应力混凝土构件和建筑物,也可用于配制砂浆,以及用作灌浆材料等。

水泥的品种繁多,按其矿物组成可分为硅酸盐系列、铝酸盐系列、硫铝酸盐系列、铁铝酸盐系列等;按其用途和特性又分为通用水泥、专用水泥和特性水泥。通用水泥是指一般土木建筑工程采用的水泥,如通用硅酸盐水泥;专用水泥是指有专门用途的水泥,如大坝水泥、油井水泥、砌筑水泥等;特性水泥是指某种性能比较突出的水泥,如快硬硅酸盐水泥、抗硫酸盐水泥、膨胀水泥等。通常把专用水泥和特性水泥统称为特种水泥。通用硅酸盐水泥生产量最大,应用最为广泛。

码2-4 文档:中国水泥

一、通用硅酸盐水泥

通用硅酸盐水泥是由硅酸盐水泥熟料、适量的石膏、规定的混合材料磨细制成的水硬性胶凝材料,根据掺加混合材料的品种和数量,通用硅酸盐水泥分为硅酸盐水泥、普通硅酸盐水泥、矿渣硅酸盐水泥、粉煤灰硅酸盐水泥、火山灰质硅酸盐水泥和复合硅酸盐水泥。各水泥的组分和代号见表2-8~表2-10。

表 2-8　硅酸盐水泥的组分

品种	代号	组分质量分数/%		
		熟料+石膏	混合材料	
			粒化高炉矿渣/矿渣粉	石灰石
硅酸盐水泥	P·Ⅰ	100	—	—
	P·Ⅱ	95~100	0~<5	—
			—	0~<5

表 2-9　普通硅酸盐水泥、矿渣硅酸盐水泥、粉煤灰硅酸盐水泥、火山灰质硅酸盐水泥的组分

品种	代号	组分质量分数/%				
		熟料+石膏	混合材料			
			主要混合材料			替代混合材料
			粒化高炉矿渣/矿渣粉	粉煤灰	火山灰质混合材料	
普通硅酸盐水泥	P·O	80~<94	6~<20[a]			0~<5[b]
矿渣硅酸盐水泥	P·S·A	50~<79	21~<50	—	—	0~<8[c]
	P·S·B	30~<49	51~<70	—	—	
粉煤灰硅酸盐水泥	P·F	60~<79	—	21~<40	—	0~<5[d]
火山灰质硅酸盐水泥	P·P	60~<79	—	—	21~<40	

注：a. 主要混合材料由符合 GB 175 规定的粒化高炉矿渣/矿渣粉、粉煤灰、火山灰质混合材料组成。

b. 替代混合材料为符合 GB 175 规定的石灰石。

c. 替代混合材料为符合 GB 175 规定的粉煤灰或火山灰、石灰石。替代后 P·S·A 矿渣硅酸盐水泥中粒化高炉矿渣/矿渣粉含量(质量分数)不小于水泥质量的 21%，P·S·B 矿渣硅酸盐水泥中粒化高炉矿渣/矿渣粉含量(质量分数)不小于水泥质量的 51%。

d. 替代混合材料为符合 GB 175 规定的石灰石。替代后粉煤灰硅酸盐水泥中粉煤灰含量(质量分数)不小于水泥质量的 21%，火山灰质硅酸盐水泥中火山灰质混合材料含量(质量分数)不小于水泥质量的 21%。

表 2-10　复合硅酸盐水泥的组分

品种	代号	组分质量分数/%					
		熟料+石膏	混合材料				
			粒化高炉矿渣/矿渣粉	粉煤灰	火山灰质混合材料	石灰石	砂岩
复合硅酸盐水泥	P·C	50~<79	21~<50[a]				

注：a. 混合材料由符合 GB 175 规定的粒化高炉矿渣/矿渣粉、粉煤灰、火山灰质混合材料、石灰石和砂岩中的三种(含)以上材料组成。其中，石灰石含量(质量分数)不大于水泥质量的 15%。

(一)通用硅酸盐水泥的生产与矿物组成

1.通用硅酸盐水泥的生产

生产通用硅酸盐水泥的原料主要是石灰质原料和黏土质原料两类。石灰质原料主要提供 CaO,常采用石灰石、白垩、石灰质凝灰岩等。黏土质原料主要提供 SiO_2、Al_2O_3 及 Fe_2O_3,常采用黏土、黏土质页岩、黄土等。有时两种原料化学成分不能满足要求,还需加入少量校正原料来调整,如铁矿粉、砂岩等。

码 2-5 文档:水泥的发明过程

码 2-6 微课:水泥的生产与组成

通用硅酸盐水泥的生产是以适当比例的石灰质原料、黏土质原料,再配以少量校正材料共同磨细制成生料,将生料在水泥窑中经过 1 400~1 450 ℃的高温煅烧至部分熔融,冷却后得到硅酸盐水泥熟料,最后加适量石膏和混合材料共同磨细制成一定细度的水硬性胶凝材料。通用硅酸盐水泥的生产过程可概括为“两磨一烧”,其工艺流程见图 2-2。

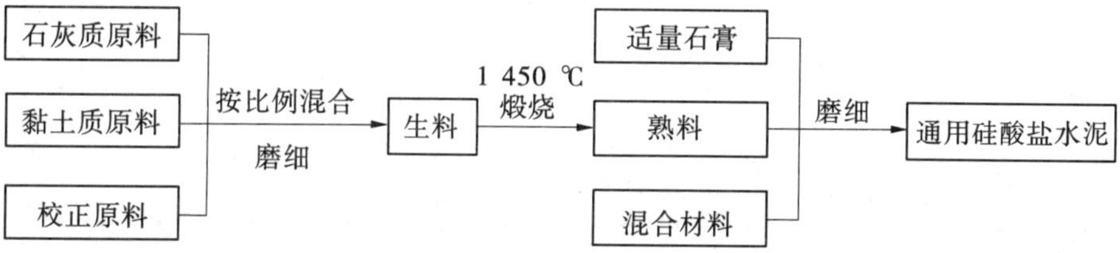

图 2-2 通用硅酸盐水泥生产工艺

2.硅酸盐水泥熟料的矿物组成

生料中的 CaO、SiO_2、Al_2O_3 及 Fe_2O_3 经高温煅烧后,反应生成硅酸盐水泥熟料中的 4 种主要矿物成分,其名称及含量范围见表 2-11,其中硅酸钙矿物含量(质量分数)不小于 66%。

表 2-11 硅酸盐水泥熟料的主要矿物成分

矿物名称	分子式	缩写形式	含量/%
硅酸三钙	$3CaO \cdot SiO_2$	C_3S	37 ~ 60
硅酸二钙	$2CaO \cdot SiO_2$	C_2S	15 ~ 37
铝酸三钙	$3CaO \cdot Al_2O_3$	C_3A	7 ~ 15
铁铝酸四钙	$4CaO \cdot Al_2O_3 \cdot Fe_2O_3$	C_4AF	10 ~ 18

除以上 4 种主要矿物成分外,硅酸盐水泥熟料中还含有少量游离氧化钙、游离氧化镁及碱类物质(K_2O 及 Na_2O)等有害成分。

(二)通用硅酸盐水泥的凝结硬化

1.通用硅酸盐水泥的水化特性及水化产物

码 2-7　微课：水泥的水化

水泥与水发生的化学反应，简称为水泥的水化反应。硅酸盐水泥熟料矿物的水化反应如下：

$$2(3CaO \cdot SiO_2)+6H_2O \longrightarrow 3CaO \cdot 2SiO_2 \cdot 3H_2O+3Ca(OH)_2$$

$$2(2CaO \cdot SiO_2)+4H_2O \longrightarrow 3CaO \cdot 2SiO_2 \cdot 3H_2O+Ca(OH)_2$$

$$3CaO \cdot Al_2O_3+6H_2O \longrightarrow 3CaO \cdot Al_2O_3 \cdot 6H_2O$$

$$4CaO \cdot Al_2O_3 \cdot Fe_2O_3+7H_2O \longrightarrow 3CaO \cdot Al_2O_3 \cdot 6H_2O+CaO \cdot Fe_2O_3 \cdot H_2O$$

从上述反应式可知，硅酸盐水泥熟料的水化产物分别是水化硅酸钙(凝胶体)、氢氧化钙(晶体)、水化铝酸钙(晶体)和水化铁酸钙(凝胶体)。在完全水化的水泥石中，水化硅酸钙约占50%，氢氧化钙约占25%。通常认为，水化硅酸钙凝胶体对水泥石的强度和其他性质起着决定性的作用。

四种熟料矿物水化反应时所表现的水化特性见表2-12，不同熟料矿物的强度增长曲线见图2-3。

表2-12　硅酸盐水泥熟料的水化特性

名称		C_3S	C_2S	C_3A	C_4AF
水化反应速度		快	慢	最快	快
水化热		大	小	最大	中
强度	早期	高	低	低	低
	后期		高		

由表2-12和图2-3看出，不同熟料矿物单独与水作用的特性是不同的。硅酸三钙的水化速度较快，水化热较大，且主要是早期放出，其强度最高，是决定水泥强度的主要矿物。硅酸二钙的水化速度最慢，水化热最小，且主要是后期放出，是保证水泥后期强度的主要矿物。铝酸三钙是水化速度最快、水化热最大的矿物。铁铝酸四钙的水化速度也较快，仅次于铝酸三钙，其水化热中等，有利于提高水泥的抗折强度和耐磨性。水泥是几种熟料矿物的混合物，熟料的比例不同，水泥性质即发生相应的变化，可制成不同性能的水泥。如提高硅酸三钙含量，可制成高强水泥；提高硅酸三钙和铝酸三钙含量，可制成快硬水泥；降低硅酸三钙和铝酸三钙含量，提高硅酸二钙含量，可制得中、低热水泥；提高铁铝酸四钙含量，降低铝酸三钙含量，可制成道路水泥。

铝酸三钙的水化反应极快，使水泥产生瞬时凝结，为了便于施工，在生产硅酸盐水泥时需掺加适量的石膏，达到调节凝结时间的目的。石膏和铝酸三钙的水化产物水化铝酸钙发生反应，生成水化硫铝酸钙针状晶体(钙矾石)，反应式如下：

$$3CaO \cdot Al_2O_3 \cdot 6H_2O+3(CaSO_4 \cdot 2H_2O)+19H_2O \longrightarrow 3CaO \cdot Al_2O_3 \cdot 3CaSO_4 \cdot 31H_2O$$

水化硫铝酸钙是难溶于水的针状晶体，生成时附着在水泥颗粒表面，阻碍了水分的进入，因此起到了延缓水泥凝结的作用。

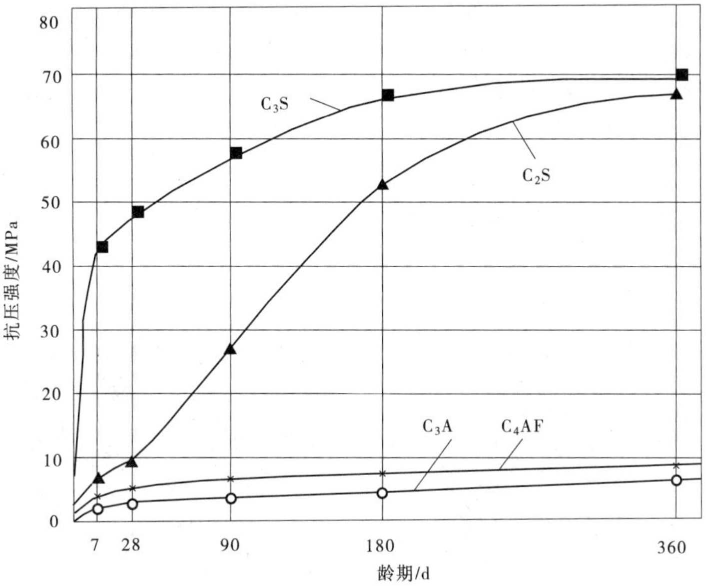

图 2-3 不同熟料矿物的强度增长曲线

2. 通用硅酸盐水泥的凝结硬化

水泥水化后,生成各种水化产物,随着时间的推延,水泥浆的塑性逐渐失去,而成为具有一定强度的固体,这一过程称为水泥的凝结硬化。通用硅酸盐水泥的凝结硬化是一个非常复杂的物理、化学变化过程。对于水泥的凝结硬化机制,目前学术界尚不统一,一般按水化反应速率和水泥浆体的结构特征,通用硅酸盐水泥的凝结硬化过程可分为初始反应期、潜伏期、凝结期、硬化期四个阶段,如图 2-4 所示。

码 2-8 动画:水泥的凝结硬化

(1)初始反应期。如图 2-4(a)所示,水泥与水接触后立即发生水化反应,在初始的 5~10 min 内,放热速率剧增,可达此阶段的最大值,然后又降至很低,这个阶段称为初始反应期。在此阶段硅酸三钙开始水化,生成水化硅酸钙凝胶,同时释放出氢氧化钙,氢氧化钙立即溶于水中,钙离子浓度急剧增大,当达到过饱和时,则呈结晶析出。同时,暴露于水泥熟料颗粒表面的铝酸三钙也溶于水,并与已溶解的石膏反应,生成钙矾石结晶析出,附着在颗粒表面,在这个阶段中,水化的水泥只是极少的一部分。

(2)潜伏期。如图 2-4(b)所示,在初始反应期后,有相当长一段时间(1~2 h),水泥浆的放热速率很低,这说明水泥水化十分缓慢。这主要是由于水泥颗粒表面覆盖了一层以水化硅酸钙凝胶为主的渗透膜层,阻碍了水泥颗粒与水的接触。在此期间,由于水泥水化产物数量不多,水泥颗粒仍呈分散状态,所以水泥浆基本保持塑性。

许多研究者将上述两个阶段合并称为诱导期。

(3)凝结期。如图 2-4(c)所示,在潜伏期后由于渗透压的作用,水泥颗粒表面的膜层破裂,水泥继续水化,放热速率又开始增大,6 h 内可增至最大值,然后又缓慢下降。在此阶段,水化产物不断增加并填充水泥颗粒之间的空间,随着接触点的增多,形成了由分子力结合的凝聚结构,使水泥浆体逐渐失去塑性,这一过程称为水泥的凝结。

(4)硬化期。如图 2-4(d)所示,在凝结期后,放热速率缓慢下降,至水泥水化 24 h 后,放热速率已降到一个很低值,约 4.0 J/(g · h)以下,此时,水泥水化仍在继续进行,水化铁铝酸钙形成;由于石膏耗尽,高硫型水化硫铝酸钙转变为低硫型水化硫铝酸钙,水化硅酸钙凝胶形成纤维状。在这一过程中,水化产物越来越多,它们更进一步地填充孔隙且彼此间的结合亦更加紧密,使得水泥浆体产生强度,这一过程称为水泥的硬化。硬化期是一个相当长的时间过程,在适当的养护条件下,水泥硬化可以持续很长时间,几个月、几年甚至几十年后强度还会继续增长。

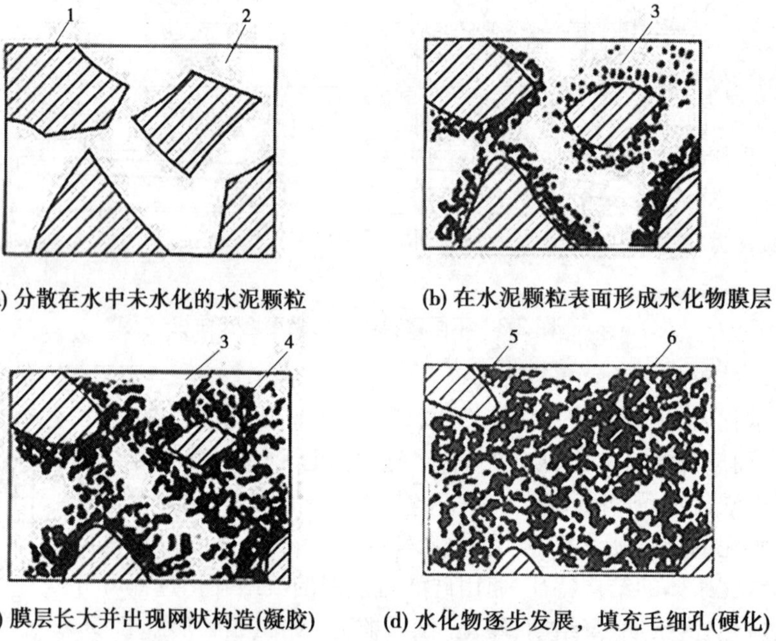

(a) 分散在水中未水化的水泥颗粒　(b) 在水泥颗粒表面形成水化物膜层

(c) 膜层长大并出现网状构造(凝胶)　(d) 水化物逐步发展，填充毛细孔(硬化)

1—水泥颗粒;2—水分;3—凝胶;4—晶体;5—水泥颗粒的未水化内核;6—毛细孔。

图 2-4　水泥凝结硬化过程示意图

3. 水泥石结构

水泥水化反应是从水泥颗粒的表面开始,逐渐深入到内部的,当水化物多时,黏附在水泥颗粒周围形成膜层,阻碍水分继续渗透,使水泥颗粒的内部水化困难,经过几个月,甚至几年的水化,除极小颗粒完全水化外,大多数颗粒仍有未水化的内核。因此,水泥石的结构是由凝胶体、晶体、未水化水泥颗粒的内核、孔隙等组成的不均匀的多相体(固体、液体、气体)结构。

4. 影响水泥水化、凝结硬化的因素

(1)矿物组成。熟料各矿物的水化特性是不同的,它们相对含量的变化,将导致不同的凝结硬化特性。比如当水泥中 C_3A 含量高时,水化速度快,放热量大,但强度不高;而 C_2S 含量高时,水化速率慢,早期强度低,后期强度发展较快。

(2)细度。水泥颗粒越细,比表面积越大,与水接触面积就越大,水化速度就越快,相应地凝结硬化速度就快,早期强度就高。一般认为,水泥粒径在 40 μm 以下的颗粒才具有较高的活性,水泥粒径大于 90 μm 的颗粒几乎接近惰性,仅起填充作用。但也不能太细,颗粒过细的水泥需水量会大幅度增加,干缩大,水化放热集中,而且粉磨能耗高,成本也高,也不易保存。在高性能混凝土中,水泥细度过大,容易导致混凝土的早期开裂,还会影响外加剂的作用效果。

(3)水泥浆的水灰比。水灰比是指水泥浆中水与水泥的质量比。水泥水化反应理论用水量占水泥质量的25%左右,在实际施工时,为使浆体取得良好的流动性,通常加水量为水泥质量的40%~70%。水灰比增大,水泥浆较稀,此时水泥初期的水化反应能够充分进行,但是水泥颗粒由于水分子的存在而分隔较远,形成空间网格结构所需的时间比较长,因此水泥浆凝结较慢,而且多余的水分在蒸发后,留下的毛细孔使抵抗外力的截面减少,影响水泥石的强度、抗渗性、抗冻性等。所以,在施工允许时,应尽量降低用水量。

(4)养护温度和湿度。保持合适的环境温度和湿度,使水泥水化反应不断进行的措施,称为养护。水泥的水化反应随温度升高,反应加快。负温条件下,水化反应停止,甚至水泥石结构有冻坏的可能。水泥水化反应必须在潮湿的环境中才能进行,潮湿的环境能保证水泥浆体中的水分不蒸发,水化反应得以维持。

(5)龄期。从水泥加水拌和之日起至实测性能之日止,所经历的养护时间称为龄期。硅酸盐水泥早期强度增长较快,后期逐渐减慢。水泥加水后,起初3 ~ 7 d强度发展快,28 d后显著减慢。但是,只要维持适当的温度和湿度,水泥强度在几个月、几年,甚至几十年后还会持续增长。

码2-9 微课:水泥的技术指标(一)

(三)通用硅酸盐水泥的技术性质

国家标准《通用硅酸盐水泥》(GB 175—2023)对通用硅酸盐水泥的化学要求、物理要求均做了明确规定。

1. 化学要求

水泥的化学要求主要控制水泥中有害的化学成分,要求其不超过一定的限量,否则可能对水泥的性质和质量带来危害,通用硅酸盐水泥化学要求应符合表2-13规定。

由于水泥中的碱与某些碱活性骨料发生化学反应会引起混凝土膨胀破坏,因此使用活性骨料或用户要求提供低碱水泥时,水泥中碱含量由买卖双方协商确定。水泥中碱含量以 $Na_2O+0.658K_2O$ 的计算值表示。

2. 物理要求

(1)细度。是指水泥颗粒的粗细程度。水泥细度是评定水泥品质的重要指标,水泥颗粒太粗会影响其水化速度与早期强度,但水泥颗粒过细将对混凝土的性能产生不利影响。《通用硅酸盐水泥》(GB 175—2023)规定:硅酸盐水泥的细度用比表面积表示,应不低于300 m^2/kg,且不高于400 m^2/kg;普通硅酸盐水泥、矿渣硅酸盐水泥、粉煤灰硅酸盐水泥、火山灰质硅酸盐水泥和复合硅酸盐水泥的细度以45 μm方孔筛筛余表示,应不低于5%。

码2-10 动画:水泥的粗细与表面积关系

(2)标准稠度用水量。由于加水量的多少对水泥的一些技术性质(如凝结时间等)的测定值影响很大,故测定这些性质时,必须在一个规定的稠度下进行,这个规定的稠度称为标准稠度。水泥净浆达到标准稠度时,所需的拌和水量占水泥质量的百分比称为标准稠度用水量。水泥熟料矿物的成分和细度不相同时，其标准稠度用水量也不相同。

表 2-13 通用硅酸盐水泥化学要求

%

品种	代号	不溶物	烧失量	三氧化硫	氧化镁	氯离子
硅酸盐水泥	P · Ⅰ	≤0.75	≤3.0	≤3.5	≤5.0[a]	≤0.06[c]
	P · Ⅱ	≤1.50	≤3.5			
普通硅酸盐水泥	P · O	–	≤5.0			
矿渣硅酸盐水泥	P · S · A	–	–	≤4.0	≤6.0[b]	
	P · S · B	–	–		—	
火山灰质硅酸盐水泥	P · P	–	–	≤3.5	≤6.0[b]	
粉煤灰硅酸盐水泥	P · F	–	–			
复合硅酸盐水泥	P · C	–	–			

注：a. 如果水泥压蒸试验合格，则水泥中氧化镁的含量允许放宽至 6.0%。

b . 如果水泥中氧化镁的含量大于 6.0%，须进行水泥压蒸安定性试验并合格。

c. 当买方有更低要求时，该指标由买卖双方协商确定。

(3)凝结时间。水泥的凝结时间分初凝时间和终凝时间。初凝时间是指从水泥加水拌和至标准稠度的水泥净浆开始失去塑性所用的时间。终凝时间是指从水泥加水拌和至标准稠度的水泥净浆完全失去塑性的时间。

水泥的凝结时间对于工程施工具有重要意义。为使混凝土或砂浆在施工中有足够的时间进行搅拌、运输、浇筑、砌筑和成型，要求初凝时间不能过早。初凝后希望混凝土或砂浆尽快形成强度，以加速施工进度，因此要求终凝时间不应过长。《通用硅酸盐水泥》(GB 175—2023)规定：硅酸盐水泥初凝时间应不小于 45 min，终凝时间应不大于 6. 5 h。普通硅酸盐水泥、矿渣硅酸盐水泥、粉煤灰硅酸盐水泥、火山灰质硅酸盐水泥和复合硅酸盐水泥初凝时间应不小于 45 min，终凝时间应不大于 10 h。

【工程案例 2-3】 某工地使用某厂生产的硅酸盐水泥，加水拌和后，水泥浆体在短时间内迅速凝结。后经剧烈搅拌，水泥浆体又恢复塑性，随后过 3 h 才凝结。请讨论形成这种现象的原因。

原因分析：此为水泥假凝现象。假凝是指水泥的一种不正常的早期固化或过早变硬现象。假凝与快凝不同，前者放热量甚微，且经剧烈搅拌后浆体可恢复塑性，并达到正常凝结，对强度无不利影响。

假凝现象与很多因素有关，一般认为主要是由于水泥粉磨时磨内温度较高，使二水石膏脱水成半水石膏的缘故。当水泥拌水后，半水石膏迅速水化为二水石膏，形成针状结晶网状结构，从而引起浆体固化。另外，对于某些含碱较高的水泥，硫酸钾与二水石膏生成钾石膏迅速长大，也会造成假凝。

码 2-11 微课：水泥的技术指标(二)

(4)体积安定性。水泥的体积安定性是指水泥在凝结硬化过程中体积变化的均匀性。如果在凝结硬化过程中，水泥石内部产生不均匀的体积变化，将会产生破坏应力，使结构物及构件产生裂缝、弯曲，甚至崩塌等现象，造成严重的工程事故。

引起安定性不良的主要原因是熟料中含有过多的游离氧化镁、游离氧化钙或掺入石膏过多。因上述物质均在水泥硬化后开始或继续进行水化反应，其反应产物体积膨胀而使水泥石开裂。

检验安定性主要采用沸煮法，用沸煮法只能检测出游离氧化钙含量过多导致的体积安定性不良；而由于游离氧化镁含量过多导致的体积安定性不良必须用压蒸法才能检验出来；石膏掺量过多导致的体积安定性不良，则需长时间在温水中浸泡才能发现。由于后两种原因引起的体积安定性不良都不易快速检验，所以通常仅用沸煮法检验水泥中游离氧化钙是否过多；对于游离氧化镁、三氧化硫的含量，要求水泥生产厂家严格控制，见表2-13。

(5)强度及强度等级。《水泥胶砂强度检验方法(ISO法)》(GB/T 17671—2021)规定，以水泥:标准砂:水=1:3.0:0.5的配合比，用标准制作方法制成40 mm×40 mm×160 mm的标准试件，经标准养护，测定其达到规定龄期(3 d、28 d)的抗折强度和抗压强度。

码2-12 文档：水泥体积安定性质量事故案例

水泥的强度等级是根据水泥3 d和28 d抗折强度和抗压强度划分的。硅酸盐水泥、普通硅酸盐水泥的强度等级分为42.5、42.5R、52.5、52.5R、62.5、62.5R六个等级。矿渣硅酸盐水泥、粉煤灰硅酸盐水泥、火山灰质硅酸盐水泥的强度等级分为32.5、32.5R、42.5、42.5R、52.5、52.5R六个等级。复合硅酸盐水泥的强度等级分为42.5、42.5R、52.5、52.5R四个等级。通用硅酸盐水泥不同龄期的强度值应不低于表2-14的规定。强度等级中带R的表示早强型水泥。

表2-14 通用硅酸盐水泥不同龄期的强度要求

强度等级	抗压强度/ MPa		抗折强度/MPa	
	3 d	28 d	3 d	28 d
32.5	≥12.0	≥32.5	≥3.0	≥5.5
32.5R	≥17.0		≥4.0	
42.5	≥17.0	≥42.5	≥4.0	≥6.5
42.5R	≥22.0		≥4.5	
52.5	≥22.0	≥52.5	≥4.5	≥7.0
52.5R	≥27.0		≥5.0	
62.5	≥27.0	≥62.5	≥5.0	≥8.0
62.5R	≥32.0		≥5.5	

(6)水化热。水泥在水化反应时放出的热量称为水化热。水泥的水化热大部分在水化早期(3 ~ 7 d)放出，后期逐渐减少。不同品种的水泥，水化热的大小也不同。水化热对小尺寸混凝土构件的冬季和寒冷地区施工有利，但对大型房屋基础、构筑物和堤坝等大体积混凝土工程不利。这是由于水泥水化释放的热量积聚在大体积混凝土内部，散发非

常缓慢，混凝土表面与内部产生较大温差，引起局部拉应力过大，导致混凝土产生裂缝，因此大体积混凝土应使用低热水泥。

码 2-13　动画：水泥标准稠度用水量测定

码 2-14　动画：水泥凝结时间测定

码 2-15　动画：水泥体积安定性测定（标准法）

凡符合水泥组分（见表 2-8～表 2-10）、化学要求（见表 2-13）、细度、凝结时间、安定性（沸煮法合格）、强度（见表 2-14）要求的通用硅酸盐水泥，为合格品；凡不符合水泥组分（见表 2-8～表 2-10）、化学要求（见表 2-13）、凝结时间、安定性（沸煮法合格）和强度（见表 2-14）中任何一项技术要求的通用硅酸盐水泥，为不合格品，不合格品不得在重要工程或工程的重要部位使用。

（四）水泥石的腐蚀与防治

水泥硬化后，在通常的使用条件下，可以有较好的耐久性。但在某些腐蚀性介质的长期作用下，水泥石将会发生一系列物理、化学变化，使水泥石的结构遭到破坏，强度逐渐降低，甚至全部溃裂破坏，这种现象称为水泥石的腐蚀。

引起水泥石腐蚀的原因很复杂，通常是几种腐蚀共同作用的结果，以下是几种主要的腐蚀类型。

码 2-16　微课：水泥石的腐蚀与防治措施

1. 软水腐蚀

软水是指重碳酸盐含量较少的水，如蒸馏水、冷凝水、雨水、雪水等。水泥石长期处于软水中，氢氧化钙易被水溶解，使水泥石中的石灰浓度逐渐降低，当浓度低于其他水化产物赖以稳定存在的极限浓度时，其他水化产物，如水化硅酸钙、水化铝酸钙，也将被溶解。在流动及有压水的作用下，溶解物不断被水流带走，水泥石结构遭到破坏。

当环境水的水质较硬，环境水中重碳酸盐能与水泥石中的氢氧化钙发生反应，生成几乎不溶于水的碳酸钙，其反应式为：

$$Ca(OH)_2+Ca(HCO_3)_2 \longrightarrow 2CaCO_3+2H_2O$$

生成的碳酸钙沉积在水泥石孔隙中，提高水泥石的密实度，并阻止外界水分的侵入和内部氢氧化钙的析出，所以硬水不会对水泥石产生腐蚀。

2. 酸类腐蚀

（1）碳酸腐蚀。在雨水、泉水及某些工业废水中常溶解有较多的 CO_2，这种水会与水泥石中的 $Ca(OH)_2$ 发生反应，生成 $CaCO_3$。其反应式为：

$$Ca(OH)_2+CO_2+H_2O \longrightarrow CaCO_3+2H_2O$$

当 CO_2 浓度较低时，在水泥石表面会形成致密的 $CaCO_3$ 保护膜，不仅可以提高其表面的硬度和强度，还可以阻止腐蚀性介质侵蚀到水泥石内部，对水泥石起到保护作用。

当 CO_2 浓度较高时，生成的 $CaCO_3$ 会继续与其反应，生成溶于水的重碳酸钙（碳酸氢钙），这就是碳酸的腐蚀，属于溶解性化学腐蚀。其反应式为：

$$CaCO_3 + CO_2 + H_2O \longrightarrow Ca(HCO_3)_2$$

由于生成的重碳酸钙溶解度较大，且随着反应的持续进行，$Ca(OH)_2$ 浓度不断降低，又会导致其他水化产物的分解，腐蚀进一步加剧。

(2)一般酸性腐蚀。在工业污水和地下水中常含有无机酸和有机酸，各种酸对水泥石都有不同程度的腐蚀作用，它们与水泥石中的 $Ca(OH)_2$ 作用后生成的化合物或溶于水或体积膨胀而导致破坏。

例如：盐酸与水泥石中的 $Ca(OH)_2$ 作用生成极易溶于水的氯化钙，导致溶出性化学侵蚀，反应式如下：

$$2HCl + Ca(OH)_2 \longrightarrow CaCl_2 + 2H_2O$$

硫酸与水泥石中的 $Ca(OH)_2$ 作用，生成的二水石膏($CaSO_4 \cdot 2H_2O$)直接在水泥石孔隙中结晶膨胀，或者再与水泥石中的水化铝酸钙作用，生成高硫型水化硫铝酸钙。生成的高硫型水化硫铝酸钙含有大量的结晶水，体积膨胀 1.5 倍以上。由于是在已经硬化的水泥石中发生这种反应，因而对已硬化的水泥石造成极大的破坏作用，称其为“膨胀性化学腐蚀”，属于硫酸盐腐蚀。其反应式如下：

$$H_2SO_4 + Ca(OH)_2 \longrightarrow CaSO_4 \cdot 2H_2O$$

$$3CaO \cdot Al_2O_3 \cdot 6H_2O + 3(CaSO_4 \cdot 2H_2O) + 19H_2O \longrightarrow 3CaO \cdot Al_2O_3 \cdot 3CaSO_4 \cdot 31H_2O$$

3. 盐类腐蚀

(1)硫酸盐腐蚀。在海水、盐沼水、地下水及某些工业废水中常含有硫酸钠、硫酸钙、硫酸镁等硫酸盐，硫酸盐与水泥石中的氢氧化钙发生反应，均能生成石膏。石膏再与水泥石中的水化铝酸钙反应，生成高硫型水化硫铝酸钙，体积膨胀 1.5 倍以上，导致水泥石开裂。其反应式如下：

$$3CaO \cdot Al_2O_3 \cdot 6H_2O + 3(CaSO_4 \cdot 2H_2O) + 19H_2O \longrightarrow 3CaO \cdot Al_2O_3 \cdot 3CaSO_4 \cdot 31H_2O$$

当水中硫酸盐浓度较高时，生成的硫酸钙也会在孔隙中直接结晶成二水石膏，体积膨胀而引起水泥石破坏。

(2)镁盐腐蚀(双重腐蚀)。在海水及某些地下水中常含有大量的镁盐，主要是氯化镁和硫酸镁，它们与水泥石中的 $Ca(OH)_2$ 发生反应，其反应式如下：

$$MgCl_2 + Ca(OH)_2 \longrightarrow CaCl_2 + Mg(OH)_2$$

$$MgSO_4 + Ca(OH)_2 + 2H_2O \longrightarrow CaSO_4 \cdot 2H_2O + Mg(OH)_2$$

生成的氯化钙易溶解于水，属于溶解性化学腐蚀；氢氧化镁松软而无胶结力；二水石膏($CaSO_4 \cdot 2H_2O$)会继续产生硫酸盐腐蚀。因此，镁盐对水泥石的破坏极大，起着双重腐蚀作用。

4. 强碱的腐蚀

水泥石自身呈碱性，一般不会与浓度较低的碱性溶液发生反应。但是铝酸盐(C_3A)含量较高的硅酸盐水泥遇到强碱时(如 NaOH)会发生反应，生成易溶于水的铝酸钠，发生溶解性化学腐蚀。其反应式如下：

$$3CaO \cdot Al_2O_3 + 6NaOH \longrightarrow 3Na_2O \cdot Al_2O_3 + 3Ca(OH)_2$$

生成的铝酸钠易溶于水，生成的 $Ca(OH)_2$ 可引起水泥石的二次腐蚀。

当水泥石在氢氧化钠溶液中浸泡后，放在空气中干燥，会与空气中的二氧化碳作用，

其反应式如下:

$$2NaOH+CO_2+H_2O \longrightarrow Na_2CO_3+2H_2O$$

生成的碳酸钠在水泥石毛细孔中结晶沉积,导致水泥石胀裂破坏。

综上所述,水泥石腐蚀的根本原因:水泥石中存在易被腐蚀的氢氧化钙和水化铝酸钙;水泥石不密实,腐蚀介质易进入其内部引起腐蚀;外界因素的影响,如腐蚀性介质及其浓度、环境的温湿度等。

码 2-17 动画:水泥的腐蚀

5. 腐蚀的防止

(1)根据环境介质的侵蚀特性,合理选择水泥品种。如掺混合材料的硅酸盐水泥具有较强的抗溶出性侵蚀能力;为提高抵抗硫酸盐腐蚀的能力,可采用铝酸三钙含量较低(≤5%)的抗硫酸盐硅酸盐水泥。

(2)提高水泥石的密实度。水泥水化时理论需水量约为水泥质量的25%,为方便施工,实际加水量为40%~70%,多余水分蒸发留下的连通孔隙成为腐蚀介质进入水泥石内部的通道。在工程中,可通过合理设计混凝土的配合比、降低水胶比(水与胶凝材料的质量比)、合理选择骨料、掺外加剂、改善施工方法等措施,提高水泥石的密实度,从而提高水泥石的抗腐蚀性能。

(3)表面设置保护层。当水泥石与较强的腐蚀性介质接触使用时,根据不同的腐蚀性介质,在混凝土或砂浆表面覆盖塑料、沥青、环氧树脂、耐酸陶瓷和耐酸石料等耐腐蚀性强且不透水的保护层,使水泥石与腐蚀性介质相隔离,起保护作用。

(五)混合材料

磨制水泥时掺入的人工或天然矿物材料称为混合材料。在水泥熟料中加入混合材料后,可以改善水泥的性能,调节水泥强度,降低水化热,增加水泥品种,提高水泥产量,降低成本,扩大水泥的使用范围,同时可以综合利用工业废料和地方材料。混合材料按其性能分为两大类:活性混合材料和非活性混合材料。

1. 活性混合材料

磨细的混合材料与石灰、石膏或硅酸盐水泥在一起,加水拌和后在常温下,能生成具有胶凝性的水化产物,且具有水硬性,这种混合材料称为活性混合材料。活性混合材料有粒化高炉矿渣、火山灰质混合材料和粉煤灰混合材料等。

(1)粒化高炉矿渣。粒化高炉矿渣是将炼铁高炉的熔融矿渣经急速冷却而成的松软颗粒,粒径一般为0.5 ~ 5 mm。高炉矿渣的化学成分主要为氧化钙、氧化硅、氧化铝,其总量一般在90%以上,具有较高的化学潜能。

磨细的粒化高炉矿渣单独与水拌和时,反应极慢,但在氢氧化钙溶液中就能发生水化,在饱和的氢氧化钙溶液中反应更快。通常称以氢氧化钙液相来激发矿渣活性的物料为碱性激发剂。在含有氢氧化钙的碱性介质中,加入一定数量的硫酸钙,就能使矿渣的潜在活性较充分地发挥出来,产生的强度比单独加氢氧化钙高得多,这一类物质称为硫酸盐激发剂。碱性激发剂能与矿渣颗粒反应生成水化硅酸钙与水化铝酸钙,而硫酸盐激发剂能进一步与矿渣中活性氧化铝化合,生成水化硫铝酸钙。

(2)火山灰质混合材料。火山灰质混合材料是指具有火山灰性的天然或人工矿物质材料。火山灰质混合材料中含有较多的活性氧化硅及活性氧化铝,能与石灰在常温下反应,生成水化硅酸钙及水化铝酸钙。

火山灰质混合材料品种较多,按其成因可以分为天然和人工两类。天然的主要有火山灰、凝灰岩、沸石、沸石岩、硅藻土等,人工的主要有煤矸石、烧页岩、烧黏土、硅质渣、硅粉等。

(3)粉煤灰混合材料。火力发电厂以煤为燃料发电,煤粉燃烧后,从烟气中收集下来的灰渣,被称为粉煤灰,又称飞灰。它的粒径一般为 0.001 ~ 0.05 mm。粉煤灰的化学成分以 SiO_2、Al_2O_3 为主,总量达 70%以上。由于煤粉在高温下瞬间燃烧,急速冷却,所以粉煤灰中玻璃体矿物常占到相当比例,这是粉煤灰具有较高火山灰活性的重要原因之一。粉煤灰所含颗粒大多为玻璃态实心或空心的球形体,表面比较致密,因此可使拌和物之间的内摩擦力减小,从而减少拌和水量,降低水灰比,对水泥石强度有利。

2. 非活性混合材料

非活性混合材料是指不具有活性或活性很低的人工或天然的矿物材料。这类材料磨成细粉后,无论是碱性激发剂还是硫酸盐类激发剂都不能或很少使其发生水化反应生成水硬性物质。将非活性混合材料掺入水泥中,主要是为了提高产量、调节水泥强度等级、降低水化热等。常用的非活性混合材料有磨细石英砂、石灰石粉、慢冷矿渣及高硅质炉灰等。

(六)通用硅酸盐水泥的性能与应用

1. 硅酸盐水泥的性能与应用

(1)凝结硬化快,早期强度与后期强度均高。这是因为硅酸盐水泥中熟料多,即水泥中硅酸三钙多。因此,适用于地上、地下和水中重要结构的高强及高性能混凝土工程,也可用于有早强要求的混凝土工程。

码 2-18 微课:通用硅酸盐水泥的技术性质

(2)抗冻性好。采用合理的混凝土配合比,施工过程严控质量,加强凝结硬化过程的养护工作,可确保硅酸盐水泥拌制的混凝土具有较高的密实度和强度,因此具有良好的抗冻性,可用于冬季施工及严寒地区遭受反复冻融的工程。

(3)抗碳化性能好。硅酸盐水泥水化后生成物中有 20% ~ 25%的 $Ca(OH)_2$,因此水泥石中碱度不易降低,对钢筋有保护作用,抗碳化性能好。

(4)水化热高。硅酸盐水泥中含有大量的硅酸三钙、铝酸三钙,在水泥水化时,放热速度快且放热量大,所以不宜用于大体积混凝土工程。

(5)耐腐蚀性差。由于硅酸盐水泥水化产物中含有较多的易被腐蚀的氢氧化钙和水化铝酸钙,因此其耐腐蚀性能差,不宜用于水利工程、海水作用和矿物水作用的工程。

(6)不耐高温。当水泥石受热温度到 250 ~ 300 ℃时,水泥石中的水化物开始脱水,水泥石收缩,强度开始下降;当温度达 700 ~ 800 ℃时,强度降低更多,甚至破坏。水泥石中的氢氧化钙在 547 ℃以上开始脱水分解成氧化钙,当氧化钙遇水,则因熟化而发生膨胀导致水泥石破坏。因此,硅酸盐水泥不宜用于有耐热要求的混凝土工程以及高温环境。

【工程案例 2-4】 重庆市某水利工程在冬季拦河大坝大体积混凝土浇筑完毕后,施工单位根据外界气温变化情况立即做好了混凝土的保温保湿养护,但事后在混凝土表面仍出现了早期开裂现象,试分析原因。

原因分析:大体积混凝土早期开裂主要受水泥早期水化热、外界气候变化、施工及养护条件等因素影响,其中水泥早期水化放热对大体积混凝土早期开裂影响最突出。由于混凝土是热的不良导体,水泥水化过程中释放出来的热量短时间内不容易散发,特别是在冬季施工的大体积混凝土,外部温度很低,当水泥水化产生大量水化热时,混凝土内外产生很大温差,导致混凝土内部存在温度梯度,从而加剧了表层混凝土内部所受的拉应力作用,从而出现早期开裂现象。

【工程案例 2-5】 某大体积混凝土工程,浇筑两周后拆模,发现挡墙有多道贯穿型的纵向裂缝。该工程使用某水泥厂生产的42.5Ⅱ型硅酸盐水泥,其熟料矿物组成如下:C_3S 占61%;C_2S 占14%;C_3A 占14%;C_4AF 占11%。

原因分析:该大体积工程所使用的水泥 C_3A 和 C_3S 含量高,导致该水泥的水化热高,内部的热量难以散发,造成内外温度差比较大,产生较大的温度应力,从而造成贯穿型的纵向裂缝。

防治措施:首先,对于大体积混凝土工程,宜选用低水化热水泥,即 C_3A 和 C_3S 的含量较低的水泥,如矿渣水泥、火山灰水泥、粉煤灰水泥、复合水泥等。其次,水泥用量及水灰比也需适当控制。

2. 普通硅酸盐水泥的主要性能与应用

普通硅酸盐水泥简称普通水泥,与硅酸盐水泥的区别在于其混合材料的掺量略有变化,由于混合材料的掺量变化幅度不大,在性质上差别也不大,但普通水泥在早强、强度等级、水化热、抗冻性、抗碳化能力上略有降低,耐热性、耐腐蚀性略有提高。普通水泥与硅酸盐水泥的应用范围大致相同,由于性能上有一点差异,普通水泥的应用比硅酸盐水泥更广泛。

3. 矿渣硅酸盐水泥、粉煤灰硅酸盐水泥、火山灰质硅酸盐水泥的主要性能及应用

1)矿渣水泥、粉煤灰水泥、火山灰水泥的水化特点

矿渣硅酸盐水泥(简称矿渣水泥)、粉煤灰硅酸盐水泥(简称粉煤灰水泥)、火山灰质硅酸盐水泥(简称火山灰水泥)均掺加了大比例的活性混合材料,这三种水泥的水化特点是二次水化,即水化分为两步进行:首先是熟料矿物水化,此时所生成的水化产物与硅酸盐水泥相同;然后是混合材料的水化,混合材料中的活性 SiO_2 和 Al_2O_3 与熟料矿物水化析出的 $Ca(OH)_2$ 作用生成水化硅酸钙和水化铝酸钙,水化铝酸钙与石膏作用,生成水化硫铝酸钙。

2)矿渣水泥、粉煤灰水泥、火山灰水泥的共性

(1)凝结硬化速度慢,早期强度低,后期强度增长较快。由于这三种水泥掺入混合材料较多,水泥熟料含量相对较少,水化产物生成较慢,故早期强度低。后期活性混合材料在水化产物 $Ca(OH)_2$ 碱性激发剂作用下参与反应,产物不断增加,因此后期强度增长较快。

(2)抗腐蚀能力强。三种水泥的熟料数量相对较少,水化后水泥石中的氢氧化钙和水化铝酸钙的数量少,且活性混合材料的二次水化反应使水泥石中氢氧化钙的数量进一步降低,因此耐腐蚀性好,适用于水工、海港、码头等混凝土工程。但当侵蚀介质的浓度较高或耐腐蚀性要求高时,仍不宜采用。

(3)水化热低。这三种水泥中熟料少,使放热量高的矿物成分 C_3S 和 C_3A 含量相对

减少,水化放热速度慢,放热量低,适用于大体积混凝土工程。

(4)硬化时对湿热敏感性强。这三种水泥对养护温度很敏感,低温情况下凝结硬化速度显著减慢,所以不宜进行冬季施工。另外,在湿热条件下(如采用蒸汽养护),这三种水泥凝结硬化速度大大加快,可获得比硅酸盐水泥更为明显的强度增长效果,所以适宜蒸汽养护生产预制构件。

(5)抗碳化能力差。这三种水泥水化硬化后,水泥石中的氢氧化钙数量少,碳化速度较快,对防止混凝土中钢筋锈蚀不利;又因碳化造成水化产物分解,使硬化的水泥石表面产生"起粉"现象,因而不宜用于二氧化碳浓度较高的环境。

(6)抗冻性差。矿渣和粉煤灰易泌水形成连通孔隙,火山灰一般需水量较大,会增加内部的孔隙含量,故这三种水泥的抗冻性较差,不宜用于严寒地区,特别是严寒地区水位经常变动的部位。

3)矿渣水泥、粉煤灰水泥、火山灰水泥的特性

(1)矿渣水泥耐热性好。由于硬化后矿渣水泥石中的氢氧化钙含量减少,而矿渣本身又耐热,因此矿渣水泥适宜用于高温环境。由于矿渣水泥中的矿渣不容易磨细,其颗粒平均粒径大于硅酸盐水泥的粒径,磨细后又是多棱角形状,且矿渣亲水性差,因此矿渣水泥保水性差,与水拌和时易产生泌水造成较多的连通孔隙,因此矿渣水泥的抗渗性差,且干缩较大。

(2)粉煤灰水泥抗裂性好。粉煤灰是表面致密的球形颗粒,其吸附水的能力差,即保水性差、泌水性大,其在施工阶段易使制品表面因大量泌水产生收缩裂纹(又称失水裂纹),因而粉煤灰水泥的抗渗性和抗冻性差。粉煤灰水泥的干缩较小,这是因为粉煤灰的比表面积小,拌和需水量小。粉煤灰水泥的耐磨性也较差。粉煤灰水泥适用于承重较晚的混凝土工程,不宜用于有抗渗要求的混凝土工程,且不宜用于干燥环境中的混凝土工程及有耐磨要求的混凝土工程。

(3)火山灰水泥抗渗性好。火山灰混合材料含有大量的微细孔隙,使其具有良好的保水性,不易泌水,并且在水化过程中形成较多的水化硅酸钙凝胶,使水泥石结构比较致密,因此适用于有抗渗要求的混凝土工程。但火山灰水泥的干缩大,长期处于干燥环境中时,水化反应就会中止,强度也会停止增长,尤其是已经形成的凝胶体还会脱水收缩并形成微细的裂纹,且空气中的二氧化碳能使水泥石表面的水化硅酸钙分解成碳酸钙和氧化硅的粉状物,即发生"起粉"现象。因此,火山灰水泥不宜用于干燥环境中的混凝土工程。火山灰水泥的耐磨性也较差,不宜用于有耐磨要求的混凝土工程。

4.复合硅酸盐水泥的特点及应用

复合硅酸盐水泥简称复合水泥,是一种新型的通用水泥,掺有粒化高炉矿渣(矿渣粉)、粉煤灰、火山灰质混合材料、石灰石和砂岩中的三种(含)以上材料。其中,石灰石含量不大于水泥质量的15%。复合水泥的性能取决于所掺混合材料的种类、掺量及相对比例。混合材料互掺可以弥补单一混合材料的不足,如矿渣与粉煤灰互掺,可减少矿渣的泌水现象,使水泥石更密实。复合水泥既有矿渣水泥、火山灰水泥和粉煤灰水泥水化热低的特性,又有普通水泥早期强度高的特性。但是,复合水泥的性能一般受所用耦合材料性能的影响,使用时应针对工程的性质加以选用。

硅酸盐水泥、普通水泥、矿渣水泥、火山灰水泥、粉煤灰水泥和复合水泥是土木工程中广泛使用的水泥品种，要想正确地选用水泥，首先要了解各种水泥的特点，通用硅酸盐水泥的性能比较见表 2-15。在实际工程中，可以根据工程特点和所处环境条件按表 2-16 选用。

表 2-15　通用硅酸盐水泥的性能比较和适用情况

<table>
<tr><th>水泥品种</th><th>硅酸盐水泥</th><th>普通水泥</th><th>矿渣水泥</th><th>火山灰水泥</th><th>粉煤灰水泥</th><th>复合水泥</th></tr>
<tr><td rowspan="2">性能</td><td rowspan="2">凝结硬化快；
早期、后期强度高；
水化热大、放热快；
抗冻性好；
耐磨性好；
抗碳化性好；
干缩小；
耐腐蚀性差；
耐热性差</td><td rowspan="2">同硅酸盐水泥相比，在凝结硬化速度、早期强度、水化热、抗冻性、耐磨性、抗碳化性方面略有降低，耐腐蚀性、耐热性略有提高</td><td colspan="4">凝结硬化较慢，早期强度低、后期强度高；
温度敏感性好、水化热低、抗冻性差、耐磨性差、抗碳化性差、耐腐蚀性好</td></tr>
<tr><td>耐热性好；
泌水性大；
抗渗性差；
干缩较大</td><td>保水性好；
抗渗性好；
干燥环境时表面易起粉、干缩大</td><td>水化需水量小、干缩小、抗裂性好；
泌水性大；
抗渗性较差</td><td>与所掺入混合材料种类和比例有关，与矿渣水泥、火山灰水泥、粉煤灰水泥相近</td></tr>
<tr><td rowspan="2">主要适用</td><td rowspan="2">配置高强度等级的混凝土、预应力混凝土；
快硬早强的工程；
有抗冻要求的工程；
有耐磨和抗碳化要求的混凝土</td><td rowspan="2">与硅酸盐水泥基本相同。适用于一般土建工程中混凝土及预应力钢筋混凝土结构</td><td colspan="3">大体积工程；
蒸汽养护的构件；
抗硫酸盐侵蚀的工程</td><td rowspan="4">根据所掺入混合材料的种类，参照其他掺混合材料水泥的使用范围和工程经验选用</td></tr>
<tr><td>高温车间和有耐热、耐火要求的混凝土结构</td><td>有抗渗要求的工程</td><td>抗裂性要求较高的构件</td></tr>
<tr><td rowspan="2">不适用工程</td><td rowspan="2">大体积混凝土工程；
受化学和海水侵蚀的工程；
耐热要求高的工程；
有流动水及压力水作用的工程</td><td rowspan="2">同硅酸盐水泥</td><td colspan="3">有抗碳化要求的工程；
有抗冻要求的混凝土工程；
早期强度要求较高的混凝土工程</td></tr>
<tr><td>有抗渗要求的混凝土工程</td><td>干燥环境中的混凝土工程；
有耐磨要求的混凝土工程</td><td>干燥环境中的混凝土工程；
有耐磨要求的混凝土工程</td></tr>
</table>

表 2-16　通用硅酸盐水泥的选用

混凝土工程特点及所处环境条件			优先选用	可以选用	不宜选用
普通混凝土	1	在一般环境中的混凝土	普通水泥	矿渣水泥、火山灰水泥、粉煤灰水泥、复合水泥	
	2	在干燥环境中的混凝土	普通水泥	矿渣水泥	火山灰水泥、粉煤灰水泥
	3	在高湿环境中或长期处于水中的混凝土	矿渣水泥、火山灰水泥、粉煤灰水泥、复合水泥、	普通水泥	
	4	厚大体积的混凝土	矿渣水泥、火山灰水泥、粉煤灰水泥、复合水泥		硅酸盐水泥
有特殊要求的混凝土	1	要求快硬、高强(>C40)的混凝土	硅酸盐水泥	普通水泥	矿渣水泥、火山灰水泥、粉煤灰水泥、复合水泥
	2	严寒地区的露天混凝土,寒冷地区处于水位升降范围内的混凝土	普通水泥	矿渣水泥(强度等级≥42.5)	火山灰水泥、粉煤灰水泥
	3	严寒地区处于水位升降范围内的混凝土	普通水泥(强度等级≥42.5)		矿渣水泥、火山灰水泥、粉煤灰水泥、复合水泥
	4	有抗渗要求的混凝土	普通水泥、火山灰水泥		矿渣水泥
	5	有耐磨性要求的混凝土	硅酸盐水泥、普通水泥	矿渣水泥(强度等级≥42.5)	火山灰水泥、粉煤灰水泥
	6	受侵蚀介质作用的混凝土	矿渣水泥、火山灰水泥、粉煤灰水泥、复合水泥		硅酸盐水泥

二、特种水泥

随着现代建设工程项目的增多，通用水泥的性能已不能完全满足各类工程的需要，因此一些具有特殊性能（如快硬性、膨胀性、装饰性等）的水泥应运而生。本部分主要介绍铝酸盐水泥、中热硅酸盐水泥、低热硅酸盐水泥、抗硫酸盐硅酸盐水泥、道路硅酸盐水泥、砌筑水泥及白色硅酸盐水泥等特种水泥。

（一）铝酸盐水泥

铝酸盐水泥是以钙质和铝质材料为主要原料，按适当比例配制成生料，烧至全部或部分熔融所得以铝酸钙为主要矿物的熟料，经磨细制成的水硬性胶凝材料，代号 CA。由于熟料中氧化铝含量大于 50%，因此又称高铝水泥。它是一种快硬、高强、耐腐蚀、耐热的水泥。

1. 铝酸盐水泥的组成

（1）化学组成。铝酸盐水泥熟料的主要化学成分为氧化钙、氧化铝、氧化硅，还有少量的氧化铁及氧化镁、氧化钛等。铝酸盐水泥按 Al_2O_3 含量分为四类，见表 2-17。

表 2-17　铝酸盐水泥的分类　%

类型	Al_2O_3	SiO_2	Fe_2O_3	$R_2O(Na_2O+0.658K_2O)$	S	Cl
CA50	≥50，<60	≤9.0	≤3.0	≤0.40	≤0.1	≤0.06
CA60	≥60，<68	≤5.0	≤2.0			
CA70	≥68，<77	≤1.0	≤0.7			
CA80	≥77	≤0.5	≤0.5			

氧化铝和氧化钙是保证熟料中形成铝酸钙的基本成分。若氧化铝过低，熟料中会出现高碱性铝酸钙使水泥速凝，强度下降。氧化硅可以使生料均匀烧结，加速矿物生成，但含量过多，会使早强性能下降。氧化铁含量过多将使熟料水化凝结加快而强度降低。

（2）铝酸盐水泥的矿物组成。铝酸盐水泥的矿物组成主要有铝酸一钙、二铝酸一钙、硅铝酸二钙、七铝酸十二钙，还有少量的硅酸二钙。其各自与水作用时的特点见表 2-18。质量优良的铝酸盐水泥，其矿物组成一般是以铝酸一钙和二铝酸一钙为主。

表 2-18　铝酸盐水泥矿物水化反应特点

矿物名称	化学成分	简式	特性
铝酸一钙	$CaO \cdot Al_2O_3$	CA	硬化快，早期强度高，后期增长率不高
二铝酸一钙	$CaO \cdot 2Al_2O_3$	CA_2	硬化慢，早期强度低，后期强度高
硅铝酸二钙	$2CaO \cdot Al_2O_3 \cdot SiO_2$	C_2AS	活性很差，惰性矿物
七铝酸十二钙	$12CaO \cdot 7Al_2O_3$	$C_{12}A_7$	凝结迅速，强度不高

2. 铝酸盐水泥的技术要求

（1）细度。比表面积不小于 300 m^2/kg 或 45 μm 筛筛余量不大于 20%，有争议时以比表面积为准。

(2)凝结时间。要求见表 2-19。

表 2-19　铝酸盐水泥凝结时间

水泥类型		凝结时间/min	
		初凝时间,不小于	终凝时间,不大于
CA50		30	360
CA60	CA60- Ⅰ	30	360
	CA60- Ⅱ	60	1 080
CA70		30	360
CA80		30	360

(3)强度等级。各类型铝酸盐水泥的不同龄期强度值不得低于表 2-20 的规定。

表 2-20　铝酸盐水泥的强度要求

类型		抗压强度/MPa				抗折强度/MPa			
		6 h	1 d	3 d	28 d	6 h	1 d	3 d	28 d
CA50	CA50- Ⅰ	20	40	50	—	3. 0	5. 5	6. 5	—
	CA50- Ⅱ		50	60	—		6. 5	7. 5	—
	CA50- Ⅲ		60	70	—		7. 5	8. 5	—
	CA50- Ⅳ		70	80	—		8. 5	9. 5	—
CA60	CA60- Ⅰ	—	65	85	—	—	7. 0	10. 0	
	CA60- Ⅱ	—	20	45	85	—	2. 5	5. 0	10. 0
CA70		—	30	40	—	—	5. 0	6. 0	—
CA80		—	25	30	—	—	4. 0	5. 0	—

3. 铝酸盐水泥的性质及应用

(1)快硬早强、高温下后期强度下降。由于铝酸盐水泥硬化快、早期强度高,适用于紧急抢修工程及有早强要求的特殊工程。但是铝酸盐水泥硬化后产生的密实度较大的 CAH_{10} 和 C_2AH_8 在较高温度下(大于 25 ℃)晶形会转变,形成水化铝酸三钙 C_3AH_6,碱度很高,孔隙很多,在湿热条件下更为剧烈,使强度降低,甚至引起结构破坏。因此,铝酸盐水泥不宜在高温、高湿环境及长期承载的结构工程中使用。

(2)水化热高,放热快。铝酸盐水泥 1 d 可放出水化热总量的 70%~80%,而硅酸盐水泥放出同样热量则需要 7 d,如此集中的水化放热作用使铝酸盐水泥适合低温季节,特别是寒冷地区冬季施工的混凝土工程,但不适于大体积混凝土工程。

(3)耐热性强。从铝酸盐水泥的水化特性上看,铝酸盐水泥不宜在温度高于 30 ℃的环境下施工和长期使用,但高于 900 ℃的环境下可用于配制耐热混凝土。这是由于温度在 700 ℃时,铝酸盐水泥与骨料之间便发生固相反应,烧结结合代替了水化结合,即瓷性胶结代替了水硬胶结,这种烧结结合作用随温度的升高而更加明显,因此铝酸盐水泥可作为耐热混凝土的胶结材料,配制 1 200~1 400 ℃的耐热混凝土和砂浆,用于窑炉衬砖等。

(4)耐腐蚀性强。铝酸盐水泥水化时不生成 $Ca(OH)_2$,而水泥石结构又很致密,因此适用于耐酸和抗硫酸盐腐蚀要求的工程。

值得注意的是,在施工过程中,铝酸盐水泥不得与硅酸盐水泥、石灰等能析出 $Ca(OH)_2$ 的胶凝材料混合使用,否则会引起瞬凝现象,使施工无法进行,强度大大降低,铝酸盐水泥也不得与未硬化的硅酸盐水泥混凝土接触使用。

(二)中热硅酸盐水泥和低热硅酸盐水泥

以适当成分的硅酸盐水泥熟料加入适量石膏,磨细制成的具有中等水化热的水硬性胶凝材料,称为中热硅酸盐水泥,简称中热水泥,代号 P·MH。

以适当成分的硅酸盐水泥熟料加入适量石膏,磨细制成的具有低水化热的水硬性胶凝材料,称为低热硅酸盐水泥,简称低热水泥,代号 P·LH。

1.技术要求

为减少水泥的水化热及降低放热速率,限制中热水泥铝酸三钙含量不得大于 6%,硅酸三钙含量不得大于 55%;低热水泥铝酸三钙含量不得大于 6%,硅酸二钙含量不得小于 40.0%。

《中热硅酸盐水泥、低热硅酸盐水泥》(GB/T 200—2017)规定,中热水泥、低热水泥比表面积不小于 250 m^2/kg。初凝时间不得早于 60 min,终凝时间不得迟于 720 min。沸煮法检验安定性须合格。三氧化硫含量不得超过 3.5%,氧化镁含量不宜超过 5%(经压蒸安定性试验合格,允许放宽到 5%)。若使用活性骨料,用户要求提供低碱水泥时,水泥中碱含量(按 $Na_2O+0.658K_2O$ 计)应不大于 0.60%或由供需双方商定。

中热水泥强度等级为 42.5 级,低热水泥强度等级为 32.5、42.5 级。各龄期强度要求见表 2-21。中热水泥、低热水泥的水化热应满足表 2-22 要求。

表 2-21　中热硅酸盐水泥、低热硅酸盐水泥强度要求

品种	强度等级	抗压强度/MPa				抗折强度/MPa		
		3 d	7 d	28 d	90 d	3 d	7 d	28 d
中热硅酸盐水泥	42.5	12.0	22.0	42.5	—	3.0	4.5	6.5
低热硅酸盐水泥	32.5	—	10.0	32.5	62.5	—	3.0	5.5
	42.5	—	13.0	42.5	62.5	—	3.5	6.5

表 2-22　中热硅酸盐水泥、低热硅酸盐水泥各龄期水化热值

品种	强度等级	水化热/(kJ/kg)		
		3 d	7 d	28 d
中热硅酸盐水泥	42.5	251	293	—
低热硅酸盐水泥	32.5	197	230	290
	42.5	230	260	310

2. 性质与应用

低热水泥水化热低，适用于大坝、大体积建筑物或厚大基础的内部及水下工程，可以避免因水化热引起的温度应力而导致混凝土开裂；中热水泥水化热较低、强度较高、抗渗与抗冻性好、抗冲磨性好、抗溶出性侵蚀较好，适用于大坝溢流面、溢洪道、上下游面水位变动区、大型水闸的闸底板与闸墩等部位。因此，这两种水泥俗称大坝水泥。

（三）抗硫酸盐硅酸盐水泥

抗硫酸盐硅酸盐水泥简称抗硫酸盐水泥，是以适当成分的硅酸盐水泥熟料加入适量石膏，磨细制成的具有一定抵抗硫酸盐侵蚀的水硬性胶凝材料。

由于水泥熟料矿物中 C_3A 和 C_3S 易与硫酸盐发生反应，因此严格控制 C_3A 和 C_3S 的含量，可有效改善水泥抗硫酸盐侵蚀能力。按照抗硫酸盐侵蚀能力可将其分为中抗硫酸盐水泥[$C_3A \leq 5.0\%$，$C_3S \leq 55.0\%$，能抵抗中等质量浓度硫酸根离子（≤2 500 mg/L）侵蚀]和高抗硫酸盐水泥[$C_3A \leq 3.0\%$，$C_3S \leq 50.0\%$，能抵抗较高质量浓度硫酸根离子（>2 500 mg/L，且≤8 000 mg/L）侵蚀]两类，代号分别为 P·MSR 和 P·HSR。这两类水泥的初凝时间不得早于 45 min，终凝时间不得迟于 10 h；沸煮法检验安定性须合格；比表面积不小于 280 m^2/kg；强度等级为 42.5 级，其各龄期的强度不得低于表 2-23 规定的数值。

表 2-23 抗硫酸盐水泥各龄期强度值

分类	强度等级	抗压强度/MPa		抗折强度/MPa	
		3 d	28 d	3 d	28 d
中抗硫酸盐水泥、高抗硫酸盐水泥	42.5	15.0	42.5	3.0	6.5

抗硫酸盐水泥抵抗硫酸盐侵蚀能力强，抗冻性好，水化热小，适用于长期处于硫酸盐侵蚀的工程部位，如水利工程、地下工程、道路工程、涵洞等。

（四）道路硅酸盐水泥

国家标准《道路硅酸盐水泥》（GB/T 13693—2017）规定，由道路硅酸盐水泥熟料、适量石膏和混合材料磨细制成的水硬性胶凝材料，称为道路硅酸盐水泥（简称道路水泥），代号 P·R。

水泥混凝土路面不仅要承受外力的作用，如高速重载车辆的反复冲击、振动和摩擦等，还要承受复杂恶劣的气候作用，如骤冷骤热、冻融循环、湿度变化等，这些不利因素导致路面易损、耐久性下降。因此，水泥混凝土路面应具有良好的力学性能，特别是抗折强度要高，还要具备良好的耐磨性、抗冻性、抗干缩变形能力及抗硫酸盐腐蚀能力。

1. 道路硅酸盐水泥熟料的要求

道路硅酸盐水泥中熟料和石膏（质量分数）占 90%~100%，活性混合材料（质量分数）占 0~10%。熟料中铝酸三钙（$3CaO \cdot Al_2O_3$）的含量应不超过 5.0%，铁铝酸四钙（$4CaO \cdot Al_2O_3 \cdot Fe_2O_3$）的含量应不低于 15.0%，游离氧化钙（CaO）的含量不应大于 1.0%。

2. 技术要求

水泥的比表面积一般控制在 300~450 m^2/kg；初凝时间不得早于 1.5 h，终凝时间不得迟于 12 h；体积安定性用雷氏夹检验必须合格；28 d 干缩率不得大于 0.10%；28 d 磨损量不得大于 3.00 kg/m²。按 28 d 抗折强度分为 7.5 和 8.5 两个强度等级，其各龄期的强度不得低于表 2-24 规定的数值。

表 2-24　道路水泥各龄期强度值

强度等级	抗压强度/MPa		抗折强度/MPa	
	3 d	28 d	3 d	28 d
7.5	21.0	42.5	4.0	7.5
8.5	26.0	52.5	5.0	8.5

3. 性质与应用

道路水泥抗折强度较高、耐磨性好、干缩小、抗冲击性好、抗冻性和抗硫酸盐侵蚀能力均比较好，适用于道路路面、机场道面、城市广场等工程。

（五）砌筑水泥

由硅酸盐水泥熟料、规定的混合材料和适量的石膏，经磨细制成的保水性较好的水硬性胶凝材料，称为砌筑水泥，代号 M。

1. 技术要求

按照《砌筑水泥》（GB/T 3183—2017）的规定，砌筑水泥的细度为 80 μm 方孔筛筛余不大于 10%；初凝时间不得早于 60 min，终凝时间不得迟于 12 h；沸煮法检验安定性必须合格；保水率不低于 80%。砌筑水泥分为 12.5、22.5、32.5 三个强度等级，其各龄期的强度不得低于表 2-25 规定的数值。

表 2-25　砌筑水泥强度要求

强度等级	抗压强度/MPa			抗折强度/MPa		
	3 d	7 d	28 d	3 d	7 d	28 d
12.5	—	7.0	12.5	—	1.5	3.0
22.5	—	10.0	22.5	—	2.0	4.0
32.5	10.0	—	32.5	2.5	—	5.5

2. 性质与应用

砌筑水泥的强度较低，主要用于工业与民用建筑的砌筑和抹面砂浆、垫层混凝土等，不能用于钢筋混凝土或结构混凝土中。

（六）白色硅酸盐水泥

由白色硅酸盐水泥熟料、适量石膏和混合材料磨细制成的水硬性胶凝材料，称为白色硅酸盐水泥，简称白水泥，代号 P · W。白色硅酸盐水泥中熟料和石膏占 70%~100%，石灰岩、白云质石灰岩和石英砂等天然矿物占 0~30%。

通用硅酸盐水泥中通常含有较多的 Fe_2O_3 而多呈灰色，随着 Fe_2O_3 含量的增加而颜色变深，Fe_2O_3 含量与水泥颜色的关系见表 2-26。因此，白水泥在生产过程中需严格控制

Fe_2O_3 的含量，并尽可能减少影响水泥白度的锰、铬、钛等着色氧化物的掺入。

表 2-26 Fe_2O_3 含量与水泥颜色的关系

Fe_2O_3 含量/%	3~4	0.45~0.7	0.35~0.4
水泥颜色	暗灰色	浅绿色	白色

1. 技术要求

《白色硅酸盐水泥》(GB/T 2015—2017)规定，白水泥的细度为 45 μm 方孔筛筛余不大于 30%；初凝时间不得早于 45 min，终凝时间不得迟于 600 min；沸煮法检验安定性须合格。白水泥分为 32.5、42.5 和 52.5 三个强度等级，各龄期的强度不得低于表 2-27 的规定。白水泥按照白度分为 1 级和 2 级，代号分别为 P·W-1 和 P·W-2，1 级白度不低于 89，2 级白度不低于 87。

表 2-27 白色硅酸盐水泥强度要求

强度等级	抗压强度/MPa		抗折强度/MPa	
	3 d	28 d	3 d	28 d
32.5	12.0	32.5	3.0	6.0
42.5	17.0	42.5	3.5	6.5
52.5	22.0	52.5	4.0	7.0

白水泥粉磨时加入碱性颜料可制成彩色水泥，常用原料有氧化铁(红色、黄色、褐色、黑色)、二氧化锰(黑色、褐色)、氧化铬(绿色)、赭石(赭色)和炭黑(黑色)等。

2. 性质与应用

白水泥和彩色水泥主要用于建筑内外的装饰，如路面、楼地面、楼梯、墙、柱、台阶、建筑立面的线条、装饰图案和雕塑等。配以彩色大理石、白云石和石英砂作为粗细骨料，可拌制成彩色砂浆和混凝土，做成水磨石、斩假石、水刷石和装饰性构件等。

(七)膨胀型水泥

在水化和硬化过程中产生体积膨胀的水泥属于膨胀型水泥。膨胀型水泥在硬化过程中不会像一般硅酸盐水泥一样体积收缩，反而会产生体积的增大，这是因为水泥在水化及凝结硬化过程中形成了体积膨胀的物质(如水化硫铝酸钙等)造成的。

根据约束条件下的膨胀量(自应力值)将膨胀型水泥分为收缩补偿型膨胀水泥(简称膨胀水泥)和自应力型膨胀水泥(简称自应力水泥)两类。膨胀水泥在硬化过程中体积膨胀，可以补偿其水化时产生的体积收缩，自应力值小于 2.0 MPa，能够防止混凝土产生收缩裂缝，并可增加其密实度，适用于收缩补偿混凝土结构、防渗抗裂混凝土结构、补强及防渗抹面工程、大口径混凝土管及接缝、管道的接头、固定机器底座和地脚螺栓等。自应力水泥水化及硬化后的体积膨胀，使自应力砂浆和混凝土膨胀变形稳定后的自应力值不低于 2.0 MPa，常用于生产钢筋(钢丝网)混凝土压力管及其配件等。

三、水泥的验收与储存

码 2-19　微课：水泥的验收与储存

(一) 水泥的包装与标志

水泥有散装或袋装两种包装方式，包装形式由买卖双方协商确定。散装水泥从出厂、运输、储存到使用，需使用专用运输工具和储存容器。实践证明，使用散装水泥具有较好的经济效益和社会效益。袋装水泥每袋净含量应不少于标志质量的 99%，随机抽取 20 袋的总质量（含包装袋）应不少于标志质量的 100%。

水泥包装袋上应清楚标明执行标准代号、水泥品种、代号、强度等级、生产者名称、生产许可证标志（QS）及编号、出厂编号、包装日期、净含量。包装袋两侧应根据水泥的品种采用不同的颜色印刷或喷涂水泥名称和强度等级，硅酸盐水泥和普通硅酸盐水泥采用红色，矿渣硅酸盐水泥、火山灰质硅酸盐水泥、粉煤灰硅酸盐水泥和复合硅酸盐水泥采用黑色或蓝色。散装水泥发运时应提交与袋装标志相同内容的卡片。

码 2-20　文档：散装水泥

(二) 水泥的验收

水泥各项技术指标及包装质量符合要求时方可出厂。水泥出厂时，生产者应向买方提供产品质量证明材料。产品质量证明材料包括水溶性铬（VI）、放射性核素限量、压蒸法安定性等型式检验项目的检验结果，以及所有出厂检验项目的检验结果或确认结果。出厂检验报告内容应包括执行标准代号、水泥品种、代号、出厂编号、混合材料种类及掺量等出厂检验项目，以及密度（仅限硅酸盐水泥）、标准稠度用水量、石膏和助磨剂的品种及掺加量、合同约定的其他技术要求等。当买方要求时，生产者应在水泥发出之日起 10 d 内报告除 28 d 强度以外的各项检验结果，35 d 内补报 28 d 强度的检验结果。

交货时水泥的质量验收可抽取实物试样以其检验结果为依据，也可以生产者同编号水泥的检验报告为依据。采取何种方法验收由买卖双方商定，并在合同或协议中注明。当无书面合同或协议，或未在合同、协议中注明验收方法的，卖方应在发货前书面告知并经买方认可后在发货单上注明“以生产者同编号水泥的检验报告为验收依据”。

码 2-21　文档：出厂水泥质量检验报告

以抽取实物试样的检验结果为验收依据时，买卖双方应在发货前或交货地共同取样和签封。取样方法按 GB/T 12573 进行，取样数量为 24 kg，缩分为二等份。一份由卖方保存 40 d，另一份由买方按《通用硅酸盐水泥》（GB 175—2023）规定的项目和方法进行检验。

40 d 内，买方经检验认为产品质量不符合《通用硅酸盐水泥》（GB 175—2023）的要求而生产者又有异议时，则双方应将卖方保存的另一份封存样送双方认可的第三方水泥质量检验机构进行检验。水泥安定性检验，应在取样之日起 10 d 以内完成。

以生产者同编号水泥的检验报告为验收依据时，在发货前或交货时买方在同编号水泥中取样，双方共同签封后由买方保存 90 d。取样方法按 GB/T 12573 进行，取样数量不少于 12 kg，或认可卖方自行取样、签封并保存 90 d 的同编号水泥的封存样。90 d 内，买方对水泥质量有疑问而生产者又有异议时，则买卖双方应将共同认可的封存样送双方认可的第三方水泥质量检验机构进行检验。

水泥进场后应对其品种、级别、包装或散装仓号、出厂日期等进行检查，并应对水泥的细度、强度、安定性和凝结时间进行复验，其结果应符合国家标准《通用硅酸盐水泥》（GB 175—2023）的规定。

（三）储存与保管

水泥在运输和保管期间，不得受潮和混入杂质，不同品种、不同强度等级的水泥应分别储运，不得混杂。水泥储存过久，强度会有所降低，因此规范规定：袋装水泥出厂超过 3 个月（快硬硅酸盐水泥超过 1 个月），散装水泥出厂超过 6 个月时，应进行复验，并按复验结果使用。

水泥一般应入库存放。水泥仓库应保持干燥，库房地面应高出室外地面 30 cm，离开窗户和墙壁 30 cm 以上。袋装水泥堆垛不宜过高，以免下部水泥受压结块，一般为 10 袋，如存放时间短，库房紧张，也不宜超过 15 袋；袋装水泥露天临时储存时，应选择地势高、排水条件好的场地，并认真做好上盖下垫，以防水泥受潮。若使用散装水泥，可用水泥储存罐存放。

项目 5　水泥性能检测

主要内容	知识目标	能力目标
水泥取样方法，水泥细度、标准稠度用水量、凝结时间、体积安定性、胶砂强度等性能测定	掌握水泥性能指标检测的方法和步骤，熟悉水泥质量的评定标准	会进行水泥取样，能进行水泥细度、标准稠度用水量、安定性、凝结时间及胶砂强度检测

任务 1　水泥试样的取样

一、检测依据

检验水泥的依据有《通用硅酸盐水泥》（GB 175—2023）、《水泥取样方法》（GB/T 12573—2008）、《水泥细度检验方法　筛析法》（GB/T 1345—2005）、《水泥标准稠度用水量、凝结时间、安定性检验方法》（GB/T 1346—2011）、《水泥胶砂强度检验方法（ISO 法）》（GB/T 17671—2021）等。

二、水泥试验的一般规定

（一）取样数量

水泥取样须按同一生产厂家、同一强度等级、同一品种、同一批号且连续进场的水泥来取，袋装水泥以不超过 200 t 为一批，散装水泥以不超过 500 t 为一批，每批抽样不少于一次。袋装水泥和散装水泥应分别进行编号(代表检验批的代号)和取样。每一编号为一取样单位。取样应有代表性,可连续取,亦可从 20 个以上不同部位取等量样品,总量不得少于 12 kg。

(二)取样方法

水泥取样分为手工取样和自动取样。

(1)手工取样时,对于散装水泥,当所取水泥深度不超过 2 m 时,每一编号内采取散装水泥取样器随机取样,通过转动取样器内管控制开关,在适当位置插入水泥一定深度,关闭后小心抽出;对于袋装水泥,每一编号内随机抽取不少于 20 袋水泥,采用袋装水泥取样器取样,将取样器沿对角线方向插入水泥包装袋中,用大拇指按住气孔,小心抽出样管,将所取样品放入洁净干燥不易受污染的容器中,每次抽取的单样(由一个部位取出的适量的水泥样品)量应尽量一致。

(2)自动取样时采用自动取样器取样,该装置一般安装在尽量接近于水泥包装机或散装容器的管路中,从流动的水泥流中取出样品。

(三)样品制备

每一编号所取水泥单样通过 0.9 mm 方孔筛后充分混匀,一次或多次将样品缩分到相关标准要求的数量,均分为试验样(用于水泥质量检验的一份试样)和封存样(用于复验仲裁的一份试样)。试验样按相关标准要求进行试验,封存样按要求以备仲裁,样品不得混入杂物和结块。

码 2-22　动画:袋装水泥取样

(四)样品的包装与储存

样品取得后应储存在密闭的容器中,封存样要加封条,容器应洁净、干燥、防潮、密闭、不易破损且不影响水泥性能。存放封存样的容器应至少在一处加盖清晰、不易擦掉的标有标号、取样时间、取样地点和取样人的密封印,如只有一处标志,应在容器外壁上。封存样应密封储存于干燥、通风的环境中,储存器应符合相应水泥标准的规定。试验样与分割样亦应妥善储存。

(五)取样单

样品取得后,应由负责取样人员填写取样单,取样单应至少包括水泥编号、水泥品种、强度等级、取样日期、取样地点和取样人。

(六)试验条件

(1)实验室用水必须是洁净的淡水。

(2)筛析法测定水泥细度时对实验室的温、湿度没有要求;水泥比表面积测定时要求实验室的相对湿度不大于 50%;其他试验要求实验室的温度应保持在(20±2)℃,相对湿度不低于 50%;湿气养护箱温度为(20±1)℃,相对湿度不小于 90%;养护水的温度为(20±1)℃。

(3)水泥试样、标准砂、拌和水、仪器和用具的温度均应与实验室温度相同。

任务2 水泥细度检测(负压筛析法)

一、检测依据

《水泥细度检验方法 筛析法》(GB/T 1345—2005)。

二、检测目的

检验水泥颗粒粗细程度,评判水泥质量。

三、仪器设备(负压筛析法)

(1)负压筛析仪:由筛座、负压筛、负压源及收尘器组成。筛座由转速(30±2)r/min的喷气嘴、负压表、微电机及壳体组成,如图2-5所示。

(2)天平:称量100 g,感量0.01 g。

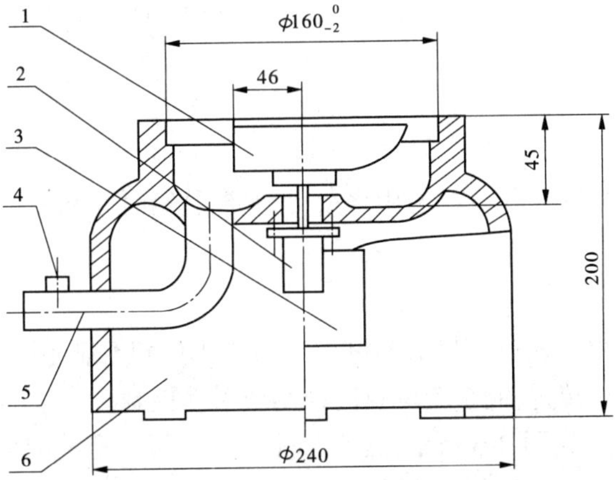

1—喷气嘴;2—微电机;3—控制板开口;4—负压表接口;5—负压源及收尘器接口;6—壳体。

图2-5 负压筛析仪筛座示意图 (单位:mm)

四、检测步骤(负压筛析法)

(1)试验前把负压筛放在筛座上,盖上筛盖,接通电源,检查控制系统,调节负压至4 000~6 000 Pa范围内。

(2)称取水泥试样精确至0.01 g,45 μm筛析试验称取10 g。将试样置于洁净的负压筛中,放在筛座上,盖上筛盖。

(3)启动负压筛析仪,连续筛析2 min,在此期间若有试样黏附于筛盖上,可轻轻敲击筛盖使试样落下。

(4)筛毕,取下筛子,倒出筛余物,用天平称量筛余物的质量,精确至0.01 g。

五、结果计算与评定

水泥试样筛余百分数按式(2-1)计算,精确至0.1%,计算公式为:

$$F = \frac{R_t}{W} \times 100\% \tag{2-1}$$

式中　F——水泥试样筛余百分数(%)；

R_t——水泥筛余物的质量，g；

W——水泥试样的质量，g。

合格评定时，每个样品应称取两个试样分别筛析，取筛余平均值为筛析结果。如两次筛余结果绝对误差大于0.5%(筛余值大于5.0%时可放宽至1.0%)，应再做一次试验，取两次相近结果的算术平均值作为最终结果。

【规范规定】 45 μm 方孔筛筛余应不低于5%。

任务3　水泥标准稠度用水量检测

码 2-23　视频：水泥标准稠度用水量检测

一、检测依据

《水泥标准稠度用水量、凝结时间、安定性检验方法》(GB/T 1346—2011)。

二、检测目的

测定水泥净浆达到标准稠度时的用水量，为水泥凝结时间和安定性试验做好准备。

三、仪器设备

(1)水泥净浆搅拌机：由搅拌锅、搅拌叶片、传动机构和控制系统组成。搅拌叶片做旋转方向相反的公转和自转，控制系统可自动控制或手动控制。

(2)标准法维卡仪：如图 2-6 所示，由金属滑杆[下部可旋接测标准稠度用试杆或试锥、测凝结时间用试针，滑动部分的总质量为(300 ±1)g]、底座、松紧螺丝、标尺和指针组成。标准法采用金属圆模。

(3)其他仪器：天平，最大称量不小于 1 000 g，分度值不大于 1 g；量筒，最小刻度为 0.1 mL，精度 1%。

四、检测步骤

(一)标准法

(1)调整维卡仪并检查水泥净浆搅拌机。维卡仪上的金属棒能自由滑动，并调整至试杆接触玻璃板时的指针对准零点。搅拌机运行正常，并用湿布将搅拌锅和搅拌叶片擦湿。

(2)称取水泥试样 500 g，拌和水量按经验确定并用量筒量好。

(3)将拌和水倒入搅拌锅内，然后在 5~10 s 内将水泥试样加入水中。将搅拌锅放在锅座上，升至搅拌位，启动搅拌机，先低速搅拌 120 s，停 15 s，同时将叶片和锅壁上水泥浆刮入锅中间，再快速搅拌 120 s，然后停机。

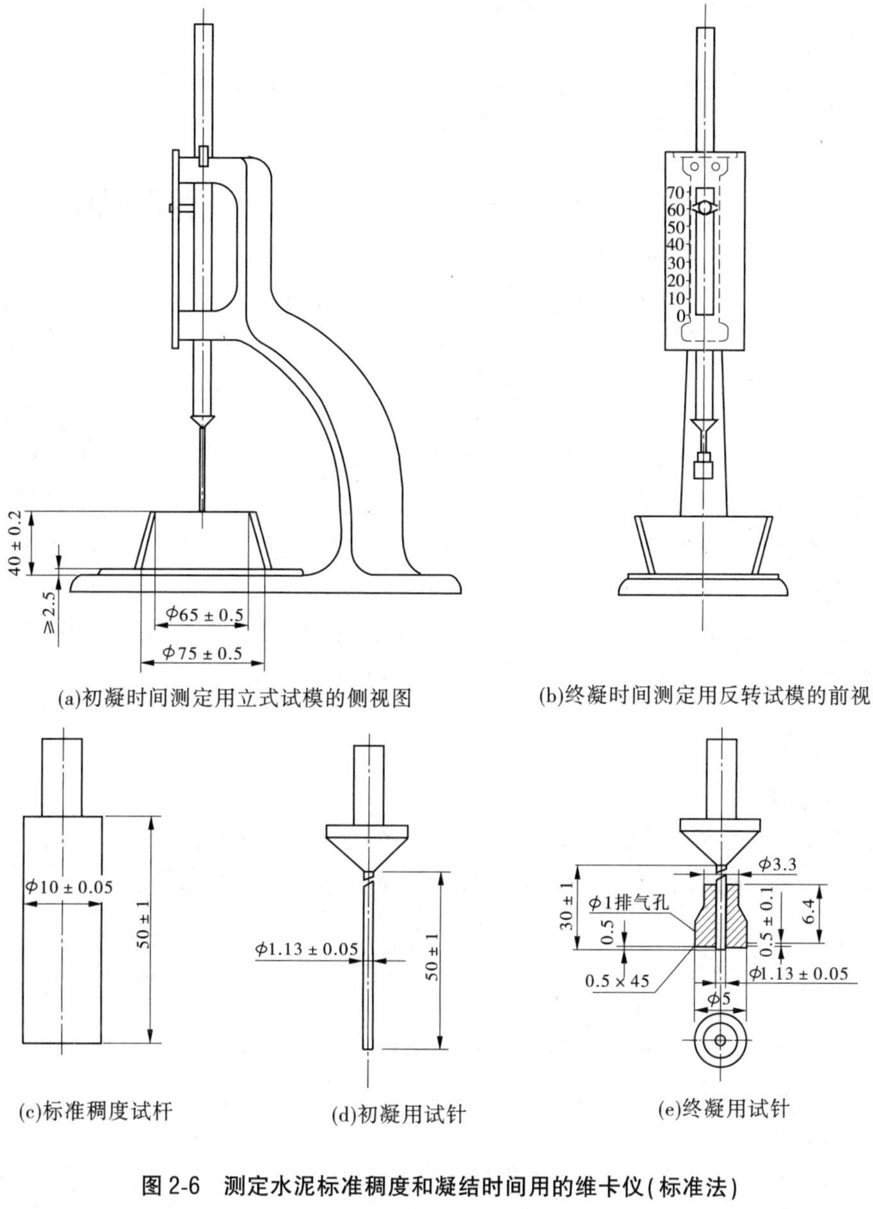

(a)初凝时间测定用立式试模的侧视图　(b)终凝时间测定用反转试模的前视图

(c)标准稠度试杆　(d)初凝用试针　(e)终凝用试针

图 2-6　测定水泥标准稠度和凝结时间用的维卡仪(标准法)

(4)拌和结束后,立即取适量水泥浆一次性将其装入置于玻璃底板上的试模中,浆体超过试模上端,用宽约 25 mm 的直边刀轻轻拍打超出试模部分的浆体 5 次,以排除浆体中的孔隙,然后在试模上表面约 1/3 处,略倾斜于试模分别向外轻轻锯掉多余净浆,再从试模边沿轻抹顶部一次,使净浆表面光滑。在锯掉多余净浆和抹平的操作过程中,注意不要压实净浆。

抹平后迅速将试模和底板移到维卡仪上,将其中心定在试杆下,降低试杆直至与水泥净浆表面接触,拧紧螺丝 1~2 s 后,突然放松,使试杆垂直自由地沉入水泥净浆中。

(5)在试杆停止沉入或释放试杆 30 s 时记录试杆距底板之间的距离,升起试杆后,立即擦净。整个操作应在搅拌后 1.5 min 内完成。

(二)代用法

代用法测定水泥的标准稠度用水量有调整用水量法和固定用水量法两种,可选择任意一种方法测定。采用调整用水量法时,拌和水量按经验确定。采用固定用水量法时,拌和水量用 142.5 mL。

(1)调整维卡仪并检查水泥净浆搅拌机。维卡仪上的金属棒能自由滑动,试锥降至锥模顶面时,指针对准标尺零点,搅拌机运行正常等。

(2)水泥净浆搅拌方法与标准法相同。拌和完成后立即将拌和好的净浆装入锥模中,用宽约 25 mm 的直边刀在浆体表面轻轻插捣 5 次,再轻振 5 次,刮去多余的净浆;抹平后迅速放到试锥下面固定的位置上,将试锥降至净浆表面,拧紧螺丝 1~2 s 后,突然放松,让试锥垂直自由地沉入水泥净浆中。到试锥停止下沉或释放试锥 30 s 时记录试锥下沉深度。整个操作应在搅拌后 1.5 min 内完成。

用调整用水量法测定时,以试锥下沉深度(30±1)mm 时的净浆为标准稠度净浆,其拌和水量为该水泥的标准稠度用水量 P,按水泥质量的百分数计。如下沉深度超出范围需另称试样,调整水量,重新试验,直到达到(30±1)mm 为止。

用固定用水量方法测定时,根据式(2-3)计算(或从仪器上对应标尺读出)得到标准稠度用水量 P。当试锥下沉深度小于 13 mm 时,应改用调整用水量法测定。

五、结果计算

(一)标准法

以试杆沉入净浆并距底板(6±1)mm 的水泥净浆为标准稠度水泥净浆,其拌和水量为该水泥的标准稠度用水量 P,以水泥质量的百分数计。按式(2-2)计算:

$$P = \frac{m_1}{m_2} \times 100\% \tag{2-2}$$

式中 P——标准稠度用水量(%);

m_1——水泥净浆达到标准稠度时所用的拌和用水量,g;

m_2——水泥试样的质量,g。

(二)代用法

调整用水量法测定,以试锥下沉深度(30±1)mm 时的净浆为标准稠度净浆,其拌和水量为该水泥的标准稠度用水量 P,以水泥质量的百分数计。其计算公式与标准法相同。

固定用水量法测定,可从维卡仪上对应标尺读出标准稠度用水量 P,也可根据测得的试锥下沉深度 S,按式(2-3)计算标准稠度用水量 P。

$$P = 33.4 - 0.185S \tag{2-3}$$

式中 P——标准稠度用水量(%);

S——试锥下沉深度,mm。

任务4 水泥净浆凝结时间检测

一、检测目的

测定水泥的初凝时间和终凝时间,评定水泥质量。

二、仪器设备

(1)湿气养护箱:温度控制在(20±1)℃,相对湿度不低于90%。

(2)其他同标准稠度用水量测定试验。

三、检测步骤

码2-24 视频:水泥凝结时间检测

(1)称取水泥试样500 g,按标准稠度用水量制备标准稠度水泥净浆,装模(装模方法同标准稠度用水量检测)和刮平后,立即放入湿气养护箱中。记录水泥全部加入水中的时间作为凝结时间的起始时间。

(2)初凝时间的测定。首先调整凝结时间测定仪,使其试针接触玻璃板时的指针对准零点。

试模在湿气养护箱中养护至加水后30 min时进行第一次测定。测定时,从养护箱中取出圆模放到试针下,降低试针与水泥净浆表面接触,拧紧螺丝1~2 s后,突然放松,试针垂直自由地沉入水泥净浆。观察试针停止下沉或释放试针30 s时指针的读数。临近初凝时,每隔5 min测定一次,当试针沉至距底板(4±1)mm时为水泥达到初凝状态。

(3)终凝时间的测定。为了准确观察试针沉入的状况,在试针上安装一个环形附件。在完成水泥初凝时间测定后,立即将试模连同浆体以平移的方式从玻璃板取下,翻转180°,直径大端向上、小端向下放在玻璃板上,再放入湿气养护箱中继续养护,临近终凝时间时,每隔15 min测定一次。当试针沉入试体0.5 mm时,即环形附件开始不能在试体上留下痕迹时,为水泥达到终凝状态。

(4)测定注意事项。测定时应注意,在最初测定的操作时应轻轻扶持金属柱,使其徐徐下落,以防试针撞弯,但结果以自由下落为准;在整个测试过程中试针沉入的位置至少要距试模内壁10 mm。临近初凝时,每隔5 min(或更短时间)测定一次,到达初凝时应立即重复一次,当两次结论相同时才能确定到达初凝状态。临近终凝时每隔15 min(或更短时间)测定一次,到达终凝时,需要在试体另外两个不同点测试,确认结论相同才能确定到达终凝状态。每次测定不能让试针落入原针孔,每次测定后,须将试针擦净并将试模放回湿气养护箱内,整个测试过程要防止试模受振。

四、结果计算与评定

(1)由水泥全部加入水中至初凝状态的时间为水泥的初凝时间,用min表示。

(2)由水泥全部加入水中至终凝状态的时间为水泥的终凝时间,用min表示。

【规范规定】 *硅酸盐水泥初凝时间不得早于45 min,终凝时间不得迟于390 min;其他五种通用硅酸盐水泥初凝时间不得早于45 min,终凝时间不得迟于600 min。*

任务5　水泥体积安定性检测

一、检测目的

检验水泥是否由于游离氧化钙含量过多造成了体积安定性不良,以评定水泥质量。

二、仪器设备

(1)沸煮箱:箱内装入的水,应保证在(30±5) min 内由室温加热至沸腾状态,并保持(180±5) min,整个试验过程中不需补充水量。

(2)雷氏夹:如图 2-7 所示,由铜质材料制成。当一根指针的根部先悬挂在一根尼龙丝上,另一根指针的根部再挂上 300 g 的砝码时,两根指针针尖的距离增加应在(17.5±2.5) mm 范围内,即 $2x=(17.5\pm2.5)$ mm,如图 2-8 所示,去掉砝码后针尖的距离能恢复至挂砝码前的状态。

码 2-25　视频:水泥体积安定性检测

(3)雷氏夹膨胀测定仪:如图 2-9 所示,标尺最小刻度为 0.5 mm。

(4)其他同标准稠度用水量试验。

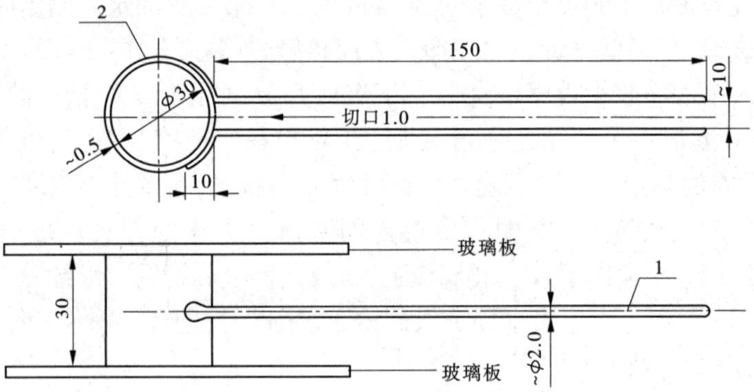

1—指针;2—环模。

图 2-7　雷氏夹示意图　(单位:mm)

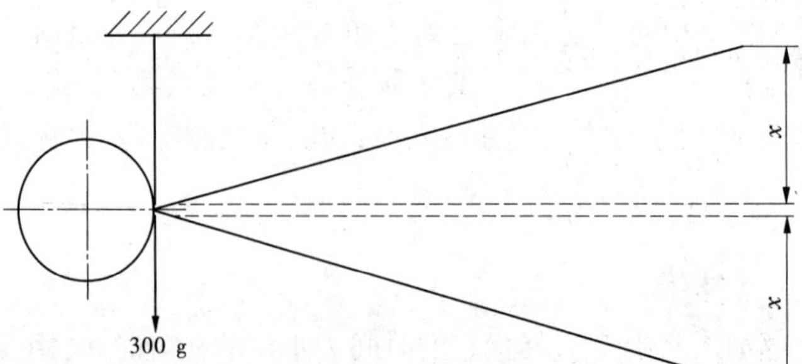

图 2-8　雷氏夹受力示意图

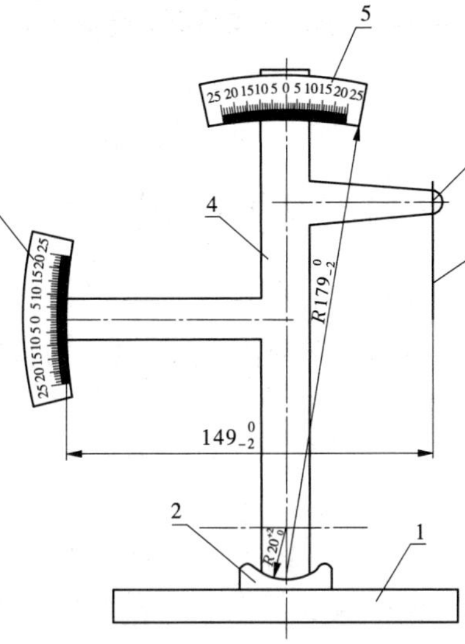

1—底座;2—模子座;3—测弹性标尺;4—立柱;5—测膨胀值标尺;6—悬臂;7—悬丝。

图 2-9 雷氏夹膨胀测定仪 (单位:mm)

三、检测步骤

(1)测定前准备工作。每个试样需成型两个试件,每个雷氏夹需配备两个边长或直径约 80 mm、厚度 4~5 mm 的玻璃板,凡与水泥净浆接触的玻璃板和雷氏夹内表面都要稍稍涂上一层油。

(2)将预先准备好的雷氏夹放在已稍擦油的玻璃板上,并立即将已制好的标准稠度水泥净浆一次装满雷氏夹,装浆时一只手轻轻扶持雷氏夹,另一只手用宽约 25 mm 的直边刀在浆体表面轻轻插捣 3 次,然后抹平,盖上稍涂油的玻璃板,接着立即将试件移至湿气养护箱内养护(24±2)h。

(3)调整好沸煮箱内的水位,使能保证在整个沸煮过程中都超过试件,不需中途添补试验用水,同时又能保证在(30±5)min 内升至沸腾。

(4)脱去玻璃板取下试件,先测量雷氏夹指针尖端间的距离(A),精确至 0.5 mm,接着将试件放入沸煮箱水中的试件架上,指针朝上,然后在(30±5)min 之内加热至沸腾并恒沸(180±5)min。

(5)沸煮结束后,立即放掉沸煮箱中的热水,打开箱盖,待箱体冷却至室温,取出试件。用雷氏夹膨胀测定仪测量雷氏夹两指针尖端间的距离(C),精确至 0.5 mm。

四、结果计算与评定

当两个试件煮后增加距离(C—A)的平均值不大于 5.0 mm 时,即认为水泥安定性合格。当两个试件煮后增加距离 (C—A)的平均值大于 5.0 mm 时,应用同一样品立即重做一次试验,以复检结果为准。

任务6　水泥胶砂强度检测

一、检测依据

《水泥胶砂强度检验方法(ISO 法)》(GB/T 17671—2021)。

二、检测目的

测定水泥各龄期的强度,以确定水泥强度等级,或已知强度等级,检验强度是否满足国家标准所规定的各龄期强度数值。

三、仪器设备

码 2-26　视频:水泥胶砂强度检测

(1)行星式水泥胶砂搅拌机:应符合 JC/T 681 的要求。

(2)试模:由三个水平的模槽(三联模)组成,可同时成型三条截面为 40 mm×40 mm、长 160 mm 的棱形试件。在组装试模时,应用黄干油等密封材料涂覆模型的外接缝,试模的内表面应涂上一薄层模型油或机油。为控制试模内料层厚度和刮平胶砂,应备有两个布料器和一个金属刮平直尺。

(3)水泥胶砂试件成型振实台:应符合 JC/T 682 的要求,如图 2-10 所示。

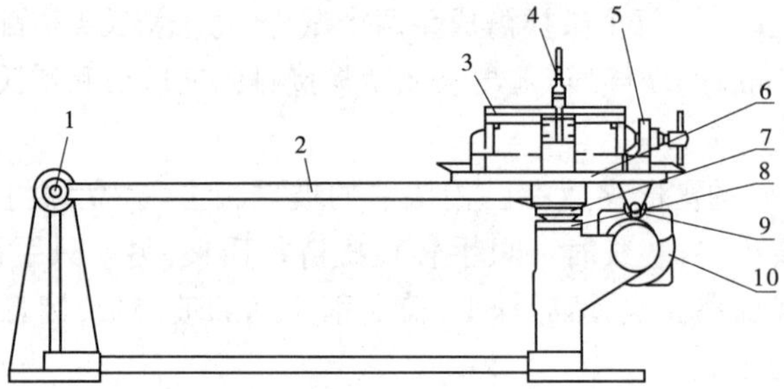

1—十字拉肋;2—摆动臂;3—模套;4—锁紧机构;5—试模;6—台盘;7—突头;8—止动器;9—随动轮;10—凸轮。

图 2-10　水泥胶砂试件成型振实台示意图

(4)抗折强度试验机:应符合 JC/T 724 的要求。抗折强度也可用液压式试验机来测定,其示值精度、加荷速度和抗折夹具应符合 JC/T 724 的规定。

(5)抗压强度试验机:应符合 JC/T 960 的要求,试验机的最大荷载以 200~300 kN 为佳,在较大的 4/5 量程范围内记录的荷载应有±1%精度,并具有按(2 400±200)N/s 速率加荷的能力。

(6)抗压夹具:抗压夹具结构为双臂式,加压板面积为 40 mm×40 mm,应符合 JC/T 683 的要求,如图 2-11 所示。

(7)其他:称量用的天平精度应为±1 g,滴管精度应为±1 mL。

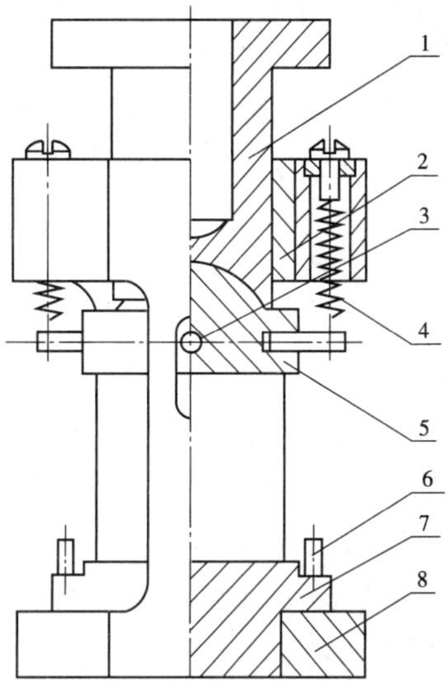

1—传压柱；2—铜套；3、6—定位销；4—吊簧；5—上压板和球座；7—下压板；8—框架。

图2-11　抗压夹具结构示意图

四、检测步骤

（一）制作水泥胶砂试件

（1）水泥胶砂试件是由水泥、中国ISO标准砂、拌和用水按1∶3∶0.5的比例拌制而成的。一锅胶砂可成型三条棱柱体试件，每锅材料用量见表2-28。按规定称量好各种材料。

表2-28　每锅胶砂的材料用量

材料	水泥	中国ISO标准砂	水
用量/g	450±2	1 350±5	225±1

（2）将水加入胶砂搅拌锅内，再加入水泥，把锅固定在固定架上，上升至工作位置；然后立即启动机器，先低速搅拌（30±1）s，在第二个（30±1）s开始的同时均匀地加入标准砂，再高速搅拌（30±1）s；停拌90 s，在停拌开始的（15±1）s内，将搅拌锅放下，用刮刀将叶片、锅壁和锅底上的胶砂刮入锅中；再在高速下继续搅拌（60±1）s。

（3）将试模内壁均匀涂刷一层机油，并将空试模和模套固定在振实台上。

（4）胶砂制备后应立即成型，用料勺将锅壁上的胶砂清理到锅内并翻转搅拌胶砂使其更加均匀，成型时将胶砂分两层装入试模。装第一层时，每个槽约放300 g胶砂，先用料勺沿试模长度方向划动胶砂以布满模槽，再用大布料器垂直架在模套顶部沿每个模槽来回一次将料层布平，接着振实60次。再装入第二层胶砂，用料勺沿试模长度方向划动胶砂以布满模槽，但不能接触已振实胶砂，再用小布料器布平，振实60次。每次振实时可将一块用水湿过拧干、比模套尺寸稍大的棉纱布盖在模套上，以防止振实时胶砂飞溅。

（5）移走模套，从振实台上取下试模，用一个金属刮平直尺，以近似90°的角度（但向刮平方向稍斜）架在试模模顶的一端，然后沿试模长度方向以横向锯割动作慢慢向另一端移动，将超过试模部分的胶砂刮去。锯割动作的多少和直边尺角度的大小取决于胶砂的稀稠程度，较稠的胶砂需要多次锯割，锯割动作要慢，以防止拉动已振实的胶砂。用拧干的湿毛巾将试模端板顶部的胶砂擦拭干净，再用同一刮平直尺以近乎水平的角度将试件表面抹平。抹平的次数要尽量少，总次数不应超过 3 次。最后将试模周边的胶砂擦除干净。

用毛笔或其他方法对试件进行编号。两个龄期以上的试件，在编号时应将同一试模中的 3 条试件分在两个以上龄期内。

(二)水泥胶砂试件的养护

(1)脱模前的处理和养护。在试模上盖一块玻璃板，也可用相似尺寸的钢板或不渗水的、与水泥没有反应的材料制成的板。盖板不应与水泥胶砂接触，盖板与试模之间的距离应控制在 2~3 mm。为了安全，玻璃板应有磨边。

立即将做好标记的试模放入养护室或湿箱的水平架子上养护，湿空气应能与试模各边接触。养护时不应将试模放在其他试模上。一直养护到规定的脱模时间时取出脱模。

(2)脱模。脱模应非常小心。脱模可用橡皮槌或脱模器。对于 24 h 龄期的，应在破型试验前 20 min 内脱模；对于 24 h 以上龄期的，应在成型后 20~24 h 脱模。

(3)水中养护。将做好标记的试件立即水平或竖直放在(20±1)℃水中养护，水平放置时刮平面应朝上。试件放在不易腐烂的箅子上，并彼此间保持一定间距，让水与试件的六个面接触。养护期间试件之间间隔或试件上表面的水深不应小于 5 mm。注意：每个养护池只养护同类型的水泥试件。最初用自来水装满养护池(或容器)，随后随时加水保持适当的水位。在养护期间，可以更换不超过 50%的水。

(4)强度试验试件的龄期。除 24 h 龄期或延迟至 48 h 脱模的试件外，任何到龄期的试件应在试验(破型)前提前从水中取出。揩去试件表面沉积物，并用湿布覆盖至试验为止。试件龄期是从水泥加水搅拌开始试验时算起。不同龄期强度试验在下列时间里进行：24 h±15 min，48 h±30 min，72 h±45 min，7 d±2 h，>28 d±8 h。

(三)水泥胶砂试件的强度测定

(1)抗折强度试验。将试件一个侧面放在试验机支撑圆柱上，试件长轴垂直于支撑圆柱，通过加荷圆柱以(50±10)N/s 的速度均匀地将荷载垂直地加在棱柱体相对侧面上，直至折断。

保持两个半截棱柱体试件处于潮湿状态直至抗压强度试验。

(2)抗压强度试验。抗折强度试验完成后，取出两个半截试件，进行抗压强度试验。将半截棱柱体试件放入抗压夹具内，并以半截棱柱体试件的侧面作为受压面。启动试验机，以(2 400±200)N/s 的速度进行加荷，直至试件破坏。

五、结果计算与评定

(一)抗折强度

(1)每个试件的抗折强度 f_{tm} 按式(2-4)计算，精确至 0.1 MPa，计算公式为：

$$f_{tm}=\frac{3FL}{2b^3}=0.00234F \tag{2-4}$$

式中　F——折断时施加于棱柱体试件中部的荷载,N;

L——支撑圆柱体之间的距离,mm,$L=100$ mm;

b——棱柱体试件截面正方形的边长,mm,$b=40$ mm。

(2)以一组三个棱柱体试件抗折结果的平均值作为试验结果。当三个强度值中有一个超出平均值的±10%时,应剔除后再取平均值作为抗折强度试验结果;当三个强度值中有两个超出平均值±10%时,则以剩余一个作为抗折强度试验结果。计算精确至0.1 MPa。

(二)抗压强度

(1)每个试件的抗压强度f_c按式(2-5)计算,精确至0.1 MPa:

$$f_c=\frac{F}{A}=0.000\,625F \tag{2-5}$$

式中　F——试件破坏时的最大抗压荷载,N;

A——受压部分面积,mm^2($40\ mm\times40\ mm=1\ 600\ mm^2$)。

(2)以一组三个棱柱体试件上得到的六个抗压强度测定值的平均值作为试验结果。如六个测定值中有一个超出六个平均值的±10%,就应剔除这个结果,而以剩下五个的平均值作为结果。如果五个测定值中再有超过它们平均值±10%的,则此组结果作废。计算精确至0.1 MPa。

码2-27　文档:水泥检测委托单、原始记录、检测报告

习　题

一、填空题

1. 石灰石的主要成分是________,生石灰的主要成分是________,消石灰的主要成分是________。

2. 石灰的凝结硬化过程主要包括________和________两个过程。

3. 建筑石膏凝结硬化的速度________,硬化后孔隙率________,强度________,导热系数________,耐水性________,体积________。

4. 水玻璃$Na_2O\cdot nSiO_2$中的n称为________,该值越大,水玻璃黏性越________。

5. 硅酸盐水泥熟料的主要矿物组成为________、________、________和铁铝酸四钙。

6. 水泥的凝结时间包括________时间和________时间。

7. 普通硅酸盐水泥的初凝时间为________,终凝时间为________。

8. 常用的活性混合材料的种类有________、________、________。

9. 水泥石的腐蚀主要有________、________、________和________。

10. 在硅酸盐水泥中掺入适量的石膏,其目的是对水泥起________作用。

11. 矿渣水泥与硅酸盐水泥相比,其早期强度________,水化热________,抗腐蚀性________,抗冻性________。

二、单项选择题

1. 水泥颗粒越细,凝结硬化速度越(   ),早期强度越(   )。

A. 快、低　　B. 慢、高　　C. 快、高　　D. 慢、低

2. (   )属于水硬性胶凝材料。

A. 石灰　　B. 水泥　　C. 石膏　　D. 沥青

3. 建筑石灰熟化时进行"陈伏"的目的是(   )。

A. 消除过火石灰的危害　　B. 使 $Ca(OH)_2$ 结晶与碳化

C. 消除欠火石灰的危害　　D. 减少熟化产生的热量并增加产量

4. 石灰可用于(   )。

A. 制作灰砂砖　　B. 配制三合土

C. 配制石灰砂浆　　D. A、B、C 均可

5. 石膏制品抗火性好的主要原因是(   )。

A. 制品内部孔隙率大　　B. 含有大量结晶水

C. 吸水性强　　D. 硬化快

6. 硅酸盐水泥的主要强度组成是(   )。

A. 硅酸三钙、硅酸二钙　　B. 硅酸三钙、铝酸三钙

C. 硅酸二钙、铝酸三钙　　D. 铝酸三钙、铁铝酸四钙

7. 判定水泥净浆标准稠度的依据是试杆下沉至距底板(   )。

A. (4±1)mm　　B. (5±1)mm　　C. (6±1)mm　　D. (7±1)mm

8. 规范规定,普通硅酸盐水泥的终凝时间不得迟于(   )。

A. 6.0 h　　B. 6.5 h　　C. 10 h　　D. 12 h

9. 石膏对硅酸盐水泥石的腐蚀是一种(   )腐蚀。

A. 溶解型　　B. 溶出型　　C. 膨胀型　　D. 松散无胶结型

10. 提高水泥熟料中(   )的含量,可制得高强度等级的硅酸盐水泥。

A. C_2S　　B. C_3S　　C. C_3A　　D. C_4AF

11. 道路硅酸盐水泥的特点是(   )

A. 抗压强度高　B. 抗折强度高　C. 抗压强度低　D. 抗折强度低

12. 水泥胶砂强度试验时测得 28 d 抗压破坏荷载分别为 61 kN、63 kN、57 kN、58 kN、61 kN、51 kN,则该水泥 28 d 的胶砂强度为(   )。

A. 36.6 MPa　B. 36.5 MPa　C. 37.0 MPa　D. 37.5 MPa

13. 水利工程大体积混凝土施工应选用(   )。

A. 硅酸盐水泥　B. 矿渣水泥　C. 铝酸盐水泥　D. 快硬硅酸盐水泥

14. 最适宜在低温环境下施工的水泥是(   )。

A. 硅酸盐水泥　B. 复合水泥　C. 火山灰水泥　D. 矿渣水泥

15.《通用硅酸盐水泥》(GB 175—2023)规定,对(   ),当买方有特殊要求时,由买卖双方协商确定。

A. 细度　　B. 凝结时间　　C. 安定性　　D. 强度

16. 干燥环境中的工程，宜选用(　　)。
　A. 普通水泥　B. 复合水泥　C. 火山灰水泥　D. 矿渣水泥
17. 预应力混凝土、高强混凝土宜选用(　　)。
　A. 硅酸盐水泥　B. 粉煤灰水泥　C. 火山灰水泥　D. 矿渣水泥
18. 受海水、盐雾作用的混凝土，宜选用(　　)。
　A. 普通水泥　B. 硅酸盐水泥　C. 火山灰水泥　D. 矿渣水泥

三、判断题

1. 石膏浆体的凝结和硬化实际上是碳化作用。(　　)
2. 为加速水玻璃的硬化，常加入氟硅酸钠作为促硬剂，加入越多效果越好。(　　)
3. 石灰的硬化只是碳化硬化的结果。(　　)
4. 建筑石灰熟化时进行“陈伏”的目的是使过火石灰充分熟化。(　　)
5. 建筑石膏是脆性材料，以抗压强度划分等级，并以抗压强度表示。(　　)
6. 因为水泥是水硬性胶凝材料，所以运输和储存时不怕受潮。(　　)
7. 硅酸盐水泥初凝时间不小于 45 min，终凝时间不大于 390 min。(　　)
8. 凡化学要求、凝结时间、安定性、强度、水泥组分、细度中任一项不符合 GB 175—2023 标准规定时，均为不合格品。(　　)
9. 生产硅酸盐水泥时加入石膏，主要是为调整水泥的凝结时间。(　　)
10. 水泥石中的氢氧化钙和水化铝酸钙是易被腐蚀的成分。(　　)

四、名词解释

1. 石灰“陈伏”　2. 水泥的凝结时间　3. 胶凝材料　4. 硅酸盐水泥
5. 建筑石膏　6. 水泥体积安定性　7. 水化热

五、简答题

1. 什么是胶凝材料、气硬性胶凝材料、水硬性胶凝材料？
2. 生石膏和建筑石膏的成分分别是什么？石膏浆体是如何凝结硬化的？
3. 为什么说建筑石膏是功能性较好的建筑材料？
4. 建筑石灰按加工方法不同可分为哪几种？它们的主要化学成分各是什么？
5. 什么是欠火石灰和过火石灰？它们对石灰的使用有什么影响？
6. 试从石灰浆体硬化原理来分析石灰为什么是气硬性胶凝材料。
7. 石灰是气硬性胶凝材料，耐水性较差，但为什么拌制的灰土、三合土却具有一定的耐水性？
8. 硅酸盐水泥熟料的主要矿物组成有哪些？它们加水后各表现出什么性质？
9. 硅酸盐水泥的水化产物有哪些？它们的性质各是什么？
10. 制造硅酸盐水泥时，为什么必须掺入适量石膏？石膏掺量太少或太多时，将产生什么情况？
11. 有甲、乙两厂生产的硅酸盐水泥熟料，其矿物组成如表 2-29 所示。

表 2-29　硅酸盐水泥熟料矿物组成

生产厂	熟料矿物组成/%			
	硅酸三钙	硅酸二钙	铝酸三钙	铁铝酸四钙
甲厂	52	21	10	17
乙厂	45	30	7	18

若用上述两厂熟料分别制成硅酸盐水泥，试分析比较它们的强度增长情况和水化热等性质有何差异。简述理由。

12. 为什么要规定水泥的凝结时间？什么是初凝时间和终凝时间？

13. 什么是水泥的体积安定性？产生安定性不良的原因是什么？

14. 为什么生产硅酸盐水泥时掺入适量石膏对水泥无腐蚀作用，而水泥石处在硫酸盐的环境介质中则易受腐蚀？

15. 什么是活性混合材料和非活性混合材料？它们掺入硅酸盐水泥中各起什么作用？活性混合材料产生水硬性的条件是什么？

16. 某工地仓库存有白色粉末状材料，可能为磨细生石灰，也可能是建筑石膏或白色水泥，试问可用什么简易办法来辨认？

17. 在下列混凝土工程中，试分别选用合适的水泥品种，并说明选用的理由。

(1)低温季节施工的，中等强度的现浇楼板、梁、柱。

(2)采用蒸汽养护的混凝土预制构件。

(3)紧急抢修工程。

(4)大体积混凝土工程。

(5)有硫酸盐腐蚀的地下工程。

(6)热工窑炉基础工程。

(7)大跨度预应力混凝土工程。

(8)有抗渗要求的混凝土工程。

模块3 砂石骨料及其检测

【学习目标】

1. 熟悉砂石骨料的技术指标。
2. 能进行砂石骨料的取样及性能检测。
3. 会整理砂石骨料的检测结果及质量评定。

砂石骨料是混凝土组成材料的一部分,在混凝土中起骨架和填充作用,骨料按粒径大小分为细骨料和粗骨料,粒径小于4.75 mm的称为细骨料,粒径大于4.75 mm的称为粗骨料。混凝土中粗细骨料总体积占混凝土体积的70%~80%,水工大体积混凝土中骨料体积占比可达85%,因此,骨料的性能对所配置的混凝土性能有较大影响。

项目1 细骨料(砂)的基本知识

主要内容	知识目标	技能目标
砂的定义与分类,砂的颗粒级配与粗细程度、含泥量、泥块含量、有害物质等技术指标	掌握砂的技术指标的相关概念、表示方法及质量评定标准	能进行砂的颗粒级配与粗细程度、含泥量、泥块含量等技术指标的检测,会评定砂的质量

一、砂的定义与分类

码3-1 微课:细骨料(砂)认知(一)

砂是混凝土中的细骨料,是指粒径在4.75 mm以下的颗粒。砂按产源分为天然砂、机制砂和混合砂三大类。

(1)天然砂是指在自然条件作用下岩石产生破碎、风化、分选、运移、堆积或沉积,形成的粒径小于4.75 mm的岩石颗粒,包括河砂、湖砂、山砂、净化处理的海砂,但不包括软质、风化的颗粒。山砂表面粗糙且多棱角,杂质含量高。海砂常含有贝壳碎片及可溶性盐类等有害物质,故在使用前需要用淡水冲洗,即淡化海砂。河砂颗粒坚硬、含杂质较少,拌制的混凝土质量较好,在工程中应用普遍。

(2)机制砂是指以岩石、卵石、矿山废石和尾矿等为原料,经除土处理,由机械破碎、整形、筛分、粉控等工艺制成的,级配、粒形和石粉含量满足要求且粒径小于4.75 mm的颗粒,但不包括软质、风化的颗粒。近年来,随着混凝土的大量使用,河砂资源日益匮乏,机制砂的使用不仅缓解了河砂资源紧缺,还能利用矿山废石和尾矿进行生产,既有利于环境保护，又能够降低砂浆和混凝土使用成本，因此合理开发使用机制砂具有良好的经济效益、环保效益和社会效益。

(3)混合砂是由机制砂和天然砂按一定比例混合而成的砂。混合砂的使用是为了克服机制砂粗糙、天然砂偏细的缺点，采用人工砂与天然砂混合，其混合的比例可按混凝土拌和物的和易性及所要求的细度模数进行调整，以满足不同要求的混凝土。

建设用砂按颗粒级配、含泥量(石粉含量)、亚甲蓝(*MB*)值、泥块含量、有害物质、坚固性、压碎指标、片状颗粒含量技术要求分为Ⅰ类、Ⅱ类和Ⅲ类。

二、砂的技术要求

(一)颗粒级配和粗细程度

砂的颗粒级配是指不同粒径的砂粒搭配比例情况。颗粒级配良好的砂，不同粒径的颗粒搭配比例适当，大颗粒之间的空隙由小一级颗粒填充，这样颗粒之间逐级填充，能使砂的空隙率较小，如图 3-1 所示。混凝土中砂粒之间的空隙是由水泥浆所填充的，空隙率越小，混凝土骨架越密实，所需水泥浆越少，越节约水泥，且有助于混凝土强度和耐久性的提高。

码 3-2　微课：细骨料(砂)认知(二)

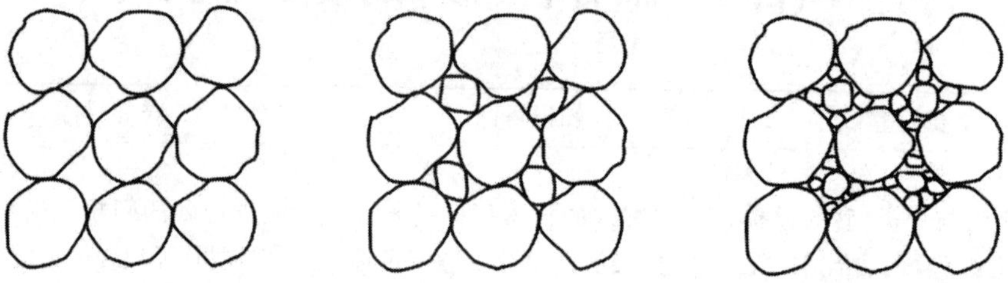

(a)　(b)　(c)

图 3-1　骨料颗粒级配示意图

粗细程度是指不同粒径砂粒混合在一起的平均粗细程度，通常有粗砂、中砂、细砂、特细砂之分。质量相同时，细砂的总表面积较大，而粗砂的总表面积较小。砂的总表面积越大，则包裹其表面所需的胶凝材料浆量就越多，不经济。当混凝土拌和物的流动性要求一定时，用粗砂拌制混凝土比用细砂所需的胶凝材料浆量节省；但若砂过粗，又会使混凝土拌和物容易产生离析、泌水现象，影响混凝土的均匀性。因此，混凝土用砂不宜过粗也不宜过细，以中砂为宜。

码 3-3　动画：颗粒级配

混凝土用砂需同时考虑颗粒级配和粗细程度两个方面，使骨料的空隙率和总表面积都比较小。砂的颗粒级配和粗细程度采用筛分法测定。筛分试验采用的标准砂筛，由七个标准筛及底盘组成，筛孔尺寸分别为 9.50 mm、4.75 mm、2.36 mm、1.18 mm、0.60 mm、0.30 mm 和 0.15 mm。将砂试样筛除大于 9.5 mm 的颗粒后烘干至恒重，然后称取试样 500 g，将砂倒入按筛孔尺寸从大到小排列的标准砂筛中，按规定方法进行筛分后，称量各号筛的筛余量，并分别计算出各号筛的分计筛余百分率和累计筛余百分率，计算方法见表 3-1。

表3-1　分计筛余百分率和累计筛余百分率的计算

筛孔尺寸/mm	筛余量/g	分计筛余百分率/%	累计筛余百分率/%
4.75	m_1	$a_1=m_1/500\times100\%$	$A_1=a_1$
2.36	m_2	$a_2=m_2/500\times100\%$	$A_2=a_1+a_2$
1.18	m_3	$a_3=m_3/500\times100\%$	$A_3=a_1+a_2+a_3$
0.60	m_4	$a_4=m_4/500\times100\%$	$A_4=a_1+a_2+a_3+a_4$
0.30	m_5	$a_5=m_5/500\times100\%$	$A_5=a_1+a_2+a_3+a_4+a_5$
0.15	m_6	$a_6=m_6/500\times100\%$	$A_6=a_1+a_2+a_3+a_4+a_5+a_6$

建设用砂，按0.60 mm筛的累计筛余百分率(A_4)大小划分为三个级配区。除特细砂外，Ⅰ类砂的累计筛余应符合表3-2中2区的规定，分计筛余应符合表3-3的规定；Ⅱ类和Ⅲ类砂的累计筛余应符合表3-2的规定。砂的累计筛余符合表3-2的规定，是指试验测得的累计筛余百分率完全落在1区、2区或3区中的任何一个级配区，则颗粒级配合格，否则级配不合格。砂的实际颗粒级配除4.75 mm和0.60 mm筛挡外，可以超出，但各级累计筛余超出值总和不应大于5%。

表3-2　砂的颗粒级配区

砂的分类	天然砂			机制砂		
级配区	1区	2区	3区	1区	2区	3区
方筛孔	累计筛余百分率/%					
9.50 mm	0	0	0	0	0	0
4.75 mm	10~0	10~0	10~0	5~0	5~0	5~0
2.36 mm	35~5	25~0	15~0	35~5	25~0	15~0
1.18 mm	65~35	50~10	25~0	65~35	50~10	25~0
0.60 mm	85~71	70~41	40~16	85~71	70~41	40~16
0.30 mm	95~80	92~70	85~55	95~80	92~70	85~55
0.15 mm	100~90	100~90	100~90	97~85	94~80	94~75

表3-3　分计筛余

方孔筛尺寸/mm	4.75	2.36	1.18	0.60	0.30	0.15	筛底
分计筛余/%	0~10	10~15	10~25	20~31	20~30	5~15	0~20

注：1. 对于机制砂，4.75 mm筛的分计筛余不应大于5%。

2. 对于亚甲蓝值$MB>1.4$的机制砂，0.15 mm筛和筛底的分计筛余之和不应大于25%；对于天然砂，筛底的分计筛余不应大于10%。

为了更直观地反映砂的颗粒级配，可根据表3-2的规定绘出级配区曲线，天然砂的级配区曲线如图3-2所示。

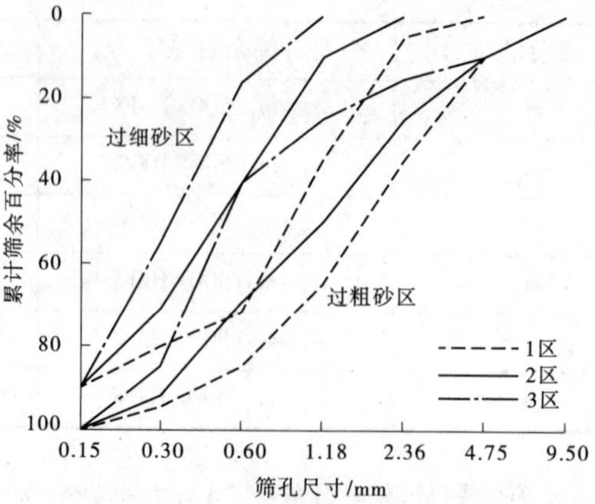

图 3-2 天然砂的级配区曲线

配制混凝土时,宜优先选择 2 级配区砂,使混凝土拌和物获得良好的和易性。当采用 1 级配区砂时,由于砂颗粒偏粗,配制的混凝土流动性大,但黏聚性和保水性较差,因此应适当提高砂率,以保证混凝土拌和物的和易性;当采用 3 级配区砂时,由于颗粒偏细,配制的混凝土黏聚性和保水性较好,但流动性较差,因此应适当减小砂率,以保证混凝土硬化后的强度。

砂的粗细程度用细度模数表示。细度模数 M_X 的计算如下:

$$M_X = \frac{(A_2 + A_3 + A_4 + A_5 + A_6) - 5A_1}{100 - A_1} \tag{3-1}$$

式中 M_X——细度模数;

A_1、A_2、A_3、A_4、A_5、A_6——4.75 mm、2.36 mm、1.18 mm、0.60 mm、0.30 mm、0.15 mm 筛的累计筛余百分率(%)。

混凝土用砂按细度模数的大小分为粗砂、中砂、细砂和特细砂四种:粗砂 $M_X = 3.7 \sim 3.1$,中砂 $M_X = 3.0 \sim 2.3$,细砂 $M_X = 2.2 \sim 1.6$,特细砂 $M_X = 1.5 \sim 0.7$。

Ⅰ类砂的细度模数应为 2.3~3.2。

【工程案例 3-1】 某工程用天然砂,用 500 g 烘干砂进行筛分试验,测得各号筛的筛余量如表 3-4 所示。试评定该砂的级配和粗细程度。

表 3-4 烘干砂的各筛筛余量

筛孔尺寸/mm	筛余量/g	分计筛余百分率/%	累计筛余百分率/%
4.75	31	$a_1 = 6.2$	$A_1 = 6.2$
2.36	42	$a_2 = 8.4$	$A_2 = 6.2+8.4 = 14.6$
1.18	53	$a_3 = 10.6$	$A_3 = 6.2+8.4+10.6 = 25.2$
0.60	198	$a_4 = 39.6$	$A_4 = 6.2+8.4+10.6+39.6 = 64.8$
0.30	102	$a_5 = 20.4$	$A_5 = 6.2+8.4+10.6+39.6+20.4 = 85.2$
0.15	70	$a_6 = 14.0$	$A_6 = 6.2+8.4+10.6+39.6+20.4+14.0 = 99.2$
筛底	4		

解　(1)计算细度模数：

$$M_X = \frac{(A_2 + A_3 + A_4 + A_5 + A_6) - 5A_1}{100 - A_1}$$

$$= \frac{(14.6 + 25.2 + 64.8 + 85.2 + 99.2) - 5 \times 6.2}{100 - 6.2}$$

$$= 2.75 \approx 2.8$$

(2)根据计算出的累计筛余百分率查表 3-2,该砂样在 0.60 mm 筛上的累计筛余百分率 A_4=64.8 落在 2 区,其他各筛上的累计筛余百分率也均落在 2 区规定的范围内,故可判定该砂为 2 区砂,级配良好。

(3)结果评定:此砂细度模数为 2.8,属于中砂;属于 2 级配区砂,且级配良好,可用于配制混凝土。

(二)含泥量、石粉含量和泥块含量

含泥量是指天然砂中粒径小于 75 μm 的颗粒含量。石粉含量是指机制砂中粒径小于 75 μm 的颗粒含量。泥块含量是指砂中原粒径大于 1.18 mm,经水浸泡、淘洗处理后小于 600 μm 的颗粒含量。

码 3-4　动画：
砂含泥量试验

码 3-5　动画：
砂泥块含量试验

机制砂在生产时会产生一定的石粉,虽然石粉与天然砂中的泥均是指粒径小于 75 μm 的颗粒,但石粉的成分、粒径分布和泥在砂中所起的作用不同。

天然砂的含泥量会降低砂与水泥石的黏结力,并且使混凝土达到一定流动性时需水量增加,混凝土的强度降低,耐久性变差,干缩增大。机制砂颗粒坚硬、多棱角,拌制的混凝土在同样条件下比天然砂的和易性差,而机制砂中适量的石粉可弥补机制砂形状和表面特征引起的不足,起到完善砂级配的作用。天然砂的含泥量应符合表 3-5 的规定。机制砂的石粉含量应符合表 3-6 的规定,砂浆用砂的石粉含量不做限制。天然砂的泥块含量应符合表 3-7 的规定。

表 3-5　天然砂的含泥量

类别	Ⅰ	Ⅱ	Ⅲ
含泥量(按质量计)/%	≤1.0	≤3.0	≤5.0

表 3-6　机制砂的石粉含量

类别	亚甲蓝值 MB	石粉含量(按质量计)/%
Ⅰ类	$MB \leq 0.5$	≤15.0
	$0.5 < MB \leq 1.0$	≤10.0
	$1.0 < MB \leq 1.4$ 或快速试验合格	≤5.0
	$MB > 1.4$ 或快速试验合格	≤1.0[a]
Ⅱ类	$MB \leq 1.0$	≤15.0
	$1.0 < MB \leq 1.4$ 或快速试验合格	≤10.0
	$MB > 1.4$ 或快速试验合格	≤3.0[a]
Ⅲ类	$MB \leq 1.4$ 或快速试验合格	≤15.0
	$MB > 1.4$ 或快速试验合格	≤5.0[a]

注：a. 根据使用环境和用途，经试验验证，由供需双方协商确定，Ⅰ类砂石粉含量可放宽至不大于 3.0%，Ⅱ类砂石粉含量可放宽至不大于 5.0%，Ⅲ类砂石粉含量可放宽至不大于 7.0%。

表 3-7　天然砂的泥块含量

类别	Ⅰ	Ⅱ	Ⅲ
泥块含量(按质量计)/%	≤0.2	≤1.0	≤2.0

(三) 有害物质

砂中如含有云母、轻物质、有机物、硫化物及硫酸盐、氯化物、贝壳，其限量应符合表 3-8 的规定。

表 3-8　有害物质限量

类别	Ⅰ	Ⅱ	Ⅲ
云母(按质量计)/%	≤1.0	≤2.0	
轻物质(按质量计)/%	≤1.0		
有机物	合格		
硫化物及硫酸盐(按 SO_3 质量计)/%	≤0.5		
氯化物(以氯离子质量计)/%	≤0.01	≤0.02	≤0.06[a]
贝壳[b](按质量计)/%	≤3.0	≤5.0	≤8.0

注：a. 对于钢筋混凝土用净化处理的海砂，其氯化物含量应小于或等于 0.02%。

b. 该指标仅适用于净化处理的海砂，其他砂种不做要求。

云母为表面光滑的层、片状物质，自身强度低、易折断，且与水泥黏结性差，影响混凝土的强度和耐久性。轻物质为表观密度小于 2 000 kg/m^3 的物质，孔隙率大，会削弱混凝土的强度。有机物影响水泥的水化及硬化，增加混凝土的干缩。硫化物及硫酸盐影响混凝土的凝结硬化，且对水泥石有侵蚀作用。氯化物对钢筋有锈蚀作用。海砂中的贝壳危害类似于云母，而且含有较多的氯离子和硫酸盐。

用尾矿等生产的机制砂有害物质除应符合表3-8的规定外，还应符合我国环保及安全相关标准和规范，不应对人体、生物、环境及混凝土、砂浆性能产生有害影响。

(四)坚固性

砂的坚固性是指砂在外界物理化学因素作用下抵抗破裂的能力。砂的坚固性采用硫酸钠溶液法和压碎指标法进行试验。

1.硫酸钠溶液法

将砂试样在饱和的硫酸钠溶液中经5次浸泡、烘干循环过程，砂的质量损失应符合表3-9的规定。

表3-9 坚固性指标

类别	Ⅰ	Ⅱ	Ⅲ
质量损失/%	≤8		≤10

2.压碎指标法

将烘干后冷却到室温的砂样筛分成0.3~0.6 mm、0.6~1.18 mm、1.18~2.36 mm、2.36~4.75 mm四个粒级。每个粒级取330 g试样，按规定方法装入圆模内(见图3-3)，以500 N/s的速度加荷至25 kN并稳荷5 s，以同样的速度卸荷。用每粒级下限筛进行筛分，称出筛余量和通过量。每粒级试样的压碎指标值用通过量与筛余量和通过量之和的比值来表示，以百分数计，取最大单粒级压碎指标值作为该砂的压碎指标值。

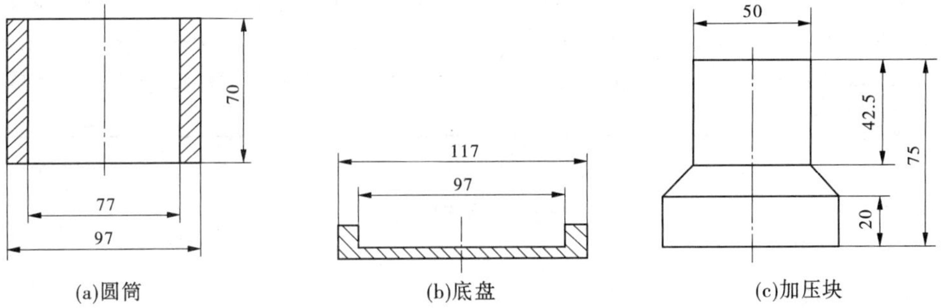

图3-3 压碎指标试验受压钢模示意图 (单位:mm)

机制砂除了要满足表3-9的规定，压碎指标还应满足表3-10的规定。

表3-10 压碎指标

类别	Ⅰ类	Ⅱ类	Ⅲ类
单级最大压碎指标/%	≤20	≤25	≤30

(五)表观密度、松散堆积密度和空隙率

《建设用砂》(GB/T 14684—2022)规定，砂表观密度应不小于2 500 kg/m^3，松散堆积密度应不小于1 400 kg/m^3，空隙率应不大于44%。

(六)碱骨料反应(碱集料反应)

水泥、外加剂等混凝土组成材料及环境中的碱与骨料中的碱活性物质在潮湿环境下会缓慢发生导致混凝土开裂的膨胀性化学反应,即碱骨料反应。因此,砂应进行碱骨料反应试验。经碱骨料反应试验后,试件应无裂缝、酥裂、胶体外溢等现象,在规定的试验龄期膨胀率应小于0.10%。

【工程案例3-2】 数年前,某沿海城市随着基建规模的扩大和建筑业的蓬勃发展,出现了建筑用河砂奇缺的现象。由于经济利益驱动,大量未经处理的海砂直接应用到建筑工程,数年(15年左右)之后,陆续出现大量楼房墙面斑驳、楼板开裂、钢筋外露现象,被称为“海砂危楼事件”。试分析其原因。

原因分析:未经净化处理的海砂中水溶性氯离子含量较高,若氯离子含量达到一定数值,将引起混凝土中钢筋严重锈蚀。钢筋锈蚀时体积膨胀,从而导致钢筋外部混凝土保护层胀裂、脱落,钢筋裸露。《海砂混凝土应用技术规范》(JGJ 206—2010)规定,海砂必须经淡水冲洗,使其水溶性氯离子含量小于或等于0.03%,才可用于钢筋混凝土。

项目2　细骨料(砂)的性能检测

主要内容	知识目标	技能目标
砂试样的取样与处理,砂颗粒级配、表观密度、堆积密度、含泥量等性能指标检测	掌握砂性能指标检测的方法和步骤,熟悉砂质量的评定标准	会进行砂取样,能进行砂颗粒级配、表观密度、堆积密度、含泥量等性能指标检测,会评定砂的质量

任务1　砂试样的取样与处理

一、检测依据

《建设用砂》(GB/T 14684—2022)。

二、取样方法

码3-6　动画:砂取样

(1)在料堆上取样时,取样部位应均匀分布。取样前先将取样部位表层铲除,然后从不同部位随机抽取大致等量的砂8份,组成一组样品。

(2)从皮带运输机上取样时,应用与皮带机等宽的接料器从皮带运输机头部出料处全断面定时抽取大致等量的砂4份,组成一组样品。

(3)从火车、汽车、货船上取样时,从不同部位和深度随机抽取大致等量的砂8份,组成一组样品。

三、取样质量

砂单项试验的最少取样质量应符合表3-11的规定。做几项试验时，如确能保证试样经一项试验后不致影响另一试验的结果，可用同一试样进行几项不同的试验。

表3-11　砂单项试验取样质量　单位：kg

序号	检验项目	最少取样质量	序号	检验项目	最少取样质量
1	颗粒级配	4.4	10	贝壳含量	9.6
2	含泥量	4.4	11	坚固性	8.0
3	亚甲蓝值与石粉含量	6.0	12	压碎指标	20.0
4	泥块含量	20.0	13	片状颗粒含量	4.4
5	云母含量	0.6	14	表观密度	2.6
6	轻物质含量	3.2	15	松散堆积密度与空隙率	5.0
7	有机物含量	2.0	16	碱骨料反应	20.0
8	硫化物及硫酸盐含量	0.6	17	放射性	6.0
9	氯化物含量	4.4	18	含水率和饱和面干吸水率	4.4

四、试样处理

(1)用分料器法：将样品在潮湿状态下拌和均匀，然后通过分料器取接料斗中的其中一份再次通过分料器。重复上述过程，直至把样品缩分到试验所需量。

(2)人工四分法：将所取样品置于平板上，在潮湿状态下拌和均匀，并堆成厚度约为20 mm的圆饼状，然后沿互相垂直的两条直径把“圆饼”分成大致相等的四份，取其中对角的两份重新拌匀，再堆成“圆饼”。重复上述过程，直至把样品缩分到试验所需量。

堆积密度、机制砂坚固性检验所用试样可不经缩分，在拌匀后直接进行试验。

任务2　砂颗粒级配检测

一、检测目的

测定混凝土用砂的颗粒级配和粗细程度。

二、仪器设备

码3-7　视频：砂颗粒级配检测

(1)烘箱：能使温度控制在(105±5)℃。

(2)天平：量程不小于1 000 g，分度值不大于1 g。

(3)方孔筛:孔径为0.15 mm、0.30 mm、0.60 mm、1.18 mm、2.36 mm、4.75 mm及9.50 mm的筛各一只,并附有筛底和筛盖。

(4)摇筛机:见图3-4。

(5)浅盘、毛刷等。

三、检测步骤

(一)试样制备

按规定取样,筛除大于9.50 mm的颗粒(并计算出筛余百分率),并将试样缩分至约1 100 g,放在烘箱中于(105±5)℃下烘干至恒重,待冷却至室温后,平均分为2份备用。恒重是指试样在相邻两次称量间隔不小于3 h的情况下,前后两次质量之差不大于该项试验所要求的称量精度。

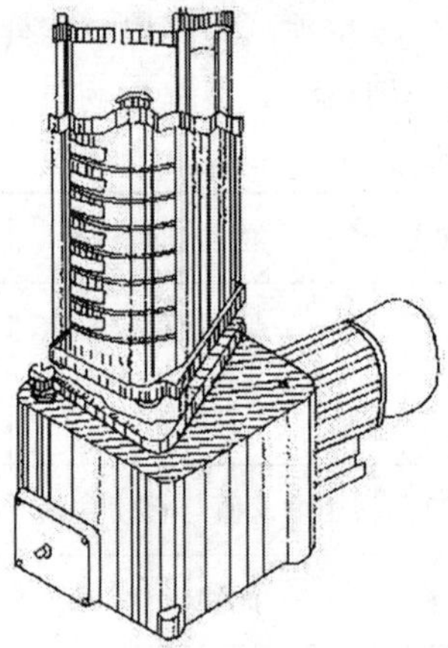

图3-4 摇筛机

(二)筛分

称取试样500 g,精确至1 g。将试样倒入按孔径大小从上到下组合的套筛(附筛底)上,置套筛于摇筛机上,摇10 min,取下套筛,按筛孔大小顺序逐个用手筛,筛至每分钟通过量小于试样总量的0.1%。通过的试样并入下一号筛中,并和下一号筛中的试样一起过筛,这样顺序过筛,直至各号筛全部筛完。

称取各号筛的筛余量,精确至1 g,试样在各号筛上的筛余量不得超过按式(3-2)计算出的量。

$$G=\frac{A\times\sqrt{d}}{200} \tag{3-2}$$

式中 G——在一个筛上的筛余量,g;

A——筛面面积,mm^2;

d——筛孔尺寸,mm。

试样在各号筛上的筛余量超过按式(3-2)计算出的量时,应按下列方法之一处理:

(1)将该粒级试样分成少于按式(3-2)计算出的量,分别筛分,并以筛余量之和作为该号筛的筛余量。

(2)将该粒级及以下各粒级的筛余混合均匀,称出其质量,精确至1 g。再用四分法缩分为大致相等的两份,取其中一份,称出其质量,精确至1 g,继续筛分。计算该粒级及以下各粒级的分计筛余量时应根据缩分比例进行修正。

四、结果计算与评定

(1)计算分计筛余百分率。各号筛的筛余量与试样总质量之比,计算精确至0.1%。

(2)计算累计筛余百分率。该号筛的分计筛余百分率加上该号筛以上各分计筛余百分率之和,精确至0.1%。筛分后,当每号筛的筛余量与筛底的剩余量之和同原试样质量之差超过1%时,应重新试验。

(3)砂的细度模数按式(3-1)计算,精确至0.01。

(4)分计筛余百分率、累计筛余百分率取两次试验结果的算术平均值,精确至1%。

细度模数取两次试验结果的算术平均值,精确至 0.1;当两次试验的细度模数之差超过 0.20 时,应重新试验。

(5)根据各号筛累计筛余百分率的算术平均值,评定试样的颗粒级配。

任务 3 砂表观密度检测

码 3-8 视频:砂表观密度检测

码 3-9 动画:砂表观密度试验

一、检测目的

测定砂的表观密度,评定砂的质量,为混凝土配合比设计提供依据。

二、仪器设备

(1)烘箱:能使温度控制在(105±5)℃。

(2)天平:量程不小于 1 000 g,分度值不大于 0.1 g。

(3)容量瓶:500 mL。

(4)浅盘、滴管、毛刷、温度计等。

三、检测步骤

(1)按规定取样,并将试样缩分至约 660 g,放在烘箱中于(105±5)℃下烘干至恒重,待冷却至室温后,平均分为 2 份备用。

(2)称取试样 300 g,精确至 0.1 g。将试样装入容量瓶,注入冷开水至接近 500 mL 的刻度处,用手旋转摇动容量瓶,使砂样充分摇动,排除气泡,塞紧瓶盖,静置 24 h。然后用滴管小心加水至容量瓶 500 mL 刻度处,塞紧瓶塞,擦干瓶外水分,称出其质量,精确至 0.1 g。

(3)倒出瓶内水和试样,洗净容量瓶,再向容量瓶内注水至 500 mL 刻度处,塞紧瓶塞,擦干瓶外水分,称出其质量,精确至 0.1 g。

(4)在砂的表观密度试验过程中应测量并控制水的温度在 15~25 ℃范围内,试验的各项称量可在 15~25 ℃的温度范围内进行。从试样加水静置的最后 2 h 起直至试验结束,其温度相差不应超过 2 ℃。

四、结果计算与评定

(1)砂的表观密度按式(3-3)计算,精确至 10 kg/m³。

$$\rho_0 = \left(\frac{G_0}{G_0 + G_2 - G_1} - \alpha_t\right) \times \rho_w \tag{3-3}$$

式中　ρ_0、ρ_w——砂的表观密度和水的密度，kg/m^3；

G_0、G_1、G_2——烘干试样的质量，试样、水及容量瓶的总质量，水及容量瓶的总质量，g。

α_t——水温对表观密度影响的修正系数，见表 3-12。

表 3-12　不同水温对砂(碎石和卵石)的表观密度影响的修正系数

水温/℃	15	16	17	18	19	20	21	22	23	24	25
α_t	0.002	0.003	0.003	0.004	0.004	0.005	0.005	0.006	0.006	0.007	0.008

(2)表观密度取两次试验结果的算术平均值，精确至 10 kg/m^3；如两次试验结果之差大于 20 kg/m^3，应重新试验。

【规范规定】 《建设用砂》(GB/T 14684—2022)规定：砂表观密度应不小于 2 500 kg/m^3。

任务 4　砂堆积密度与空隙率检测

码 3-10　视频：砂堆积密度检测

码 3-11　动画：砂紧密堆积密度试验

一、检测目的

测定砂的堆积密度，计算砂的空隙率，为混凝土配合比设计提供依据。

二、仪器设备

(1)烘箱：能使温度控制在(105±5)℃。

(2)天平：量程不小于 10 kg，分度值不大于 1 g。

(3)容量筒：圆柱形金属筒，内径 108 mm，净高 109 mm，壁厚 2 mm，筒底厚约 5 mm，容积为 1 L。

(4)方孔筛：孔径为 4.75 mm 的筛一只。

(5)垫棒：直径 10 mm、长 500 mm 的圆钢。

(6)直尺、漏斗或料勺、浅盘、毛刷等。

三、检测步骤

(1)试样制备。按规定取样，用浅盘装取试样约 3 L，放在烘箱中于(105±5)℃下烘干至恒重，待冷却至室温后，筛除大于 4.75 mm 的颗粒，平均分为 2 份备用。

(2)松散堆积密度测定。取试样一份，用漏斗或料勺将试样从容量筒中心上方

50 mm 处徐徐倒入，让试样以自由落体下落，当容量筒上部试样呈锥体，且容量筒四周溢满时，即停止加料，试验过程中应防止触动容量筒。用直尺沿筒口中心线向两边刮平，称出试样和容量筒总质量，精确至 1 g。

(3)紧密堆积密度测定。取试样一份，分两次装入容量筒。装完第一层后(约计稍高于 1/2)，在筒底垫放一根直径为 10 mm 的圆钢，将筒按住，左右交替巅击地面各 25 下。然后装入第二层，第二层装满后用同样方法颠实，筒底所垫钢筋的方向与第一层时的方向垂直。再加试样直至超过筒口，然后用直尺沿筒口中心线向两边刮平，称出试样和容量筒总质量，精确至 1 g。

四、结果计算与评定

(1)松散堆积密度或紧密堆积密度按式(3-4)计算，精确至 10 kg/m^3。

$$\rho_0' = \frac{G_1 - G_2}{V} \tag{3-4}$$

式中 ρ_0'——松散堆积密度或紧密堆积密度，kg/m^3；

G_1——试样和容量筒总质量，g；

G_2——容量筒的质量，g；

V——容量筒的容积，L。

(2)空隙率按式(3-5)计算，精确至 1%。

$$P' = \left(1 - \frac{\rho_0'}{\rho_0}\right) \times 100\% \tag{3-5}$$

式中 P'——空隙率(%)；

ρ_0'——试样的松散(或紧密)堆积密度，kg/m^3；

ρ_0——试样的表观密度，kg/m^3。

(3)堆积密度取两次试验结果的算术平均值，精确至 10 kg/m^3。空隙率取两次试验结果的算术平均值，精确至 1%。

【规范规定】 《建设用砂》(GB/T 14684—2022)规定：松散堆积密度应不小于 1 400 kg/m^3，空隙率应不大于 44%。

任务5 砂中含泥量检测

码 3-12 视频：砂含泥量检测

一、检测目的

测定砂的含泥量，评定砂的质量。

二、仪器设备

(1)烘箱：能使温度控制在(105±5)℃。

(2)天平：量程不小于 1 000 g，分度值不大于 0.1 g。

(3)方孔筛：孔径为 75 μm 和 1.18 mm 的筛各一只。

(4)容器:深度大于250 mm,淘洗试样时保持试样不溅出。

(5)浅盘、毛刷等。

三、检测步骤

(1)按规定取样,并将试样缩分至约1 100 g,放在烘箱中于(105±5)℃下烘干至恒重,待冷却至室温后,平均分为两份备用。

(2)称取试样500 g,精确至0.1 g。将试样倒入淘洗容器中,注入清水,使水面高于试样面约150 mm,充分搅拌均匀后,浸泡2 h,然后用手在水中淘洗试样,使尘屑、淤泥和黏土与砂粒分离。将1.18 mm筛放在75 μm筛上面,将浑水缓缓倒入1.18 mm及75 μm的套筛中,滤去小于75 μm的颗粒。试验前筛子的两面应先用水润湿,在整个过程中应防止砂粒流失。

(3)再向容器中注入清水,重复上述操作,直至容器内的水目测清澈。

(4)用水淋洗剩余在筛上的细粒,并将75 μm筛放在水中,水面高出筛中砂粒的上表面,来回摇动,以充分洗掉小于75 μm的颗粒。然后将两只筛的筛余颗粒和清洗容器中已经洗净的试样一并倒入浅盘,放在烘箱中于(105±5)℃下烘干至恒重,待冷却至室温后,称出其质量,精确至0.1 g。

四、结果计算与评定

(1)含泥量按式(3-6)计算,精确至0.1%。

$$Q_a = \frac{G_0 - G_1}{G_0} \times 100\% \tag{3-6}$$

式中 Q_a——含泥量(%);

G_0——试验前烘干试样的质量,g;

G_1——试验后烘干试样的质量,g。

(2)含泥量取两个试样的试验结果算术平均值作为测定值,精确至0.1%;如2次结果的差值超过0.2%,应重新取样进行试验。

【规范规定】 《建设用砂》(GB/T 14684—2022)规定:Ⅰ类砂含泥量不大于1.0%,Ⅱ类砂含泥量不大于3.0%,Ⅲ类砂含泥量不大于5.0%。

任务6 砂中泥块含量检测

码3-13 视频:砂泥块含量检测

一、检测目的

测定砂的泥块含量,评定砂的质量。

二、仪器设备

(1)烘箱:能使温度控制在(105±5)℃。

(2)天平:量程不小于1 000 g,分度值不大于0.1 g。

(3)方孔筛:孔径为 0.60 mm 和 1.18 mm 筛各一只。

(4)容器:深度应大于 250 mm,淘洗试样时保持试样不溅出。

(5)浅盘、毛刷等。

三、检测步骤

(1)按规定取样,并将试样缩分至约 5 000 g,放在烘箱中于(105±5)℃下烘干至恒重,待冷却至室温后,用 1.18 mm 的筛手动筛分,将筛上物平均分为两份备用。

(2)将一份试样倒入淘洗容器中,注入清水进行第一次水洗,水面应高于试样面,用玻璃棒适度搅拌后,将试样过 0.60 mm 的筛,将筛上试样全部取出,装入浅盘后,放在烘箱中于(105±5)℃下烘干至恒重,称出其质量(G_1),精确至 0.1 g。

(3)将经过步骤(2)处理后的试样倒入淘洗容器中,注入清水进行第二次水洗,水面应高于试样面,充分搅拌均匀后,浸泡(24±0.5)h。然后用手在水中碾碎泥块,再将试样放在 0.60 mm 的筛上,用水淘洗,直至容器内的水目测清澈。保留下来的试样从筛中取出,装入浅盘后,放在烘箱中于(105±5)℃下烘干至恒重,待冷却到室温后,称出其质量(G_2),精确至 0.1 g。

四、结果计算与评定

(1)泥块含量按式(3-7)计算,精确至 0.1%。

$$Q_b = \frac{G_1 - G_2}{G_1} \times 100\% \tag{3-7}$$

式中　Q_b——泥块含量(%);

G_1——第一次水洗后 0.60 mm 筛上试样烘干后的质量,g;

G_2——第二次水洗后 0.60 mm 筛上试样烘干后的质量,g。

(2)泥块含量取两次试验结果的算术平均值,精确至 0.1%。

【规范规定】　《建设用砂》(GB/T 14684—2022)规定:Ⅰ类砂泥块含量不大于 0.2%,Ⅱ类砂泥块含量不大于 1.0%,Ⅲ类砂泥块含量不大于 2.0%。

码 3-14　文档:砂检测委托单、原始记录、检测报告

项目 3　粗骨料(石子)的基本知识

主要内容	知识目标	技能目标
石子的定义与分类,石子的最大粒径、颗粒级配、含泥量、泥块含量、有害物质、强度及坚固性等技术指标	掌握石子技术指标的相关概念、表示方法及合格评定标准	能进行石子颗粒级配、含泥量、泥块含量、强度及坚固性等技术指标检测,会评定石子的质量

一、粗骨料(石子)的定义与分类

粗骨料是指粒径大于4.75 mm的岩石颗粒,常用的粗骨料有卵石和碎石两种。卵石是指在自然条件作用下岩石产生破碎、风化、分选、运移、堆(沉)积,而形成的粒径大于4.75 mm的岩石颗粒,按产源不同分为山卵石、河卵石和海卵石等,其中河卵石应用较多。碎石是由天然岩石、卵石或矿山废石经破碎、筛分等机械加工而成的,粒径大于4.75 mm的岩石颗粒。

卵石、碎石按技术要求分为Ⅰ类、Ⅱ类、Ⅲ类。

二、粗骨料(石子)的技术要求

(一)最大粒径及颗粒级配

1. 最大粒径(D_M)

粗骨料的最大粒径是指公称粒级的上限值。当粗骨料的粒径增大时,其表面积随之减小。因此,达到一定流动性时包裹其表面的水泥砂浆数量减小,可节约水泥。试验研究证明,当粗骨料的最大粒径小于150 mm时,最大粒径增大,水泥用量明显减少;但当最大粒径大于150 mm时,对节约水泥并不明显。因此,在大体积混凝土中,条件许可时,应尽量采用较大粒径。在水利、海港等大型工程中最大粒径常采用120 mm或150 mm;在房屋建筑工程中,由于构件尺寸小,一般最大粒径只用到40 mm或60 mm。

码3-15　微课：粗骨料(石子)认知(一)

码3-16　微课：粗骨料(石子)认知(二)

粗骨料最大粒径还受结构尺寸、配筋疏密、施工条件和混凝土强度高低的限制:

(1)《混凝土结构工程施工规范》(GB 50666—2011)规定,混凝土的粗骨料最大粒径不得超过构件截面最小尺寸的1/4,且不得超过钢筋间最小净距的3/4;对于混凝土实心板,粗骨料最大粒径不宜超过板厚的1/3,且最大粒径不得超过40 mm。《水工混凝土施工规范》(DL/T 5144—2015)规定,混凝土的粗骨料最大粒径不得超过构件截面最小尺寸的1/4、钢筋间最小净距的2/3、素混凝土板厚的1/2。

(2)《普通混凝土配合比设计规程》(JGJ 55—2011)规定,泵送混凝土粗骨料的最大粒径与输送管径之比应符合表4-38的要求。

(3)对大体积混凝土(如混凝土坝、混凝土挡土墙)或疏筋混凝土,往往受到搅拌设备和运输、成型设备条件的限制。有时为了节约水泥、降低收缩,可在大体积混凝土中抛入大块石,称作抛石混凝土。

(4)试验研究表明,粗骨料的最大粒径会影响混凝土强度,如图3-5所示。对于水泥用量较少的中、低强度混凝土,最大粒径增大,混凝土强度增大。对于水泥用量较多的中、高强混凝土,当最大粒径由20 mm增至40 mm时,混凝土强度增大;当最大粒径超过40 mm后,骨料比表面积减小和混凝土不均匀性增大,致使骨料粒径增大,混凝土强度越低。《普通混凝土配合比设计规程》规定,对强度大于C60的高强混凝土,粗骨料的最大粒径不宜大于25.0 mm。

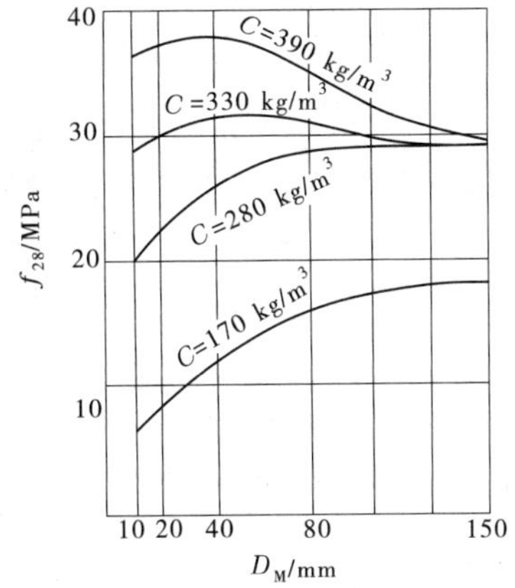

图 3-5 混凝土强度与最大粒径 D_M 的关系

2. 颗粒级配

石子级配分为连续粒级(连续级配)和单粒粒级两种。

连续粒级是指颗粒从大到小连续分级,其中每一粒级的石子都占适当的比例。连续粒级中大颗粒形成的空隙由小颗粒填充,颗粒大小搭配合理,可提高混凝土的密实性,因此采用连续粒级拌制的混凝土和易性较好,且不易产生分层、离析现象,在工程中应用较广泛。单粒粒级石子能避免连续粒级中的较大颗粒在堆放及装卸过程中的离析现象,一般不单独使用,主要用于组合成满足要求的连续粒级,或与连续粒级混合使用,用以改善级配或配成较大粒度的连续级配。另外还有一种间断级配,是指筛除某些中间粒级的颗粒,大颗粒之间的空隙直接由粒径小很多的颗粒填充,由于缺少中间粒级而为不连续的级配。间断级配的颗粒相差大,空隙率大幅度降低,拌制混凝土时可节约水泥;但混凝土拌和物易产生离析现象,造成施工较困难。间断级配适用于配制采用机械拌和、振捣的低塑性及干硬性混凝土。

石子的级配原理和要求与砂基本相同。石子的颗粒级配也用筛分试验来测定,采用孔径为 2.36 mm、4.75 mm、9.50 mm、16.0 mm、19.0 mm、26.5 mm、31.5 mm、37.5 mm、53.0 mm、63.0 mm、75.0 mm 及 90.0 mm 的方孔筛进行筛分,计算出各筛的分计筛余百分率和累计筛余百分率。卵石、碎石的颗粒级配应符合表 3-13 的规定。

表 3-13 碎石、卵石的颗粒级配

级配情况	公称粒级/mm	累计筛余/%											
		方孔筛筛孔尺寸/mm											
		2.36	4.75	9.50	16.0	19.0	26.5	31.5	37.5	53.0	63.0	75.0	90.0
连续粒级	5~16	95~100	85~100	30~60	0~10	0							
	5~20	95~100	90~100	40~80	—	0~10	0						
	5~25	95~100	90~100	—	30~70	—	0~5	0					
	5~31.5	95~100	90~100	70~90	—	15~45	—	0~5	0				
	5~40	—	95~100	70~90	—	30~65	—	—	0~5	0			

续表 3-13

级配情况	公称粒级/mm	累计筛余/%											
		方孔筛筛孔尺寸/mm											
		2.36	4.75	9.50	16.0	19.0	26.5	31.5	37.5	53.0	63.0	75.0	90.0
单粒粒级	5~10	95~100	80~100	0~15	0								
	10~16	—	95~100	80~100	0~15								
	10~20	—	95~100	85~100	—	0~15	0						
	16~25	—	—	95~100	55~70	25~40	0~10						
	16~31.5	—	95~100	—	85~100	—	—	0~10	0				
	20~40	—	—	95~100	—	80~100	—	—	0~10	0			
	25~31.5	—	—	—	95~100	—	80~100	0~10	0				
	40~80	—	—	—	—	95~100	—	—	70~100	—	30~60	0~10	0

注:"—"表示该孔径累计筛余不做要求;"0"表示该孔径累计筛余为0。

水工混凝土所用粒径大,为避免堆放运输石子产生分离,常常在石子使用前按颗粒大小分为若干单粒级,分别堆放。通常分为4级,即:5~20 mm(小石),20~40 mm(中石),40~80 mm(大石),80~150(120) mm(特大石)。根据建筑物结构情况及施工条件,可以采用一级、二级、三级或四级的石子配合使用。若石子最大粒径为20 mm,采用一级配,即只用小石一级;若石子最大粒径为40 mm,采用二级配,即用小石与中石两级;若石子最大粒径为80 mm,采用三级配,即用小石、中石、大石三级;若石子最大粒径为150(120) mm,采用四级配,即用小石、中石、大石、特大石四级。各级石子的搭配比例需通过试验来确定。通常是将各级石子按不同比例掺配,进行堆积密度试验,从中选出几组堆积密度较大(空隙率较小)的级配,再进行混凝土和易性试验,确定出能满足和易性要求且水泥用量又较小的搭配比例。表3-14中搭配比例可参考使用。

表3-14 粗骨料级配选择参考值

最大粒径/mm	粒级/mm						总计/%
	5~20	5~30	20~40	30~60	40~80	80~150(120)	
	石子比例(按质量计)/%						
40	45~60		40~55				100
60		35~50		50~65			100
80	25~35		25~35		35~50		100
150(120)	15~25		15~25		25~35	30~45	100

在实际工程中,必须将试验选定的最优级配与料场中天然级配结合起来考虑,要进行调整与平衡计算,作为实际使用的级配,以减少弃料。

施工现场的分级石子中往往存在超、逊径现象。超(逊)径是指在某一级石子中混有大于(小于)这一级粒径的石子。《水工混凝土施工规范》(DL/T 5144—2015)规定:以原孔筛检验,超径量应小于5%,逊径量应小于10%。以超逊径筛检验,超径量为零,逊径量应小于2%。若不符合要求,要进行二次筛分或调整混凝土配合比参数。

(二)卵石含泥量、碎石泥粉含量和泥块含量

卵石含泥量是指卵石中粒径小于75 μm的黏土颗粒含量。碎石泥粉含量是指碎石中粒径小于75 μm的黏土和石粉颗粒含量。泥块含量是指卵石、碎石中原粒径大于4.75 mm,经水浸泡、淘洗等处理后小于2.36 mm的颗粒含量。卵石含泥量、碎石泥粉含量和泥块含量应符合表3-15的规定。

码3-17　动画:石子含泥量试验

码3-18　动画:石子泥块含量试验

表3-15　卵石含泥量、碎石泥粉含量和泥块含量

类别	Ⅰ	Ⅱ	Ⅲ
卵石含泥量(按质量计)/%	≤0.5	≤1.0	≤1.5
碎石泥粉含量(按质量计)/%	≤0.5	≤1.5	≤2.0
泥块含量(按质量计)/%	≤0.1	≤0.2	≤0.7

(三)针、片状颗粒含量

码3-19　动画:石子针、片状颗粒含量试验

石子的最佳颗粒形状是三维尺寸相近的立方体或球形颗粒,有助于降低石子的空隙率,提高混凝土的强度。但岩石在破碎加工过程中往往产生一定的针、片状颗粒。卵石、碎石颗粒的最大一维尺寸大于该颗粒所属粒级的平均粒径2.4倍者为针状颗粒;最小一维尺寸小于该颗粒所属粒级的平均粒径40%者为片状颗粒;最小一维尺寸小于该颗粒所属粒级的平均粒径50%者为不规则颗粒。平均粒径是指该粒级上、下限粒径的平均值。针、片状颗粒三维尺寸相差很大,受力时易折断,还会使石子的空隙率增大,对混凝土的和易性及强度均有不良影响。针、片状颗粒应用针状归准仪和片状归准仪逐粒测定,其含量应符合表3-16的规定。Ⅰ类卵石、碎石的不规则颗粒含量不应大于10%。

表 3-16　针、片状颗粒含量

类别	Ⅰ	Ⅱ	Ⅲ
针、片状颗粒总含量（按质量计）/%	≤5	≤8	≤15

（四）有害物质

卵石、碎石中不应混有草根、树叶、树枝、塑料等杂物，其有害物质限量应符合表 3-17 的规定。

表 3-17　有害物质限量

类别	Ⅰ	Ⅱ	Ⅲ
有机物	合格	合格	合格
硫化物及硫酸盐（按 SO_3 质量计）/%	≤0.5	≤1.0	≤1.0

用矿山废石生产的碎石有害物质除应符合表 3-17 的规定外，还应符合我国环保和安全相关标准和规范，不应对人体、生物、环境及混凝土、砂浆性能产生有害影响；卵石、碎石的放射性应符合规范《建筑材料放射性核素限量》（GB 6566—2010）的规定。

（五）强度及坚固性

1. 强度

为保证混凝土的强度要求，粗骨料应质地致密，并具有足够的强度。碎石的强度可用岩石抗压强度和压碎指标两种方法表示，卵石的强度可用压碎指标表示。在选择采石场或对粗骨料强度有严格要求或对质量有争议时，宜用岩石抗压强度检验。对经常性的生产质量控制则用压碎指标值检验较为方便。

（1）岩石抗压强度。岩石的抗压强度采用碎石母岩，制成 50 mm×50 mm×50 mm 的立方体试件或 ϕ 50 mm×50 mm 的圆柱体试件，在水饱和状态下测定。岩浆岩的抗压强度应不小于 80 MPa，变质岩应不小于 60 MPa，沉积岩应不小于 45 MPa。一般要求岩石的抗压强度值与混凝土强度等级之比应不小于 1.5。

（2）压碎指标。将一定质量气干状态下 9.5～19.0 mm 的石子装入标准圆模内，在压力机上按 1 kN/s 速度均匀加荷至 200 kN 并稳定 5 s，卸载后称取试样质量 G_1，然后用孔径为 2.36 mm 的筛筛除被压碎的颗粒，称出剩余在筛上的试样质量 G_2，按式（3-8）计算压碎指标 Q_c。

$$Q_c = \frac{G_1 - G_2}{G_1} \times 100\% \tag{3-8}$$

码 3-20　动画：石子压碎指标试验

卵石、碎石的压碎指标越小，则表示石子抵抗压碎的能力越强。卵石、碎石的压碎指标应符合表 3-18 的规定。

表 3-18 压碎指标

类别	Ⅰ	Ⅱ	Ⅲ
碎石压碎指标/%	≤10	≤20	≤30
卵石压碎指标/%	≤12	≤14	≤16

2. 坚固性

坚固性是指卵石、碎石在外界物理化学因素作用下抵抗破裂的能力,采用硫酸钠溶液法进行试验,卵石、碎石的质量损失应符合表 3-19 的规定。

表 3-19 坚固性指标

类别	Ⅰ	Ⅱ	Ⅲ
质量损失/%	≤5	≤8	≤12

(六)表观密度、连续级配松散堆积空隙率

卵石、碎石的表观密度应不小于 2 600 kg/m^3。连续级配松散堆积空隙率应符合表 3-20 的规定。

表 3-20 连续级配松散堆积空隙率

类别	Ⅰ	Ⅱ	Ⅲ
空隙率/%	≤43	≤45	≤47

(七)吸水率

卵石、碎石的吸水率应符合表 3-21 的规定。

表 3-21 卵石、碎石的吸水率

类别	Ⅰ	Ⅱ	Ⅲ
吸水率/%	≤1.0	≤2.0	≤2.5

(八)碱骨料反应

卵石、碎石中碱活性矿物与水泥、矿物掺合料、外加剂等混凝土组成物及环境中的碱在潮湿环境下缓慢发生并导致混凝土开裂破坏的膨胀反应,即碱骨料反应。因此,卵石、碎石应进行碱骨料反应试验。经碱骨料反应试验后,试件应无裂缝、酥裂、胶体外溢等现象,在规定的试验龄期膨胀率应小于 0.10%。

项目 4　粗骨料(石子)的性能检测

主要内容	知识目标	技能目标
石子试样的取样与处理，石子颗粒级配、表观密度、堆积密度、压碎指标等性能指标检测	掌握石子性能指标检测的方法和步骤，熟悉石子质量的评定标准	会进行石子取样，能进行石子颗粒级配、表观密度、堆积密度、压碎指标等性能指标检测，会评定石子的质量

任务 1　石子试样的取样与处理

一、检测依据

《建设用卵石、碎石》(GB/T 14685—2022)。

二、取样方法

(1)在料堆上取样时，取样部位应均匀分布。取样前先将取样部位表层铲除，然后从不同部位随机抽取大致等量的石子 15 份。抽取时，应在料堆的顶部、中部和底部均匀分布的 15 个不同部位取得，组成一组样品。

(2)从皮带运输机上取样时，应全断面定时随机抽取大致等量的石子 8 份，组成一组样品。

(3)从火车、汽车、货船上取样时，从不同部位和深度抽取大致等量的石子 15 份，组成一组样品。

码 3-21　动画：石子取样

三、取样质量

石子单项试验的最少取样质量应符合表 3-22 的规定。做几项试验时，如确能保证试样经一项试验后不致影响另一试验的结果，可用同一试样进行几项不同的试验。

表 3-22　石子单项试验取样质量

序号	试验项目	最大粒径/mm							
		9.5	16.0	19.0	26.5	31.5	37.5	63.0	≥75.0
		最少取样质量/kg							
1	颗粒级配	9.5	16.0	19.0	25.0	31.5	37.5	63.0	80.0
2	卵石含泥量、碎石泥粉含量	8.0	8.0	24.0	24.0	40.0	40.0	80.0	80.0
3	泥块含量	8.0	8.0	24.0	24.0	40.0	40.0	80.0	80.0

续表 3-22

序号	试验项目	最大粒径/mm							
		9.5	16.0	19.0	26.5	31.5	37.5	63.0	≥75.0
		最少取样质量/kg							
4	针、片状颗粒含量	1.2	4.0	8.0	12.0	20.0	40.0	40.0	40.0
5	不规则颗粒含量	8.0	16.0	16.0	24.0	40.0	80.0	80.0	80.0
6	有机物含量	按试验要求的粒级和质量取样							
7	硫化物和硫酸盐含量								
8	坚固性								
9	岩石抗压强度	选取有代表性的完整石块，按试验要求锯切或钻取成试验用样品							
10	压碎指标	按试验要求的粒级和质量取样							
11	表观密度	8.0	8.0	8.0	8.0	12.0	16.0	24.0	24.0
12	堆积密度与空隙率	40.0	40.0	40.0	40.0	80.0	80.0	120.0	120.0
13	碱骨料反应	20.0	20.0	20.0	20.0	20.0	20.0	20.0	20.0
14	吸水率	8.0	8.0	16.0	16.0	16.0	24.0	24.0	32.0
15	放射性	10.0	10.0	10.0	10.0	10.0	10.0	10.0	10.0
16	含水率	16.0	16.0	16.0	16.0	16.0	16.0	16.0	16.0

四、试样处理

将所取样品置于平板上，在自然状态下拌和均匀，并堆成堆体，然后沿互相垂直的两条直径把堆体平均分成四份。取其中对角线的两份重新拌匀，再堆成堆体。重复上述过程，直至把样品缩分到试验所需量。

堆积密度试验所用试样可不经缩分，在拌匀后直接进行试验。

任务2 石子颗粒级配检测

码 3-22 视频：石子颗粒级配检测

一、检测目的

测定石子的颗粒级配及粒级规格，作为混凝土配合比设计的依据。

二、仪器设备

(1)烘箱：温度控制在(105±5)℃。

(2)天平：分度值不大于最少试样质量的 0.1%。

(3)方孔筛：孔径为 2.36 mm、4.75 mm、9.50 mm、16.0 mm、19.0 mm、26.5 mm、31.5 mm、37.5 mm、53.0 mm、63.0 mm、75.0 mm 及 90.0 mm 的方孔筛，并附有筛底和筛

盖,筛框内径为 300 mm。

(4)摇筛机、浅盘等。

三、检测步骤

(1)按规定取样,并将试样缩分至不小于表 3-23 规定的质量,烘干或风干后备用。

表 3-23　石子颗粒级配试验所需最少试样数量

最大粒径/mm	9.5	16.0	19.0	26.5	31.5	37.5	63.0	≥75.0
最少试样质量/kg	1.9	3.2	3.8	5.0	6.3	7.5	12.6	16.0

(2)根据试样的最大粒径,按表 3-23 规定称取试样。将试样倒入按孔径大小从上到下组合的套筛(附筛底)上。

(3)将套筛置于摇筛机上,摇筛 10 min;取下套筛,按筛孔大小顺序再逐个用手筛,筛至每分钟通过量小于试样总量的 0.1%为止。通过的颗粒并入下一号筛中,并和下一号筛中的试样一起过筛,这样顺序进行,直至各号筛全部筛完。当筛余颗粒的粒径大于 19.0 mm 时,在筛分过程中允许用手指拨动颗粒。

(4)称出各号筛的筛余量。

四、结果计算与评定

(1)计算分计筛余百分率:各号筛的筛余量与试样总质量之比,应精确至 0.1%。

(2)计算累计筛余百分率:该号筛及以上各筛的分计筛余百分率之和,应精确至 1%。筛分后,如每号筛的筛余量及筛底的筛余量之和与筛分前试样质量之差超过 1%,应重新试验。

(3)根据各号筛的累计筛余百分率评定该试样的颗粒级配。

任务 3　石子表观密度检测

一、检测目的

测定石子的表观密度,作为评定石子质量和混凝土配合比设计的依据。

码 3-23　视频:石子表观密度检测

二、仪器设备

(一)液体比重天平法

(1)烘箱:温度控制在(105±5)℃。

(2)天平:量程不小于 10 kg,分度值不大于 5 g,其型号及尺寸应能允许在臂上悬挂盛试样的吊篮并能将吊篮放在水中称量。

(3)吊篮:直径和高度均为 150 mm,由孔径为 1~2 mm 的筛网或钻有 2~3 mm 孔洞的耐锈蚀金属板制成。

(4)试验筛:孔径为 4.75 mm 的方孔筛。

(5)盛水容器:有溢流孔。

(6)温度计、浅盘、毛巾等。

(二)广口瓶法

(1)烘箱:温度控制在(105±5)℃。

(2)天平:量程不小于 10 kg,分度值不大于 5 g。

(3)广口瓶:1 000 mL,磨口。

(4)试验筛:孔径为 4.75 mm 的方孔筛。

(5)玻璃片(尺寸约 100 mm×100 mm)、温度计、浅盘、毛巾等。

三、检测步骤

(一)液体比重天平法

(1)按规定取样,并将试样缩分至不小于表 3-24 规定的质量,风干后筛除小于 4.75 mm 的颗粒,然后洗刷干净,平均分为两份备用。

表 3-24　石子表观密度试验所需试样质量

最大粒径/mm	<26.5	31.5	37.5	63.0	75.0
最少试样质量/kg	2.0	3.0	4.0	6.0	6.0

(2)将一份试样装入吊篮,并浸入盛水的容器内,水面至少高出试样 50 mm。浸泡(24±1)h 后,移放到称量用的盛水容器中,并用上下升降吊篮的方法排除气泡,试样不得露出水面。吊篮每升降一次约 1 s,升降高度为 30~50 mm。

(3)测量水温后,此时吊篮应全浸在水中,称出吊篮及试样在水中的质量(G_1)。称量时盛水容器中水面的高度由容器的溢流孔控制。

(4)提起吊篮,将试样倒入浅盘,放在烘箱中于(105±5)℃下烘干至恒重,待冷却至室温后,称出其质量(G_0)。

(5)称出吊篮在同样温度水中的质量(G_2)。称量时盛水容器的水面高度仍由容器的溢流孔控制。

(二)广口瓶法

本方法用于测定最大粒径不大于 37.5 mm 的碎石或卵石的表观密度。

试验环境要求:试验时各项称量可在 15~25 ℃范围内进行,但从试样加水静止的 2 h 起至试验结束,其温度变化不应超过 2 ℃。

(1)按规定取样,并将试样缩分至不小于表 3-24 规定的质量,风干后筛除小于 4.75 mm 的颗粒,然后洗刷干净,平均分为两份备用。

(2)将试样浸水饱和,然后装入广口瓶中。装试样时,广口瓶应倾斜放置,注入饮用水,用玻璃片覆盖瓶口。以上下左右摇晃的方法排除气泡。

(3)气泡排尽后,向瓶中添加饮用水,直至水面凸出瓶口边缘。然后用玻璃片沿瓶口迅速滑行,使其紧贴瓶口水面。擦干瓶外水分后,称出试样、水、瓶和玻璃片总质量(G_1)。

(4)将瓶中试样倒入浅盘,放在烘箱中于(105±5)℃下烘干至恒重,待冷却至室温后,称出其质量(G_0)。

(5)将瓶洗净并重新注入饮用水,用玻璃片紧贴瓶口水面,擦干瓶外水分后,称出水、瓶和玻璃片总质量(G_2)。

四、结果计算与评定

(1)表观密度按式(3-9)计算,精确至 10 kg/m³。

$$\rho_0 = \left(\frac{G_0}{G_0 + G_2 - G_1} - \alpha_t\right) \times \rho_w \tag{3-9}$$

式中 ρ_0——石子的表观密度,kg/m³;

G_0——烘干后试样的质量,g;

G_1——吊篮及试样在水中的质量(液体比重天平法)或试样、水、瓶、玻璃片的总质量(广口瓶法),g;

G_2——吊篮在水中的质量(液体比重天平法)或水、瓶、玻璃片的总质量(广口瓶法),g;

ρ_w——水的密度,kg/m³,可取 1 000 kg/m³;

α_t——水温对表观密度影响的修正系数,见表 3-12。

(2)表观密度取两次试验结果的算术平均值,如两次试验结果之差大于 20 kg/m³,应重新试验。对颗粒材质不均匀的试样,如两次试验结果之差超过 20 kg/m³,可取 4 次试验结果的算术平均值。

【规范规定】 *卵石、碎石的表观密度应不小于 2 600 kg/m³。*

任务 4　石子堆积密度与空隙率检测

一、检测目的

测定石子的堆积密度和空隙率,作为混凝土配合比设计的依据。

码 3-24　视频:石子堆积密度检测

二、仪器设备

(1)天平:分度值不大于试样质量的 0.1%。

(2)容量筒:金属材质,规格见表 3-25。

(3)垫棒(直径 16 mm、长 600 mm 的圆钢)、直尺、小铲等。

表 3-25　容量筒的规格要求

最大粒径/mm	容量筒容积/L	容量筒规格/mm		筒壁厚度/mm
		内径	净高	
9.5、16.0、19.0、26.5	10	208	294	2
31.5、37.5	20	294	294	3
53.0、63.0、75.0	30	360	294	4

三、检测步骤

(1)按规定取样,烘干或风干后,拌匀并把试样平均分为两份备用。

(2)松散堆积密度测定。取试样一份,用小铲将试样从容量筒口中心上方 50 mm 处徐徐倒入,让试样以自由落体落下。当容量筒上部试样呈堆体,且容量筒四周溢满时,即停止加料。除去凸出筒口表面的颗粒,并以合适的颗粒填入凹陷部分,使表面稍凸起部分和凹陷部分的体积大致相等,试验过程应防止触动容量筒,称出试样和容量筒总质量(G_1)。

(3)紧密堆积密度测定。取试样一份分三次装入容量筒。装完第一层后,在筒底垫放一根直径为 16 mm 的圆钢。将筒按住,左右交替颠击地面各 25 次,再装入第二层。第二层装满后用同样方法颠实(但筒底所垫钢筋的方向与第一层时的方向垂直),然后装入第三层。第三层装满后用同样方法颠实,操作时筒底所垫钢筋的方向与第一层时的方向平行。试样装填完毕,再加试样直至超过筒口,用钢尺沿筒口边缘刮去高出的试样,并用适合的颗粒填平凹陷部分,使表面稍凸起部分与凹陷部分的体积大致相等。称取试样和容量筒的总质量(G_1)。

四、结果计算与评定

(1)松散堆积密度或紧密堆积密度按式(3-10)计算,精确至 10 kg/m³。

$$\rho_0' = \frac{G_1 - G_2}{V} \tag{3-10}$$

式中　ρ_0'——松散堆积密度或紧密堆积密度,kg/m³;

G_1——容量筒和试样的总质量,g;

G_2——容量筒的质量,g;

V——容量筒的容积,L。

(2)松散(或紧密)堆积空隙率按式(3-11)计算,精确至 1%。

$$P' = \left(1 - \frac{\rho_0'}{\rho_0}\right) \times 100\% \tag{3-11}$$

式中　P'——空隙率(%);

ρ_0'——试样的松散(或紧密)堆积密度,kg/m³;

ρ_0——试样的表观密度,kg/m³。

(3)堆积密度取两次试验结果的算术平均值,精确至 10 kg/m³。空隙率取两次试验结果的算术平均值,精确至 1%。

(4)采用修约值比较法进行评定。

【规范规定】 石子连续级配松散堆积空隙率:Ⅰ类不大于 43%,Ⅱ类不大于 45%,Ⅲ类不大于 47%。

任务 5　石子压碎指标检测

码 3-25　视频：石子压碎指标检测

一、检测目的

测定石子的压碎指标，评定石子的质量。

二、仪器设备

(1) 压力试验机：量程不小于 300 kN，精度不大于 1%。

(2) 压碎指标测定仪(圆模)：见图 3-6。

(3) 天平：量程不小于 5 kg，分度值不大于 5 g；量程不小于 1 kg，分度值不大于 1 g。

(4) 试验筛：孔径为 2.36 mm、9.50 mm 及 19.0 mm 的方孔筛。

(5) 垫棒：直径 10 mm、长 500 mm 的圆钢。

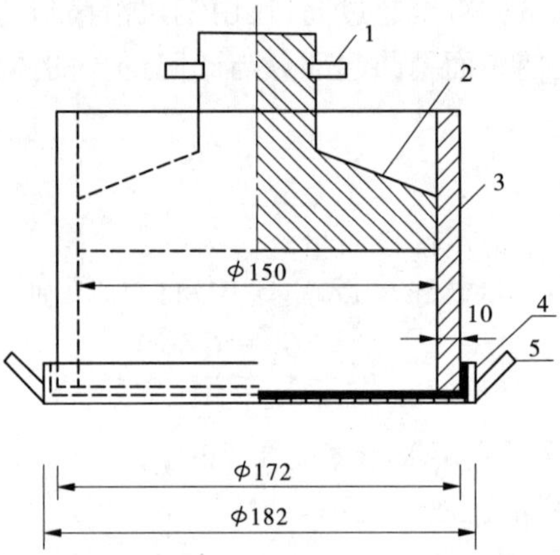

1—把手；2—加压头；3—圆模；4—底盘；5—手把。

图 3-6　压碎指标测定仪　(单位：mm)

三、检测步骤

(1) 按规定取样，风干或烘干后筛除大于 19.0 mm 及小于 9.50 mm 的颗粒，平均分为三份备用，每份约 3 000 g。

(2) 取一份试样，将试样分两层装入圆模(置于底盘上)内，每装完一层试样后，在底盘下面放置垫棒。将筒按住，左右交替颠击地面各 25 下，两层颠实后，整平模内试样表面，盖上加压头。当圆模装不下 3 000 g 试样时，以装至距圆模上口 10 mm 为准。

(3) 把装有试样的圆模置于压力试验机上，开动压力试验机，按 1 kN/s 速度均匀加荷至 200 kN 并稳荷 5 s，然后卸荷。取下加压头，倒出试样，并称其质量(G_1)。用孔径 2.36 mm 的筛筛除被压碎的细粒，称出留在筛上的试样质量(G_2)。

四、结果计算与评定

(1) 压碎指标按式(3-12)计算，精确至 0.1%。

$$Q_e = \frac{G_1 - G_2}{G_1} \times 100\% \tag{3-12}$$

式中　Q_e——压碎指标(%)；

G_1——试样的质量,g；

G_2——压碎试验后筛余的试样质量,g。

(2)压碎指标取 3 次试验结果的算术平均值,精确至 1%。

【规范规定】　*碎石压碎指标要求:Ⅰ类不大于 10%,Ⅱ类不大于 20%,Ⅲ类不大于 30%。卵石压碎指标要求:Ⅰ类不大于 12%,Ⅱ类不大于 14%,Ⅲ类不大于 16%。*

任务 6　石子针、片状颗粒含量检测

码 3-26　视频:石子针、片状颗粒含量检测

一、检测目的

测定石子的针、片状颗粒含量,评定石子的质量。

二、仪器设备

(1)针状归准仪与片状归准仪:见图 3-7 和图 3-8。

(2)天平:分度值不大于最小试样质量的 0.1%。

(3)试验筛:孔径为 4.75 mm、9.50 mm、16.0 mm、19.0 mm、26.5 mm、31.5 mm、37.5 mm、53.0 mm、63.0 mm、75.0 mm 及 90.0 mm 的方孔筛。

(4)游标卡尺。

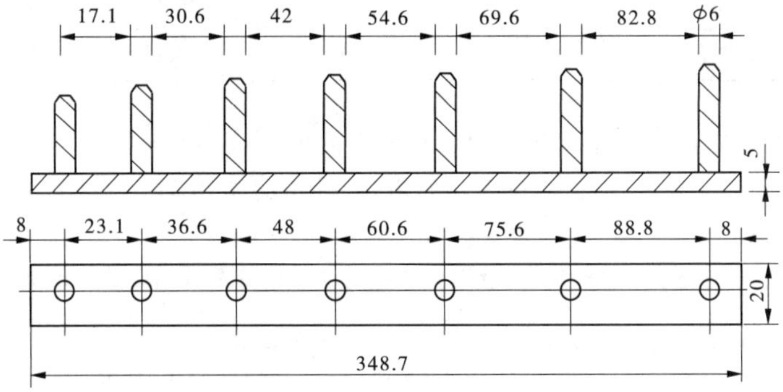

图 3-7　针状归准仪　(单位:mm)

三、检测步骤

(1)按规定取样,并将试样缩分至不小于表 3-26 规定的质量,烘干或风干后备用。

表 3-26　针、片状颗粒含量试验所需试样数量

最大粒径/mm	9.5	16.0	19.0	26.5	31.5	≥37.5
最少试样质量/kg	0.3	1.0	2.0	3.0	5.0	10.0

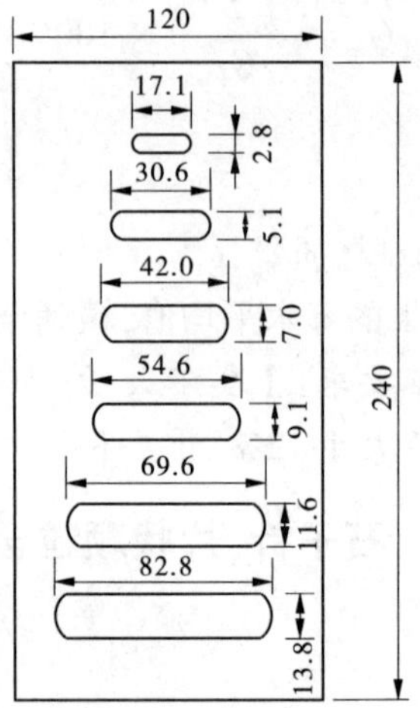

图 3-8　片状归准仪　(单位:mm)

(2)根据试样的最大粒径,按表 3-26 的规定称取试样质量(G_1),然后按颗粒级配试验的规定进行筛分,将试样分成不同粒级。

(3)按表 3-27 规定的粒级分别用规准仪逐粒检验,最大一维尺寸大于针状规准仪上相应间距者,为针状颗粒;最小一维尺寸小于片状规准仪上相应孔宽者,为片状颗粒。

表 3-27　针、片状颗粒含量试验的粒级划分及其相应的规准仪孔宽或间距　单位:mm

石子粒级	4.75~9.50	9.50~16.0	16.0~19.0	19.0~26.5	26.5~31.5	31.5~37.5
片状规准仪相对应孔宽	2.8	5.1	7.0	9.1	11.6	13.8
针状规准仪相对应间距	17.1	30.6	42.0	54.6	69.6	82.8

(4)对于粒径大于 37.5 mm 的石子,可用游标卡尺逐粒检验,卡尺卡口的设定宽度应符合表 3-28 的规定。最大一维尺寸大于针状卡口相应宽度者,为针状颗粒;最小一维尺寸小于片状卡口相应宽度者,为片状颗粒。

表 3-28　大于 37.5 mm 颗粒针、片状颗粒含量的粒级划分及其相应的卡尺卡口设定宽度

单位:mm

石子粒级	37.5~53.0	53.0~63.0	63.0~75.0	75.0~90.0
检验片状颗粒的卡尺卡口设定宽度	18.1	23.2	27.6	33.0
检验针状颗粒的卡尺卡口设定宽度	108.6	139.2	165.6	198.0

(5)称出针状颗粒和片状颗粒的总质量(G_2)。

四、结果计算与评定

针、片状颗粒含量按式(3-13)计算,精确至 1%。

$$Q_c = \frac{G_2}{G_1} \times 100\% \tag{3-13}$$

式中　Q_c——针、片状颗粒含量(%)；

G_1——试样的质量，g；

G_2——试样中所含针、片状颗粒的总质量，g。

【规范规定】　石子针、片状颗粒含量要求：Ⅰ类不大于5%，Ⅱ类不大于8%，Ⅲ类不大于15%。

码 3-27　文档：石子检测委托单、原始记录、检测报告

习　题

一、填空题

1. 混凝土用砂的颗粒级配按________mm筛的累计筛余百分率分为________、________和________三个级配区；按________的大小分为________、________、________和________。

2. 混凝土用粗骨料主要有________和________两种。

3. 根据《混凝土结构工程施工规范》(GB 50666—2011)规定，混凝土用粗骨料的最大粒径不得大于结构截面最小尺寸的________，同时不得大于钢筋间最小净距的________；对于混凝土实心板，粗骨料最大粒径不宜超过板厚的________，且最大粒径不得超过________mm。

二、名词解释

1. 颗粒级配和粗细程度
2. 石子最大粒径

三、单项选择题

1. 级配良好的砂，其(　　)。

A. 空隙率小，堆积密度较大　　B. 空隙率大，堆积密度较小

C. 空隙率和堆积密度均大　　D. 空隙率和堆积密度均小

2. 某混凝土维持细骨料用量不变的条件下，砂的 M_X 愈大，说明(　　)。

A. 该混凝土中细骨料的颗粒级配愈好

B. 该混凝土中细骨料的颗粒级配愈差

C. 该混凝土中细骨料的总表面积愈小，所需水泥用量愈少

D. 该混凝土中细骨料的总表面积愈大，所需水泥用量愈多

3. 压碎指标是表示(　　)的强度指标。

A. 天然砂　　B. 石子　　C. 混凝土　　D. 水泥

4. (　　)是指颗粒尺寸由大到小连续分级，每一级石子都占适当的比例。

A. 最大粒径　　B. 间断级配　　C. 连续级配　　D. 单粒粒级

5. 混凝土用砂，最好选用(　　)。

A. 特细砂　　B. 细砂　　C. 中砂　　D. 粗砂

6. 石子的颗粒形状对混凝土的性能影响甚为重要,理想的颗粒形状为(　　)。

A. 针状　　B. 片状　　C. 球形或立方体　　D. 圆柱体

7. (　　)可快速降低石子的空隙率,但混凝土易产生离析,较少应用。

A. 连续级配　　B. 间断级配　　C. 单粒粒级　　D. 等大粒径

8. 水工混凝土用人工砂的细度模数最好在(　　)范围内。

A. 1.6~1.8　　B. 2.0~2.5　　C. 2.4~2.8　　D. 2.2~3.0

9. 现有甲、乙两种砂,甲砂细度模数为 1.7,乙砂细度模数为 2.7,欲将甲、乙两砂混合配制出细度模数为 2.4 的砂,则甲砂的比例为(　　)。

A. 30%　　B. 38%　　C. 62%　　D. 70%

四、计算题

1. 某工地用天然砂的筛分析结果如表 3-29 所示,试评定砂的级配和粗细程度。

表 3-29　某工地用天然砂的筛分析结果

筛孔尺寸	4.75 mm	2.36 mm	1.18 mm	600 μm	300 μm	150 μm	<150 μm
分计筛余/g	20	100	100	120	70	60	30

2. 某建筑工程钢筋混凝土构件,其截面最小边长为 400 mm,采用钢筋为Φ20,钢筋中心距为 80 mm。试确定石子的最大粒径,并选择石子所属粒级。

模块 4　混凝土及其检测

【学习目标】

1. 了解混凝土的定义、分类与特点。
2. 理解混凝土的组成与原理。
3. 理解混凝土和易性、强度、耐久性的含义及其影响因素。
4. 能熟练进行普通混凝土的配合比设计。
5. 会进行混凝土的和易性、强度等性能指标的检测。
6. 能熟练进行混凝土强度评定。

混凝土是当代最主要的建筑材料之一，是由胶凝材料、粗细骨料、水以及必要时掺入的外加剂、掺合料，按适当比例配合，经均匀拌和、密实成型及养护硬化而成的具有一定强度和耐久性的人造石材。混凝土具有原材料丰富、价格低廉、生产工艺简单、抗压强度高、耐久性好、配制灵活等特点，使用范围十分广泛，不仅在各类土木工程中使用，在造船业、机械工业、海洋开发和地热工程中也是重要的材料。

项目 1　混凝土的基本知识

主要内容	知识目标	技能目标
混凝土的分类、混凝土的优缺点及混凝土的发展	掌握混凝土的概念，了解混凝土的分类及混凝土的特点	能够理解混凝土的优缺点，以便在建筑工程中合理使用

一、混凝土的分类

码 4-1　微课：混凝土的认知

（一）按胶凝材料分类

混凝土按所用胶凝材料可分为水泥混凝土、石膏混凝土、水玻璃混凝土、沥青混凝土、聚合物混凝土等。

（二）按表观密度分类

（1）重混凝土。是指表观密度大于 2 800 kg/m^3 的混凝土，一般采用密度很大的重晶石、铁矿石、钢屑等重骨料和锶水泥、钡水泥等重水泥配制而成，具有防射线、耐磨等功能。

（2）普通混凝土。是指表观密度为 2 000~2 800 kg/m^3，以水泥为胶凝材料，以天然砂石为骨料配制而成的混凝土。普通混凝土是建筑工程中应用最广、用量最大的混凝土，主要用作建筑工程的承重结构材料。

(3)轻混凝土。是指表观密度小于 1 950 kg/m³ 的混凝土。轻混凝土按组成材料可分为轻骨料混凝土(以陶粒、蛭石等轻质多孔材料为骨料)、多孔混凝土(不使用骨料而是掺入泡沫剂)、大孔混凝土(只用粗骨料而无细骨料)三类,主要用作轻质结构材料和保温隔热材料。

(三)按用途分类

混凝土按其用途可分为结构混凝土、防水混凝土、耐热混凝土、道路混凝土、耐酸混凝土、装饰混凝土、大体积混凝土、膨胀混凝土、防辐射混凝土等。

(四)按生产工艺和施工方法分类

混凝土按其生产工艺可分为预拌混凝土(商品混凝土)和现场拌制混凝土;按其施工方法可分为泵送混凝土、喷射混凝土、碾压混凝土、离心混凝土、挤压混凝土、真空吸水混凝土、3D 打印混凝土等。

(五)按强度分类

混凝土按其强度高低可分为普通混凝土、高强混凝土和超高强混凝土。

(1)普通混凝土。强度等级低于 C60。其中,强度等级低于 C30 的为低强度混凝土,强度等级在 C30~C60 的为中强度混凝土。

(2)高强混凝土。强度等级不低于 C60,但低于 C100。

(3)超高强混凝土。强度等级不低于 C100。

二、混凝土的特点及发展

(一)混凝土的优点

(1)原料资源丰富,造价低廉。普通混凝土组成材料中,按体积计算 70%~80%为天然砂、石子,因此可就地取材,降低了成本。

(2)良好的可塑性。混凝土拌和物具有良好的可塑性,可以根据需要浇筑成任意形状的构件,即混凝土具有良好的可加工性。

(3)配制灵活,适应性强。按照工程要求和使用环境的不同,不需要采取更多的工艺措施,只需改变混凝土各组成材料的品种和比例,就能配制出不同品种和技术性能的混凝土。

(4)能和钢筋协同工作。混凝土与钢筋有着牢固的握裹力,且两者线膨胀系数大致相同,复合而成钢筋混凝土能互补优劣,混凝土强度得到增强,而混凝土对钢筋还有良好的保护作用,大大拓宽了混凝土的应用范围。

(5)耐火性好。普通混凝土的耐火性远比木材、塑料和钢材好,可耐数小时的高温作用而仍保持其力学性能,有利于及时扑救火灾。

(6)高强耐久。性能良好的混凝土抗压强度可达 100 MPa 以上,是一种较好的结构材料,并具有很高的抗冻性、抗渗性及耐腐蚀性等,通常能使用几十年,甚至数百年。混凝土一般不需维护和保养,即使需要维护和保养也很简单,故日常维修费很低。

(7)装饰性好。如果混凝土施工时采取适当的工艺方法和措施,在其表面形成一定的造型、线型、质感或色泽,可使混凝土展现出独特的装饰效果,即装饰混凝土。

(二)混凝土的缺点

(1)自重大。混凝土的表观密度约为 2 400 kg/m^3,造成在建筑工程中形成肥梁、胖柱、厚基础的现象,对高层、大跨度建筑不利,不利于提高有效承载能力,也给施工安装带来一定困难。

(2)抗拉强度低。混凝土是一种脆性材料,抗拉强度为抗压强度的 1/10~1/20,因此受拉易产生脆性破坏。

(3)硬化较缓慢,生产周期长。混凝土浇筑成型受气候(温度、湿度)影响,同时需要较长时间的养护才能达到一定的强度,因此混凝土工程的工期较长。

(4)导热系数大,保温隔热性能差。普通混凝土的导热系数约为 1.4 W/(m·K),是砖的 2 倍,保温隔热性能差。

此外,混凝土的质量受原材料质量、施工工艺、施工人员、施工条件和气温的变化等方面的影响因素较多,难以得到精确控制。但随着混凝土技术的不断发展,混凝土的不足正在不断被克服。

(三)混凝土的发展

数千年前,我国劳动人民及埃及人就用石灰与砂配制成砂浆砌筑房屋,后来罗马人又使用石灰、砂及石子配制成混凝土,并在石灰中掺入火山灰配制成用于海岸工程的混凝土,这类混凝土由于强度不高,使用量少。

现代意义上的混凝土,是在约瑟夫·阿斯普丁 1824 年发明了波特兰水泥以后才出现的。1830 年前后水泥混凝土问世。1850 年出现了钢筋混凝土,使混凝土技术产生了第一次革命。1928 年诞生了预应力钢筋混凝土,产生了混凝土技术的第二次革命。1965 年前后混凝土外加剂,特别是减水剂的应用,使轻易获得高强度混凝土成为可能,混凝土的工作性显著提高,引起了混凝土技术的第三次革命。目前,混凝土技术正朝着轻质、高强、高性能、多功能、绿色和智能化等方向发展。混凝土的生产也由过去的分散生产发展到目前的集中化、工厂化生产和管理,使混凝土发展成为技术含量和工业化程度都比较高的新型产业。

项目 2 混凝土的组成材料

主要内容	知识目标	技能目标
混凝土的组成材料:水泥、砂、石子、水、外加剂、掺合料	熟悉混凝土对组成材料的要求,理解各种外加剂、掺合料的性能,掌握减水剂的作用原理和效果	能够根据工程特点和工程所处的环境条件合理选择混凝土的组成材料

混凝土是以水泥、砂、石子、水及必要时掺入的外加剂、掺合料为原料,经搅拌、成型、养护、硬化而成的一种人造石材。其中,砂、石子称为骨料,主要起骨架作用,砂填充石子的空隙,砂、石子构成的坚硬骨架可抑制由于水泥浆硬化和水泥石干缩而产生的收缩。水

泥与水形成水泥浆,水泥浆包裹在骨料表面并填充其空隙。在混凝土硬化前,水泥浆主要起润滑作用,赋予混凝土拌和物一定的流动性,以便于施工;水泥浆硬化后主要起胶结作用,将砂、石骨料胶结成一个坚实的整体,并使混凝土具有一定的强度。

码 4-2　微课:混凝土的组成材料

一、水泥

水泥是混凝土中重要的组成材料,正确、合理地选择水泥的品种和强度等级,是影响混凝土的强度、耐久性和经济性的重要因素。

(一)品种的选择

配制普通混凝土的水泥品种,应根据混凝土的工程特点及所处的环境条件,结合水泥的性能,且考虑当地生产的水泥品种情况等,进行合理的选择,这样不仅可以保证工程质量,而且可以降低成本。水泥品种的选择参考表 2-16。

(二)强度等级的选择

水泥强度等级应根据混凝土设计强度等级进行选择。原则上,水泥的强度等级应与混凝土的强度等级相适应,即配制高强度等级的混凝土选用高强度等级水泥,配制低强度等级的混凝土选用低强度等级水泥。

当用低强度等级水泥配制较高强度等级混凝土时,为满足混凝土强度要求必然加入过量的水泥,使成本明显增加,而且显著增加混凝土的水化热和干缩。

当用高强度等级的水泥配制较低强度等级的混凝土时,从强度方面考虑,较少水泥用量即可满足强度要求,但为同时满足混凝土的和易性、耐久性要求,必然增加水泥用量,导致成本增加,造成浪费。实际工程中,为节约成本,通常掺入一定数量的掺合料(如粉煤灰、磨细矿渣粉等)代替水泥,但掺量必须经过试验确定。

对于一般的混凝土,水泥强度等级宜为混凝土强度等级的 1.5~2.0 倍。配制 C40 以上的混凝土时,水泥强度等级宜为混凝土强度等级的 1.0~1.5 倍。配置高强混凝土时,可不考虑上述比例。

二、混凝土用水

混凝土用水是指混凝土拌和用水和混凝土养护用水的总称,包括饮用水、地表水、地下水、再生水、混凝土企业设备洗刷水和海水等。地表水指存在于江、河、湖、塘、沼泽和冰川等中的水。地下水指存在于岩石缝隙或土壤孔隙中可以流动的水。再生水指污水经适当再生工艺处理后具有使用功能的水。

《混凝土用水标准》(JGJ 63—2006)规定,混凝土用水应满足以下要求:

(1)符合现行国家标准《生活饮用水卫生标准》(GB 5749—2022)要求的饮用水,可以不经检验,直接作为混凝土用水。

(2)符合以下要求的其他水,也可作为混凝土用水:

①混凝土拌和用水水质要求应符合表 4-1 的规定。对于设计使用年限为 100 年的结构混凝土,氯离子含量不得超过 500 mg/L;对使用钢丝或经热处理钢筋的预应力混凝土,氯离子含量不得超过 350 mg/L。

表4-1　混凝土拌和用水水质要求

项目	预应力混凝土	钢筋混凝土	素混凝土
pH,≥	5.0	4.5	4.5
不溶物(mg/L),≤	2 000	2 000	5 000
可溶物(mg/L),≤	2 000	5 000	10 000
Cl^-(mg/L),≤	500	1 000	3 500
SO_4^{2-}(mg/L),≤	600	2 000	2 700
碱含量(mg/L),≤	1 500	1 500	1 500

注:碱含量按 Na_2O+0.658K_2O 计算值来表示。采用非碱活性骨料时,可不检验碱含量。

②地表水、地下水、再生水的放射性应符合现行国家标准《生活饮用水卫生标准》(GB 5749—2022)的规定。

③被检验水样应与饮用水样进行水泥凝结时间对比试验。对比试验的水泥初凝时间差及终凝时间差均不应大于30 min;同时,初凝时间和终凝时间应符合现行国家标准《通用硅酸盐水泥》(GB 175—2023)的规定。

④被检验水样应与饮用水样进行水泥胶砂强度对比试验,被检验水样配制的水泥胶砂3 d和28 d强度不应低于饮用水配制的水泥胶砂3 d和28 d强度的90%。

⑤混凝土拌和用水不应有漂浮明显的油脂和泡沫的现象,不应有明显的颜色和异味。

⑥混凝土企业设备洗刷水不宜用于预应力混凝土、装饰混凝土、加气混凝土和暴露于腐蚀环境的混凝土;不得用于使用碱活性或潜在碱活性骨料的混凝土。

⑦未经处理的海水严禁用于钢筋混凝土和预应力混凝土。

⑧在无法获得水源的情况下,海水可用于素混凝土,但不宜用于装饰混凝土。

(3)混凝土养护用水应满足以下要求:

①混凝土养护用水可不检验不溶物和可溶物,其他检验项目应符合上述第(2)项中①、②条的规定。

②混凝土养护用水可不检验水泥凝结时间和水泥胶砂强度。

注意,混凝土养护用水要求可略低于混凝土拌和用水要求,即满足混凝土拌和用水要求也就满足了混凝土养护用水要求。

【工程案例4-1】　某糖厂新建宿舍,以自来水拌制混凝土,浇筑后用曾装食糖的麻袋覆盖于混凝土表面,再淋水养护。后发现该水泥混凝土2 d仍未凝结,而水泥经检验无质量问题,请分析此异常现象的原因。

原因分析:由于养护用水淋于曾装食糖的麻袋,养护水已成糖水,而含糖分水对水泥的凝结有抑制作用,故使混凝土凝结出现异常现象。

三、混凝土外加剂

混凝土外加剂是混凝土中除胶凝材料、骨料、水和纤维组分以外,在混凝土搅拌之前或拌制过程中加入的,用以改善新拌混凝土和(或)硬化混凝土性能,对人、生物及环境安全无有害影响的材料,简称外加剂。外加剂的掺量较少,一般不超过水泥质量的5%,但可以显著改善混凝土的性能，包括改善混凝土拌和物和易性、调节凝结时间、提高混凝土强度及耐久性等。混凝土外加剂在工程中的应用越来越广泛，已逐渐成为混凝土必不可少的组成材料。

根据国家标准《混凝土外加剂术语》(GB/T 8075—2017)的规定，混凝土外加剂按照其主要使用功能分为以下四类：

(1)改善混凝土拌和物流变性能的外加剂，如各种减水剂和泵送剂等。

(2)调节混凝土凝结时间、硬化过程的外加剂，如缓凝剂、早强剂、促凝剂和速凝剂等。

(3)改善混凝土耐久性的外加剂，如引气剂、防水剂和阻锈剂等。

(4)改善混凝土其他性能的外加剂，如膨胀剂、防冻剂、着色剂等。

(一)减水剂

减水剂是指在混凝土坍落度基本相同的条件下，能减少混凝土拌和用水量的外加剂。减水剂是当前外加剂中品种最多、应用最广的一种混凝土外加剂。根据减水剂的作用效果可分为普通减水剂(减水率不小于8%)、高效减水剂(减水率不小于14%)、高性能减水剂(减水率不小于25%)，根据其功能还可细分为标准型、早强型、缓凝型、引气型等。

1.减水剂的作用机制

常用的减水剂属于离子型表面活性剂。当表面活性剂溶于水后，受水分子的作用，亲水基团指向水分子，溶于水中；憎水基团则吸附于固相表面，溶解于油类或指向空气中，做定向排列，降低了水的表面张力。

在水泥加水拌和形成水泥浆的过程中，由于水泥为颗粒状材料，其比表面积较大，颗粒之间容易吸附在一起，把一部分水包裹在颗粒之间而形成絮凝状结构，包裹的水分不能起到增大流动性的作用，因此混凝土拌和物流动性降低。

当水泥浆中加入表面活性剂后，一方面，表面活性剂在水泥颗粒表面做定向排列使水泥颗粒表面带有同种电荷，这种排斥力远远大于水泥颗粒之间的分子引力，使水泥颗粒分散，絮凝状结构中包裹的水分释放出来，混凝土拌和用水的作用得到充分发挥，拌和物的流动性明显提高，其作用原理如图4-1所示；另一方面，表面活性剂的极性基与水分子产生缔合作用，使水泥颗粒表面形成一层溶剂化水膜，阻止了水泥颗粒之间直接接触，起到润滑作用，改善了拌和物的流动性。

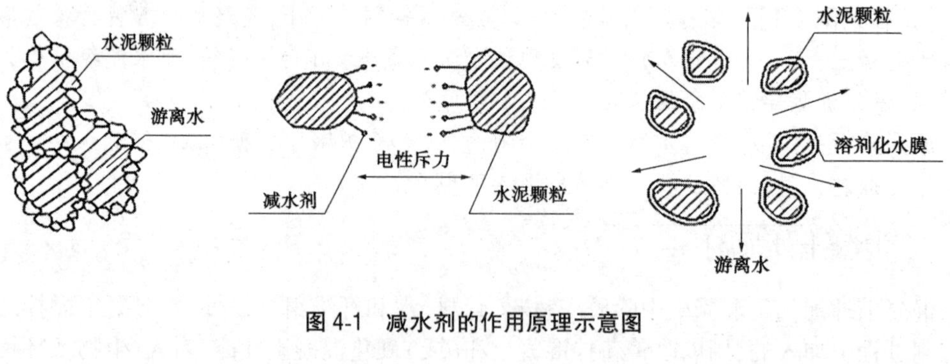

图4-1　减水剂的作用原理示意图

2. 减水剂的作用效果

在混凝土中掺入减水剂后，具有以下技术经济效益：

(1)提高混凝土拌和物的流动性。在混凝土各组成材料用量一定的条件下，加入减水剂能明显提高混凝土拌和物的流动性，坍落度可提高100~200 mm，且不影响混凝土的强度。

码4-3　动画：减水剂的作用原理

(2)提高混凝土强度。在混凝土中掺入减水剂后，可在混凝土拌和物坍落度基本不变的情况下，减少拌和用水量8%~45%，从而降低了混凝土水胶比，提高混凝土强度。

(3)节约水泥。在混凝土拌和物坍落度、强度一定的情况下，拌和用水量减少的同时，水泥用量也可以减少，可节约水泥5%~20%。

(4)改善混凝土拌和物的其他性能。掺入减水剂后，可以减少混凝土拌和物的泌水、离析现象；延缓拌和物的凝结时间；减缓水泥水化放热速度；显著提高混凝土硬化后的抗渗性和抗冻性，提高混凝土的耐久性。

3. 常用的减水剂

减水剂是目前应用最广的外加剂，按化学成分分为木质素系减水剂、萘系减水剂、树脂系减水剂、糖蜜系减水剂及聚羧酸系减水剂等。各系列减水剂的主要品种、性能及适用范围见表4-2。

表4-2　常用减水剂的主要品种、性能及适用范围

种类	木质素系	萘系	树脂系	糖蜜系	聚羧酸系
类别	普通减水剂	高效减水剂	高效减水剂	普通减水剂	高性能减水剂
主要品种	木质素磺酸钙(木钙粉、M型减水剂)、木质素磺酸钠等	NNO、NF、FDN、UNF、JN、MF、ST等	FG-2、ST、TF	长城牌、天山牌	ST、开普勒等
适宜掺量	0.2%~0.3%	0.2%~1%	0.5%~2%	0.2%~0.3%	0.5%~1.5%
减水率	10%~15%	15%~25%	20%~30%	8%~10%	25%~45%
早强效果	一般	显著	显著(7 d可达28 d强度)	一般	有标准型、早强型、缓凝型
缓凝效果	1~3 h	一般	一般	3 h以上	一般
引气效果	1%~2%	部分品种<2%	一般	一般	≤3%

续表 4-2

种类	木质素系	萘系	树脂系	糖蜜系	聚羧酸系
适用范围	一般混凝土工程,以及大模板、滑模、泵送、大体积及夏季施工的混凝土工程	适用于所有混凝土工程,特别适用于配制高强混凝土及大流动性混凝土	因价格较高,宜用于有特殊要求的混凝土工程	大体积混凝土工程及滑模、夏季施工的混凝土工程	广泛应用于公路、桥梁、高层建筑等工程,特别适用于对混凝土坍落度保持要求高的工程

4. 减水剂的掺法

(1)先掺法。将粉状减水剂与水泥先混合后再与骨料和水一起搅拌。其优点是使用较为方便;缺点是当减水剂中有较粗颗粒时,难以与水泥相互分散均匀而影响其使用效果。先掺法主要适用于容易与水泥均匀分散的粉状减水剂。

(2)同掺法。先将减水剂溶解于水溶液中,再以此溶液拌制混凝土。优点是计量准确且易搅拌均匀,使用方便,它最适合于可溶性较好的减水剂。

(3)后掺法。在混凝土已经搅拌一段时间(1~3 min)后再掺加减水剂。其优点是可充分地发挥减水剂的作用效果,但该法需要延长搅拌时间,影响生产效率。

(4)分次加入法。混凝土搅拌过程中或运输途中或运至施工现场分一次或几次加入,再经二次或多次搅拌。其优点是可减少、抑制混凝土拌和物在长距离运输过程中的分层、离析和坍落度损失,充分发挥减水剂的使用效果,但增加了搅拌次数,延长了搅拌时间。该法特别适用于远距离运输的商品混凝土。

(二)早强剂

早强剂是指掺入混凝土中能够提高混凝土早期强度,对后期强度无明显影响的外加剂。早强剂可在不同温度下加速混凝土强度发展,多用于要求早拆模、抢修工程及冬季施工的工程。

工程中常用早强剂的品种主要有无机盐类早强剂、有机物类早强剂和复合早强剂。常用早强剂的品种、掺量及作用效果等见表 4-3。

表 4-3　常用早强剂的品种、掺量及作用效果

种类	无机盐类早强剂	有机物类早强剂	复合早强剂
主要品种	氯化钙、硫酸钠	三乙醇胺、三异丙醇胺、尿素等	二水石膏+亚硝酸钠+三乙醇胺
适宜掺量	氯化钙 1% ~ 2%,硫酸钠 0.5% ~ 2%	0.02% ~ 0.05%	2%二水石膏+1%亚硝酸钠+0.05%三乙醇胺

续表 4-3

种类	无机盐类早强剂	有机物类早强剂	复合早强剂
作用效果	氯化钙:可使 2~3 d 强度提高 40%~100%,7 d 强度提高 20%~40%	三乙醇胺与其他外加剂(如氯化钠、氯化钙、硫酸钠等)复合使用,效果显著	能使 3 d 强度提高 50%
注意事项	氯盐会锈蚀钢筋,掺量必须符合有关规定	对钢筋无锈蚀作用,三乙醇胺有缓凝作用,掺量过多会造成混凝土严重缓凝和后期强度下降	早强效果显著,适用于严格禁止使用氯盐的钢筋混凝土

(三)引气剂

引气剂是指在混凝土搅拌过程中能引入大量均匀分布、稳定而封闭的微小气泡,且能将气泡保留在混凝土中的外加剂。常用的引气剂有松香热聚物、松香皂、烷基苯磺酸盐等。松香热聚物的适宜掺量为水泥用量的 0.01%~0.02%,混凝土的含气量为 3%~5%,减水率为 8%左右。

引气剂属憎水性表面活性剂,表面活性作用类似减水剂,区别在于减水剂的界面活性作用主要发生在液-固界面,而引气剂的界面活性作用主要发生在气-液界面上。由于能显著降低水的表面张力和界面能,使水溶液在搅拌过程中极易产生许多微小的封闭气泡,气泡直径为 0.05~0.25 mm。同时,因引气剂定向吸附在气泡表面,形成较为牢固的液膜,使气泡稳定而不破裂。大量微小、封闭并均匀分布的气泡的存在,明显改善了混凝土的某些性能。

(1)改善混凝土拌和物的和易性。由于大量微小的封闭气泡在混凝土拌和物内如同滚珠一样,起到润滑的作用,能够削弱骨料之间的摩擦阻力,从而改善混凝土拌和物的流动性。同时,水分子均匀分布在大量气泡的表面,使能自由移动的水量减少,减少了混凝土拌和物的泌水、离析现象,混凝土拌和物的保水性、黏聚性也随之提高。

(2)显著提高混凝土的耐久性。大量均匀分布的微小封闭气泡隔断了混凝土中毛细管渗水通道,改变了混凝土的孔隙特征,使混凝土的抗渗性能明显提高。大量封闭气泡具有较强的弹性变形能力,对由水结冰时产生的膨胀应力有一定的缓冲作用,可明显提高混凝土的抗冻性。

(3)降低混凝土的强度。大量气泡的存在,减少了混凝土的有效受力面积,使混凝土强度有所降低。通常,混凝土中含气量每增加 1%,其抗压强度将降低 4%~6%。引气剂的掺量应根据混凝土含气量要求来确定,一般混凝土的含气量为 3%~6%。

引气剂可用于抗渗混凝土、抗冻混凝土、抗硫酸盐侵蚀混凝土、泌水严重的混凝土、轻混凝土,以及有饰面要求的混凝土,特别对于改善处于严酷环境的水泥混凝土路面、水工结构有良好效果。但引气剂不宜用于蒸养混凝土及预应力混凝土。

(四)缓凝剂

缓凝剂是指能延长混凝土凝结时间,并对混凝土后期强度发展无不利影响的外加剂。

缓凝剂主要有四类:糖类,如糖蜜;木质素磺酸盐类,如木钙、木钠;羟基羧酸及其盐类,如柠檬酸、酒石酸钾钠;无机盐类,如锌盐、硼酸等。常用的缓凝剂是木钙和糖蜜,其中糖蜜的缓凝效果最好。

缓凝剂可延长混凝土凝结时间,使拌和物保持较长时间的塑性状态,以便于浇筑成型,而且能延长水化放热时间,适用于长时间或长距离运输的混凝土、气温较高时施工的混凝土和大体积混凝土。

(五)速凝剂

速凝剂是指能使混凝土迅速凝结硬化的外加剂。速凝剂的主要种类有无机盐类和有机物类。常用的速凝剂是无机盐类,产品型号有红星1型、711型、728型、8604型等。

通常,速凝剂的主要成分是铝酸钠或碳酸钠等盐类。当混凝土中加入速凝剂后,其中的铝酸钠、碳酸钠等盐类在碱性溶液中迅速与水泥中的石膏反应生成硫酸钠,并使石膏丧失原有的缓凝作用,导致水泥中的 C_3A 迅速水化,促进溶液中水化物晶体快速析出,从而使混凝土中水泥浆迅速凝固。

速凝剂主要用于矿山井巷、隧道、基坑等工程的喷射混凝土或喷射砂浆施工。

(六)防冻剂

能使混凝土在负温下硬化,并在规定养护条件下达到预期性能的外加剂,称为防冻剂。常用的防冻剂是由多组分复合而成的,其主要组分有防冻组分、减水组分、早强组分等。防冻组分是复合防冻剂中的重要组分,按其成分防冻剂可分为三类:

(1)氯盐类:常用的有氯化钙、氯化钠。由于氯化钙参与水泥的水化反应,不能有效地降低混凝土中液相的冰点,故常与氯化钠复合使用,通常采用配比为氯化钙:氯化钠=2:1。

(2)氯盐阻锈类:氯盐与阻锈剂复合而成。阻锈剂有亚硝酸钠、铬酸盐、磷酸盐、聚磷酸盐等,其中亚硝酸钠阻锈效果最好,故被广泛应用。

(3)无氯盐类:有硝酸盐、亚硝酸盐、碳酸盐、尿素、乙酸盐等。

复合防冻剂中的减水组分、引气组分、早强组分则分别采用前面所述的减水剂、引气剂、早强剂。

防冻剂中的防冻组分能降低水的冰点,使水泥在负温下仍能继续水化;早强组分能提高混凝土的早期强度,以抵抗水结冰时产生的膨胀应力;引气组分向混凝土中引入适量的封闭气泡,可以缓和冰胀应力;减水组分可减少混凝土拌和用水量,降低负温时混凝土中冰的含量,使冰粒细小分散,减轻对混凝土的破坏作用。防冻剂广泛应用于房屋、道路、桥梁及水工建筑的冬季施工。在钢筋混凝土结构中,要严格控制防冻剂中氯离子的掺入,防止钢筋锈蚀或预应力钢筋脆断。

(七)泵送剂

泵送剂是指能改善混凝土拌和物泵送性能的外加剂。所谓泵送性能,就是混凝土拌和物具有能顺利通过输送管道、不阻塞、不离析、黏塑性良好的性能。泵送剂由减水剂、缓凝剂、引气剂等多组分复合而成。

泵送剂具有高流化、黏聚、润滑、缓凝的功效,适合制作高强或流态型的混凝土,适用于工业与民用建筑物及其他构筑物的泵送施工的混凝土,适用于滑模施工,也适用于水下灌注桩混凝土。

【工程案例4-2】 某施工企业于7月在湖南某工地施工,经试验确定了一个掺木质素磺酸钠的混凝土配合比,经使用1个月情况均正常。该工程后因资金问题暂停5个月,随后继续使用原混凝土配方开工。后发觉混凝土的凝结时间明显延长,影响了工程进度。请分析原因,并提出解决办法。

原因分析:因木质素磺酸盐既有减水作用又有缓凝作用,7~8月气温较高,水泥水化速度快,适当的缓凝作用是有益的。但到冬季,气温明显下降,故凝结时间就大为延长,解决的办法是可考虑改换早强型减水剂或适当减少减水剂用量。

四、矿物掺合料

矿物掺合料是指以硅、铝、钙等一种或多种氧化物为主要成分,具有规定细度,掺入混凝土中能改善混凝土性能的粉体材料,也称为矿物外加剂,是混凝土的第六组分。常用的矿物掺合料有粉煤灰、硅粉、超细矿渣及各种天然的火山灰质材料粉末,如凝灰岩粉、沸石粉等,其中粉煤灰应用最为普遍。掺合料在水泥浆体中可进行水化反应,所以混凝土掺合料被认为是一种辅助胶凝材料,配合比设计中水泥和掺合料统称为胶凝材料。目前,混凝土掺合料已是调节混凝土性能,配制大体积混凝土、碾压混凝土、高性能混凝土等不可缺少的组成部分。掺合料的掺量应根据工程技术要求,通过试验确定,并满足国家及行业规范要求。

(一)粉煤灰

1.粉煤灰的品种

粉煤灰又称飞灰,是由燃烧煤粉的锅炉烟气中收集到的细粉末,其颗粒多呈球形,表面光滑。粉煤灰按燃煤品种分为F类和C类。F类粉煤灰是指由无烟煤或烟煤煅烧收集的粉煤灰。C类粉煤灰是指由褐煤或次烟煤煅烧收集的粉煤灰,其氧化钙含量一般大于或等于10%。

国家标准《用于水泥和混凝土中的粉煤灰》(GB/T 1596—2017)将粉煤灰按用途分为拌制砂浆和混凝土用粉煤灰、水泥活性混合材料用粉煤灰两类。拌制砂浆和混凝土用粉煤灰分为Ⅰ级、Ⅱ级、Ⅲ级三个等级,见表4-4。水泥活性混合材料用粉煤灰不分级。

表4-4 拌制砂浆和混凝土用粉煤灰技术要求

项目		技术要求		
		Ⅰ级	Ⅱ级	Ⅲ级
细度(45 μm方孔筛筛余)/%,≤	F类粉煤灰	12.0	30.0	45.0
	C类粉煤灰			
需水量比/%,≤	F类粉煤灰	95	105	115
	C类粉煤灰			
烧失量/%,≤	F类粉煤灰	5.0	8.0	10.0
	C类粉煤灰			

续表 4-4

项目		技术要求		
		Ⅰ级	Ⅱ级	Ⅲ级
含水量/%,≤	F 类粉煤灰	1.0		
	C 类粉煤灰			
三氧化硫/%,≤	F 类粉煤灰	3.0		
	C 类粉煤灰			
游离氧化钙/%,≤	F 类粉煤灰	1.0		
	C 类粉煤灰	4.0		
安定性(雷氏法)/mm ,≤	C 类粉煤灰	5.0		

2. 掺用粉煤灰对混凝土性能的影响

由于粉煤灰本身的化学活性、结构和颗粒形状等特征,在混凝土中可产生以下四种效果:

(1)提高强度。粉煤灰的化学成分主要有 SiO_2、Al_2O_3 及 Fe_2O_3 等,其中 SiO_2、Al_2O_3 含量较高,且均具有化学活性,可与水泥水化产物氢氧化钙反应,生成水化硅酸钙和水化铝酸钙,使水泥石骨架密实,孔隙减少,强度提高。由于粉煤灰与氢氧化钙反应,属于"二次反应",一般 7 d 龄期反应程度很小,以后逐渐增加,一直可延续 1 年以上,因此粉煤灰可成为胶凝材料的一部分,而起增强作用,特别是对后期强度贡献大。

(2)降低水化热。由于粉煤灰取代了部分水泥,减少了水泥用量,大大降低了水化热。

(3)改善和易性。粉煤灰的矿物组成主要为铝硅玻璃体,呈微珠球状颗粒,表面光滑,掺入混凝土中可减少骨料间的摩擦,具有增大混凝土拌和物流动性、减少泌水、改善混凝土和易性的作用。

(4)增大密实度。粉煤灰水化反应很慢,在混凝土中相当长时间内以固体颗粒形态存在,填充了骨料空隙和毛细孔,从而增大了混凝土的密实性。

此外,混凝土中加入粉煤灰还可以起到抑制碱骨料反应等作用。

3. 粉煤灰的掺用方法

混凝土中掺入粉煤灰的效果与粉煤灰的掺入方式有关。常用的方式有等量取代法、超量取代法、粉煤灰代砂法。

(1)等量取代法。粉煤灰掺量与取代水泥的质量相等,称为等量取代法。主要适用于掺加Ⅰ级粉煤灰、混凝土强度有富余、大体积混凝土。此时,由于粉煤灰水化反应慢,混凝土早期强度及 28 d 龄期强度有所降低,但随着龄期的延长,掺粉煤灰混凝土强度可逐步赶上基准混凝土(不掺粉煤灰的混凝土)的强度。由于混凝土内水泥用量的减少,可节约水泥并减少混凝土发热量,还可以改善混凝土和易性,提高混凝土抗渗性,故常用于大体积混凝土。

(2)超量取代法。粉煤灰的掺入量超过其取代水泥的质量。其目的是增加混凝土中胶凝材料用量，以补偿由于粉煤灰取代水泥而造成的强度降低。多出的粉煤灰取代同体积的砂。混凝土内石子用量及用水量基本不变。粉煤灰的超量系数与粉煤灰的级别有关。

(3)粉煤灰代砂法。粉煤灰代砂法是指在保持混凝土水泥用量不变的情况下，掺加一定数量的粉煤灰，此时可减少混凝土中砂的用量。其目的是改善混凝土拌和物的和易性。粉煤灰代砂法仍保持混凝土水泥用量不变，则混凝土的黏聚性、保水性、强度将显著优于基准混凝土，混凝土的和易性及抗渗性等将有显著改善。

目前，混凝土配合比设计中一般采用等量取代法掺入粉煤灰。实践证明，当粉煤灰掺量过多时，混凝土的抗碳化性能将降低，所以粉煤灰掺量不宜过大，最大掺量应符合规范要求。早期强度要求较高或施工时环境温度、湿度较低时，应适当降低掺量；当骨料中有碱硅酸反应活性骨料时，其掺量应通过碱活性抑制试验确定。

混凝土中掺入粉煤灰时，常与减水剂或引气剂等外加剂同时掺用，称为双掺技术。减水剂的掺入可以克服某些粉煤灰增大混凝土需水量的缺点；引气剂的掺用可以解决粉煤灰混凝土抗冻性较低的问题；在低温条件下施工时，宜掺入早强剂或防冻剂。

混凝土中掺入粉煤灰后，将使其抗碳化性能降低，不利于钢筋防锈。为改善混凝土抗碳化性能，也应采取双掺措施，或在混凝土中掺入阻锈剂。

(二)硅粉

硅粉也称硅灰，是从冶炼硅铁和其他硅金属工厂的废烟气中回收的副产品，其主要成分为无定形二氧化硅，其含量不低于85%。硅粉平均粒径为0.1~0.2 μm，约80%颗粒的粒径在4 μm以下，比表面积为15 000~20 000 m^2/kg，因而硅粉是一种高活性、超细微粒掺合料。硅粉密度为2 100~2 200 kg/m^3，松散堆积密度为250~300 kg/m^3。在混凝土中掺入硅粉后，可取得如下效果：

(1)改善混凝土拌和物和易性。由于硅粉颗粒极细，比表面积大，需水量为普通水泥的130%~150%，故混凝土流动性随硅粉掺量的增加而减小。为了保持混凝土流动性，必须掺用高效减水剂。硅粉的掺入，能显著改善混凝土的黏聚性及保水性，使混凝土完全不离析和几乎不泌水，故适宜配制高流态混凝土、泵送混凝土及水下灌注混凝土。掺硅粉后，混凝土含气量略有减小，为了保持混凝土含气量不变，必须增加引气剂用量。当硅粉掺量为10%时，一般引气剂用量需增加2倍左右。

(2)配制高强混凝土。硅粉的活性很高，当与高效减水剂配合掺入混凝土时，硅粉与氢氧化钙反应生成水化硅酸钙凝胶体，填充水泥颗粒间的空隙，改善界面结构及黏结力，可显著提高混凝土强度。一般硅粉掺量为5%~15%(有时为了某些特殊目的，也可掺入20%~30%)，且在选用52.5 MPa以上的高强度等级水泥、品质优良的粗骨料及细骨料、掺入适量的高效减水剂的条件下，可配制出28 d强度达到100 MPa的超高强混凝土。为了保证硅粉在水泥浆中充分地分散，当硅粉掺量增多时，高效减水剂的掺量也必须相应地增加，否则混凝土强度不会提高。

(3)改善混凝土的孔隙结构，提高耐久性。混凝土中掺入硅粉后，虽然水泥石的总孔隙与不掺时基本相同，但其大孔减少、超微细孔隙增加，改善了水泥石的孔隙结构。因此，掺硅粉的混凝土耐久性显著提高，抗冻性也明显提高。

硅粉混凝土的抗冲磨性随硅粉掺量的增加而提高。它与其他抗冲磨材料相比具有价廉、施工方便等优点，故适用于水工建筑物的抗冲刷部位及高速公路路面。硅粉混凝土抗侵蚀性较好，适用于要求抗溶出性侵蚀及抗硫酸盐侵蚀的工程。硅粉还具有抑制碱骨料反应及防止钢筋锈蚀的作用。硅粉的应用研究始于 20 世纪 70 年代，目前已经普及到世界各国。我国自 20 世纪 80 年代开始研究和应用硅粉，并很快取得大量理想的成果。今后，随着硅粉回收工作的开展，产量将逐渐提高，硅粉的应用将更加普遍。

（三）磨细矿渣

硅粉是理想的超细微颗粒矿物质掺合料，但其资源有限，因此多采用粒化高炉矿渣经干燥、粉磨等工艺制成的磨细矿渣，用以配制高强、超高强混凝土。粒化高炉矿渣是冶炼生铁时产生的废渣，经粉磨后具有很高的活性和极大的表面能，可以弥补硅粉资源的不足，满足配制不同性能要求的高性能混凝土的需求。磨细矿渣可等量替代 15%～50%的水泥，掺入混凝土中可取得以下几方面的效果：

（1）可配制出高强和超高强混凝土。采用高强度等级水泥及优质粗、细骨料并掺入高效减水剂时，可配制出高强混凝土及 C100 以上的超高强混凝土。

（2）大大改善混凝土的耐久性。所配制出的混凝土干缩率大大减小，抗冻、抗渗性能提高，混凝土的耐久性得到显著改善。

（3）改善混凝土拌和物的和易性，可配制出大流动性且不离析的泵送混凝土。

磨细矿渣的生产成本低于水泥，使用其作为掺合料可以获得显著的经济效益。根据国内外经验，使用磨细矿渣掺合料配制高强或超高强混凝土是行之有效、比较经济实用的技术途径，是当今混凝土技术发展的趋势之一。

（四）沸石粉

沸石粉是由天然沸石岩磨细而成的，含有大量活性的氧化硅和氧化铝，能与水泥水化析出的氢氧化钙反应，生成水化硅酸钙、水化铝酸钙。沸石作为一种价廉且容易开采的天然矿物，用来配制高性能混凝土具有较普遍的适用性和经济性。

沸石粉用作混凝土掺合料主要有以下几方面的效果：①提高混凝土强度，配制高强度混凝土；②提高拌和物的裹浆量；③沸石粉高性能混凝土的早期强度较低，后期强度因火山灰反应使浆体的密实度增加而有所提高；④能够有效抑制混凝土的碱骨料反应，并可提高混凝土的抗碳化和抗钢筋锈蚀耐久性；⑤因沸石粉的吸水量较大，需同时掺加高效减水剂或与粉煤灰复合，以改善混凝土的和易性。

（五）其他掺合料

除上述几种掺合料外，可以用作混凝土掺合料的还有天然火山灰质材料和某些工业副产品，如火山灰、凝灰岩、钢渣、磷矿渣等。此外，碾压混凝土中还可以掺入适量的非活性掺合料（如石灰石粉、尾矿粉等），以改善混凝土的和易性，提高混凝土的密实性及硬化混凝土的某些性能。

总之，作为混凝土活性掺合料的天然火山灰质材料和工业副产品，必须具有足够的活性且不能含过量的对混凝土有害的杂质。掺合料需经磨细并通过试验确定其合适掺量及其对混凝土性能的影响。

为保证混凝土能提供足够的氢氧化钙（水泥的水化物之一）与粉煤灰、粒化高炉矿渣粉等矿物掺合料发生反应及提供足够的碱度维持水化物的长期稳定，以保证混凝土耐久性与强度,《普通混凝土配合比设计规程》(JGJ 55—2011)规定了钢筋混凝土、预应力钢筋混凝土中矿物掺合料的最大掺量(见表4-5);《水工混凝土配合比设计规程》(DL/T 5330—2015)规定了水工混凝土中矿物掺合料的最大掺量(见表4-6、表4-7)。

表4-5 钢筋混凝土、预应力钢筋混凝土中矿物掺合料最大掺量

矿物掺合料种类	水胶比	钢筋混凝土最大掺量/%		预应力钢筋混凝土最大掺量/%	
		采用硅酸盐水泥时	采用普通水泥时	采用硅酸盐水泥时	采用普通水泥时
粉煤灰	≤0.40	45	35	35	30
	>0.40	40	30	25	20
粒化高炉矿渣粉	≤0.40	65	55	55	45
	>0.40	55	45	45	35
钢渣粉	—	30	20	20	10
磷渣粉	—	30	20	20	10
硅灰	—	10	10	10	10
复合掺合料	≤0.40	65	55	55	45
	>0.40	55	45	45	35

注:1. 采用其他通用硅酸盐水泥时,宜将水泥混合材掺量20%以上的混合材量计入矿物掺合料。

2. 复合掺合料各组分的掺量不宜超过单掺时的最大掺量。

3. 在混合使用两种或两种以上矿物掺合料时,矿物掺合料总掺量应符合表中复合掺合料的规定。

表4-6 水工混凝土中粉煤灰最大掺量 %

混凝土品种		硅酸盐水泥	42.5普通水泥	矿渣硅酸盐水泥(P·S·A)
重力坝碾压混凝土	内部	70	65	40
	外部	65	60	30
重力坝混凝土	内部	55	50	30
	外部	45	40	20
拱坝碾压混凝土		65	60	30
拱坝常态混凝土		40	35	20
结构混凝土、面板混凝土		35	30	—
抗磨蚀混凝土		25	20	—
预应力混凝土		20	15	—

注:1. 本表适用于F类Ⅰ、Ⅱ级粉煤灰,F类Ⅲ级粉煤灰的最大掺量应适当降低,降低幅度应通过试验论证确定。

2. 中热硅酸盐水泥、低热硅酸盐水泥混凝土的粉煤灰最大掺量与硅酸盐水泥混凝土相同;低热矿渣硅酸盐水泥、火山灰质硅酸盐水泥、粉煤灰硅酸盐水泥混凝土的粉煤灰最大掺量与矿渣硅酸盐水泥(P·S·A)混凝土相同。

表 4-7　水工混凝土中磷渣粉与天然火山灰质材料最大掺量　%

混凝土品种		磷渣粉最大掺量			天然火山灰质材料最大掺量	
		硅酸盐水泥	普通水泥	矿渣硅酸盐水泥（P·S·A）	硅酸盐水泥、中热硅酸盐水泥、低热硅酸盐水泥	普通水泥
重力坝碾压混凝土	内部	65	60	40	60	55
	外部	60	55	30	55	50
重力坝混凝土	内部	50	45	30	45	40
	外部	35	30	20	30	25
拱坝碾压混凝土		60	55	30	55	50
拱坝常态混凝土		35	30	20	30	25
结构混凝土、面板混凝土		30	25	—	—	—
抗磨蚀混凝土		25	20	—	—	—

注：中热硅酸盐水泥、低热硅酸盐水泥混凝土的磷渣粉最大掺量与硅酸盐水泥混凝土相同；低热矿渣硅酸盐水泥的磷渣粉最大掺量与矿渣硅酸盐水泥（P·S·A）混凝土相同。

项目 3　混凝土的技术性质

主要内容	知识目标	技能目标
混凝土拌和物的和易性，混凝土的强度，混凝土的变形，混凝土的耐久性	掌握混凝土各技术性质的含义，熟悉混凝土性能的测定方法，理解影响混凝土技术性质的因素	能进行混凝土技术性能检测，能分析解决实际工程关于混凝土和易性、强度和耐久性的问题

混凝土的各组成材料按一定比例配合、搅拌而成的尚未凝结硬化的混合物，称为新拌混凝土或混凝土拌和物，其必须具有良好的和易性，以便于施工，才能获得均匀而密实的混凝土，以保证混凝土的质量。混凝土拌和物凝结硬化以后，应具有足够的强度，以保证建筑物能安全地承受设计荷载，并应具有与所处环境相适应的耐久性。

一、混凝土拌和物的和易性

码 4-4　微课：混凝土的和易性检测

（一）和易性的概念

和易性是指混凝土拌和物易于施工操作（拌和、运输、浇筑、捣实），并能获得质量均匀、成型密实的混凝土的性能。和易性是一项综合技术性能，包括流动性、黏聚性和保水性三个方面的含义。

1. 流动性(稠度)

流动性是指混凝土拌和物在本身自重或施工机械振捣作用下,能产生流动,并均匀密实地填满模板的性能。流动性大小反映混凝土拌和物的稀稠程度,直接影响施工时振捣的难易和成型的质量。

2. 黏聚性

黏聚性是指混凝土拌和物各组成材料之间具有一定的黏聚力,在运输和浇筑过程中不致产生离析和分层现象。黏聚性反映混凝土拌和物保持整体均匀性的能力。黏聚性差的混凝土拌和物施工中易发生离析和分层现象,致使混凝土硬化后出现蜂窝、空洞等现象,严重影响工程质量。

3. 保水性

保水性是混凝土拌和物在施工过程中保持水分不易析出,不至于产生严重泌水现象的能力。泌水是指一部分水分从混凝土内部析出,形成毛细管孔隙即渗水通道,或水分浮在表面引起混凝土表面疏松,或水分停留在石子及钢筋的下面形成水囊,削弱水泥浆与石子及钢筋的黏结力,影响混凝土的密实性,从而降低混凝土的强度和耐久性。

混凝土拌和物的流动性、黏聚性和保水性,三者之间是对立统一的关系。流动性好的拌和物,黏聚性和保水性往往较差;而黏聚性、保水性好的拌和物,一般流动性可能较差。在实际工程中,应尽可能达到三者统一,既要满足混凝土施工时要求的流动性,也要具有良好的黏聚性和保水性。

码 4-5　动画:混凝土分层离析

码 4-6　动画:混凝土黏聚性分析判断

(二)和易性的测定方法

混凝土拌和物的和易性内涵比较复杂,难以用一种简单的方法和指标对和易性进行全面反映。通常是测定拌和物的流动性,同时辅以直观经验评定黏聚性和保水性。对塑性和流动性混凝土拌和物,采用坍落度法测定;对干硬性混凝土拌和物,用维勃稠度法测定。

1. 坍落度法

坍落度法适用于骨料最大粒径不大于 40 mm、坍落度不小于 10 mm 的混凝土拌和物稠度测定。

坍落度测定方法是将混凝土拌和物按规定的方法装入坍落度筒内,分层捣实,装满刮平,垂直向上提起坍落度筒,拌和物因自重而向下坍落,测量筒高与坍落后混凝土试体顶部中心点(国标规定为最高点)之间的高度差(以 mm 为单位),即为该拌和物的坍落度值,以 T 表示,如图 4-2 所示。

在测定坍落度的同时,应检查混凝土拌和物的黏聚性及保水性。黏聚性的检查方法是用捣棒在已坍落的拌和物锥体一侧轻轻敲打,若锥体缓慢下沉,表示黏聚性良好;如果

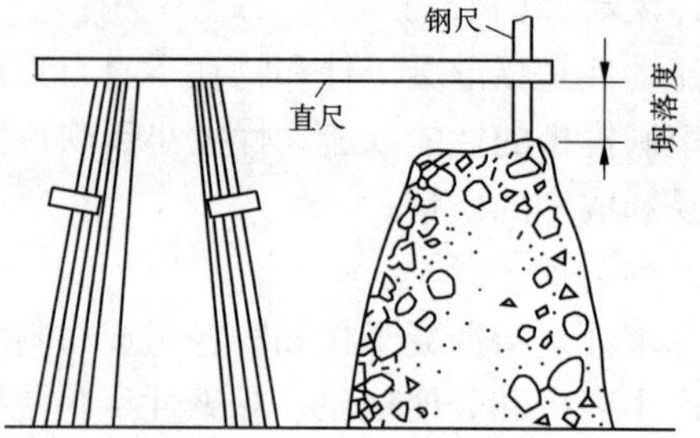

图 4-2　坍落度测定示意图

锥体倒塌、部分崩裂或出现离析现象，则表示黏聚性不好。保水性以混凝土拌和物中稀浆析出的程度评定，提起坍落度筒后，如有较多稀浆从底部析出，拌和物锥体因失浆而骨料外露，表示拌和物的保水性不好。如提起坍落度筒后，无稀浆析出或仅有少量稀浆从底部析出，则表示混凝土拌和物保水性良好。

坍落度在 10~150 mm 对混凝土拌和物的稠度具有良好的反映能力，但当坍落度大于 150 mm 时，由于粗骨料堆积的偶然性，坍落度就不能很好地代表拌和物的稠度，需做混凝土拌和物扩散度试验。

《水工混凝土试验规程》(DL/T 5150—2017)规定，当混凝土拌和物坍落度大于 150 mm 时，应测定扩展度。扩展度试验是在坍落度试验的基础上进行的，将坍落度筒徐徐竖直提起，拌和物在重力作用下逐渐扩散，当拌和物不再扩散或扩散时间已达到 60 s 时，用钢尺测量最大直径以及与最大直径呈垂直方向的直径，用其算术平均值作为其扩展度值，修约至 5 mm。当测得两直径之差大于 50 mm 时，需从同一盘混凝土中另取试样重新试验。

坍落度愈大，混凝土拌和物流动性愈大。据坍落度的大小，可将混凝土拌和物分为低塑性混凝土(10~40 mm)、塑性混凝土(50~90 mm)、流动性混凝土(100~150 mm)、大流动性混凝土(160~210 mm)、超大流动性混凝土(≥220 mm)5 个等级。

2. 维勃稠度法

维勃稠度法适用于骨料最大粒径不大于 40 mm、维勃稠度值在 5~30 s 的混凝土拌和物稠度测定。

用维勃稠度仪测定如图 4-3 所示。将混凝土拌和物按标准方法装入维勃稠度测定仪容器的坍落度筒内；缓慢垂直提起坍落度筒；将透明圆盘置于拌和物锥体顶面；开启振动台，并启动秒表计时，测出至透明圆盘底面完全被水泥浆布满所经历的时间(以 s 计)，即为维勃稠度值。维勃稠度值越大，混凝土拌和物越干稠。

混凝土按维勃稠度值(V)的大小可分 5 个等级：V≥31 s（超干硬性混凝土），V=30~21 s(特干硬性混凝土)，V=20~11 s（干硬性混凝土），V=10~6 s（半干硬性混凝土)，V=5~3 s。

(三)流动性(稠度)的选择

混凝土拌和物坍落度的选择，应根据施工条件、构件截面尺寸、配筋情况、施工方法等来确定。一般情况下，构件截面尺寸较小、钢筋较密，或采用人工拌和与振捣时，坍落度应选择大些。反之，如构件截面尺寸较大、钢筋较疏，或采用机械振捣时，坍落度应选择小些。一般在便于操作和保证捣固密实的条件下，尽可能选用较小的坍落度，以节约水泥，并获得质量较好的混凝土。

《水工混凝土施工规范》(DL/T 5144—2015)规定，浇筑地点的坍落度可按表 4-8 选用。

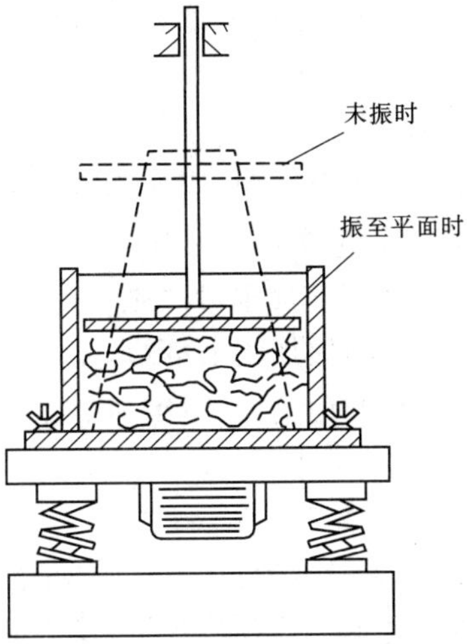

图 4-3　维勃稠度测定示意图

表 4-8　混凝土在浇筑地点的坍落度

项次	混凝土类别	坍落度/mm
1	素混凝土或少筋混凝土	10~40
2	配筋率不超过 1%的钢筋混凝土	30~60
3	配筋率超过 1%的钢筋混凝土	50~90

注：1. 表中数值是按机械振捣混凝土时的坍落度，当采用人工振捣时其值可适当增大。
2. 有温控要求或高、低温季节浇筑混凝土时，其坍落度可根据实际情况酌量增减。

(四)影响和易性的主要因素

码 4-7　微课：混凝土和易性的影响因素

1. 水泥浆数量

混凝土拌和物中水泥浆具有包裹及润滑骨料、填充骨料空隙、提高流动性的作用。在混凝土骨料用量、水胶比一定的条件下，填充在骨料之间的水泥浆数量越多，水泥浆对骨料的润滑作用越充分，混凝土拌和物的流动性增大。若水泥浆过多，不仅浪费水泥，而且会使拌和物的黏聚性、保水性变差，产生分层、泌水现象。若水泥浆过少，不足以填充骨料空隙或包裹骨料表面，会导致骨料摩擦力增大，拌和物流动性降低，黏聚性变差，甚至出现崩塌现象而影响混凝土的强度和耐久性。因此，水泥浆的数量应以满足流动性要求为准，不宜过量。

2. 水泥浆的稠度(水胶比)

水胶比是指混凝土拌和物中水的质量与胶凝材料质量之比。在胶凝材料用量一定的情况下，水胶比越小，水泥浆就越稠，混凝土拌和物的流动性就越小。当水胶比过小时，水泥浆干稠，混凝土拌和物会因流动性过低而难以施工，从而影响混凝土的密实度和质量。增大水胶比会使流动性加大，但如果水胶比过大，又会导致混凝土拌和物的黏聚性和保水性不良而产生流浆、离析现象，严重影响混凝土的强度和耐久性。因此，水胶比应根据强度和耐久性进行合理选用。

水泥浆的数量和稠度对混凝土拌和物流动性的影响，实际上起决定性作用的还是单位用水量（1 m^3 混凝土的用水量）。实践证明，当使用确定的骨料，并且单位用水量一定的条件下，1 m^3 混凝土中胶凝材料用量增减 50~100 kg，混凝土拌和物的流动性基本保持不变。这一法则在混凝土学中称为"固定加水量法则"。必须指出，在施工中为了保证混凝土的强度和耐久性，不允许采用单纯增加用水量的方法来提高拌和物的流动性，应保持水胶比不变，同时增加水和胶凝材料的用量，骨料绝对数量一定但相对数量减少，使拌和物满足施工要求。

3. 砂率

砂率是指混凝土拌和物中砂的质量占砂、石子总质量的百分数。单位体积混凝土中，在水泥浆量一定的条件下，若砂率过小，砂不能填满石子之间的空隙，或填满后不能保证石子之间有足够厚度的砂浆层，不仅会降低拌和物的流动性，而且会影响拌和物的黏聚性和保水性。若砂率过大，骨料的总表面积及空隙率会增大，使得包裹骨料表面的水泥浆数量相对减少，导致水泥浆的润滑作用减弱，拌和物的流动性变差。因此，砂率既不能过小，也不能过大，应选取合理砂率（又称最佳砂率或最优砂率）。在水泥用量和水胶比一定的条件下，拌和物的黏聚性、保水性符合要求，同时流动性最大的砂率称为合理砂率，如图 4-4（a）所示。同理，在水胶比和坍落度不变的条件下，拌和物的和易性满足要求且水泥用量最小的砂率也是合理砂率，如图 4-4（b）所示。

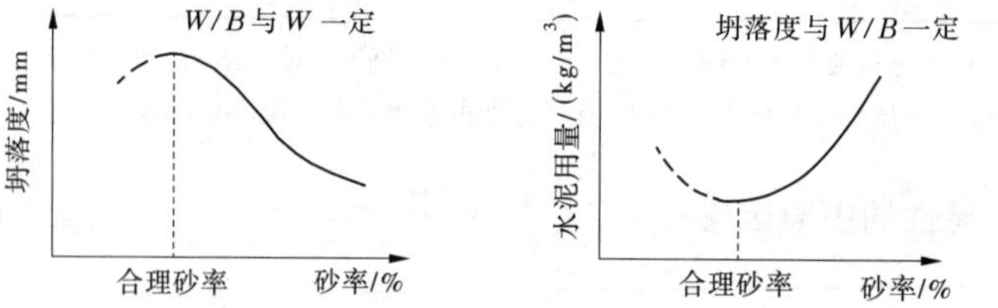

(a)砂率与坍落度的关系曲线　　(b)砂率与水泥用量的关系曲线

图 4-4　合理砂率的确定

4. 组成材料性质的影响

水泥的品种、颗粒细度，骨料的颗粒形状、表面特征、级配，外加剂等对混凝土拌和物的和易性都有影响。

（1）水泥品种的影响。水泥对和易性的影响主要表现在水泥的需水性上。需水量大的水泥品种，达到相同的流动性，需要较多的用水量。普通水泥配制的混凝土拌和物流动性和保水性好；矿渣水泥配制的混凝土拌和物流动性大，黏聚性、保水性差，易泌水；火山灰水泥需水量大，用水量相同时，流动性降低，但黏聚性、保水性好。水泥颗粒越细，表面积越大，需水量越多，在拌和用水量不变的情况下，拌和物流动性越小，但黏聚性、保水性较好。

（2）骨料性质的影响。骨料性质对混凝土拌和物的和易性影响较大。级配良好的骨料，空隙率小，在水泥浆量相同的情况下，包裹骨料表面的水泥浆较厚，和易性好。卵石表面圆滑，所拌制的混凝土拌和物的流动性比碎石拌制的好。

（3）掺合料和外加剂的影响。掺合料的品质及产量对混凝土拌和物的和易性有很大影响。当掺入优质粉煤灰时，可改善和易性，掺入质量较差的粉煤灰时，往往流动性降低。

外加剂（如减水剂、引气剂等）对拌和物的和易性有很大影响。在拌制混凝土时，加入少量的外加剂能使混凝土拌和物在不增加水泥用量的条件下，获得良好的和易性，不仅流动性显著增加，还能有效地改善混凝土拌和物的黏聚性和保水性。

5. 施工方面

混凝土拌制后，随着时间的延长，水分不断减少，拌和物逐渐变得干稠，流动性下降，这种现象称为坍落度损失，从而使和易性变差。

环境的温度也会影响混凝土拌和物的和易性。温度越高，水泥水化反应速度及水分蒸发速度越快，坍落度损失越大。

此外，施工中环境的湿度、搅拌时间及运输距离的长短等都会对混凝土的和易性产生影响。因此，施工中为保证混凝土具有良好的和易性，必须根据环境温度、湿度等因素的变化，采取相应的措施。

二、混凝土的强度

码 4-8　微课：混凝土强度检测

强度是混凝土硬化后的重要力学性质，也是混凝土质量控制的主要指标。混凝土的强度包括抗压强度、抗拉强度、抗剪强度和抗弯强度等，其中抗压强度最高，因此混凝土主要用于承受压力的工程部位。

（一）混凝土的受压破坏过程

混凝土硬化后在未施加荷载前，由于胶凝材料化学收缩和物理收缩引起砂浆体积变化，在粗骨料与砂浆界面上产生了很多微裂缝，同时泌水聚积于粗骨料下缘，硬化后形成界面裂缝。微裂缝和界面裂缝是混凝土中的薄弱环节。因此，当用混凝土试件进行一次性短期加压时，混凝土主要发生如下三种破坏情况：混凝土内的微裂缝和界面裂缝逐渐扩大、延长并会合连通起来，形成可见的裂缝，最后发展为贯通裂缝，致使结构丧失连续性而遭到完全破坏，混凝土的这种破坏情况是主要的和经常性的破坏情况；对于较低强度的混凝土，贯穿性裂缝可能发生在硬化的水泥石内；对高强度混凝土或轻骨料混凝土，贯穿性裂缝可能会同时穿过水泥石和粗骨料内。混凝土破坏过程的荷载-变形曲线如图 4-5 所示，其内部的裂缝发展可分为四个阶段。用显微镜观察混凝土破坏过程各阶段的裂缝状态如图 4-6 所示。

（1）Ⅰ阶段：荷载到达“比例极限”（约为极限荷载的 30%）以前，界面裂缝无明显变化，荷载与变形比较接近直线关系（图中 $0A$ 段）。

（2）Ⅱ阶段：荷载超过“比例极限”以后，界面裂缝的数量、长度和宽度都不断增大，界面借摩阻力继续承担荷载，但尚无明显的砂浆裂缝。此时，变形增大的速度超过荷载增大的速度，荷载与变形之间不再是线性关系（图中 AB 段）。

（3）Ⅲ阶段：荷载超过“临界荷载”（极限荷载的 70%～90%）以后，界面裂缝继续发展，开始出现砂浆裂缝，并将邻近的界面裂缝连接起来成为连续裂缝。此时，变形增大的速度进一步加快，荷载-变形曲线明显地弯向变形轴方向（图中 *BC* 段）。

（4）Ⅳ阶段：荷载超过极限荷载以后，连续裂缝急速发展，此时，混凝土承载能力下降，荷载减小而变形迅速增大，最后完全破坏，荷载-变形曲线逐渐下降而结束（图中 *CD* 段）。

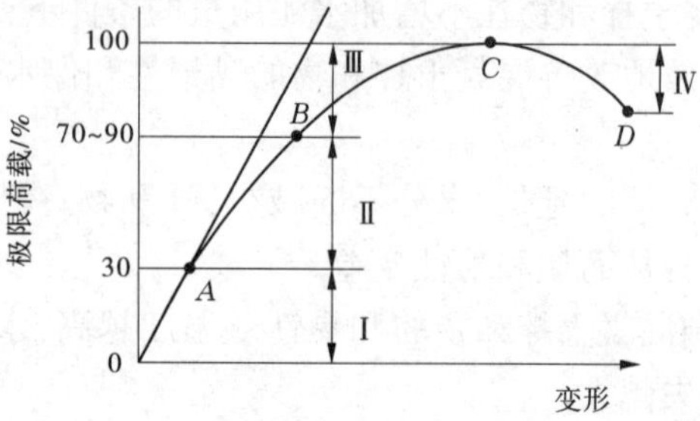

图 4-5　混凝土在荷载作用下的荷载-变形曲线

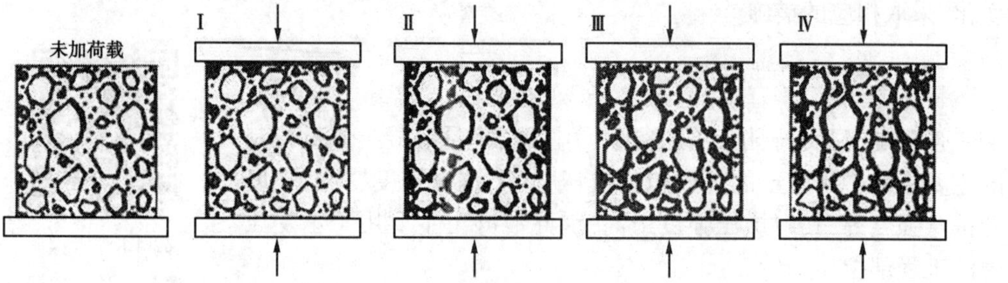

图 4-6　混凝土不同受压破坏阶段的裂缝状态示意图

（二）立方体抗压强度与强度等级

1. 立方体抗压强度

码 4-9　动画：混凝土立方体抗压强度试验

按照《水工混凝土试验规程》（DL/T 5150—2017）的规定，混凝土立方体抗压强度是指制作边长为 150 mm 的标准立方体试件，成型后立即用塑料薄膜覆盖表面，在温度为（20±5）℃、相对湿度大于 50%的环境中静置一昼夜至两昼夜后脱模，再在标准养护条件下［温度为（20±3）℃，相对湿度 95%以上］或在温度为（20±3）℃的不流动的 $Ca(OH)_2$ 饱和溶液中，养护至 28 d 龄期（从搅拌加水开始计时），采用标准试验方法测得的混凝土极限抗压强度，用 f_{cu} 表示。

立方体抗压强度测定采用的标准试件尺寸为 150 mm×150 mm×150 mm。也可根据粗骨料的最大粒径选择尺寸为 100 mm×100 mm×100 mm、200 mm×200 mm×200 mm、300 mm×300 mm×300 mm 和 450 mm×450 mm×450 mm 的非标准试件，但强度测定结果必须乘以换算系数，见表 4-9。国际标准及 RILEM 推荐的试验方法均规定试件尺寸应大于骨料最大粒径的 4 倍，目前我国标准规定试件尺寸基本上以大于 3 倍最大粒径为控制原则。

表 4-9　混凝土试件尺寸选择与强度的尺寸换算系数

试件种类	试件尺寸/mm	粗骨料最大粒径/mm	换算系数
标准试件	150×150×150	≤30	1.00
非标准试件	100×100×100	≤40	0.95
	200×200×200	≤60	1.05
	300×300×300	≤80	1.15
	450×450×450	≤150(120)	1.36

2. 立方体抗压强度标准值

混凝土立方体抗压强度标准值($f_{cu,k}$)是指按标准方法制作、养护的边长为 150 mm 的立方体试件,在 28 d 或设计规定龄期用标准试验方法测得的,具有 95%保证率的抗压强度值,用 $f_{cu,k}$ 表示,单位为 MPa。

3. 强度等级

混凝土强度等级是根据混凝土立方体抗压强度标准值划分的,采用符号 C 和混凝土立方体抗压强度标准值 $f_{cu,k}$ 表示。目前国家标准规定混凝土分为 13 个强度等级,即 C20、C25、C30、C35、C40、C45、C50、C55、C60、C65、C70、C75、C80。水利工程中所采用的混凝土分为 9 个强度等级,即 C20、C25、C30、C35、C40、C45、C50、C55、C60。例如,强度等级为 C40 的混凝土,其立方体抗压强度标准值 $f_{cu,k}=40$ MPa。

在水利水电工程中,混凝土抗压强度标准值常采用长龄期和非 95%保证率。《水工混凝土配合比设计规程》(DL/T 5330—2015)规定水工混凝土的强度等级采用符号 C 加设计龄期下角标再加立方体抗压强度标准值表示,如 $C_{90}25$。若设计龄期为 28 d,则省略下角标,如 C25。此时,混凝土设计龄期立方体抗压强度标准值是指按照标准方法制作养护的边长为 150 mm 的立方体试件,在设计龄期用标准试验方法测得的具有设计保证率的抗压强度,以 N/mm^2 或 MPa 计。

国家标准 GB/T 50010 规定混凝土强度等级应满足以下要求:素混凝土结构的混凝土强度等级不应低于 C20;钢筋混凝土结构的混凝土强度等级不应低于 C25;预应力混凝土楼板结构的混凝土强度等级不应低于 C30;其他预应力混凝土结构构件的混凝土强度等级不应低于 C40;采用强度等级 500 MPa 及以上的钢筋时,混凝土强度等级不应低于 C30;承受重复荷载的钢筋混凝土构件,混凝土强度等级不应低于 C30。

根据试验目的不同,试件可采用标准养护或与构件同条件养护。确定混凝土强度等级或进行材料性能研究时,应采用标准养护。在施工过程中作为检测混凝土构件实际强度,决定构件的拆模、起吊、施加预应力等时间的试件,应采用同条件养护,即试件尽量置于构件附近,试件养护环境的温度、湿度与构件相同。

(三)轴心抗压强度

轴心抗压强度也称为棱柱体抗压强度,是以 150 mm×150 mm×300 mm 的棱柱体试件为标准试件,在标准养护条件下养护 28 d,测得的抗压强度用 f_{cp} 表示。

在钢筋混凝土结构设计中,计算轴心受压构件时都采用轴心抗压强度作为计算依据,因为其接近于混凝土构件的实际受力状态。混凝土轴心抗压强度值比同截面的立方体抗压强度要小,二者之比为 0.7~0.8。

试件受压面积($a \times a$)相同而高度(h)不同,高宽比(h/a)越大,抗压强度越低。这是因为试件受压时,试件受压面与承压板之间的摩擦力约束了试件的横向膨胀,有助于试件强度提高。越接近试件受压面,约束作用就越大,在距受压面约$\frac{\sqrt{3}}{2}a$(a 为试件横向尺寸)的范围以外,约束作用才消失,这种约束作用称为"环箍效应",如图 4-7 所示。因此,立方体试件整体受到"环箍效应"的限制,测得的强度相对较高。而棱柱体试件的中间区域未受到"环箍效应"的影响,属纯压区,测得的强度相对较低。

(四)抗拉强度

混凝土的抗拉强度很小,只有抗压强度的 1/10~1/20,混凝土强度等级越高,其比值越小。为此,在钢筋混凝土结构设计中,一般不考虑混凝土承受拉力,而是通过配置钢筋,由钢筋来承担结构的拉力。但抗拉强度对混凝土的抗裂性具有重要作用,它是结构设计中裂缝宽度和裂缝间距计算控制的主要指标,也是抵抗由于收缩和温度变形等而导致开裂的主要指标。

混凝土的抗拉强度有两种测定方法:轴向拉伸法和劈裂法。轴向拉伸法在试验时,荷载不易对准构件轴线而产生偏拉,且夹具处由于应力集中发生局部破坏,因此试验测试非常困难,测试值的准确度也较低,故国内外普遍采用劈裂法间接测定混凝土的抗拉强度,即劈裂抗拉强度。劈裂抗拉强度采用边长为 150 mm 的立方体试件为标准试件,在试件的两个相对的表面上加上垫条,然后施加均匀分布的压力,则在外力作用的竖向平面内产生均匀分布的拉应力,应力分布如图 4-8 所示。

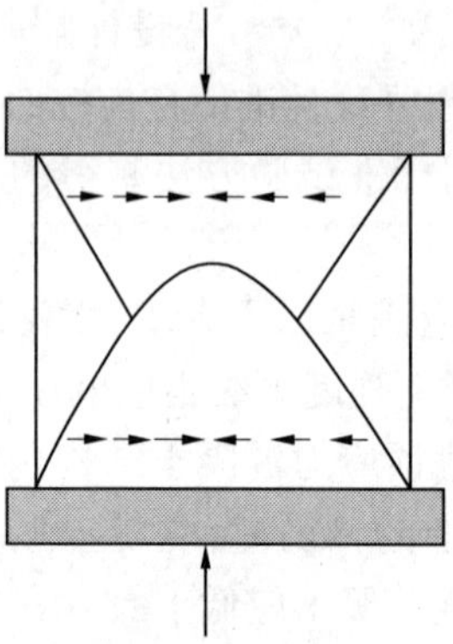

图 4-7 钢压板对试件的约束作用

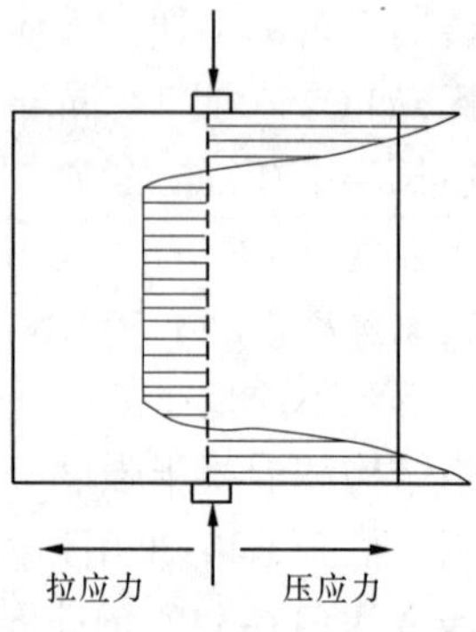

图 4-8 劈裂试验时垂直于受力面的应力分布

劈裂抗拉强度按式(4-1)计算:

$$f_{ts} = \frac{2F}{\pi A} = 0.637\frac{F}{A} \tag{4-1}$$

式中 f_{ts}——混凝土劈裂抗拉强度,MPa;

F——试件破坏荷载,N;

A——试件承压面积,mm^2。

(五)影响混凝土抗压强度的因素

影响混凝土抗压强度的因素很多,包括原材料的质量、材料用量之间的比例关系、施工方法(拌和、运输、浇筑、养护)及试验条件(试件尺寸、形状、表面状态、含水状态、加荷速度)等。

码 4-10　微课:混凝土强度的影响因素

1. 胶凝材料强度和水胶比

工程中大量试验表明:普通混凝土受力破坏一般首先出现在骨料和水泥石的分界面上,即所谓的黏结面破坏形式。另外,当水泥石强度较低时,水泥石本身首先破坏也是常见的破坏形式。在普通混凝土中,骨料首先破坏的可能性小,因为骨料强度常大大超过水泥石强度及其与黏结面的黏结强度。因此,混凝土的强度主要取决于水泥石的强度及其与骨料的黏结强度,而它们又取决于水泥强度及水胶比的大小。

混凝土中的水泥和活性矿物掺合料总称为胶凝材料。胶凝材料强度的大小直接影响着混凝土强度的高低。在水胶比不变的条件下,所用的胶凝材料强度越高,配制的混凝土强度也越高。当胶凝材料强度相同时,混凝土的强度主要取决于水胶比,水胶比愈大,混凝土的强度愈低。这是因为胶凝材料中水泥水化时所需的化学结合水,一般只占水泥质量的 23%左右,但在实际拌制混凝土时,为了获得必要的流动性,常需要加入较多的水,占水泥质量的 40%~70%。多余的水分残留在混凝土中形成水泡,蒸发后形成气孔,使混凝土密实度降低,强度下降。但是,如果水胶比过小,拌和物过于干硬,在一定的捣实成型条件下,无法保证浇筑质量,混凝土中将出现较多的蜂窝、孔洞,强度也将下降。试验证明,混凝土强度随水胶比的增大而降低,其规律呈曲线关系,而与胶水比呈直线关系,如图 4-9 所示。

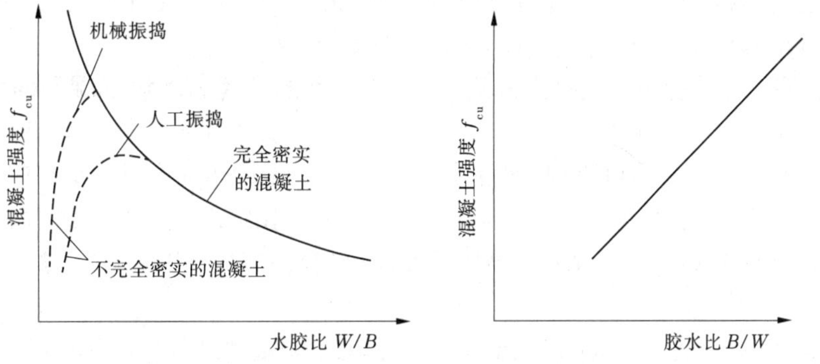

(a)混凝土强度与水胶比的关系　(b)混凝土强度与胶水比的关系

图 4-9　混凝土强度等级与水胶比及胶水比的关系

根据工程实践经验,应用数理统计方法,可建立混凝土强度与胶凝材料强度及胶水比等因素之间的线性经验公式:

$$f_{cu} = \alpha_a \cdot f_b (B/W - \alpha_b) \tag{4-2}$$

式中　f_{cu}——混凝土 28 d 龄期的抗压强度值,MPa;

f_b——胶凝材料 28 d 抗压强度实测值,MPa;

B/W ——混凝土胶水比，即水胶比的倒数；

α_a、α_b——回归系数，与水泥、骨料的品种有关。

强度公式适用于流动性混凝土和低流动性混凝土，不适用于干硬性混凝土。对流动性混凝土而言，只有在原材料相同、工艺措施相同的条件下，α_a、α_b 才可视为常数。因此，必须结合工地的具体条件，如施工方法及材料的质量等，进行不同水胶比的混凝土强度试验，求出符合当地实际情况的 α_a、α_b，这样既能保证混凝土的质量，又能取得较好的经济效果。若无试验条件，可按《普通混凝土配合比设计规程》(JGJ 55—2011)提供的经验数值：采用碎石时 $\alpha_a = 0.53$，$\alpha_b = 0.20$；采用卵石时，$\alpha_a = 0.49$，$\alpha_b = 0.13$。

强度公式可解决两个问题：一是混凝土配合比设计时，可依据混凝土的配制强度、胶凝材料的实测强度及骨料性质，估算应采用的 W/B 值；二是混凝土质量控制过程中，依据胶凝材料的实测强度、水胶比及骨料性质，估算混凝土 28 d 龄期可以达到的抗压强度。

2. 骨料的品种及质量

当骨料级配良好、杂质少、针片状颗粒少、砂率适当时，可形成坚固密实的骨架，有利于提高混凝土的强度；反之，若骨料中杂质过多、品质低劣、级配不好，会严重影响混凝土的强度。

碎石表面粗糙且棱角多，提高了骨料与水泥砂浆之间的啮合力和黏结力，在配合比相同的情况下，碎石混凝土的强度要高于卵石混凝土的强度。

一般来说，骨料的强度越高，混凝土的强度就越高，尤其是在配制高强混凝土或水胶比较小时，效果比较明显。骨料形状以三维尺寸相近的球形或立方体为好，若含有较多的针、片状颗粒，将导致混凝土强度下降。

3. 养护条件的影响

混凝土的养护是指混凝土浇筑完毕后，人为地(或自然地)使混凝土在保持足够湿度和适当温度的环境中进行水化、硬化，并增长强度的过程。

(1)养护温度的影响。混凝土浇筑成型后，所处的环境温度对混凝土的强度影响很大。混凝土的硬化在于水泥的水化作用，周围温度升高，水泥水化速度加快，混凝土强度发展也就加快；反之，温度降低时，水泥水化速度降低，混凝土强度发展将相应迟缓。当温度降至冰点以下时，混凝土的强度停止发展，并且由于孔隙内水分结冰而引起膨胀，使混凝土的内部结构遭受破坏。混凝土早期强度低，更容易冻坏。养护温度对混凝土强度的影响如图 4-10 所示。

(2)养护湿度的影响。湿度适当时，水泥水化才能顺利进行，混凝土强度得到充分发展。如果湿度不够，水泥水化不充分，会导致混凝土结构疏松，甚至形成干缩裂缝，严重影响混凝土的强度和耐久性。

《水工混凝土施工规范》(DL/T 5144—2015)规定，混凝土可采用喷雾、洒水、流水、蓄水或保温、保湿的养护方式，也可采用养护剂养护。混凝土应在初凝 3 h 后潮湿养护，低流动性混凝土宜在浇筑完毕后立即喷雾养护，并尽早开始保湿养护。有抹面要求的混凝土，不得过早在表面洒水，避免起皮、砂化，抹面后应及时进行保湿养护。混凝土养护应连续，养护期内混凝土表面应保持湿润。为有利于水工大体积混凝土表面散热和后期强度增长，无论采用何种水泥和掺合料，养护时间均不宜小于 28 d，对于重要部位或利用后期

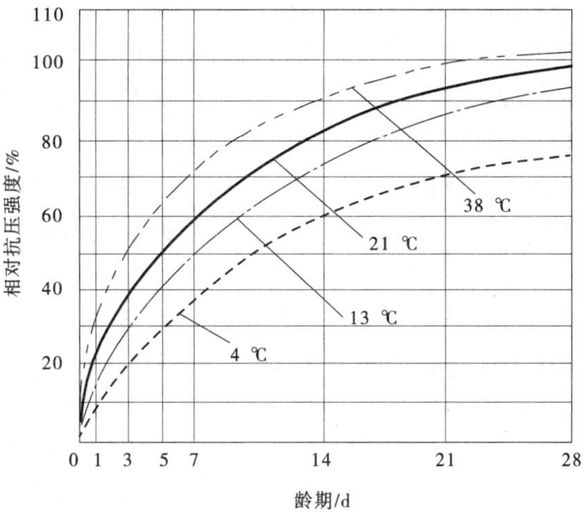

图 4-10 养护温度对混凝土强度的影响

强度混凝土,以及其他有特殊要求的部位,应适当延长养护时间。

4. 硬化龄期

混凝土在正常养护条件下,其强度将随着龄期的增长而增长。最初 7~14 d 内,强度增长较快,28 d 达到设计强度,以后增长缓慢,但若保持足够的温度和湿度,强度的增长将延续几十年。在标准养护条件下,普通水泥制成的混凝土,其强度的发展大致与其龄期的对数成正比关系(龄期不小于 3 d):

$$\frac{f_n}{f_{28}} = \frac{\lg n}{\lg 28} \tag{4-3}$$

式中 f_n——$n(n \geqslant 3)$ d 龄期混凝土的抗压强度,MPa;

f_{28}——28 d 龄期混凝土的抗压强度,MPa。

式(4-3)可解决两类问题:一是根据混凝土的早期强度,估算其 28 d 强度,或者根据混凝土的设计强度,估算其 n d 的强度,以预估混凝土强度能否满足设计要求;二是根据混凝土的设计强度,估算 28 d 内混凝土达到某一强度所需养护的天数,以确定混凝土拆模、放松预应力钢筋、构件起吊和出厂日期等。

5. 混凝土外加剂与掺合料

在混凝土中掺入减水剂,可在保证相同流动性的前提下,减少用水量,降低水胶比,从而提高混凝土强度。掺入早强剂,则可提高混凝土早期强度。混凝土中掺入的矿物掺合料(如粉煤灰、粒化高炉矿渣粉、硅粉等)可以参与水泥的水化过程,生成大量的胶凝物质提高了混凝土的密实度,从而提高混凝土的强度。详细内容见混凝土外加剂和掺合料部分。

6. 施工工艺

混凝土的施工工艺包括配料、拌和、运输、浇筑、振捣、养护等工序,每一道工序对其质量都有影响。配料不准确,误差过大;搅拌不均匀;拌和物运输过程中产生离析;振捣不密实;养护不充分等均会降低混凝土强度。因此,在施工过程中,一定要严格遵守施工规范,确保混凝土的强度。近年来研究采用的多次投料的新搅拌工艺，配制出造壳混凝土，具有提高强度的效果。所谓造壳，就是在粗、细骨料表面裹上一层低水胶比的水泥浆薄壳，以提高水泥石和骨料的界面黏结强度。

7. 试验条件对测试结果的影响

(1) 试件尺寸：大量试验研究证明，试件的尺寸越大，测得的强度相对越低，这是由于大试件内部产生孔隙、裂缝或局部缺陷的概率增大，使强度降低。因此，当采用非标准试件时，要乘以尺寸换算系数，见表 4-9。

(2) 试件形状：主要指棱柱体和立方体试件之间的强度差异。由于"环箍效应"的影响，棱柱体强度较低，这在前面已有分析。由于"环箍效应"的影响，试件破坏后，上下部分均呈棱柱体，如图 4-11(a) 所示。

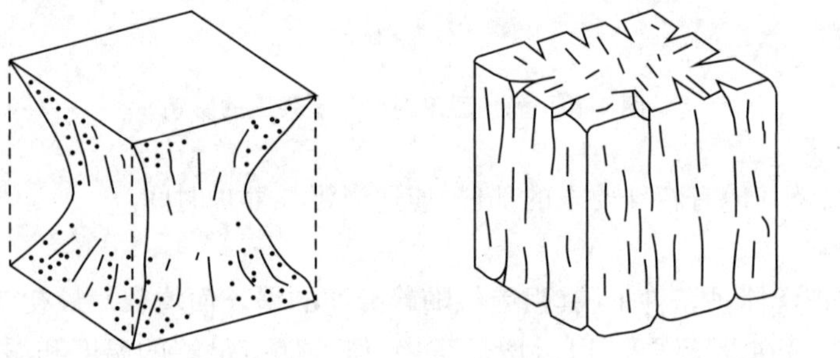

(a)受压板约束时试件破坏后形状　　(b)不受压板约束时试件破坏后形状

图 4-11　不同条件下混凝土试件破坏形状

(3) 表面状况：表面平整，则受力均匀，测得强度较高；而表面粗糙或凹凸不平，将引起局部应力集中而降低强度。若在受压表面涂刷油脂类润滑剂，"环箍效应"将大大减弱，试件会发生直裂破坏，如图 4-11(b) 所示，此时测得的强度值偏低。

(4) 含水状况：混凝土含水率较高时，由于软化作用，强度较低；而混凝土干燥时，则强度较高，且混凝土强度等级越低，差异越大。

(5) 加荷速度：根据混凝土受压破坏理论，混凝土破坏是在变形达到极限值时发生的。材料变形的增长落后于荷载的增加速度，因此加荷速度越快，测得的混凝土强度越高。

三、混凝土的变形

混凝土的变形包括非荷载作用下的变形（包括化学收缩、干湿变形及温度变形）和荷载作用下的变形。混凝土变形是混凝土产生裂缝的重要原因，直接影响混凝土的强度和耐久性。

（一）非荷载作用下的变形

1. 化学收缩

化学收缩是由于水泥水化产物的固体体积小于反应前物质的总体积，导致混凝土在凝结硬化过程中内部产生的体积收缩。化学收缩是不可避免的，也是不可恢复的，其收缩量随混凝土硬化龄期的延长而增加，一般 40 d 后逐渐趋于稳定。化学收缩量很小，对混凝土结构没有破坏作用，但会导致混凝土内部产生微裂缝，影响承载状态和耐久性。

2. 干湿变形

周围环境湿度变化引起混凝土体积的改变称为干湿变形，即干缩湿胀。

混凝土在干燥过程中，由于毛细孔内水分蒸发，毛细孔中形成负压，随着空气湿度的降低，负压逐渐增大，产生收缩力，导致混凝土收缩。同时，水泥凝胶体颗粒的吸附水也发生部分蒸发，凝胶体因失水而产生紧缩。当混凝土在水中硬化时，体积产生轻微膨胀，这是由于凝胶体中胶体粒子的吸附水膜增厚、胶体粒子间的距离增大所致。

混凝土的湿胀变形量很小，一般无破坏作用。但干缩变形对混凝土危害很大，干缩会使混凝土表面产生较大的拉应力而导致开裂，降低混凝土的抗渗性、抗冻性、抗侵蚀性等耐久性能。

影响混凝土干缩变形的因素主要有胶凝材料的品种、细度、用量、水胶比及施工质量等。火山灰水泥比普通水泥干缩大。水泥颗粒越细，水泥用量越多、水胶比越大，干缩越大。砂石杂质少、级配好、振捣密实，干缩小。延长养护时间能延迟干缩变形的发生和发展，但对干缩量影响甚微。采用湿热法养护混凝土，可有效地减小混凝土的干缩率。

3. 温度变形

周围环境温度的变化引起混凝土体积的改变称为温度变形，即热胀冷缩。温度变形对大体积混凝土、超长结构混凝土及大面积混凝土工程极为不利，极易产生温度裂缝。可采取的措施为采用低热水泥、减少水泥用量、掺加缓凝剂、采用人工降温、设置温度伸缩缝，以及在结构内配置构造钢筋等，以减少因温度变形而引起的质量问题。

(二)荷载作用下的变形

1. 短期荷载作用下的变形

图 4-12 是一棱柱体试件在短期荷载条件下(按一般静力试验加荷)，混凝土受压应力-应变曲线。从应力-应变曲线可知，混凝土仅在荷载较小时，应力-应变为直线关系，表现出完全的弹性变形；随着荷载的增加，应力-应变曲线开始变弯曲，表现出混凝土的塑性变形，这说明混凝土是一种弹塑性材料。因此，混凝土在荷载作用下的变形(ε)是由弹性变形($\varepsilon_{弹}$)和塑性变形($\varepsilon_{塑}$)组成的。

2. 混凝土的静力弹性模量

弹性模量为应力与应变的比值。对纯弹性材料来说，弹性模量是一个定值，而对混凝土这一弹塑性材料来说，不同应力水平的应力与应变的比值为变量。应力水平越高，塑性变形比重越大，故测得的比值越小。因此，《混凝土物理力学性能试验方法标准》(GB/T 50081)规定，混凝土的弹性模量是以棱柱体(150 mm×150 mm×300 mm)试件抗压强度的 1/3 作为控制值，在此应力水平重复加荷-卸荷 2 次以上，以基本消除塑性变形后测得的应力与应变曲线近乎于直线，且几乎与初始切线平行，如图 4-13 所示，此时应力与应变的比值即为混凝土的弹性模量。

混凝土的弹性模量是计算钢筋混凝土变形、裂缝开展及大体积混凝土温度应力时所必需的技术参数，具有重要的实际意义。

3. 长期荷载作用下的变形——徐变

混凝土在持续荷载作用下，除产生瞬间的弹性变形和塑性变形外，还会产生随时间增加而增长的变形，称为混凝土的徐变。徐变产生的原因主要是凝胶体的黏性流动和滑移。

加荷早期的徐变增加较快,后期减缓,如图 4-14 所示。混凝土在卸载后,一部分变形瞬间恢复,这一变形小于最初加荷时产生的弹塑性变形。在卸荷后一段时间内,变形还会缓慢恢复一部分,称为徐变恢复。最后残留部分的变形称为残余变形。

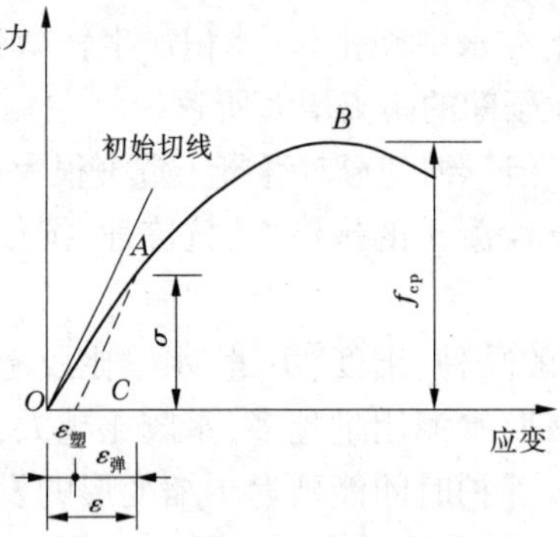

图 4-12　混凝土在压力作用下的应力-应变曲线

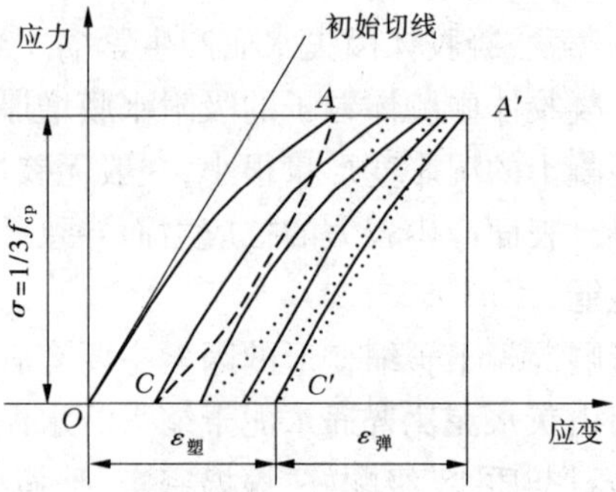

图 4-13　混凝土在低应力重复荷载下的应力-应变曲线

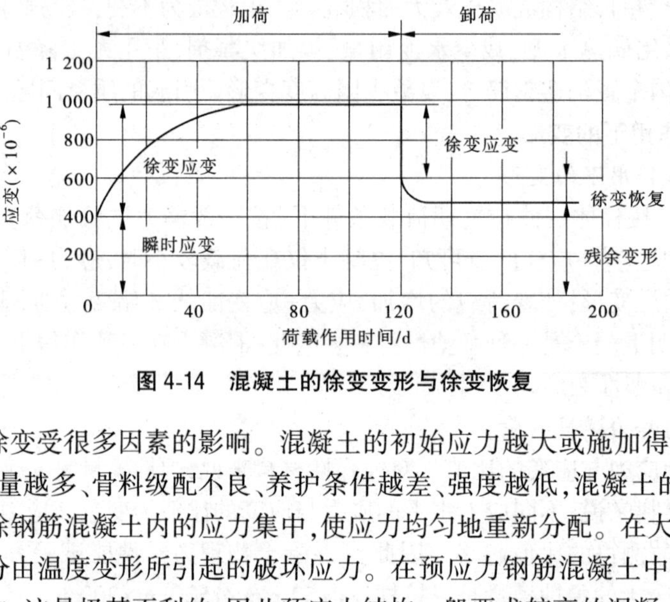

图 4-14　混凝土的徐变变形与徐变恢复

混凝土的徐变受很多因素的影响。混凝土的初始应力越大或施加得越早、水胶比越大、胶凝材料用量越多、骨料级配不良、养护条件越差、强度越低,混凝土的徐变越大。徐变可减小或消除钢筋混凝土内的应力集中,使应力均匀地重新分配。在大体积混凝土中,徐变能消除部分由温度变形所引起的破坏应力。在预应力钢筋混凝土中,徐变将导致钢筋的预应力损失,这是极其不利的,因此预应力结构一般要求较高的混凝土强度等级以减小预应力损失。

四、混凝土的耐久性

硬化后的混凝土除了具有设计要求的强度以抵抗荷载的作用,还应具有与所处环境相适应的耐久性。混凝土的耐久性是指混凝土抵抗环境条件的长期作用,并保持其稳定良好的使用性能和外观完整性,从而维持混凝土结构安全、正常使用的能力。混凝土的耐久性主要包括抗冻性、抗渗性、抗侵蚀性、抗碳化及碱骨料反应等。

(一)抗渗性

抗渗性是指混凝土抵抗压力水、油等液体渗透的能力，是混凝土耐久性的重要指标，直接影响混凝土的抗冻性和抗侵蚀性。

混凝土的抗渗性用抗渗等级(W)表示,即以 28 d 龄期的标准试件,按标准试验方法进行试验所能承受的最大水压力(MPa)来确定。混凝土的抗渗等级有 W2、W4、W6、W8、W10 和 W12 六级。如抗渗等级 W6 表示混凝土能抵抗 0.6 MPa 的静水压力而不发生渗透。

混凝土渗水主要源于其内部存在渗水通道。这些渗水通道除产生于振捣不密实外，主要是胶凝材料浆中多余水分蒸发及泌水而形成的孔隙和微裂缝,所以水胶比的大小直接影响混凝土的抗渗性。

提高混凝土抗渗性能的措施有:减小水胶比,提高混凝土的密实度;掺加引气剂,改善孔隙结构;选用适当品种等级的水泥;注意振捣密实、养护充分等。

水工混凝土的抗渗等级应根据结构所承受的水头、水力梯度,以及下游排水条件、水质条件和渗透水的危害程度等因素按《水工混凝土结构设计规范》(DL/T 5057—2009)选用,见表 4-10。

表 4-10 混凝土抗渗等级最小允许值

项次	结构类型及运用条件		抗渗等级
1	大体积混凝土结构的下游面或建筑物内部		W2
2	大体积混凝土结构的挡水面	$H<30$ m	W4
		30 m$\leqslant H<70$ m	W6
		70 m$\leqslant H<150$ m	W8
		$H\geqslant150$ m	W10
3	混凝土及钢筋混凝土结构构件的背水面能自由渗水者	$i<10$	W4
		$10\leqslant i<30$	W6
		$30\leqslant i<50$	W8
		$i\geqslant50$	W10

注:1. 表中 H 为水头,i 为最大水力梯度。
2. 当建筑物的表层设有专门可靠的防水层时,表中规定的混凝土抗渗等级可适当降低。
3. 承受侵蚀性水作用的结构,混凝土抗渗等级应进行专门的试验研究,但不应低于 W4。
4. 埋置在地基中的结构构件(如基础防渗墙等),可按照表中项次 3 的规定选择混凝土抗渗等级。
5. 对背水面能自由渗水的素混凝土及钢筋混凝土结构构件,当水头小于 10 m 时,其混凝土抗渗等级可按表中项次 3 的规定降低一级。
6. 对严寒、寒冷地区且水力梯度较大的结构,其抗渗等级应按表中的规定提高 1 个等级。

(二)抗冻性

混凝土的抗冻性是指混凝土在含水饱和状态下能经受多次冻融循环而不破坏,同时强度也不严重降低的性能。

混凝土的抗冻性用抗冻等级表示。抗冻等级是以 28 d 龄期的混凝土标准试件(100 mm×100 mm×400 mm),在饱和水状态下,承受反复冻融循环,以强度损失不超过 25%且质量损失不超过 5%时,混凝土所能承受的最大冻融循环次数来表示。混凝土抗冻等级划分为 F50、F100、F150、F200、F250、F300 和 F400 七级,分别表示混凝土能够承受反复冻融循环次数为 50 次、100 次、150 次、200 次、250 次、300 次和 400 次。

混凝土抗冻等级应根据工程所处环境及工作条件，按《水工混凝土结构设计规范》(NB/T 11022—2022)选择，见表 4-11。

表 4-11　混凝土抗冻等级

气候分区	严寒		寒冷		温和
年冻融循环次数/次	≥100	<100	≥100	<100	—
受冻严重且难以检修的部位： (1)水电站尾水部位、蓄能电站进出口的冬季水位变化区的构件、闸门槽二期混凝土、轨道基础； (2)冬季通航或受电站尾水位影响的不通航船闸的水位变化区的构件； (3)流速大于 25 m/s、过冰、多沙或多推移质的溢洪道，深孔或其他输水部位的过水面及二期混凝土； (4)冬季有水的露天钢筋混凝土压力水管、渡槽、薄壁充水闸门井	F400	F300	F300	F200	F100
受冻严重但有检修条件的部位： (1)大体积混凝土结构上游面冬季水位变化区； (2)水电站或船闸的尾水渠，引航道的挡墙、护坡； (3)流速小于 25 m/s 的溢洪道、输水洞(孔)、引水系统的过水面； (4)易积雪、结霜或饱和的路面、平台栏杆、挑檐、墙、梁、板、柱、墩、廊道或竖井的薄壁等构件	F300	F250	F200	F150	F50
受冻较重部位： (1)大体积混凝土结构外露的阴面部位； (2)冬季有水或易长期积雪结冰的渠系建筑物	F250	F200	F150	F150	F50
受冻较轻部位： (1)大体积混凝土结构外露的阳面部位； (2)冬季无水干燥的渠系建筑物； (3)水下薄壁构件； (4)水下流速大于 25 m/s 的水下过水面	F200	F150	F100	F100	F50
水下、土中及大体积内部的混凝土	F50	F50	F50	F50	F50

注：1. 气候分区划分标准为：严寒，最冷月平均气温低于-10 ℃；寒冷，最冷月平均气温高于或等于-10 ℃，但低于或等于-3 ℃；温和，最冷月平均气温高于-3 ℃。

2. 冬季水位变化区是指运行期可能遇到的冬季最低水位以下 1 m 至冬季最高水位以上 1 m(阳面)、2 m(阴面)、4 m(水电站尾水区)的部位。

3. 阳面指冬季大多为晴天，平均每天有 4 h 阳光照射，不受山体或建筑物遮挡的表面，否则均按阴面考虑。

4. 最冷月平均气温低于-25 ℃地区的混凝土抗冻等级宜根据具体情况研究确定。

混凝土受冻融作用破坏的主要原因，一是混凝土内部的孔隙水在负温下结冰后体积膨胀造成的静水压力，二是冷冻水蒸气压的差别推动未冻水向冻结区的迁移造成的渗透压力。当这两种压力所产生的内应力超过混凝土抗拉强度时，就会产生裂缝，多次冻融使裂缝不断扩展直至破坏。

影响混凝土抗冻性的主要因素有以下几种：

(1)混凝土强度。强度越高，抵抗冻融破坏的能力越强，抗冻性越好。

(2)混凝土密实度、孔隙构造及数量。密实度越小，开口连通孔隙越多，水分越易渗入，静水压力越大，抗冻性越差。

(3)混凝土孔隙充水程度。孔隙充水饱和程度越高，冻结后产生的冻胀作用就大，抗冻性越差。

(4)水胶比。水胶比越大，孔隙率越大，抗冻性越差。

(5)外加剂。掺入引气剂，可在混凝土中形成无数细小、均匀的气泡，使静水压力和渗透压力得以释放，对冰冻破坏起缓冲作用。控制最大水胶比与引气量，是提高混凝土抗冻性的有效措施。引气量小，达不到抗冻要求；引气量大，有损强度。有抗冻要求的水工常态混凝土含气量宜符合表 4-12 的要求。

表 4-12　有抗冻要求的混凝土含气量

骨料最大粒径/mm	含气量/%	
	抗冻等级≥F200	抗冻等级≤F150
10	7.0±1.0	6.0±1.0
20	6.0±1.0	5.0±1.0
40	5.5±1.0	4.5±1.0
80	4.5±1.0	3.5±1.0
150	4.0±1.0	3.0±1.0

注：当水胶比小于或等于 0.40 时，混凝土的含气量可降低 1.0%。

(三)抗侵蚀性

当混凝土所处环境中含有侵蚀性介质时，混凝土便会遭受侵蚀。侵蚀介质对混凝土的侵蚀主要是对水泥石的侵蚀，其侵蚀机制见模块 2 水泥部分。随着混凝土在地下工程、海岸与海洋工程等恶劣环境中的应用，对混凝土的抗侵蚀性提出了更高的要求。

混凝土的抗侵蚀性与所用水泥品种、混凝土的密实程度和孔隙特征等有关。孔隙率小，且多为封闭孔隙的混凝土，环境水不易侵入，抗侵蚀性较强。水工混凝土应根据侵蚀类型与侵蚀程度按表 4-20 选择适宜的水泥品种及掺合料，控制混凝土最大水胶比，满足混凝土抗渗等级要求。

(四)抗磨性与抗气蚀性

磨损冲击与气蚀破坏是水工建筑物常见的病害之一。当高速水流中挟带砂、石等磨损介质时，这种现象更为严重。因此，水利工程要有较高的抗磨性与抗气蚀性。

提高混凝土抗磨性与抗气蚀性的主要途径有：选用坚硬耐磨的骨料；选 C_3S 含量较多的高强度硅酸盐水泥；掺入适量的硅粉和高效减水剂，以及适量的钢纤维；采用强度等级

C50 以上的混凝土；骨料最大粒径不大于 20 mm；改善建筑物的体型；控制和处理建筑物表面的不平整度等。

(五)抗碳化

混凝土的碳化是指混凝土内水泥石中的氢氧化钙与空气中二氧化碳在湿度适宜时发生化学反应，生成碳酸钙和水，碳化也称中性化。碳化是二氧化碳由表及里向混凝土内部逐渐扩散的过程。碳化引起水泥石化学组成及组织结构的变化，对混凝土的碱度、强度和收缩产生影响。

码 4-11　动画：碳化深度测量

碳化对混凝土性能既有有利的影响，也有不利的影响。有利的影响是碳化作用产生的碳酸钙填充了水泥石的孔隙，以及碳化时放出的水分有助于未水化水泥的水化，从而可提高混凝土碳化层的密实度及抗压强度。不利的影响首先是碱度降低减弱了对钢筋的保护作用。这是因为混凝土中水泥水化生成大量的氢氧化钙，使钢筋处在碱性环境中而在表面生成一层钝化膜，保护钢筋不易腐蚀。但当碳化深度穿透混凝土保护层而达钢筋表面时，钢筋钝化膜被破坏而发生锈蚀，此时产生体积膨胀，致使混凝土保护层产生开裂，开裂后的混凝土更有利于二氧化碳、水、氧等有害介质的进入，加剧了碳化的进行和钢筋的锈蚀，最后导致混凝土产生顺筋开裂而破坏。另外，碳化作用会增加混凝土的收缩，引起混凝土表面产生拉应力而出现微细裂缝，从而降低混凝土的抗拉强度、抗折强度及抗渗性能。

影响碳化速度的主要因素有环境中二氧化碳的浓度、水泥品种、水胶比、环境湿度等。二氧化碳浓度越高，碳化速度越快。掺混合材料的水泥碱度降低，碳化速度随混合材料掺量的增多而加快。水胶比愈小，混凝土愈密实，二氧化碳和水不易侵入，碳化速度就慢。当环境中的相对湿度在 50%~75%，碳化速度最快，当相对湿度小于 25%或大于 100%时，碳化将停止。此外，施工振捣成型密实、养护良好的混凝土碳化速度较慢。

(六)碱骨料反应

碱骨料反应是指水泥、外加剂等混凝土组成物及环境中的碱与骨料中碱活性矿物在潮湿环境下缓慢发生并导致混凝土开裂破坏的膨胀反应。常见的碱骨料反应有碱-氧化硅反应、碱-硅酸盐反应、碱-碳酸盐反应三种类型。碱骨料反应后，会在骨料表面形成复杂的碱硅酸凝胶，吸水后凝胶不断膨胀而使混凝土产生膨胀性裂纹，严重时会导致结构破坏。

碱骨料反应的发生必须具备三个条件：一是水泥、外加剂等混凝土原材料中碱的含量必须高；二是骨料中含有一定的碱活性成分；三是要有潮湿环境。因此，为了防止碱骨料反应，应严格控制水泥等混凝土原材料中碱的含量和骨料中碱活性物质的含量。

(七)提高混凝土耐久性的措施

混凝土所处的环境和使用条件不同，其耐久性的要求也不相同，但影响耐久性的因素却有许多相同之处，混凝土的密实程度是影响耐久性的主要因素，其次是原材料的性质、施工质量等。提高混凝土耐久性的主要措施有以下几项。

1. 合理选择混凝土的组成材料

(1)应根据混凝土的工程特点和所处的环境条件，合理选择水泥品种。

(2)选择质量良好、技术要求合格的骨料。

2. 提高混凝土制品的密实度

(1)严格控制混凝土的水胶比、最低强度等级和最小胶凝材料用量。水工混凝土的最大水胶比应根据混凝土结构所处的环境类别按表 4-13、表 4-14 确定。混凝土的胶凝材料用量应符合表 4-15 的规定。

表 4-13 水工混凝土结构的环境条件类别

环境类别	环境条件
一	室内干燥环境
二	露天环境,室内潮湿环境,长期处于地下水或淡水水下环境
三	盐渍土环境,淡水水位变动区,弱腐蚀环境,海水水下环境,受除冰盐影响环境
四	海上大气区,海上水位变动区,轻度盐雾作用区,中等腐蚀环境,受除冰盐作用环境
五	海水浪溅区及重度盐雾作用区,使用除冰盐的环境,强腐蚀环境

注:1. 大气区与浪溅区的分界线为设计最高水位加 1.5 m,浪溅区与水位变动区的分界线为设计最高水位减 1.0 m,水位变动区与水下区的分界线为设计最低水位减 1.0 m。

2. 重度盐雾作用区为离涨潮岸线 50 m 内的陆上室外环境,轻度盐雾作用区为离涨潮岸线 50~500 m 的陆上室外环境。

3. 冻融比较严重的三、四类环境条件的建筑物,可将其环境类别提高一类。

表 4-14 水工混凝土的最大允许水胶比

环境类别	一	二	三	四	五
最大水胶比	0.60	0.55	0.50	0.45	0.40

注:1. 本表适用于水工钢筋混凝土和预应力混凝土结构。素混凝土结构的最大水胶比可增大 0.05。

2. 结构类型为薄壁或薄腹构件时,最大水胶比宜适当减小。

3. 处于三、四、五类环境条件又受冻严重或受冲刷严重的结构,最大水胶比应按照 NB/T 35024 的规定执行。

4. 承受水力梯度较大的结构,最大水胶比宜适当减小。

表 4-15 单位体积混凝土的胶凝材料用量

强度等级	最大水胶比	最小用量/(kg/m^3)	最小用量/(kg/m^3)
C25	0.60	260	—
C30	0.55	280	—
C35	0.50	300	—
C40	0.45	320	—
C45	0.40	—	450
C50	0.36	—	500
≥C55	0.33	—	500

注:表中数据适用于最大骨料粒径为 20 mm 的情况,骨料粒径较大时宜适当降低胶凝材料用量,骨料粒径较小时可适当增加胶凝材料用量。

(2)选择级配良好的骨料及合理砂率值,保证混凝土的密实度。

(3)掺入适量减水剂,可减少混凝土的单位用水量,提高混凝土的密实度。

(4)严格按操作规程进行施工操作,加强搅拌、合理浇筑、振捣密实、加强养护,确保施工质量,提高混凝土制品的密实度。

3. 改善混凝土的孔隙结构

在混凝土中掺入适量引气剂,可改善混凝土内部的孔隙结构,提高混凝土的抗渗性、抗冻性及抗侵蚀性。

项目 4　混凝土的性能检测

主要内容	知识目标	技能目标
混凝土拌和物的拌制与现场取样,混凝土拌和物的和易性、表观密度检测,混凝土立方体抗压强度检测	掌握混凝土的拌制与取样方法,掌握混凝土和易性、表观密度、立方体抗压强度的检测方法步骤	会进行混凝土拌制与取样,能进行混凝土和易性、表观密度、立方体抗压强度的检测,会整理混凝土的检测结果

任务 1　水泥混凝土拌和物的拌制与现场取样

一、检测依据

《水工混凝土试验规程》(DL/T 5150—2017)。

二、仪器设备

(1)强制式搅拌机:容量 60~100 L,转速为 45~48 r/min。

(2)拌和钢板:平面尺寸不小于 1.5 m×2.0 m,厚 5 mm 左右。

(3)磅秤:称量 50~100 kg,感量不大于 50 g。

(4)台秤:称量 10 kg,感量不大于 5 g。

(5)天平:称量 1 kg,感量不大于 0.5 g。

(6)拌和铲、盛料容器、抹布等。

三、实验室试样制备

按所选混凝土配合比备料。拌和时实验室温度应保持在(20±5)℃,相对湿度不宜小于 50%,所用原材料、试验设备应提前放到实验室内,使其温度与实验室温度保持一致,并应避免阳光照射。

(一)人工拌和

(1)干拌。拌和前应将拌和钢板及拌和铲清洗干净,并保持表面润湿,但无明水。将砂平摊在拌和钢板上,再倒入胶凝材料(需将水泥和掺合料预先拌均匀),用铲自拌和钢板一端翻拌至另一端,重复几次直至拌匀;加入石子,再翻拌至少3次至均匀为止。

(2)湿拌。将混合均匀的干料堆成锥形,将中间扒成凹坑,倒入已称量好的水(外加剂一般先溶于水),小心拌和,至少翻拌6次,每翻拌1次后,用铁铲将全部拌和物铲切1次,直至拌和均匀。

(3)拌和时间控制。拌和从加水完毕时算起,应在10 min内完成。

(二)机械拌和

(1)预拌。拌和前应将搅拌机冲洗干净,并预拌少量同种混凝土拌和物或水胶比相同的砂浆,使搅拌机内壁挂浆后将剩余料卸出,倒在拌和钢板上,用砂浆湿润拌和钢板。

(2)拌和。将称好的石料、胶凝材料、砂料、水(外加剂一般先溶于水)依次加入搅拌机,开动搅拌机搅拌2~3 min。

(3)将拌好的混凝土拌和物卸在拌和钢板上,刮出黏结在搅拌机上的拌和物,人工翻拌2~3次,使之均匀。

(4)材料用量以质量计。称量精度:水泥、掺合料、水和外加剂为±0.3%,骨料为±0.5%。

四、现场取样

(1)同一组混凝土拌和物的取样应从同一盘混凝土或同一车混凝土中取样。取样量应多于试验所需量的1.5倍,且宜不少于20 L。

(2)混凝土拌和物的取样应具有代表性,宜采用多次采样的方法。一般在同一盘混凝土或同一车混凝土中的约1/4处、1/2处和3/4处之间分别取样,从第一次取样到最后一次取样不宜超过15 min,然后人工搅拌均匀。

(3)从取样完毕到开始做各项性能试验不宜超过10 min。

任务2 混凝土拌和物和易性检测

码4-12 视频:混凝土的和易性检测

一、检测目的

测定混凝土拌和物的和易性,为混凝土配合比设计、混凝土拌和物质量评定提供依据。

二、仪器设备

(一)坍落度法

(1)坍落度筒:底部内径(200±1)mm、顶部内径(100±1)mm、高度(300±1)mm的截圆锥形金属筒,内壁必须光滑,如图4-15所示。

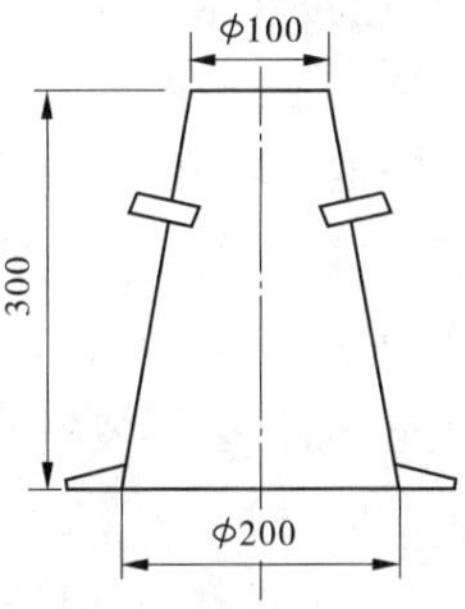

图4-15 坍落度筒 (单位:mm)

(2)捣棒:直径(16±0.2)mm、长(650±5)mm的钢棒,表面光滑,端部呈半球形。

(3)钢尺、40 mm孔径筛、装料漏斗、小铲、镘刀等。

(二)维勃稠度法

(1)维勃稠度仪:由振动台、容器、旋转架、坍落度筒四部分组成,如图 4-16 所示。

(2)其他,同坍落度法。

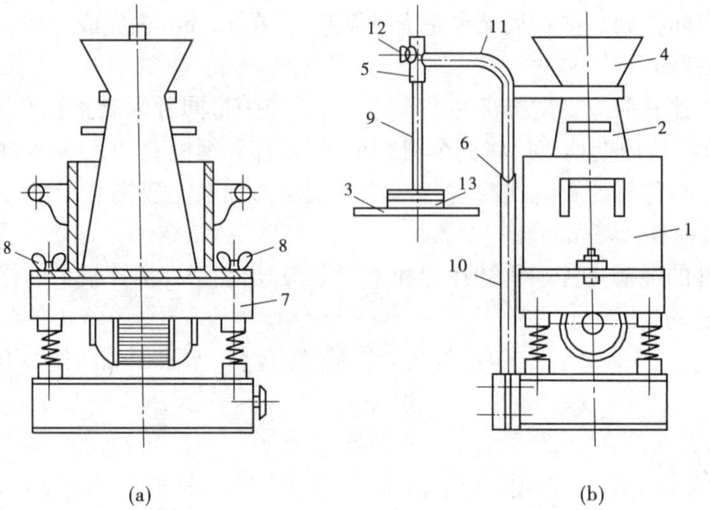

1—容量筒;2—坍落度筒;3—透明圆盘;4—喂料斗;5—套筒;6—定位螺钉;
7—振动台;8—固定螺丝;9—测杆;10—支柱;11—旋转架;12—测杆螺钉;13—荷重块。

图 4-16 混凝土拌和物维勃稠度测定仪

三、检测步骤

(一)坍落度法

坍落度法适用于骨料最大粒径不大于 40 mm、坍落度值不小于 10 mm 的混凝土拌和物稠度测定。若骨料最大粒径超过 40 mm,应采用湿筛法剔除。

(1)润湿坍落度筒及底板,在坍落度筒内壁和底板上应无明水。底板应放置在坚实水平面上,并把筒放在底板中心,然后用脚踩住两边的脚踏板,使坍落度筒在装料时保持位置固定。

(2)把按要求取样或制作的混凝土拌和物用小铲分三层装入筒内,每层高度大致相等。每装一层,用捣棒插捣 25 次,插捣应沿螺旋方向由外向中心进行,各次插捣应在截面上均匀分布。插捣筒边混凝土时,捣棒应稍有倾斜。插捣底层时,捣棒应贯穿整个深度;插捣第二层和顶层时,捣棒应分别插进其下层 10~20 mm。顶层装料时,应使拌和物高出筒口,插捣过程中,如混凝土沉落到低于筒口,则应随时添加,使混凝土始终高于筒口。顶层插捣完毕后,取下装料漏斗,用镘刀将混凝土拌和物沿筒口抹平,并清除筒外周围的混凝土。

(3)将坍落度筒徐徐垂直提起,轻放于试样旁边,整个提离过程应在 5~10 s 内完成。当试样不再继续坍落时,用钢尺量出试样顶部中心点与坍落度筒高度之差,即为该混凝土拌和物的坍落度值。整个坍落度试验应连续不间断地进行,并应在 2~3 min 内完成。

(4)提离坍落度筒后,如混凝土发生一边崩坍或剪坏,则该次试验作废,应取另一部分试样重做试验;如第二次试验仍出现上述现象,则表示该混凝土和易性不好,应予记录备查。

(5)在测定坍落度的同时,可目测评定混凝土拌和物的黏聚性、析水情况(保水性)、棍度、含砂情况。

①黏聚性:用捣棒在做完坍落度的试样一侧轻轻敲打,此时如果试样保持原状而逐渐下沉,则表示黏聚性良好;如果试样突然坍倒、部分崩裂或发生浆体离析现象,则表示黏聚性不好。

②析水情况:根据水分从混凝土拌和物中析出的情况评定,分为多量、少量、无三级。多量表示在插捣时及提起坍落度筒后就有很多水分从底部析出;少量表示有少量水分析出;无表示没有明显的析水现象。保水性根据析水情况评定,如果析水情况为多量,则表明此混凝土拌和物的保水性不好;如果析水情况为少量或无,则表明此混凝土拌和物的保水性良好。

③棍度:根据测坍落度时插捣混凝土的难易程度分为上、中、下三级。上:表示容易插捣;中:表示插捣时稍有阻滞感觉;下:表示很难插捣。

④含砂情况:根据镘刀抹平程度分多、中、少三级。多:用镘刀抹混凝土拌和物表面时,抹1~2次就可使混凝土表面平整无蜂窝;中:抹4~5次就可使混凝土表面平整无蜂窝;少:抹面困难,抹8~9次后混凝土表面仍不能消除蜂窝。

(6)当混凝土拌和物的坍落度大于150 mm时,应测定扩展度。将坍落度筒徐徐竖直提起后,拌和物在重力作用下逐渐扩展,当拌和物不再扩展或扩展时间已达到60 s时,用钢尺测量混凝土拌和物扩展后的最大直径以及其垂直方向直径的平均值,准确至1 mm。整个扩展度试验应连续不间断地进行,并应在2~3 min内完成。

(7)混凝土拌和物坍落度以mm为单位,测量精确至1 mm,结果表达修约至5 mm。

扩展度取混凝土拌和物扩展后的最大直径及其垂直方向直径的平均值,修约至5 mm。当测得两直径之差大于50 mm时,需从同一盘混凝土中另取试样重新试验。

(二)维勃稠度法

维勃稠度法适用于骨料最大粒径不大于40 mm,维勃稠度在5~30 s的混凝土拌和物稠度测定。若骨料最大粒径超过40 mm,应采用湿筛法剔除,亦可人工剔除。

(1)将维勃稠度仪放置在坚实水平的地面上,用湿布把容量筒、坍落度筒、喂料斗内壁及其他用具润湿。

(2)将喂料斗提到坍落度筒上方扣紧,校正容量筒位置,使其中心与喂料中心重合,然后拧紧固定螺丝。

(3)把按要求取样或制作的混凝土拌和物用小铲分三层经喂料斗装入坍落度筒内,装料及插捣的方法同坍落度法。

(4)插捣完毕后将定位螺钉松开,把喂料斗旋转90°,用镘刀刮平表面。缓慢垂直地提起坍落度筒,此时应注意不使混凝土试体产生横向扭动。

(5)把透明圆盘转到混凝土圆台体顶面,放松测杆螺钉,降下圆盘,使其轻轻地接触到混凝土顶面。

(6)拧紧定位螺钉,并检查测杆螺钉是否已完全放松。

(7)在开启振动台的同时用秒表计时,当振动到透明圆盘的底面被水泥浆布满的瞬间停止计时,并关闭振动台。由秒表读出的时间(s)即为该混凝土拌和物的维勃稠度值,精确至 0.5 s。

任务 3　混凝土拌和物表观密度检测

一、检测目的

测定混凝土拌和物的表观密度,以计算 1 m^3 混凝土的实际材料用量,为混凝土配合比计算提供依据。

码 4-13　视频:混凝土的表观密度检测

二、仪器设备

(1)容量筒:金属制圆筒,筒壁应有足够刚度,使之不易变形,规格如表 4-16 所示。

(2)电子秤:称量 50~250 kg,感量不大于 50~100 g。

(3)捣棒、小铲、金属直尺、振动台等。

表 4-16　容量筒规格

骨料最大粒径/mm	容量筒容积/L	容量筒内部尺寸/mm	
		直径	高度
40	5	186	186
80	15	267	267
150(120)	80	467	467

三、检测步骤

(1)测定容量筒容积时,将干净的容量筒与玻璃板一起称其质量,再将容量筒装满水,仔细用玻璃板从筒口的一边推到另一边,使筒内满水及玻璃板下无气泡,擦干筒、玻璃板的外表面,再次称其质量。两次质量之差即为水的质量,除以该温度下水的密度,即得容量筒的容积 V。在正常情况下,水温影响可以忽略不计,水的密度可取为 1 kg/L。

(2)按前面所述混凝土拌和方法拌和混凝土。

(3)用湿布把容量筒内外擦干净,称出容量筒质量 m_1。

(4)将混凝土拌和物装入容量筒内,在振动台上振至表面泛浆。若用人工插捣,则将混凝土拌和物分层装入筒内,每层厚度不超过 150 mm,用捣棒从边缘至中心螺旋形插捣,每层插捣次数按容量筒容积分为:5 L 15 次、15 L 35 次、80 L 72 次。底层插捣至底面,以上各层插至其下层 10~20 mm 处。

(5)沿容量筒口刮除多余的拌和物,抹平表面,将容量筒外部擦净,称出混凝土试样与容量筒的总质量 m_2。

四、结果计算与评定

混凝土拌和物的表观密度按式(4-4)计算,精确至 10 kg/m^3。

$$\rho_h = \frac{m_2 - m_1}{V} \times 1\ 000 \tag{4-4}$$

式中　ρ_h——混凝土拌和物的表观密度,kg/m^3;

m_1——容量筒质量,kg;

m_2——容量筒与试样总质量,kg;

V——容量筒容积,L。

任务 4　混凝土立方体抗压强度检测

码 4-14　视频:混凝土立方体抗压强度检测

一、检测目的

测定混凝土立方体抗压强度,评定混凝土的质量。

二、仪器设备

(1)压力试验机:精度不低于±1%, 试件破坏荷载应大于压力机全量程的 20%且小于压力机全量程的 80%。试验机应具有加荷速度指示装置或加荷速度控制装置,并应能均匀、连续地加荷。

(2)试模:由铸铁、钢或工程塑料制成,应具有足够的刚度并拆装方便。试模尺寸应根据骨料最大粒径确定。试模最小边长应不小于骨料最大粒径的 3 倍。

(3)混凝土抗压强度大于或等于 60 MPa 时,试件周围应设防崩裂网罩。

(4)捣棒、振动台、养护室、抹刀、金属直尺等。

三、检测步骤

(一)试件制作

(1)混凝土抗压强度试验以三个试件为一组,每一组试件所用的混凝土拌和物应从同一盘或同一车运输的混凝土中取出,或在实验室拌制。

(2)制作试件前,应先检查试模,拧紧螺栓并清刷干净,并在试模的内表面涂一薄层矿物油或其他不与混凝土发生反应的脱模剂。

(3)取样或实验室拌制的混凝土应在拌制后尽量短的时间内成型,一般不宜超过 15 min。成型前,应将混凝土拌和物至少用铁锹再来回翻拌三次。混凝土拌和物骨料最大粒径超过试模最小边长的 1/3 时,大骨料用湿筛法筛除。

(4)试件成型方法应根据混凝土拌和物的稠度和施工方法而定。坍落度不大于 90 mm 的混凝土宜用振动台振实,坍落度大于 90 mm 的混凝土宜用捣棒人工捣实。

采用振动台振实成型时,应将混凝土拌和物一次装入试模,装料时应用抹刀沿试模内壁略加插捣,并使混凝土拌和物高出试模口,然后将试模放在振动台上。开动振动台,振动至表面出浆且无明显大气泡溢出为止,不得过振,振动时间一般不超过 30 s。

采用人工捣实成型时，应将混凝土拌和物分两层装入试模，每层装料厚度大致相等。插捣应按螺旋方向从边缘向中心均匀进行，插捣底层时，捣棒应达到试模底部，插捣上层时，捣棒应贯穿上层后插入下层 20~30 mm，插捣时捣棒应保持垂直，同时，还应用抹刀沿试模内壁插拔数次。每层插捣次数一般按每 100 cm^2 不少于 12 次，以插捣密实为准。插捣后用橡皮槌轻轻敲击试模四周 10~15 次，直至拌和物表面插捣孔消失。

（二）试件养护

（1）试件成型后，在混凝土初凝前 1~2 h，须进行抹面，要求沿模口抹平。试件表面与试模边缘的高低差不宜超过 0.5 mm。

（2）采用标准养护的试件，成型后的带模试件宜用塑料薄膜覆盖，以防水分蒸发，并在温度为(20±5)℃、相对湿度大于 50%的室内静置一昼夜至二昼夜，然后拆模并编号。拆模后的试件应立即放在温度为(20±3)℃、相对湿度为 95%以上的标准养护室内养护，或在温度为(20±3)℃的不流动的 $Ca(OH)_2$ 饱和溶液中养护。标准养护室内的试件应放在支架上，彼此间隔 10~20 mm。试件表面应保持一层水膜，并应避免用水直接冲淋试件。

（3）采用同条件养护的试件，成型后应覆盖表面。试件的拆模时间与实际构件的拆模时间相同。拆模后试件仍须保持同条件养护。

（三）抗压强度试验

（1）到达试验龄期时，将试件从养护地点取出，并尽快试验。试验前需用湿布覆盖试件，保持试件的潮湿状态。

（2）试验前将试件擦拭干净，测量尺寸，并检查其外观，当试件有严重缺陷时，应废弃。试件尺寸测量准确至 1 mm，并据此计算试件的承压面积。如实测尺寸与公称尺寸之差不超过 1 mm，可按公称尺寸进行计算。试件承压面的不平整度误差不得超过边长的 0.05%，承压面与相邻面的不垂直度不应超过±0.5°。

（3）将试件安放在压力机的下压板或垫块上，试件的承压面应与成型时的顶面垂直。试件的中心应与试验机下压板中心对准。开动试验机，当上压板与试件或钢垫板即将接触时，如有明显偏斜，应调整球座，使试件均匀受压。

（4）以 0.3~0.5 MPa/s 的速度连续而均匀地加荷。当试件接近破坏而开始急剧变形时，应停止调整试验机油门，直至试件破坏，然后记录破坏荷载。

四、结果计算与评定

（1）混凝土立方体抗压强度按式(4-5)计算，精确至 0.1 MPa。

$$f_{cu}=\frac{P}{A} \tag{4-5}$$

式中 f_{cu}——混凝土立方体试件抗压强度，MPa；

P——试件破坏荷载，N；

A——试件承压面积，mm^2。

（2）以三个试件测值的算术平均值作为该组试件的抗压强度试验结果。当三个测值中的最大值或最小值中，有一个与中间值的差值超过中间值的 15%时，则把最大值及最小值一并舍去，取中间值作为该组试件的抗压强度结果。如最大值和最小值与中间值的差值均超过中间值的 15%，则该组试件的试验结果无效。

(3)混凝土的立方体抗压强度以边长为 150 mm 的立方体试件的试验结果为标准，其他尺寸试件的试验结果均应乘以换算系数(见表 4-9)，换算成标准值。当混凝土强度等级大于或等于 C60 时，宜采用标准试件；使用非标准试件时，尺寸换算系数应通过试验确定。

码 4-15　文档：混凝土检测委托单、原始记录、检测报告

项目 5　混凝土的配合比设计

主要内容	知识目标	技能目标
混凝土配合比设计的基本要求，配合比设计的三个重要参数，配合比设计的基本规定，配合比设计的方法与步骤	掌握混凝土配合比设计的方法与步骤，理解混凝土配合比设计的三个重要参数的含义与确定方法	能够进行混凝土初步配合比的计算，能进行试配、调整，确定基准配合比，会进行施工配合比换算

混凝土配合比是指混凝土中各组成材料用量之间的比例关系。常用的表示方法有两种：一种以 1 m^3 混凝土中各组成材料的质量来表示，如 1 m^3 混凝土中水泥 240 kg、粉煤灰 80 kg、砂 700 kg、石子 1 200 kg、水 180 kg、外加剂 3.840 kg。另一种以各组成材料相互间的质量比来表示，通常以胶凝材料质量为 1。将上例用量换算成质量比为胶凝材料∶砂∶石子∶水 = 1∶2.19∶3.75∶0.56，粉煤灰掺量为 25%，外加剂掺量为 1.20%。

码 4-16　微课：混凝土配合比设计(一)

一、混凝土配合比设计的基本要求

混凝土配合比设计的任务，就是根据原材料的技术性能及施工条件，确定出能满足工程所要求的各项技术指标，并符合经济原则的各组成材料的用量。具体来说，混凝土配合比设计的基本要求包括以下几方面：

(1)满足施工要求的混凝土拌和物的和易性。

(2)满足混凝土结构设计要求的强度等级。

(3)满足工程所处环境要求的混凝土耐久性，如抗冻等级、抗渗等级和抗侵蚀性等。

(4)在满足各项技术性质的前提下,使各组成材料经济合理,尽量节约水泥,降低混凝土成本。

二、配合比设计的三个重要参数

(一)水胶比

水胶比是混凝土中水与胶凝材料质量的比值,是影响混凝土强度和耐久性的主要因素。水胶比的确定原则是在满足混凝土设计强度和耐久性的前提下,尽量选择较大值,以节约胶凝材料,降低混凝土成本。

(二)砂率

砂率是指混凝土中砂质量占砂石总质量的百分比。砂率是影响混凝土拌和物和易性的重要指标,特别是对黏聚性和保水性有很大影响。砂率确定原则是砂量能填充粗骨料的空隙并略有富余,即采用合理砂率。

(三)单位用水量

单位用水量是指 1 m^3 混凝土的用水量,反映混凝土中水泥浆与骨料之间的比例关系。在混凝土拌和物中,水泥浆的多少显著影响混凝土的和易性,同时也影响其强度和耐久性。单位用水量的确定原则是在混凝土拌和物达到流动性要求的前提下,尽量选取较小值,以节约胶凝材料。因为当水胶比一定时,用水量越小,所需胶凝材料用量越小。

水胶比、砂率、单位用水量是混凝土配合比设计的三个重要参数,其选择是否合理,将直接影响混凝土的性能和成本。

码 4-17　微课:混凝土配合比设计(二)

三、配合比设计的方法及步骤

(一)配合比设计的基本资料

(1)明确设计所要求的技术指标,如强度、和易性、耐久性等。

(2)合理选择原材料,并预先检验,明确所用原材料的品质及技术性能指标,如水泥品种及强度等级、密度等;砂的细度模数及级配;石子种类、最大粒径及级配;是否掺用外加剂及掺合料等。

(二)初步配合比的计算

1. 确定混凝土的配制强度($f_{cu,0}$)

在正常施工条件下,由于人、材、机、工艺、环境等的影响,混凝土的质量总是会产生波动,经验证明,这种波动符合正态分布。为使混凝土的强度保证率能满足规定的要求,在设计混凝土配合比时,必须使混凝土的试配强度 $f_{cu,0}$ 高于设计强度等级 $f_{cu,k}$,可按式(4-6)估计。

$$f_{cu,0} \geqslant f_{cu,k} + t\sigma \tag{4-6}$$

式中　$f_{cu,0}$——混凝土配制强度,MPa;

$f_{cu,k}$——设计龄期要求的混凝土强度等级,MPa;

σ——施工单位混凝土强度标准差的历史统计水平,MPa,若无统计资料,可参考表 4-17 取值;

t——与混凝土要求的保证率所对应的概率度,见表 4-18。

表 4-17 混凝土强度标准差 σ 值

单位:MPa

设计龄期混凝土抗压强度标准值	≤15	20~25	30~35	40~45	≥50
混凝土抗压强度标准差 σ	3.5	4.0	4.5	5.0	5.5

注:施工中应根据现场施工时段强度的统计结果调整 σ 值。

表 4-18 不同 t 值的保证率 P

P/%	70.0	75.0	80.0	84.1	85.0	90.0	95.0	97.7	99.9
t	0.525	0.675	0.840	1.0	1.040	1.280	1.645	2.0	3.0

当设计龄期为 28 d,抗压强度保证率 P 为 95%,此时 $t=1.645$,式(4-6)变为:

$$f_{cu,0} \geqslant f_{cu,k} + 1.645\sigma \tag{4-7}$$

2. 确定混凝土的水胶比(W/B)

混凝土的水胶比应根据设计对混凝土性能的要求和环境水侵蚀类型,通过试验确定,并应符合《水工混凝土施工规范》(DL/T 5144—2015)、《水工混凝土耐久性技术规范》(DL/T 5241—2010)的规定。

(1)满足强度要求的水胶比。不掺掺合料的常态混凝土的初选水胶比可按表 4-19 选取;掺掺合料时混凝土的最大水胶比应根据掺合料的品种适当调整,并通过试验确定。

表 4-19 不同强度等级的常态混凝土初选水胶比

28 d 设计龄期混凝土抗压强度标准值/MPa	水胶比
$f_{cu,k} \leqslant 20$	0.45~0.60
$20 < f_{cu,k} \leqslant 30$	0.40~0.55
$30 < f_{cu,k} < 50$	0.35~0.45
$f_{cu,k} \geqslant 50$	<0.35

注:1. 本表适用于使用 42.5 强度等级的通用硅酸盐水泥、中热硅酸盐水泥、不掺掺合料的混凝土;水胶比的选择还应考虑所用水泥的强度等级、掺合料品种及掺量、外加剂品种及掺量、骨料品种等因素。

2. 当使用 32.5 强度等级的矿渣硅酸盐水泥、火山灰硅酸盐水泥、粉煤灰硅酸盐水泥或复合硅酸盐水泥,以及低热硅酸盐水泥时,混凝土水胶比宜适当降低;当使用 52.5 强度等级通用硅酸盐水泥时,混凝土水胶比宜适当增大;C50 以上混凝土宜采用 42.5 及以上强度等级通用硅酸盐水泥或中热硅酸盐水泥。

3. 当设计龄期大于 28 d 时,混凝土水胶比宜适当增大。

(2)满足耐久性要求的水胶比。根据表 4-20、表 4-21 分别查出满足环境水侵蚀、抗冻性要求的水胶比值,与表 4-14 对照,取其中的小值作为满足耐久性要求的水胶比。

同时满足强度、耐久性要求的水胶比,取(1)、(2)中的较小值。

3. 确定用水量(m_{w0})和外加剂用量(m_{a0})

(1)每立方米干硬性或塑性混凝土的用水量应符合下列规定:

①混凝土水胶比在 0.40~ 0.65 时,根据施工要求的坍落度值和已知的粗骨料种类及最大粒径,按表 4-22 选取。

表 4-20 耐侵蚀混凝土的技术要求

<table>
<tr><th>侵蚀程度</th><th>宜用的水泥品种及掺合料</th><th>最大水胶比</th><th>抗渗等级</th></tr>
<tr><td rowspan="2">弱侵蚀</td><td>硅酸盐水泥或普通硅酸盐水泥，并采用下列措施之一：
(1)掺磨细矿渣粉；
(2)掺粉煤灰；
(3)掺硅粉</td><td>0.50</td><td rowspan="2">≥W8</td></tr>
<tr><td>抗硫酸盐水泥(C_3A 小于 5%)</td><td>0.50</td></tr>
<tr><td rowspan="2">中等侵蚀</td><td>中抗硫酸盐水泥，或熟料中 C_3A 含量小于 8%的硅酸盐水泥或普通硅酸盐水泥，并采用下列措施之一：
(1)掺磨细矿渣粉；
(2)掺粉煤灰；
(3)掺硅粉</td><td>0.45</td><td rowspan="2">≥W10</td></tr>
<tr><td>高抗硫酸盐水泥</td><td>0.45</td></tr>
</table>

表 4-21 有抗冻要求的混凝土最大水胶比

抗冻等级	F300	F200	F100	F50
水胶比	<0.45	<0.50	<0.55	<0.58

表 4-22 水工常态混凝土单位用水量参考值　　单位：kg/m³

混凝土坍落度/mm	卵石最大粒径/mm				碎石最大粒径/mm			
	20	40	80	150	20	40	80	150
10~30	160	140	120	105	175	155	135	120
30~50	165	145	125	110	180	160	140	125
50~70	170	150	130	115	185	165	145	130
70~90	175	155	135	120	190	170	150	135

注：1. 本表适用于细度模数为 2.6~2.8 的天然中砂，当使用细砂或粗砂时，用水量需增加或减少 3~5 kg/m³。

2. 采用人工砂时，用水量需增加 5~10 kg/m³。

3. 采用Ⅰ级粉煤灰时，用水量可减少 5~10 kg/m³。

4. 采用外加剂时，用水量应根据外加剂的减水率做适当调整，外加剂的减水率应通过试验确定。

5. 本表适用于骨料含水状态为饱和面干状态。

②水胶比小于 0.40 的混凝土及采用特殊成型工艺的混凝土用水量应通过试验确定。

(2)掺外加剂时，每立方米流动性或大流动性混凝土的用水量(m_{w0})可按式(4-8)计算：

$$m_{w0} = m'_{w0}(1 - \beta) \tag{4-8}$$

式中　m_{w0}——初步配合比每立方米混凝土的用水量，kg/m^3；

m'_{w0}——未掺外加剂时推定的满足实际坍落度要求的每立方米混凝土用水量，kg/m^3，以表 4-22 中 90 mm 坍落度的用水量为基础，按每增大 20 mm 坍落度相应增加 5 kg/m^3 用水量来计算，当坍落度增大到 180 mm 以上时，随坍落度相应增加的用水量可减少；

β——外加剂的减水率(%)，应经混凝土试验确定。

(3)每立方米混凝土中外加剂用量(m_{a0})应按式(4-9)计算：

$$m_{a0} = m_{b0}\beta_a \tag{4-9}$$

式中　m_{a0}——初步配合比每立方米混凝土中外加剂用量，kg/m^3；

m_{b0}——初步配合比每立方米混凝土中胶凝材料用量，kg/m^3；

β_a——外加剂掺量(%)，应经混凝土试验确定。

4. 计算胶凝材料、矿物掺合料和水泥用量

(1)每立方米混凝土的胶凝材料用量(m_{b0})应按式(4-10)计算：

$$m_{b0} = \frac{m_{w0}}{W/B} \tag{4-10}$$

式中　m_{b0}——初步配合比每立方米混凝土中胶凝材料用量，kg/m^3；

m_{w0}——初步配合比每立方米混凝土的用水量，kg/m^3；

W/B——混凝土水胶比。

将计算出的胶凝材料用量和表 4-15 规定的混凝土最小和最大胶凝材料用量比较，取两者中大者或小者作为每立方米混凝土中胶凝材料用量。

(2)每立方米混凝土的矿物掺合料用量(m_{f0})应按式(4-11)计算：

$$m_{f0} = m_{b0}\beta_f \tag{4-11}$$

式中　m_{f0}——初步配合比每立方米混凝土中矿物掺合料用量，kg/m^3；

β_f——矿物掺合料掺量(%)，应通过试验确定。

(3)每立方米混凝土的水泥用量(m_{c0})应按式(4-12)计算：

$$m_{c0} = m_{b0} - m_{f0} \tag{4-12}$$

式中　m_{c0}——初步配合比每立方米混凝土中水泥用量，kg/m^3。

5. 确定砂率(β_s)

(1)计算法。测得混凝土所用砂、石的表观密度和堆积密度，求出石子的空隙率，按以下原理计算砂率：砂填充石子空隙并略有剩余，即

$$\beta_s = \frac{m_{s0}}{m_{s0} + m_{g0}} \times 100\% = \frac{k\rho'_{0s}P}{k\rho'_{0s}P + \rho'_{0g}} \times 100\% \tag{4-13}$$

式中　β_s——砂率(%)；

m_{s0}、m_{g0}——砂、石用量，kg/m^3；

ρ'_{0s}、ρ'_{0g}——砂、石的堆积密度，kg/m^3；

P———石子的空隙率；

k——拨开系数(又称富裕系数)，k=1.1~1.4，用碎石及粗砂取大值。

(2)试验法。在用水量和水胶比不变的条件下，拌制 5 组以上不同砂率的试样，每组相差 2%~3%，测出各组的坍落度或维勃稠度。在坐标上绘出砂率与坍落度(或维勃稠度)关系图，从曲线上找出极大值所对应的砂率即为所求的最优砂率[见图 4-4(a)]。

(3)查实践资料法。坍落度小于 10 mm 的混凝土，其砂率应经试验确定。坍落度为 10~60 mm 的混凝土，其砂率可根据粗骨料品种、最大公称粒径及水胶比按表 4-23 选取。坍落度大于 60 mm 的混凝土，其砂率可经试验确定，也可在表 4-23 的基础上，按坍落度每增大 20 mm、砂率增大 1%的幅度予以调整。

表 4-23　水工常态混凝土砂率参考值　　%

骨料最大粒径/mm	水胶比			
	0.40	0.50	0.60	0.70
20	36~38	38~40	40~42	42~44
40	30~32	32~34	34~36	36~38
80	24~26	26~28	28~30	30~32
150	20~22	22~24	24~26	26~28

注：1. 本表适用于卵石、细度模数为 2.6~2.8 的天然中砂拌制的混凝土。
2. 砂的细度模数每增减 0.1，砂率相应增减 0.5%~1.0%。
3. 使用碎石时，砂率需增加 3%~5%。
4. 使用人工砂时，砂率需增加 2%~3%。
5. 掺用引气剂时，砂率可减小 2%~3%；掺用粉煤灰时，砂率可减小 1%~2%。

6. 计算粗骨料、细骨料用量(m_{g0}、m_{s0})

(1)体积法。假定混凝土拌和物的体积等于各组成材料绝对体积及拌和物中所含空气的体积之和，用式(4-14)计算 1 m^3 混凝土拌和物的砂石用量。

$$\begin{cases} \dfrac{m_{c0}}{\rho_c} + \dfrac{m_{f0}}{\rho_f} + \dfrac{m_{g0}}{\rho_g} + \dfrac{m_{s0}}{\rho_s} + \dfrac{m_{w0}}{\rho_w} + 0.01\alpha = 1 \\ \beta_s = \dfrac{m_{s0}}{m_{s0} + m_{g0}} \times 100\% \end{cases} \tag{4-14}$$

式中 ρ_c——水泥密度，kg/m^3，可按现行规范《水泥密度测定方法》(GB/T 208—2014)测定，也可取 2 900~3 100 kg/m^3；

ρ_f——矿物掺合料密度，kg/m^3，可按现行规范《水泥密度测定方法》(GB/T 208—2014)测定；

ρ_g——粗骨料的表观密度，kg/m^3；

ρ_s——细骨料的表观密度，kg/m^3；

ρ_w——水的密度，kg/m^3，可取 1 000 kg/m^3；

α——混凝土的含气量百分数，在不使用引气剂或引气型外加剂时，α 可取 1。

(2)质量法。根据经验，如果原材料情况比较稳定，所配制的混凝土拌和物的表观密度将接近一个固定值,可先假设每立方米混凝土拌和物的质量为 m_{cp}(kg/m^3),按式(4-15)计算。

$$\begin{cases} m_{f0} + m_{c0} + m_{s0} + m_{g0} + m_{w0} = m_{cp} \\ \beta_s = \dfrac{m_{s0}}{m_{s0} + m_{g0}} \times 100\% \end{cases} \tag{4-15}$$

式中　m_{f0}——初步配合比每立方米混凝土的矿物掺合料用量,kg/m^3;

m_{c0}——初步配合比每立方米混凝土的水泥用量,kg/m^3;

m_{s0}——初步配合比每立方米混凝土的细骨料用量,kg/m^3;

m_{g0}——初步配合比每立方米混凝土的粗骨料用量,kg/m^3;

m_{w0}——初步配合比每立方米混凝土的用水量,kg/m^3;

β_s——砂率(%);

m_{cp}——每立方米混凝土拌和物的假定质量(表观密度),kg/m^3,可按表 4-24 选取。

表 4-24　混凝土拌和物表观密度假定值　　单位:kg/m^3

混凝土种类	石子最大粒径/mm				
	20	40	80	120	150
普通混凝土	2 380	2 400	2 430	2 450	2 460
引气混凝土	2 280(5.5%)	2 320(4.5%)	2 350(3.5%)	2 380(3.0%)	2 390(3.0%)

注:1. 适用于骨料表观密度为 2 600~2 650 kg/m^3 的混凝土。

2. 骨料表观密度每增减 100 kg/m^3,混凝土拌和物质量相应增减 60 kg/m^3;混凝土含气量每增减 1%,拌和物质量相应减增 1%。

3. 表中括弧内的数字为引气混凝土的含气量。

码 4-18　微课:混凝土配合比设计(三)

(三)试配、调整,确定基准配合比

采用工程中实际采用的原材料及搅拌方法。混凝土试配时,每盘混凝土的最小搅拌量应符合表 4-25 的规定,并不应小于搅拌机公称容量的 1/4 且不应大于搅拌机公称容量。

表 4-25　混凝土试配时的最小搅拌量

骨料最大粒径/mm	拌和物数量/L
20	15
40	25
≥80	40

按初步配合比计算出配制 15~40 L 所需的材料用量,拌制成混凝土拌和物。首先通过试验测定坍落度,同时观察黏聚性和保水性。若不符合要求,应进行调整。调整的原则如下:若流动性太大,可在砂率不变的条件下,适当增加砂、石用量;若流动性太小,应在保

持水灰比不变的条件下,增加适量的水和水泥;黏聚性和保水性不良时,实质上是混凝土拌和物中砂浆不足或砂浆过多,可适当增大砂率或适当减少砂率,调整到和易性满足要求为止。其调整量可参考表 4-26。

表 4-26　条件变动时材料用量调整参考值

条件变化情况	大致的调整值	
	加水量	砂率
坍落度增减 10 mm	±2%~±4%	—
含气量增减 1%	±3%	±0.5%
砂率增减 1%	±2 kg/m³	—

试拌调整完成后,应测出混凝土拌和物的实际表观密度 $\rho_{c,t}$(kg/m³),并计算各组成材料调整后的拌和用量:水泥 m_{cb}、矿物掺合料 m_{fb}、水 m_{wb}、砂 m_{sb}、石子 m_{gb},则基准配合比为:

$$\begin{cases} m_{cj} = \dfrac{m_{cb}}{m_{cb} + m_{fb} + m_{wb} + m_{sb} + m_{gb}} \times \rho_{c,t} \\ m_{fj} = \dfrac{m_{fb}}{m_{cb} + m_{fb} + m_{wb} + m_{sb} + m_{gb}} \times \rho_{c,t} \\ m_{wj} = \dfrac{m_{wb}}{m_{cb} + m_{fb} + m_{wb} + m_{sb} + m_{gb}} \times \rho_{c,t} \\ m_{sj} = \dfrac{m_{sb}}{m_{cb} + m_{fb} + m_{wb} + m_{sb} + m_{gb}} \times \rho_{c,t} \\ m_{gj} = \dfrac{m_{gb}}{m_{cb} + m_{fb} + m_{wb} + m_{sb} + m_{gb}} \times \rho_{c,t} \end{cases} \tag{4-16}$$

式中　m_{cj}、m_{fj}、m_{wj}、m_{sj}、m_{gj}——基准配合比每立方米混凝土的水泥用量、矿物掺合料用量、用水量、细骨料用量和粗骨料用量,kg/m³;

$\rho_{c,t}$——混凝土拌和物表观密度实测值,kg/m³。

(四)强度及耐久性复核,确定设计配合比(又称实验室配合比)

采用三个不同的配合比,其中一个是基准配合比,另两个配合比的水胶比则分别比基准配合比增加及减少 0.05,其用水量与基准配合比相同,砂率值可分别增加或减少 1%。每种配合比制作一组(三块)试件,每一组都应检验相应配合比拌和物的和易性及测定表观密度,其结果代表这一配合比的混凝土拌和物的性能,将试件标准养护 28 d 时,进行强度、抗渗、抗冻指标测定,并作混凝土强度与灰水比的直线关系图,求出既符合强度要求又符合耐久性要求的胶水比。最后按以下原则确定 1 m³ 混凝土拌和物的各材料用量,即为实验室配合比。

(1)根据混凝土强度试验结果,宜绘制强度和胶水比的线性关系图或插值法确定略大于配制强度对应的胶水比。

(2)在基准配合比的基础上,用水量(m_w)和外加剂用量(m_a)应根据确定的水胶比做调整。

(3)胶凝材料用量(m_b)应以用水量乘以确定的胶水比计算得出。根据矿物掺合料的掺量,计算出矿物掺合料用量(m_f)和水泥用量(m_c)。

(4)粗骨料和细骨料用量(m_g 和 m_s)应根据用水量和胶凝材料用量进行调整。

(5)混凝土拌和物表观密度和配合比校正系数的计算应符合下列规定。

①配合比调整后的混凝土拌和物的表观密度应按式(4-17)计算:

$$\rho_{c,c} = m_c + m_f + m_w + m_s + m_g \tag{4-17}$$

式中　$\rho_{c,c}$——混凝土拌和物的表观密度计算值,kg/m^3;

m_c——每立方米混凝土的水泥用量,kg/m^3;

m_f——每立方米混凝土的矿物掺合料用量,kg/m^3;

m_w——每立方米混凝土的用水量,kg/m^3;

m_s——每立方米混凝土的细骨料用量,kg/m^3;

m_g——每立方米混凝土的粗骨料用量,kg/m^3。

②混凝土配合比校正系数按式(4-18)计算:

$$\delta = \frac{\rho_{c,t}}{\rho_{c,c}} \tag{4-18}$$

式中　δ——混凝土配合比校正系数;

$\rho_{c,t}$——混凝土拌和物的表观密度实测值,kg/m^3。

③当混凝土拌和物表观密度实测值与计算值之差的绝对值不超过计算值的 2%时,按上述第(1)~(4)条得到的配合比(m_w、m_c、m_f、m_s、m_g)即为确定的设计配合比;当二者之差超过 2%时应将配合比中每项材料用量均乘以校正系数 δ,即为确定的设计配合比。

(6)生产单位可根据常用材料设计出常用的混凝土配合比备用,并应在启用过程中予以验证或调整。遇有下列情况之一时,应重新进行配合比设计:

①对混凝土性能有特殊要求时;

②水泥、外加剂或矿物掺合料等原材料品种、质量有显著变化时。

(五)施工配合比确定

水工混凝土的实验室配合比所用砂、石是以饱和面干状态(建筑工程为干燥状态)为标准计量的。施工现场的骨料一般采用露天堆放,其含水率随气候的变化而变化,因此施工时必须在设计配合比的基础上进行调整。

假定工地测出砂的表面含水率为 $a\%$,石子的表面含水率为 $b\%$,则施工配合比中 1 m^3 混凝土的各组成材料用量分别为:

$$\begin{cases} m'_c = m_c \\ m'_f = m_f \\ m'_s = m_s(1 + a\%) \\ m'_g = m_g(1 + b\%) \\ m'_w = m_w - m_s \cdot a\% - m_g \cdot b\% \end{cases} \tag{4-19}$$

四、混凝土配合比设计实例

某混凝土坝，所在地区最冷月份月平均气温为-7 ℃，河水无侵蚀性，该坝上游面水位变化区的外部混凝土，一年内的总冻融次数为 45 次，最大作用水头 50 m，设计要求混凝土强度等级为 C25，坍落度为 30~50 mm，混凝土采用机械振捣。原材料性能如下：

水泥：强度等级为 42.5 的普通硅酸盐水泥，密度 $\rho_c = 3.1\ g/cm^3$，经统计该水泥强度等级值的富余系数为 1.13。

砂：当地河砂，细度模数 $M_X = 2.7$，表观密度 $\rho_s = 2\ 610\ kg/m^3$，其他性能均符合水工混凝土要求。

石子：采用当地的石灰岩生产的碎石，最大粒径为 80 mm，其中，小石∶中石∶大石 = 30%∶30%∶40%，级配后的碎石表观密度 $\rho_g = 2\ 670\ kg/m^3$。实测骨料表面含水率如表 4-27 所示。

表 4-27　骨料表面含水率

骨料种类	砂	石子		
		小石	中石	大石
实测骨料表面含水率/%	3.0	1.1	0.3	0.2

本工程的施工单位是一大型国有企业，该企业混凝土强度标准差据历史资料统计为 3.9 MPa，试根据给定资料进行实验室配合比及施工配合比设计（设计龄期为 28 d）。

混凝土配合比设计过程如下。

（一）初步配合比设计

1. 确定混凝土的配制强度（$f_{cu,0}$）

由设计龄期为 28 d，确定强度保证率为 95%。配制强度按式（4-7）计算。

已知 $\sigma = 3.9$ MPa，则

$$f_{cu,0} = f_{cu,k} + 1.645\sigma = 25 + 1.645 \times 3.9 \approx 31.4(\text{MPa})$$

2. 确定混凝土水胶比（W/B）

（1）满足强度要求的水胶比。

由 $f_{cu,k} = 25$ MPa，查表 4-19，得到满足强度要求的水胶比为 0.40~0.55。

（2）满足耐久性要求的水胶比。根据表 4-10、表 4-11 查得，混凝土抗渗等级为 W6，抗冻等级为 F150。查表 4-20、表 4-21 以及表 4-14，淡水水位变化区允许的最大水胶比为 0.50。所以，满足耐久性要求的水胶比为 0.50。

因此，同时满足强度和耐久性要求的水胶比 $W/B = 0.50$。

3. 确定单位用水量（m_{w0}）

查表 4-22，按坍落度要求 30~50 mm，碎石最大粒径 80 mm，则 1 m^3 混凝土的用水量可选用 $m_{w0} = 140\ kg/m^3$。

4. 计算胶凝材料用量

每立方米混凝土的胶凝材料用量（m_{b0}）：

$$m_{b0}=\frac{m_{w0}}{W/B}=\frac{140}{0.50}=280(\mathrm{kg/m^3})$$

由于未掺加掺合料($m_{f0}=0$),胶凝材料用量即为水泥用量。查表4-15,C25混凝土最小胶凝材料用量为260 kg/m³。所以,每立方米混凝土的水泥用量(m_{c0}):

$$m_{c0}=m_{b0}=280\ \mathrm{kg/m^3}$$

5. 确定砂率(β_s)

根据粗骨料的最大粒径80 mm及水胶比0.50,查表4-23得砂率为26%~28%,取中间值27%;但因粗骨料是碎石,砂率应增加3%~5%,取4.0%,则初选的砂率为27.0%+4.0%=31.0%。

6. 计算砂、石子用量(m_{s0}、m_{g0})

(1)体积法。

$$\begin{cases}\dfrac{280}{3\ 100}+\dfrac{m_{s0}}{2\ 610}+\dfrac{m_{g0}}{2\ 670}+\dfrac{140}{1\ 000}+0.01\times 1=1\\[2ex]\dfrac{m_{s0}}{m_{s0}+m_{g0}}=0.31\end{cases}$$

解得 $m_{s0}\approx 624\ \mathrm{kg/m^3}$,$m_{g0}\approx 1\ 389\ \mathrm{kg/m^3}$。

(2)质量法。

假定1 m³混凝土拌和物的质量 $m_{cp}=2\ 430\ \mathrm{kg/m^3}$,则由式(4-15)得:

$$m_{s0}+m_{g0}=m_{cp}-(m_{c0}+m_{w0})=2\ 430-280-140=2\ 010(\mathrm{kg/m^3})$$

$$m_{s0}=(m_{s0}+m_{g0})\times\beta_s=2\ 010\times 31\%\approx 623(\mathrm{kg/m^3})$$

$$m_{g0}=m_{cp}-(m_{c0}+m_{w0})-m_{s0}=2\ 010-623=1\ 387(\mathrm{kg/m^3})$$

若采用质量法计算结果,则混凝土的初步配合比为:

水:140 kg/m³;水泥:280 kg/m³;砂:623 kg/m³;石子:1 387 kg/m³(其中,小石416 kg/m³,中石416 kg/m³,大石555 kg/m³)。

(二)基准配合比的确定

按初步配合比试拌混凝土40 L,其材料用量:水泥为280×0.040=11.20(kg);水为5.60 kg;砂为24.92 kg;石子为55.48 kg(其中,小石16.64 kg,中石16.64 kg,大石22.20 kg)。

通过试拌测得混凝土拌和物的黏聚性和保水性较好,坍落度为20 mm,则其坍落度比要求的平均值小20 mm,应在保持水胶比不变的条件下增加水和胶凝材料。根据经验参考表4-26,每增减10 mm坍落度时,加水量增减2%~4%,取平均值3%计算,故增加水泥用量11.20×3%×2≈0.67(kg),水量增加5.60×3%×2≈0.34(kg)。经试拌后测得坍落度为40 mm,符合施工要求。实测拌和物的表观密度 $\rho_{c,t}=2\ 440\ \mathrm{kg/m^3}$。试拌后各种材料的实际用量如下。

水泥:$m_{cb}=11.20+0.67=11.87(\mathrm{kg})$

水:$m_{wb}=5.60+0.34=5.94(\mathrm{kg})$

砂:$m_{sb}=24.92\ \mathrm{kg}$

石子：$m_{gb}=55.48$ kg

由式(4-16)计算基准配合比：

$$m_{cj}=\frac{m_{cb}}{m_{cb}+m_{wb}+m_{sb}+m_{gb}}\times\rho_{c,t}$$

$$=\frac{11.87}{11.87+5.94+24.92+55.48}\times 2\ 440\approx 295(\text{kg/m}^3)$$

$$m_{wj}=\frac{m_{wb}}{m_{cb}+m_{wb}+m_{sb}+m_{gb}}\times\rho_{c,t}\approx 148\ \text{kg/m}^3$$

$$m_{sj}=\frac{m_{sb}}{m_{cb}+m_{wb}+m_{sb}+m_{gb}}\times\rho_{c,t}\approx 619\ \text{kg/m}^3$$

$$m_{gj}=\frac{m_{gb}}{m_{cb}+m_{wb}+m_{sb}+m_{gb}}\times\rho_{c,t}\approx 1\ 378\ \text{kg/m}^3$$

(三)强度及耐久性复核，确定设计配合比(实验室配合比)

以基准配合比的水胶比0.50，另取0.45和0.55共3个水胶比的配合比，分别拌制混凝土，测得和易性均满足要求，并制作混凝土试件，进行强度、抗渗性、抗冻性试验。经试验三组试件的抗渗性及抗冻性均符合要求，测得各组试件的28 d的强度见表4-28。

表4-28　强度试验结果

试样	W/B	B/W	f_{cu}/MPa
Ⅰ	0.45	2.22	37.0
Ⅱ	0.50	2.00	32.2
Ⅲ	0.55	1.82	28.2

据表4-28数据，作胶水比与强度线性关系图(见图4-17)，求出与配制强度$f_{cu,0}=31.4$ MPa相对应的胶水比=1.96(水胶比$W/B=0.51$)，则符合强度要求的配合比为：用水量$m_w=m_{wj}=148$ kg/m^3；水泥用量$m_c=148\times1.96=290$(kg/m^3)；按混凝土拌和物表观密度2 440 kg/m^{3}重新计算砂、石用量(质量法)，得砂用量$m_s=621$ kg/m^3，石子用量$m_g=1\ 381$ kg/m^3。

最后，实测出混凝土拌和物表观密度$\rho_{c,t}=2\ 420$ kg/m^3，其计算表观密度：

$$\rho_{c,c}=m_w+m_c+m_s+m_g=148+290+621+1\ 381=2\ 440(\text{kg/m}^3)$$

因此，配合比校正系数$\delta=2\ 420/2\ 440\approx0.99$，混凝土拌和物表观密度实测值与计算值之差不超过计算值的2%，故可不进行调整，设计配合比即为：

$m_c=290$ kg/m^3，$m_w=148$ kg/m^3，$m_s=621$ kg/m^3，$m_g=1\ 381$ kg/m^3(其中，小石414 kg/m^3，中石414 kg/m^3，大石553 kg/m^3)。

(四)计算混凝土施工配合比

1 m^{3}混凝土各材料用量如下：

水泥：$m_c'=m_c=290$ kg/m^3

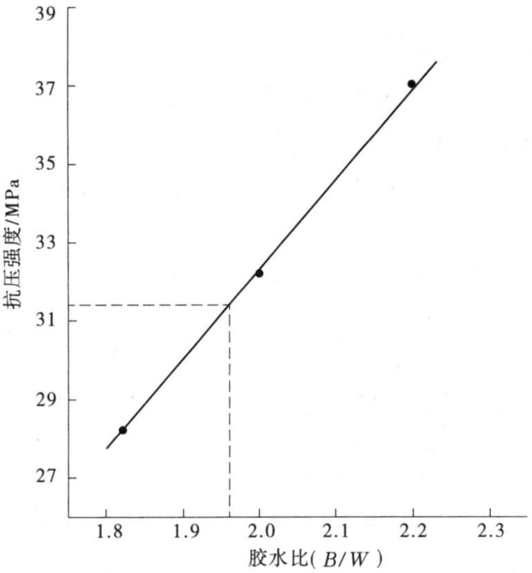

图 4-17 胶水比与强度关系曲线

砂：$m_s'=m_s(1+a\%)=621\times(1+3\%)\approx640(kg/m^3)$

小石：$m_{g1}'=m_{g1}(1+b_1\%)=414\times(1+1.1\%)\approx419(kg/m^3)$

中石：$m_{g2}'=m_{g2}(1+b_2\%)=414\times(1+0.3\%)\approx415(kg/m^3)$

大石：$m_{g3}'=m_{g3}(1+b_3\%)=553\times(1+0.2\%)\approx554(kg/m^3)$

水：$m_w'=m_w-m_s\cdot a\%-m_g\cdot b\%=148-621\times3\%-414\times1.1\%-414\times0.3\%-553\times0.2\%$

$\approx122(kg/m^3)$

项目 6 混凝土的质量控制与强度评定

主要内容	知识目标	技能目标
混凝土质量控制的内容与方法，混凝土强度评定的方法步骤	掌握混凝土质量控制的内容与方法，熟悉混凝土强度的评定方法	能进行混凝土质量的控制，能进行混凝土强度的评定

一、混凝土的质量控制

码 4-19 微课：混凝土的质量控制与评定

混凝土在施工过程中由于受原材料质量（如水泥的强度、骨料的级配及含水率等）的波动，施工工艺（如配料、拌和、运输、浇筑及养护等）的不稳定性，施工条件和气温的变化，施工人员的素质等因素的影响，因此在正常施工条件下，混凝土的质量总是波动的。

混凝土质量控制的目的就是分析掌握其质量波动规律，控制正常波动因素，发现并排除异常波动因素，使混凝土质量波动控制在规定范围内，以达到既保证混凝土质量又节约用料的目的。

(一)材料进场质量检验和质量控制

混凝土原材料包括水泥、骨料、掺合料、外加剂等,运至工地的原材料需具有出厂合格证和出厂检验报告,同时使用单位还应进行进场复验。

对于商品混凝土的原材料质量控制,应在混凝土搅拌站进行。

(二)混凝土的配合比

混凝土施工前应委托具有相应资质的实验室进行混凝土配合比设计,并且首次使用的混凝土配合比应进行开盘鉴定,其工作性应满足设计配合比的要求。

混凝土拌制前,应测定砂、石含水率并根据测试结果调整材料用量,提出施工配合比。

混凝土材料称量的允许偏差不应超过表4-29的规定。

表4-29 混凝土材料称量的允许偏差

材料名称	允许偏差/%
骨料	±2
水泥、掺合料、水、冰、外加剂	±1

(三)混凝土强度的检验

《水工混凝土施工规范》(DL/T 5144—2015)规定:现场混凝土质量检验以抗压强度为主,并以边长150 mm的立方体试件的抗压强度为标准。混凝土试件以机口随机取样为主,每组3个试件应在同一储罐或运输车中取样制作。浇筑地点试件取样数量宜为机口取样数量的5%~10%。同一强度等级的混凝土抗压强度试件取样规定:28 d龄期每500 m^3 成型一组,设计龄期每1 000 m^3 成型一组。

混凝土质量验收取用混凝土抗压强度的龄期应与设计龄期相一致。混凝土生产质量的过程控制应以标准养护28 d试件抗压强度为准。

(四)混凝土质量控制图

为了掌握分析混凝土质量的波动情况,及时分析出现的问题,将水泥强度、混凝土坍落度、混凝土强度等检验结果绘制成质量控制图。

质量控制图的横坐标为按时间测得的质量指标子样编号,纵坐标为质量指标的特征值,中间一条横线为中心控制线,上、下两条线为控制界线,如图4-18所示。图4-18中横坐标表示混凝土浇筑时间或试件编号,纵坐标表示强度测定值,各点表示连续测得的强度,中心线表示平均强度 $m_{f_{cu}}$,上、下控制线为 $m_{f_{cu}}\pm3\sigma$。

从质量控制图的变动趋势可以判断施工是否正常。如果测得的各点几乎全部落在控制界限内,并且控制界限内的点子排列是随机的,即为施工正常。如果各点显著偏离中心线或分布在一侧,尤其是有些点超出上、下控制线,说明混凝土质量均匀性已下降,应立即查明原因,加以控制。

二、混凝土强度的评定

(一)混凝土强度的波动规律

试验表明,混凝土强度的波动规律是符合正态分布的,即在施工条件相同的情况下,对同

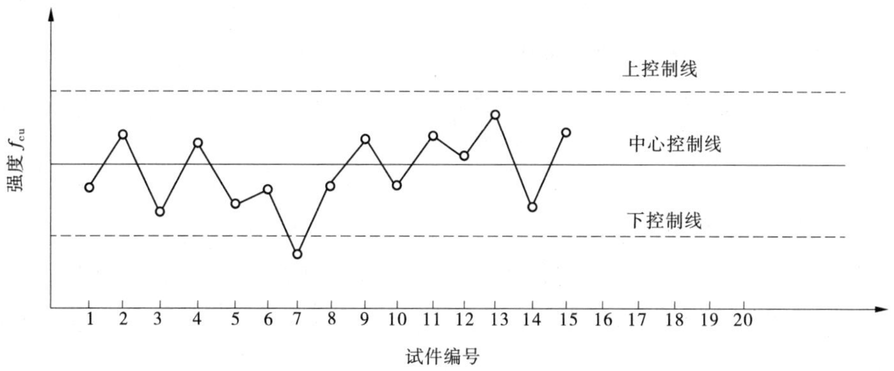

图 4-18　混凝土强度控制图

一种混凝土进行系统取样,测定其强度,以强度为横坐标,以某一强度出现的概率为纵坐标,可绘出强度概率正态分布曲线,如图 4-19 所示。正态分布的特点为:以强度平均值为对称轴,左右两边的曲线是对称的,距离对称轴愈远的值,出现的概率愈小,并逐渐趋近于零;曲线和横坐标之间的面积为概率的总和,等于 100%;对称轴两边出现的概率相等,在对称轴两边的曲线上各有一个拐点,拐点距强度平均值的距离即为标准差。

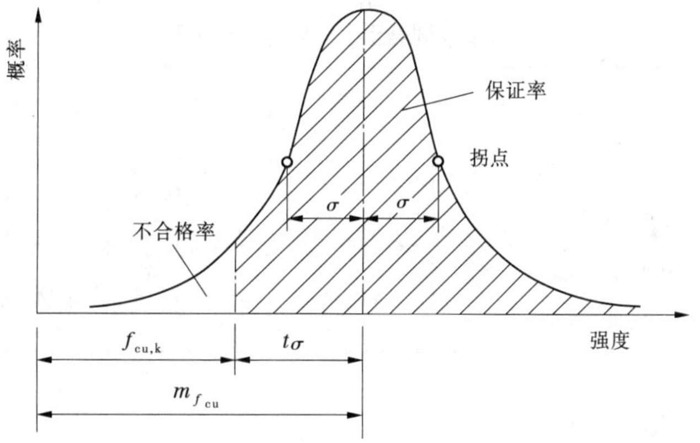

图 4-19　混凝土强度正态分布曲线

(二)混凝土强度数理统计参数

(1)强度平均值 $m_{f_{cu}}$。混凝土强度平均值 $m_{f_{cu}}$ 可用式(4-20)计算:

$$m_{f_{cu}} = \frac{1}{n}\sum_{i=1}^{n} f_{cu,i} \tag{4-20}$$

式中 $m_{f_{cu}}$——统计周期内 n 组混凝土立方体试件的抗压强度平均值,MPa,精确到 0.1 MPa;

$f_{cu,i}$——第 i 组混凝土立方体试件的抗压强度值,MPa,精确到 0.1 MPa;

n——统计周期内相同强度等级的试件组数,n 值不应小于 30。

在混凝土强度正态分布曲线(见图 4-19)中,强度平均值 $m_{f_{cu}}$ 处于对称轴上,也称样本平均值,可代表总体平均值。$m_{f_{cu}}$ 仅代表混凝土强度总体的平均值,但不能说明混凝土强度的波动状况。

(2)标准值(均方差)σ。标准差按式(4-21)计算,精确到 0.01 MPa。

$$\sigma = \sqrt{\frac{\sum_{i=1}^{n}(f_{cu,i} - m_{f_{cu}})^2}{n-1}} \tag{4-21}$$

式中 σ——混凝土强度标准差,MPa。

标准差是评定混凝土质量均匀性的主要指标,它在混凝土强度正态分布曲线图中表示分布曲线的拐点距离强度平均值的距离。σ 值愈大,说明其强度离散程度愈大,混凝土质量也愈不稳定。

(3)变异系数(离差系数)C_v。变异系数可由式(4-22)计算:

$$C_v = \frac{\sigma}{m_{f_{cu}}} \tag{4-22}$$

C_v 表示混凝土强度的相对离散程度。C_v 值愈小,说明混凝土的质量愈稳定,混凝土生产的质量水平愈高。

衡量混凝土生产质量控制水平可采用 28 d 龄期抗压强度离差系数 C_v 值表示,如表 4-30 所示。

表 4-30 混凝土生产质量控制水平

混凝土生产质量控制水平		优秀	良好	一般	差
抗压强度变异系数 C_v 值	28 d 龄期抗压强度平均值 ≤20 MPa	<0.15	0.15~0.18	0.18~0.22	≥0.22
	28 d 龄期抗压强度平均值 >20 MPa	<0.11	0.11~0.14	0.14~0.18	≥0.18

(4)混凝土强度保证率 P。

混凝土强度保证率是指混凝土强度总体分布中,大于或等于设计要求的强度等级值的概率,以正态分布曲线的阴影部分面积表示,如图 4-19 所示。强度保证率可按如下方法计算:

先根据混凝土设计要求的强度等级($f_{cu,k}$)、混凝土的强度平均值($m_{f_{cu}}$)、标准差(σ)或变异系数(C_v),计算出概率度 t。

$$t = \frac{f_{cu,k} - m_{f_{cu}}}{\sigma} \quad 或 \quad t = \frac{f_{cu,k} - m_{f_{cu}}}{C_v m_{f_{cu}}} \tag{4-23}$$

再根据 t 值,由表 4-18 查得强度保证率 P(%)。

《混凝土强度检验评定标准》(GB/T 50107—2010)及《混凝土结构设计标准》(GB/T 50010—2010)规定,同批试件的统计强度保证率不得小于 95%。

(三)混凝土强度检验评定标准

根据《混凝土强度检验评定标准》(GB/T 50107—2010)的规定,混凝土强度评定方法可分为统计方法和非统计方法两种。

1. 统计方法评定

(1)当连续生产的混凝土，生产条件在较长时间内保持一致，且同一品种、同一强度等级混凝土的强度变异性保持稳定时，一个检验批的样本容量应为连续的3组试件，其强度应同时符合下列要求：

$$m_{f_{cu}} \geqslant f_{cu,k} + 0.7\sigma_0 \tag{4-24}$$

$$f_{cu,min} \geqslant f_{cu,k} - 0.7\sigma_0 \tag{4-25}$$

检验批混凝土立方体抗压强度的标准差应按式(4-26)计算：

$$\sigma_0 = \sqrt{\frac{\sum_{i=1}^{n} f_{cu,i}^2 - n m_{f_{cu}}^2}{n-1}} \tag{4-26}$$

当混凝土强度等级不高于C20时，其强度的最小值尚应满足式(4-27)的要求：

$$f_{cu,min} \geqslant 0.85 f_{cu,k} \tag{4-27}$$

当混凝土强度等级高于C20时，其强度的最小值尚应满足式(4-28)的要求：

$$f_{cu,min} \geqslant 0.90 f_{cu,k} \tag{4-28}$$

式中　$m_{f_{cu}}$——同一检验批混凝土立方体抗压强度的平均值，MPa；

$f_{cu,k}$——混凝土立方体抗压强度标准值，MPa；

$f_{cu,min}$——同一检验批混凝土立方体抗压强度的最小值，MPa；

σ_0——检验批混凝土立方体抗压强度的标准差，MPa，当检验批混凝土强度标准差σ_0计算值小于2.5 MPa时，应取2.5 MPa；

$f_{cu,i}$——前一个检验期内同一品种、同一强度等级的第i组混凝土试件的立方体抗压强度代表值，MPa，该检验期不应少于60 d，也不得大于90 d；

n——前一检验期内的样本容量，$n \geqslant 45$。

(2)当混凝土的生产条件在较长时间内不能保持一致，且混凝土强度变异性不能保持稳定时，或在前一个检验期内的同一品种、同一强度等级混凝土，无足够多的数据用以确定检验批混凝土立方体抗压强度的标准差时，应由样本容量不少于10组的试件组成一个检验批，其强度应同时满足下列要求：

$$m_{f_{cu}} \geqslant f_{cu,k} + \lambda_1 \cdot S_{f_{cu}} \tag{4-29}$$

$$f_{cu,min} \geqslant \lambda_2 \cdot f_{cu,k} \tag{4-30}$$

同一检验批混凝土立方体抗压强度的标准差应按式(4-31)计算：

$$S_{f_{cu}} = \sqrt{\frac{\sum_{i=1}^{n} f_{cu,i}^2 - n m_{f_{cu}}^2}{n-1}} \tag{4-31}$$

式中　$S_{f_{cu}}$——同一检验批混凝土立方体抗压强度的标准差，MPa，精确到0.01 MPa，当检验批混凝土强度标准差$S_{f_{cu}}$计算值小于2.5 MPa时，应取2.5 MPa；

n——本检验期内的样本容量，$n \geq 10$；

λ_1、λ_2——合格评定系数，按表 4-31 取用。

表 4-31　混凝土强度的合格评定系数

试件组数	10~14	15~19	≥20
λ_1	1.15	1.05	0.95
λ_2	0.90	0.85	

2. 非统计方法评定

当用于评定的样本容量小于 10 组时，应采用非统计方法评定混凝土强度。

按非统计方法评定混凝土强度时，其强度应同时符合下列规定：

$$m_{f_{cu}} \geq \lambda_3 \cdot f_{cu,k} \tag{4-32}$$

$$f_{cu,min} \geq \lambda_4 \cdot f_{cu,k} \tag{4-33}$$

式中　λ_3、λ_4——合格评定系数，按表 4-32 取用。

表 4-32　混凝土强度的非统计方法合格评定系数

混凝土强度等级	<C60	≥C60
λ_3	1.15	1.10
λ_4	0.95	

3. 混凝土强度的合格性评定

混凝土强度应分批进行检验评定，当检验结果满足以上规定时，则该批混凝土强度应评定为合格；当检验结果不能满足上述规定时，该批混凝土强度应评定为不合格。对不合格批混凝土制成的结构或构件，可采用钻芯法或其他非破损检验方法进一步鉴定。对不合格的结构或构件，必须及时处理。

【工程案例 4-3】　由××建设集团有限公司承包的××工程，施工过程中为控制混凝土工程质量，承包单位严格按照规范施工，监理单位严格监督，以下数据是混凝土一个检验批（代表部位：基础）实测混凝土立方体抗压强度：37.5、46.9、45.3、49.4、49.5、41.3、38.4、46.5、52.3、46.2、44.0、44.1、37.3、41.8、47.3、42.7、37.8、54.5、55.8，单位均为 MPa。混凝土设计强度等级为 C30，试评定该检验批混凝土强度是否合格。

混凝土强度评定采用工程实际表格形式，见表 4-33。

表 4-33 混凝土强度统计评定

<table>
<tr><td>工程名称</td><td colspan="3">××工程</td><td>强度等级</td><td colspan="4">C30</td></tr>
<tr><td>施工单位</td><td colspan="3">××建设集团有限公司</td><td>养护方法</td><td colspan="4">标准养护</td></tr>
<tr><td>统计时段</td><td colspan="3">自 年 月 日
至 年 月 日</td><td>代表部位</td><td colspan="4">基础</td></tr>
<tr><td rowspan="2">试块组数 n</td><td rowspan="2">强度标准值
$f_{cu,k}$/MPa</td><td rowspan="2">平均值
$m_{f_{cu}}$/MPa</td><td rowspan="2">标准差
$S_{f_{cu}}$/MPa</td><td rowspan="2">最小值
$f_{cu,min}$/MPa</td><td colspan="4">合格评定系数</td></tr>
<tr><td>λ_1</td><td>λ_2</td><td>λ_3</td><td>λ_4</td></tr>
<tr><td>19</td><td>30</td><td>45.2</td><td>5.55</td><td>37.3</td><td>1.05</td><td>0.85</td><td></td><td></td></tr>
<tr><td>实测值/
MPa</td><td>实测值/
MPa</td><td>实测值/
MPa</td><td>实测值/
MPa</td><td>实测值/
MPa</td><td colspan="2">实测值/
MPa</td><td colspan="2">实测值/
MPa</td></tr>
<tr><td>37.5</td><td>38.4</td><td>37.3</td><td>55.8</td><td></td><td colspan="2"></td><td colspan="2"></td></tr>
<tr><td>46.9</td><td>46.5</td><td>41.8</td><td></td><td></td><td colspan="2"></td><td colspan="2"></td></tr>
<tr><td>45.3</td><td>52.3</td><td>47.3</td><td></td><td></td><td colspan="2"></td><td colspan="2"></td></tr>
<tr><td>49.4</td><td>46.2</td><td>42.7</td><td></td><td></td><td colspan="2"></td><td colspan="2"></td></tr>
<tr><td>49.5</td><td>44.0</td><td>37.8</td><td></td><td></td><td colspan="2"></td><td colspan="2"></td></tr>
<tr><td>41.3</td><td>44.1</td><td>54.5</td><td></td><td></td><td colspan="2"></td><td colspan="2"></td></tr>
<tr><td colspan="4">☑统计方法</td><td colspan="5">□非统计方法</td></tr>
<tr><td colspan="2">$f_{cu,k}+\lambda_1 \cdot S_{f_{cu}}$</td><td colspan="2">$\lambda_2 \cdot f_{cu,k}$</td><td colspan="2">$\lambda_3 \cdot f_{cu,k}$</td><td colspan="3">$\lambda_4 \cdot f_{cu,k}$</td></tr>
<tr><td colspan="2">35.8</td><td colspan="2">25.5</td><td colspan="2"></td><td colspan="3"></td></tr>
<tr><td colspan="2">$m_{f_{cu}} \geqslant f_{cu,k}+\lambda_1 \cdot S_{f_{cu}}$</td><td colspan="2">$f_{cu,min} \geqslant \lambda_2 \cdot f_{cu,k}$</td><td colspan="2">$m_{f_{cu}} \geqslant \lambda_3 \cdot f_{cu,k}$</td><td colspan="3">$f_{cu,min} \geqslant \lambda_4 \cdot f_{cu,k}$</td></tr>
<tr><td colspan="2">45.2>35.8</td><td colspan="2">37.3>25.5</td><td colspan="2"></td><td colspan="3"></td></tr>
</table>

本批试块统计评定结论：

符合《混凝土强度检验评定标准》要求，合格。

统计人（签字）：××× 年 月 日	审核人（签字）：××× 年 月 日	批准人（签字）：××× 年 月 日

项目 7　其他品种混凝土

主要内容	知识目标	技能目标
抗渗混凝土、抗冻混凝土、泵送混凝土、大体积混凝土、高强混凝土、自密实混凝土、高性能混凝土等	掌握抗渗混凝土、抗冻混凝土、泵送混凝土、大体积混凝土、高强混凝土、自密实混凝土等特种混凝土的组成、特点及工程应用	能根据工程实际情况合理地选择、配置和使用特种混凝土

一、抗渗混凝土

抗渗等级不低于 W6 的混凝土称为抗渗混凝土。抗渗混凝土主要用于水利工程、地下基础工程、屋面防水工程等。

(一)抗渗混凝土对原材料的要求

水泥宜采用普通硅酸盐水泥;粗骨料宜采用连续级配,其最大公称粒径不宜大于 40.0 mm,含泥量不得大于 1.0%,泥块含量不得大于 0.5%;细骨料宜采用中砂,含泥量不得大于 3.0%,泥块含量不得大于 1.0%;抗渗混凝土宜掺用外加剂和矿物掺合料,粉煤灰等级应为Ⅰ级或Ⅱ级。骨料粒径太大和含泥(包括泥块)较多都对混凝土抗渗性能不利。

(二)抗渗混凝土配合比设计

采用较小的水胶比可提高混凝土的密实性,从而使其有较好的抗渗性,因此控制最大水胶比是抗渗混凝土配合比设计的重要法则,抗渗混凝土最大水胶比应符合表 4-34 的规定。每立方米混凝土中的胶凝材料用量不宜小于 320 kg,砂率宜为 35%~45%。胶凝材料和细骨料用量太少对混凝土抗渗性能不利。

表 4-34　抗渗混凝土最大水胶比

抗渗等级	最大水胶比	
	C20~C30	C30 以上
W6	0.60	0.55
W8~W12	0.55	0.50
>W12	0.50	0.45

(三)配合比设计中混凝土抗渗技术要求应符合的规定

(1)配制抗渗混凝土要求的抗渗水压值应比设计值提高 0.2 MPa。

(2)抗渗试验结果应符合式(4-34)的要求:

$$P_t \geqslant \frac{W}{10} + 0.2 \tag{4-34}$$

式中　P_t——6 个试件中不少于 4 个未出现渗水时的最大水压值,MPa;

W——设计要求的抗渗等级值。

(四)含气量的要求

掺引气剂或引气型外加剂的抗渗混凝土,应进行含气量试验,含气量宜控制在 3.0%~5.0%。

二、抗冻混凝土

抗冻等级不低于 F50 的混凝土称为抗冻混凝土。

(一)抗冻混凝土对原材料的要求

水泥应采用硅酸盐水泥或普通硅酸盐水泥;粗骨料宜选用连续级配,其含泥量不得大于 1.0%,泥块含量不得大于 0.5%;细骨料含泥量不得大于 3.0%,泥块含量不得大于 1.0%; 粗、细骨料均应进行坚固性试验;抗冻等级不小于 F100 的抗冻混凝土宜掺用引气剂;在钢筋混凝土和预应力混凝土中不得掺用含有氯盐的防冻剂,在预应力混凝土中不得掺用含有亚硝酸盐或碳酸盐的防冻剂。

(二)抗冻混凝土配合比设计

(1)最大水胶比和最小胶凝材料用量应符合表 4-35 的规定。

(2)复合矿物掺合料最大掺量宜符合表 4-36 的规定。

表 4-35　抗冻混凝土最大水胶比和最小胶凝材料用量

抗冻等级	最大水胶比		最小胶凝材料用量/(kg/m^3)
	无引气剂时	掺引气剂时	
F50	0.55	0.60	300
F100	0.50	0.55	320
≥F150	—	0.50	350

表 4-36　抗冻混凝土复合矿物掺合料最大掺量

水胶比	最大掺量/%	
	采用硅酸盐水泥时	采用普通硅酸盐水泥时
≤0.4	60	50
>0.4	50	40

(3)混凝土中掺用引气剂是提高混凝土抗冻性的有效方法之一。掺用引气剂的混凝土最小含气量应符合表 4-37 的要求。

表 4-37 抗冻混凝土最小含气量

粗骨料最大公称粒径/mm	混凝土最小含气量/%	
	潮湿或水位变动的寒冷和严寒环境	盐冻环境
40.0	4.0	5.0
25.0	5.0	5.5
20.0	5.5	6.0

三、泵送混凝土

泵送混凝土是指在泵压的作用下经刚性或柔性管道输送到浇筑地点进行浇筑的混凝土。

(一)泵送混凝土对原材料的要求

水泥宜选用硅酸盐水泥、普通硅酸盐水泥、矿渣硅酸盐水泥和粉煤灰硅酸盐水泥;粗骨料宜采用连续级配,其针、片状颗粒含量不宜大于 10%;粗骨料的最大粒径与输送管径之比宜符合表 4-38 的规定;细骨料宜采用中砂,其通过公称直径 315 μm 筛孔的颗粒含量不宜少于 15%;泵送混凝土应掺用泵送剂或减水剂,并宜掺用矿物掺合料。

表 4-38 粗骨料的最大粒径与输送管径之比

泵送高度/m	碎石	卵石
<50	≤1:3.0	≤1:2.5
50 ~ 100	≤1:4.0	≤1:3.0
>100	≤1:5.0	≤1:4.0

(二)泵送混凝土配合比设计

(1)胶凝材料用量不宜小于 300 kg/m^3。

(2)砂率宜为 35%~45%。

(3)泵送混凝土试配时应考虑坍落度经时损失。

四、大体积混凝土

混凝土结构物实体最小几何尺寸大于或等于 1 m,或预计会因混凝土中胶凝材料水化引起的温度变化和收缩而导致有害裂缝产生的混凝土,称为大体积混凝土。

(一)大体积混凝土对原材料的要求

水泥宜采用中、低热硅酸盐水泥或低热矿渣硅酸盐水泥;当采用硅酸盐水泥或普通硅酸盐水泥时,应掺加矿物掺合料,胶凝材料的 3 d 和 7 d 水化热分别不宜大于 240 kJ/kg 和 270 kJ/kg;粗骨料宜采用连续级配,最大公称粒径不宜小于 31.5 mm,因为粒径太小的粗骨料对限制混凝土变形不利,含泥量不应大于 1.0%;细骨料宜采用中砂,含泥量不应大于 3.0%;宜掺用矿物掺合料和缓凝型减水剂。

(二)大体积混凝土配合比设计

(1)水胶比不宜大于 0.55;用水量不宜大于 175 kg/m^3,以限制裂缝。

(2)在保证混凝土性能要求的前提下,宜提高每立方米混凝土中的粗骨料用量,以利于限制混凝土的变形;砂率宜为38%~42%。

(3)在保证混凝土性能要求的前提下,应减少胶凝材料中的水泥用量,提高矿物掺合料掺量,混凝土中矿物掺合料掺量应符合表4-5~表4-7的规定。

(4)在配合比试配和调整时,控制混凝土绝热温升不宜大于50 ℃。

(5)配合比应满足施工对混凝土凝结时间的要求。

五、高强混凝土

高强混凝土是指强度等级不小于C60的混凝土。强度等级不小于C100的混凝土称为超高强混凝土。

(一)高强混凝土对原材料的要求

(1)水泥应选用硅酸盐水泥或普通硅酸盐水泥。

(2)粗骨料宜采用连续级配,其最大公称粒径不宜大于25.0 mm,针、片状颗粒含量不宜大于5.0%,以利于混凝土中骨料合理堆积和应力合理分布;粗骨料含泥量不应大于0.5%,泥块含量不应大于0.2%。

(3)细骨料的细度模数宜为2.6~3.0,目的是使胶凝材料较多的高强混凝土中总体材料颗粒级配更加合理;含泥量不应大于2.0%,泥块含量不应大于0.5%。

(4)宜采用减水率不小于25%的高性能减水剂。目前多采用聚羧酸高性能减水剂。

(5)宜复合掺用粒化高炉矿渣粉、粉煤灰和硅灰等矿物掺合料;粉煤灰等级不应低于Ⅱ级;对强度等级不低于C80的高强混凝土宜掺用硅灰。

(二)高强混凝土配合比设计

(1)高强混凝土配合比应经试验确定,在缺乏试验依据的情况下,高强混凝土的水胶比、胶凝材料用量和砂率可按表4-39选取,并应经试配确定。

表4-39 高强混凝土水胶比、胶凝材料用量和砂率

强度等级	水胶比	胶凝材料用量/(kg/m^3)	砂率/%
>C60,<C80	0.28~0.33	480~560	35~42
≥C80,<C100	0.26~0.28	520~580	
C100	0.24~0.26	550~600	

(2)外加剂和矿物掺合料的品种、掺量应通过试配确定;矿物掺合料掺量宜为25%~40%;硅灰掺量不宜大于10%。

(3)水泥用量不宜大于500 kg/m^3。

(4)在试配过程中,应采用三个不同的配合比进行混凝土强度试验,其中一个可为依据表4-39计算后调整拌和物的试拌配合比,另外两个配合比的水胶比,宜较试拌配合比分别增加0.02和减少0.02。

(5)高强混凝土设计配合比确定后，尚应用该配合比进行不少于3盘混凝土的重复试验，每盘混凝土应至少成型一组试件，每组混凝土的抗压强度不应低于配制强度。

六、自密实混凝土

自密实混凝土是指具有高流动性、均匀性和稳定性，浇筑时无须外力振捣，能够在自重作用下流动并充满模板空间的混凝土。自密实混凝土适用于现场浇筑和生产预制构件，尤其适用于浇筑量大、浇捣困难的结构以及对施工进度、噪声有特殊要求的工程。

(一)自密实混凝土对原材料的要求

(1)水泥。宜采用硅酸盐水泥或普通硅酸盐水泥，也可采用其他通用水泥，但不宜采用铝酸盐水泥、硫铝酸盐水泥等凝结时间短、流动性经时损失大的水泥。

(2)掺合料。可采用粉煤灰、粒化高炉矿渣粉、硅灰等掺合料，当使用磨细矿化碳酸钙、石英粉等掺合料时，应考虑其粒径分布、形状与需水量，并经验证。

(3)粗骨料。宜采用最大公称粒径不大于20 mm的连续级配；对于结构紧密的竖向、复杂形状的结构以及有特殊要求的工程，最大公称粒径不宜大于16 mm。针、片状颗粒含量不大于8%，含泥量不大于1.0%，泥块含量不大于0.5%。轻粗骨料的最大公称粒径不大于16 mm，密度等级不小于700，粒型系数不大于2.0，24 h吸水率不大于10%。

(4)细骨料。宜采用Ⅱ区中砂，含泥量应小于或等于3.0%，泥块含量应小于或等于1.0%。

(5)外加剂。多使用聚羧酸系高性能减水剂，其具有掺量低、减水率高、强度增长快、坍落度损失小、改善混凝土收缩等性能。掺增稠剂、絮凝剂时，应试验验证。

(二)自密实混凝土的技术指标

(1)填充性。指拌和物在无须振捣的情况下，能均匀密实成型的性能。用坍落扩展度(SF)和扩展时间(T_{50})(VS)表示，是控制性指标。

(2)间隙通过性。指拌和物均匀通过狭窄间隙的性能。用坍落扩展度与J环扩展度差值(PA)表示，是可选指标。

(3)抗离析性。拌和物各组分保持均匀分散的性能。用离析率(SR)和粗骨料振动离析率(f_m)表示，是可选指标。

(三)自密实混凝土的自密实性能及要求

自密实混凝土拌和物的自密实性能及要求见表4-40。

(四)自密实混凝土配合比设计

(1)自密实混凝土配合比应根据所应用结构形式的特点、施工工艺，以及环境因素对自密实混凝土的技术要求进行设计，在综合考虑混凝土自密实性能、强度、耐久性及其他必要的性能要求基础上，提出初始配合比，经实验室试配调整得出满足工作性能要求的基准配合比，并进一步经强度、耐久性复核得到生产配合比。

(2)自密实混凝土配合比设计宜采用绝对体积法。自密实混凝土水胶比宜小于0.42，胶凝材料用量宜控制在450~550 kg/m³。

(3)自密实混凝土宜采用通过增加胶凝材料的方法适当增加浆体体积或通过添加外加剂的方法来改善浆体的黏聚性和流动性。

(4)钢管自密实混凝土配合比设计时,应采取减少收缩的措施。

表4-40 自密实混凝土拌和物的自密实性能指标

自密实性能	指标	等级	技术要求	应用范围
填充性 (控制性指标)	坍落扩展度/mm	SF1	550~655	从顶部浇筑的无筋或少筋结构;泵送浇筑施工的工程;截面较小,无须水平长距离流动的竖向结构
		SF2	660~755	适合大多的普通钢筋混凝土结构
		SF3	760~850	适用于结构紧密的竖向构件、形状复杂的结构等(粗骨料最大公称粒径宜小于16 mm)
	扩展时间 T_{50}/s	VS1	≥2	适合一般的普通钢筋混凝土结构
		VS2	<2	对于配筋较多的结构或有较高混凝土外观性能要求的结构,应严格控制
间隙通过性 (可选指标)	坍落扩展度与J环扩展度差值/mm	PA1	25~50	适用于钢筋净距80 mm至100 mm
		PA2	0~25	适用于钢筋净距60 mm至80 mm
抗离析性 (可选指标)	离析率/%	SR1	≤20	适用于流动距离小于5 m,钢筋净距大于80 mm的薄板结构和竖向结构
		SR2	≤15	适用于流动距离超过5 m、且钢筋净距大于80 mm的竖向结构。也适用于流动距离小于5 m、钢筋净距小于80 mm的竖向结构,但流动距离超过5 m,SR值宜小于10%
	粗骨料振动离析率/%	f_m	≤10	

七、碾压混凝土

碾压混凝土是以干稠的新拌混凝土薄层铺筑,用土石方的施工方法,即采用振动碾碾压密实成型的混凝土。与普通混凝土相比,碾压混凝土具有水泥用量少、施工速度快、工程造价低、温度控制简单等特点。特别适用于大体积混凝土,尤其是坝工混凝土和道路混凝土。近年来,碾压混凝土在筑坝方面得到了迅速发展。碾压混凝土坝既具有混凝土体积小、强度高、防渗性能好、坝身可溢流等特点,又具有土石坝施工程序简单、快速、经济、可使用大型通用机械的优点。

八、喷射混凝土

喷射混凝土是指用喷射法施工的混凝土。喷射混凝土有"干拌"和"湿拌"两种施工法。干拌法是将水泥、砂及最大粒径小于25 mm的石子按一定比例拌和后,装入喷射机,用压缩空气将干混合料沿管路输送至喷头处,与水混合并以40~60 m/s的高速喷射至作业面上。湿拌法则是将原材料预先加水拌和后喷射。喷射混凝土施工时,由于水泥颗粒与骨料互相撞击、连续挤压,以及采用较小的水灰比,从而使混凝土具有足够的密实性、较高的强度和较好的耐久性。

为了改善喷射混凝土的性能，通常是掺加占水泥重 2. 5%~4. 0%的速凝剂，一般可使水泥在 3 min 内初凝，10 min 内终凝，有利于提高早期强度、增大喷层厚度、减少回弹损失。喷射混凝土中加入一定数量（一般为干混合料质量的3%~6%）的钢纤维（直径0. 3~0. 5 mm，长度 20~25 mm），能显著提高混凝土的抗拉、抗剪、抗冲击性能和疲劳强度以及韧性指数。

喷射混凝土施工，可使混凝土的运输、浇筑和捣实结合为一道工序，不用或少用模板，适用于狭窄地段作业，并可向不同方位施作薄层混凝土，因而适用于矿山井巷、交通隧道、水工隧洞和各类地下工程的支护，砖石与混凝土结构的加固和修补，边坡、基坑、水池、渠道等工程的护壁，复杂造型的薄壁结构，钢结构的保护层和热工炉窑的衬里及其修补等工程。

九、纤维混凝土

纤维混凝土是以普通混凝土为基材，将短而细的分散性纤维均匀地撒布在普通混凝土中制成的。掺入短纤维的目的是提高混凝土的抗拉及抗冲击等性能与降低混凝土的脆性。

常用的短纤维有两类：一类是高弹性模量纤维（如钢纤维、玻璃纤维、碳纤维），另一类是低弹性模量纤维（如尼龙纤维、聚乙烯纤维等）。低弹性模量纤维能提高冲击韧性，但对抗拉强度影响不大；高弹性模量纤维能显著提高抗拉强度。

目前，纤维混凝土已用于水闸底板、路面、桥面、飞机跑道、管道、屋面板、墙板等。

十、高性能混凝土

1990 年 5 月，美国国家标准与技术研究所（NIST）和美国混凝土协会（NCI）首先提出了高性能混凝土的概念。目前，各国对高性能混凝土的定义尚有争议。综合各国学者的意见，高性能混凝土是以耐久性和可持续发展为基本要求，适应工业化生产与施工，具有高抗渗性、高体积稳定性（低干缩、低徐变、低温度应变率和高弹性模量）、良好工作性能（高流动性、高黏聚性，达到自密实）的混凝土。

虽然高性能混凝土由高强混凝土发展而来，但高强混凝土并不是高性能混凝土，不能将其混为一谈。高性能混凝土比高强混凝土具有更为有利于工程长期安全使用与便于施工的优异性能，它将比高强混凝土有更为广阔的应用前景。

高性能混凝土在配制时通常应注意以下几个方面：

（1）必须掺入与所用水泥具有相容性的高效减水剂，以降低水胶比、提高强度，并使其具有合适的工作性。

（2）必须掺入一定量活性的细磨矿物掺合料，如硅灰、磨细矿渣、优质粉煤灰等。在配制高性能混凝土时，掺加活性磨细掺合料，可利用其微粒效应和火山灰活性，以增强混凝土的密实性，提高强度和耐久性。

（3）选用合适的骨料，尤其是粗骨料的品质（如粗骨料的强度，针、片状颗粒含量，最大粒径等）对高性能混凝土的强度有较大影响。因此，用于高性能混凝土的粗骨料粒径不宜太大，在配制 60~100 MPa 的高性能混凝土时，粗骨料最大粒径不宜大于 19.0 mm。

高性能混凝土是水泥混凝土的发展方向之一，它符合科学的发展观，随着土木工程技术的发展，它将广泛地应用于桥梁工程、高层建筑、工业厂房结构、港口及海洋工程、水工结构等工程。

习　题

一、填空题

1. 混凝土拌和物的和易性包括______、______和______三个方面的含义。通常采用定量测定______，方法是塑性混凝土采用______法，干硬性混凝土采用______法；采取直观经验评定______和______。

2. 混凝土立方体抗压强度是以边长为______ mm 的立方体试件，在温度为______℃、相对湿度为______以上的标准条件下养护______ d，用标准试验方法测定的极限抗压强度，用符号______表示，单位为______。

3. 混凝土中掺入减水剂，在混凝土流动性不变的情况下，可以减少______，提高混凝土的______；在用水量及水胶比一定时，混凝土的______增大；在流动性和水胶比一定时，可以______。

4. 混凝土的轴心抗压强度采用尺寸为____________的棱柱体试件测定。

5. 泵送混凝土配合比设计时，胶凝材料总量不宜少于______ kg/m^3，砂率宜为______。

二、名词解释

1. 水胶比

2. 混凝土拌和物和易性

3. 合理砂率

三、单项选择题

1. 测定混凝土立方体抗压强度时采用的标准试件尺寸为(　　)。

A. 100 mm×100 mm×100 mm　　B. 150 mm×150 mm×150 mm

C. 300 mm×300 mm×300 mm　　D. 70.7 mm×70.7 mm×70.7 mm

2. 在用较高强度等级的水泥配制较低强度等级的混凝土时，为满足工程的技术经济要求，应采用(　　)措施。

A. 掺加掺合料　　B. 增大粗骨料粒径

C. 降低砂率　　D. 提高砂率

3. 为提高混凝土的抗碳化性，下列(　　)措施是错误的。

A. 采用火山灰水泥　　B. 采用硅酸盐水泥

C. 采用较小的水胶比　　D. 增加保护层厚度

4. 用于大体积混凝土或长距离运输混凝土的外加剂是(　　)。

A. 早强剂　　B. 速凝剂　　C. 引气剂　　D. 缓凝剂

5. 钢筋混凝土构件的混凝土,为提高其早期强度而掺入早强剂,下列(　　)材料不能用作其早强剂。

A. 氯化钠　　B. 硫酸钠　　C. 三乙醇胺　　D. 复合早强剂

6. 维勃稠度法是用于测定(　　)的和易性。

A. 低塑性混凝土　　B. 塑性混凝土　　C. 干硬性混凝土　　D. 流动性混凝土

7. 设计混凝土配合比时,是为满足(　　)要求来确定混凝土拌和物坍落度的大小。

A. 施工条件　　B. 设计要求　　C. 水泥的需水量　　D. 水泥用量

8. 欲增加混凝土的流动性,应采取的正确措施是(　　)。

A. 增加用水量　　B. 提高砂率　　C. 调整水胶比

D. 保持水胶比不变,增加水和胶凝材料用量

9. 配制大流动性混凝土,常用的外加剂是(　　)。

A. 膨胀剂　　B. 普通减水剂　　C. 引气剂　　D. 高效减水剂

10. 决定混凝土强度大小的最主要因素是(　　)。

A. 温度　　B. 时间　　C. f_{ce}　　D. f_b 和 W/B

11. 混凝土立方体抗压强度测试,采用 100 mm×100 mm×100 mm 的试件,其强度换算系数为(　　)。

A. 0.90　　B. 0.95　　C. 1.05　　D. 1.00

12. 在混凝土中掺减水剂,若保持用水量不变,则可以提高混凝土的(　　)。

A. 强度　　B. 耐久性　　C. 流动性　　D. 抗渗性

13. 设计混凝土配合比时,水胶比是根据混凝土的(　　)确定的。

A. 强度　　B. 耐久性　　C. 流动性　　D. 强度与耐久性

14. 已知水胶比为 0.5,砂率 35%,用水量 155 kg/m^3,混凝土表观密度为 2 450kg/m^3,用质量法计算混凝土中砂用量为(　　) kg/m^3。

A. 1 985　　B. 695　　C. 1 290　　D. 310

15. 三个混凝土立方体抗压强度试件,标准养护 28 d,测得其破坏荷载分别为 795 kN、810 kN、670 kN,则该组试件的抗压强度为(　　)MPa。

A. 33.7　　B. 35.6　　C. 35.3　　D. 该组试验无效

16. 对混凝土拌和物流动性起决定作用的是(　　)。

A. 水胶比　　B. 单位用水量　　C. 胶凝材料浆量　　D. 胶凝材料用量

四、简述题

1. 试述混凝土的特点及混凝土各组成材料的作用。
2. 简述混凝土拌和物和易性的概念及其影响因素。
3. 简述混凝土耐久性的概念及其所包含的内容。
4. 简述提高混凝土耐久性的措施。
5. 简述混凝土拌和物坍落度大小的选择原则。

6. 简述混凝土配合比设计的三大参数的确定原则以及配合比设计的方法步骤。

7. 简述混凝土配合比的表示方法及配合比设计的基本要求。

8. 简述减水剂的概念及其作用原理。

五、计算题

1. 采用普通水泥、卵石和天然砂配制混凝土，水胶比为 0.50，制作一组边长为 150 mm 的立方体试件，标准养护 28 d，测得的抗压破坏荷载分别为 750 kN、760 kN 和 890 kN。试计算：

(1) 该组混凝土试件的立方体抗压强度。

(2) 该混凝土所用水泥的实际抗压强度。

2. 某水工混凝土，其实验室配合比为 $m_c : m_s : m_g = 1 : 2.10 : 4.60$，$m_w/m_c = 0.50$。现场砂、石子的表面含水率分别为 2% 和 1%。1 m^3 混凝土的用水量 $m_w = 160$ kg。试计算该混凝土的施工配合比。

模块 5　建筑砂浆及其检测

【学习目标】

1. 熟悉砂浆的组成材料要求。
2. 理解砂浆的和易性、强度、黏结力等技术指标的含义及其影响因素。
3. 会测定砂浆的稠度、保水性和立方体抗压强度等指标。
4. 能熟练进行砌筑砂浆配合比设计。
5. 了解抹灰砂浆、预拌砂浆等其他品种砂浆的性能要求和应用。

码 5-1　微课:砂浆的分类与组成

建筑砂浆是由胶凝材料、细骨料和水,按适当的比例配制而成的,此外还可以在砂浆中加入适当比例的掺合料和外加剂,以改善砂浆的性能。砂浆广泛应用于堤坝、护坡、桥涵、房屋建筑等砖石结构物的砌筑以及结构物表面的抹面等。

砂浆按所用胶凝材料分为水泥砂浆、石灰砂浆和混合砂浆等;按用途不同,分为砌筑砂浆、抹面砂浆、防水砂浆等;按生产工艺可分为现场配制砂浆和预拌砂浆(湿拌砂浆、干混砂浆)等。

项目 1　砌筑砂浆

主要内容	知识目标	技能目标
砌筑砂浆的组成材料,砌筑砂浆的技术性质,砌筑砂浆的配合比设计	理解砌筑砂浆对组成材料的要求,熟悉砌筑砂浆的技术性质及配合比设计方法	能根据砌体种类,提出砌筑砂浆应达到的技术要求;能进行砌筑砂浆配合比设计

能将砖、石、砌块等胶结成砌体的砂浆称为砌筑砂浆。砌筑砂浆起着黏结、衬垫和传递荷载的作用,是砌体的主要组成部分。

一、砌筑砂浆的组成材料

(一)胶凝材料

砌筑砂浆常用的胶凝材料有水泥、石灰、石膏等,应根据砂浆的使用环境和用途来选择胶凝材料的品种。在干燥条件下使用的砂浆既可选用气硬性胶凝材料(石灰、石膏),也可选用水硬性胶凝材料(水泥);在潮湿环境或水中使用的砂浆则必须选用水泥作为胶凝材料。水泥宜采用通用硅酸盐水泥或砌筑水泥。水泥强度等级应根据砂浆品种及强度等级的要求进行选择。M15及以下强度等级的砌筑砂浆宜选用32.5级的通用硅酸盐水泥或砌筑水泥，M15以上强度等级的砌筑砂浆宜选用42.5级通用硅酸盐水泥。

（二）细骨料

砌筑砂浆中作为细骨料的砂，应符合混凝土用砂的技术要求。此外，由于砂浆层较薄，对砂最大粒径应有所限制，用于毛石砌体的砂浆，宜用粗砂，砂最大粒径应小于砂浆层厚度的1/5～1/4；对于砖砌体使用的砂浆，宜用中砂，其最大粒径不大于2.5 mm；抹面及勾缝砂浆，宜选用细砂，其最大粒径不大于1.2 mm。同时为保证砂浆质量，应选用洁净的砂，砂中的含泥量应符合规定，水泥砂浆和强度等级不小于M5的水泥混合砂浆，砂中含泥量不应超过5%；强度等级小于M5的水泥混合砂浆，砂中含泥量不应超过10%。

（三）水

对水质的要求与混凝土用水要求相同。

（四）掺合料及外加剂

为改善砂浆的和易性，可在砂浆中加入一些掺合料，常用的掺合料有石灰膏、电石膏、粉煤灰、粒化高炉矿渣粉、硅灰、天然沸石粉等。

生石灰熟化成石灰膏时，应用孔径不大于3 mm×3 mm的网过滤，熟化时间不得少于7 d；磨细生石灰粉的熟化时间不得少于2 d；消石灰粉不得直接用于砌筑砂浆中；严禁使用脱水硬化的石灰膏。

制作电石膏的电石渣应用孔径不大于3 mm×3 mm的网过滤，检验时应加热至70 ℃后至少保持20 min，并应待乙炔挥发完后再使用。

石灰膏、电石膏试配时的稠度应为（120±5）mm。

粉煤灰、粒化高炉矿渣粉、硅灰、天然沸石粉应分别符合国家相关标准的规定。当采用其他品种矿物掺合料时，应有可靠的技术依据，并应在使用前进行试验验证。

采用保水增稠材料时，应在使用前进行试验验证，并应有完整的型式检验报告。

为改善或提高砂浆的某些性能，更好地满足施工条件和使用功能的要求，可在砂浆中掺入一定量的外加剂。砂浆中掺入的外加剂，应符合国家现行有关标准的规定，引气型外加剂还应有完整的型式检验报告。

码5-2　微课：砌筑砂浆的技术性质

二、砌筑砂浆的技术性质

（一）砂浆的和易性

砂浆的和易性是指砂浆拌和物在施工过程中既方便操作，又能保证工程质量的性质。和易性好的砂浆，在运输和施工过程中不易产生分层、泌水现象，能在粗糙的砌筑底面上铺成均匀的薄层，使灰缝饱满密实，且能与底面很好地黏结成整体。砂浆和易性包括流动性和保水性两个方面。

码5-3　动画：砂浆稠度试验

1.流动性（稠度）

流动性是指砂浆在自重或外力作用下易于流动的性能，也称为稠度，用砂浆稠度测定仪测定，以标准试锥自由落入砂浆中10 s时所沉入的深度来表示,即沉入度,单位为 mm。沉入度越大,砂浆的流动性越好。

砂浆的流动性与胶凝材料的品种和用量,外加剂的品种和掺量,骨料的种类、粗细和级配及用水量有关,主要取决于用水量。砌筑砂浆的施工稠度应根据砌体种类、施工条件及气候条件等按表 5-1 选择。

表 5-1 砌筑砂浆的施工稠度

砌体种类	施工稠度/mm
烧结普通砖砌体、粉煤灰砖砌体	70~90
烧结多孔砖砌体、烧结空心砖砌体、轻骨料混凝土小型空心砌块砌体、蒸压加气混凝土砌块砌体	60~80
混凝土砖砌体、普通混凝土小型空心砌块砌体、灰砂砖砌体	50~70
石砌体	30~50

2. 保水性

砂浆的保水性是指砂浆保持水分的能力。保水性好的砂浆无论是运输、静置还是铺设在底面上,水分都不会很快从砂浆中分离出来,仍保持必要的稠度,不仅易于施工操作,而且使水泥正常水化,保证了砌体强度。

砂浆的保水性用保水率表示,保水率是指用标准的试验方法,测得的保留在砂浆中的水分与试验前砂浆中总水分的质量百分比。砌筑砂浆的保水率应符合表 5-2 的规定。

表 5-2 砌筑砂浆的保水率

砂浆种类	保水率/%
水泥砂浆	≥80
水泥混合砂浆	≥84
预拌砌筑砂浆	≥88

(二)强度等级

砂浆的强度等级是以 70.7 mm×70.7 mm×70.7 mm 的立方体标准试件,在标准条件下养护 28 d 测得的抗压强度平均值来划分的。

水泥砂浆及预拌砌筑砂浆的强度等级分为 M5、M7.5、M10、M15、M20、M25、M30,水泥混合砂浆的强度等级分为 M5、M7.5、M10、M15。

影响砂浆强度的因素基本与混凝土相同,但砌筑砂浆的实际强度与所砌筑材料的吸水性有关。当用于不吸水基层(如致密的石材)时,砂浆强度主要取决于水泥的强度和灰水比,可用式(5-1)表示:

$$f_{28}=Af_{ce}\left(\frac{C}{W}-B\right) \tag{5-1}$$

式中　f_{28}——砂浆 28 d 抗压强度,MPa;

f_{ce}——水泥实测强度,MPa;

$\frac{C}{W}$——灰水比;

A、B——经验系数,当用普通水泥时,A 取 0.29,B 取 0.4。

当用于吸水基层(如砖和其他多孔材料)时,原材料及灰砂比相同时,砂浆拌和时加入水量虽稍有不同,但经材料吸水,保留在砂浆中的水分仍相差不大,砂浆的强度主要取决于水泥强度和水泥用量,而与用水量关系不大,所以可用式(5-2)表示:

$$f_{28}=\frac{\alpha f_{ce}Q_c}{1\ 000}+\beta \tag{5-2}$$

式中　Q_c——每立方米砂浆中水泥用量,kg;

α、β——砂浆的特征系数,$\alpha=3.03$,$\beta=-15.09$。

除上述因素外,砂的质量、掺合料的品种及用量也影响砂浆强度。

(三)砂浆的抗冻性

有抗冻性要求的砌体工程,砌筑砂浆应进行冻融试验。砌筑砂浆的抗冻性应符合表 5-3 的规定,且当设计对抗冻性有明确要求时,尚应符合设计规定。

表 5-3　砌筑砂浆的抗冻性

使用条件	抗冻指标	质量损失率/%	强度损失率/%
夏热冬暖地区	F15	≤5	≤25
夏热冬冷地区	F25		
寒冷地区	F35		
严寒地区	F50		

(四)砂浆的黏结力

砌筑砂浆必须具有足够的黏结力,才能将砌筑材料黏结成一个整体。一般情况下砂浆的抗压强度越高,其黏结力也越强。另外,砂浆的黏结力与所砌筑材料的表面状态、清洁程度、湿润状态、施工水平及养护条件等也密切相关。

三、砌筑砂浆的配合比设计

按照《砌筑砂浆配合比设计规程》(JGJ/T 98—2010)规定,砂浆的配合比设计一般按下列步骤进行。

码 5-4　微课:砌筑砂浆配合比设计

(一)现场配制水泥混合砂浆的配合比计算

(1)计算砂浆的试配强度 $f_{m,0}$。

$$f_{m,0}=kf_2 \tag{5-3}$$

式中　$f_{m,0}$——砂浆的试配强度，MPa，精确至 0.1 MPa；

f_2——砂浆强度等级值，MPa，精确至 0.1 MPa；

k——系数，按表 5-4 取用。

表 5-4　砂浆强度标准差 σ 及 k 值

施工水平	强度标准差 σ/MPa							k
	M5	M7.5	M10	M15	M20	M25	M30	
优良	1.00	1.50	2.00	3.00	4.00	5.00	6.00	1.15
一般	1.25	1.88	2.50	3.75	5.00	6.25	7.50	1.20
较差	1.50	2.25	3.00	4.50	6.00	7.50	9.00	1.25

(2) 砂浆强度标准差的确定应符合下列规定。

当有统计资料时，砂浆强度标准差应按式(5-4)计算：

$$\sigma = \sqrt{\frac{\sum_{i=1}^{n} f_{m,i}^{2} - n\mu_{fm}^{2}}{n-1}} \tag{5-4}$$

式中　$f_{m,i}$——统计周期内同一品种砂浆第 i 组试件的强度，MPa；

μ_{fm}——统计周期内同一品种砂浆 n 组试件强度的平均值，MPa；

n——统计周期内同一品种砂浆试件的总组数，$n \geqslant 25$。

当无统计资料时，砂浆强度标准差 σ 可按表 5-4 取用。

(3) 计算 1 m^3 砂浆的水泥用量 Q_c。

$$Q_c = \frac{1\,000(f_{m,0} - \beta)}{\alpha \cdot f_{ce}} \tag{5-5}$$

式中　Q_c——每立方米砂浆的水泥用量，kg，精确至 1 kg；

$f_{m,0}$——砂浆的试配强度，MPa，精确至 0.1 MPa；

f_{ce}——水泥实测强度，MPa，精确至 0.1 MPa；

α、β——砂浆的特征系数，其中 $\alpha = 3.03$，$\beta = -15.09$。

在无法取得水泥的实测强度值时，可按式(5-6)计算：

$$f_{ce} = \gamma_c \cdot f_{ce,g} \tag{5-6}$$

式中　$f_{ce,g}$——水泥强度等级值，MPa；

γ_c——水泥强度等级值的富余系数，宜按实际统计资料确定，无统计资料时可取 1.0。

(4) 计算 1 m^3 砂浆的石灰膏用量 Q_d。

$$Q_d = Q_a - Q_c \tag{5-7}$$

式中　Q_d——每立方米砂浆的石灰膏的用量，kg，精确至 1 kg，石灰膏使用时的稠度宜为 (120±5) mm；

Q_c——每立方米砂浆的水泥用量,kg,精确至1 kg;

Q_a——每立方米砂浆中石灰膏与水泥的总量,kg,精确至1 kg,可为350 kg。

石灰膏不同稠度时,其换算系数可按表5-5确定。

表5-5　石灰膏不同稠度时的换算系数

石灰膏稠度/mm	120	110	100	90	80	70	60	50	40	30
换算系数	1.00	0.99	0.97	0.95	0.93	0.92	0.90	0.88	0.87	0.86

(5)确定1 m^3砂浆的砂用量Q_s。

砂浆中的水、胶凝材料和掺合料是用于填充砂的空隙,因此1 m^3砂浆需要用1 m^3砂。由于砂的体积随含水率的变化而变化,所以1 m^3砂浆中的砂用量,应以干燥状态(含水率小于0.5%)的堆积密度值作为计算值,单位以kg计。

(6)确定1 m^3砂浆的用水量Q_w。

每立方米砂浆中的用水量,可根据砂浆稠度等要求选用,一般为210~310 kg。确定砂浆用水量时应注意:①混合砂浆中的用水量,不包括石灰膏中的水;②当采用细砂或粗砂时,用水量分别取上限或下限;③稠度小于70 mm时,用水量可小于下限;④施工现场气候炎热或干燥季节,可酌量增加水量。

(二)现场配制水泥砂浆的配合比选用

(1)水泥砂浆的配合比可按表5-6选用。

表5-6　1 m^3水泥砂浆材料用量　单位:kg/m^3

强度等级	水泥	砂	用水量
M5	200~230	砂的堆积密度值	270~330
M7.5	230~260		
M10	260~290		
M15	290~330		
M20	340~400		
M25	360~410		
M30	430~480		

注:1. M15及M15以下强度等级水泥砂浆,水泥强度等级为32.5级;M15以上强度等级水泥砂浆,水泥强度等级为42.5级。

2. 当采用细砂或粗砂时,用水量分别取上限或下限。

3. 稠度小于70 mm时,用水量可小于下限。

4. 施工现场气候炎热或干燥季节,可酌情增加用水量。

5. 试配强度应按式(5-3)计算。

(2)水泥粉煤灰砂浆的配合比可按表5-7选用。

表 5-7 1 m^3 水泥粉煤灰砂浆材料用量 单位:kg/m^3

强度等级	水泥和粉煤灰总量	粉煤灰	砂	用水量
M5	210~240	粉煤灰掺量可占胶凝材料总量的15%~25%	砂的堆积密度值	270~330
M7.5	240~270			
M10	270~300			
M15	300~330			

注:1. 表中水泥强度等级为32.5级。
2. 当采用细砂或粗砂时,用水量分别取上限或下限。
3. 稠度小于70 mm时,用水量可小于下限。
4. 施工现场气候炎热或干燥季节,可酌情增加用水量。
5. 试配强度应按式(5-3)计算。

(三)砌筑砂浆配合比试配、调整与确定

(1)试配时应采用工程实际使用的材料,采用机械搅拌,搅拌时间应自开始加水算起。水泥砂浆和水泥混合砂浆,搅拌时间不得少于120 s;对预拌砌筑砂浆和掺有粉煤灰、外加剂、保水增稠材料的砂浆,搅拌时间不得少于180 s。

(2)按计算或查表所得配合比进行试拌时,应测定其拌和物的稠度和保水率。当稠度和保水率不能满足要求时,应调整材料用量,直到符合要求,然后确定为试配时的砂浆基准配合比。

(3)试配时至少采用三个不同的配合比,其中一个为基准配合比,其余两个配合比的水泥用量应按基准配合比分别增加和减少10%。在保证保水率、稠度合格的条件下,可将用水量、石灰膏、保水增稠材料或粉煤灰等材料用量做相应调整。

(4)砌筑砂浆试配时稠度应满足施工要求,并应按《建筑砂浆基本性能试验方法标准》(JGJ/T 70—2009)的规定,分别测定不同配合比砂浆的表观密度和强度,并选定符合试配强度及和易性要求,且水泥用量最低的配合比作为砂浆的试配配合比。

(5)砌筑砂浆试配配合比尚应按下列步骤进行校正:

①根据上述第(4)条确定的砂浆试配配合比材料用量,按式(5-8)计算砂浆的理论表观密度值:

$$\rho_t = Q_c + Q_w + Q_s + Q_d \tag{5-8}$$

式中 ρ_t——砂浆的理论表观密度值,kg/m^3,精确至10 kg/m^3。

②按式(5-9)计算砂浆配合比校正系数δ:

$$\delta = \frac{\rho_c}{\rho_t} \tag{5-9}$$

式中 ρ_c——砂浆的实测表观密度值,kg/m^3,精确至10 kg/m^3。

③当砂浆的实测表观密度值与理论表观密度值之差的绝对值不超过理论值的2%时,可将上述第(4)条得出的试配配合比确定为砂浆设计配合比;当超过2%时,应将试配配合比中每项材料用量均乘以校正系数δ,即为确定的设计配合比。

四、砌筑砂浆配合比设计实例

【工程案例5-1】 设计强度等级为M10、稠度为70~90 mm的水泥石灰混合砂浆配

合比。该施工单位无历史资料,施工水平一般。原材料主要参数如下:

水泥,强度等级32.5的矿渣硅酸盐水泥(P·S·A);

砂子,中砂,堆积密度1 500 kg/m³,含水率2%;

石灰膏,稠度100 mm。

解　(1)计算砂浆的试配强度$f_{m,0}$。

根据砂浆设计强度$f_2=10$ MPa,施工水平一般,查表5-4可知$k=1.20$。

$$f_{m,0}=kf_2=1.20\times10=12.0(\text{MPa})$$

(2)计算水泥的用量Q_c。

由于水泥强度无统计资料,故$\gamma_c=1.0$。

$$f_{ce}=\gamma_c\cdot f_{ce,g}=1.0\times32.5=32.5(\text{MPa})$$

$$Q_c=\frac{1\ 000\times(f_{m,0}-\beta)}{\alpha\cdot f_{ce}}=\frac{1\ 000\times(12.0+15.09)}{3.03\times32.5}=275(\text{kg/m}^3)$$

(3)计算石灰膏用量Q_d。

取砂浆中石灰膏与水泥的总量$Q_a=350\ \text{kg/m}^3$。

当石灰膏稠度为(120±5)mm时,$Q_d=Q_a-Q_c=350-275=75(\text{kg/m}^3)$

当石灰膏的稠度为100 mm时,查表5-5,可知稠度换算系数为0.97,此时石灰膏的用量Q'_d为:

$$Q'_d=75\times0.97=73(\text{kg/m}^3)$$

(4)计算砂用量Q_s。

$$Q_s=1\ 500\times1=1\ 500(\text{kg/m}^3)$$

考虑砂的含水率,实际用砂量:

$$Q'_s=1\ 500\times(1+2\%)=1\ 530(\text{kg/m}^3)$$

(5)选择用水量Q_w。

稠度为70~90 mm,选择用水量$Q_w=300\ \text{kg/m}^3$,扣除湿砂的含水量,则实际用水量Q'_w为:

$$Q'_w=300-1\ 500\times2\%=270(\text{kg/m}^3)$$

(6)计算配合比。

水泥:石灰膏:砂:水=275:73:1 530:270=1:0.27:5.56:0.98

项目2　砂浆性能检测

主要内容	知识目标	技能目标
砂浆试样制备与取样,砂浆稠度、砂浆表观密度、砂浆保水性、砂浆分层度、砂浆立方体抗压强度检测	掌握砂浆试样的制备、砂浆性能检测的方法步骤,熟悉砂浆性能指标的评价标准	能够进行砂浆试样的制备与现场取样,能进行砂浆稠度、砂浆表观密度、砂浆保水性、砂浆立方体抗压强度等性能检测

任务 1　砂浆试样的制备与现场取样

一、检测依据

(1)《建筑砂浆基本性能试验方法标准》(JGJ/T 70—2009)。

(2)《砌筑砂浆配合比设计规程》(JGJ/T 98—2010)。

二、取样方法

(1)建筑砂浆试验用料应根据不同要求,从同一盘砂浆或同一车砂浆中取样。取样量应不少于试验所需量的 4 倍。

(2)在施工过程中取样进行砂浆试验时,砂浆取样方法按相应的施工验收规范执行,并宜在现场搅拌点或预拌砂浆卸料点至少 3 个不同部位及时取样。对于现场取得的试样,试验前应人工搅拌均匀。

(3)从取样完毕到开始进行各项性能试验,不宜超过 15 min。

三、试样的制备

(1)在实验室制备砂浆试样时,所用材料应提前 24 h 运入室内。拌和时,实验室的温度应保持在(20±5)℃。当需要模拟施工条件下所用的砂浆时,所用原材料的温度宜与施工现场一致。

(2)试验所用原材料应与现场使用材料一致。砂应通过 4. 75 mm 的筛。

(3)实验室拌制砂浆时,材料用量应以质量计。称量精度:水泥、外加剂、掺合料等为 ±0. 5%,砂为±1%。

(4)在实验室搅拌砂浆时应采用机械搅拌,搅拌量宜为搅拌机容量的 30%~70%,搅拌时间不应少于 120 s。掺有掺合料和外加剂的砂浆,其搅拌时间不应少于 180 s。

四、取样记录

取得样品后,应由负责取样人员填写取样单,取样单至少应包括取样方法、试样编号、试样数量、强度等级、取样日期、取样地点和取样人等。

任务 2　砂浆稠度检测

一、检测目的

检验砂浆配合比或施工过程中控制砂浆的稠度,以达到控制用水量的目的。

码 5-5　视频:
砂浆稠度检测

二、仪器设备

(1)砂浆稠度测定仪:如图 5-1 所示,由试锥、容器和支座三部分组成。试锥高度为 145 mm,锥底直径为 75 mm,试锥连同滑杆的质量应为(300±2)g;盛浆容器的筒高为 180 mm,锥底内径为 150 mm;支座包括底座、支架及刻度显示三个部分。

(2)钢制捣棒:直径 10 mm、长 350 mm,端部磨圆。

(3)秒表等。

三、检测步骤

(1)先采用少量润滑油轻擦滑杆,再将滑杆上多余的油用吸油纸擦净,使滑杆能自由滑动。

(2)先用湿布擦净盛浆容器和试锥表面,再将砂浆拌和物一次装入容器,使砂浆表面约低于容器口 10 mm。用捣棒自容器中心向边缘均匀地插捣 25 次,然后轻轻地将容器摇动或敲击 5~6 下,使砂浆表面平整,然后将容器置于砂浆稠度测定仪的底座上。

(3)拧开制动螺丝,向下移动滑杆,当试锥尖端与砂浆表面刚接触时,拧紧制动螺丝,使齿条测杆下端刚接触滑杆上端,并将指针对准零点。

(4)拧开制动螺丝,同时计时间,10 s 时立即拧紧螺丝,将齿条测杆下端接触滑杆上端,从刻度盘上读出下沉深度(精确至 1 mm),即为砂浆的稠度值。

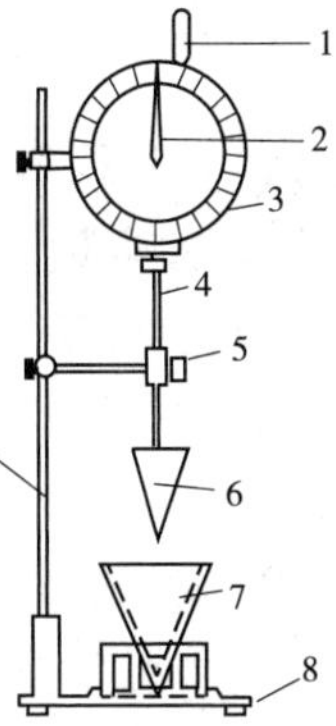

1—齿条测杆;2—指针;
3—刻度盘;4—滑杆;
5—制动螺丝;6—试锥;
7—盛浆容器;8—底座;
9—支架。

图 5-1　砂浆稠度测定仪

(5)盛浆容器内的砂浆,只允许测定一次稠度,重复测定时,应重新取样测定。

四、结果计算与评定

(1)取两次试验结果的算术平均值,精确至 1 mm。

(2)如两次试验值之差大于 10 mm,应重新取样测定。

【规范规定】 *砌筑砂浆的施工稠度要求,见表 5-1。*

任务 3　砂浆表观密度检测

码 5-6　视频:砂浆表观密度检测

一、检测目的

测定砂浆拌和物捣实后的单位体积质量(即表观密度),以确定每立方米砂浆拌和物中各组成材料的实际用量。

二、仪器设备

(1)容量筒:金属制圆筒,内径 108 mm,净高 109 mm,筒壁厚 2 mm,容积为 1 L。

(2)天平:称量 5 kg,感量 5 g。

(3)捣棒:直径 10 mm,长 350 mm,端部磨圆。

(4)砂浆密度测定仪:如图 5-2 所示。

(5)振动台:振幅(0.5±0.05)mm,频率(50±3)Hz。

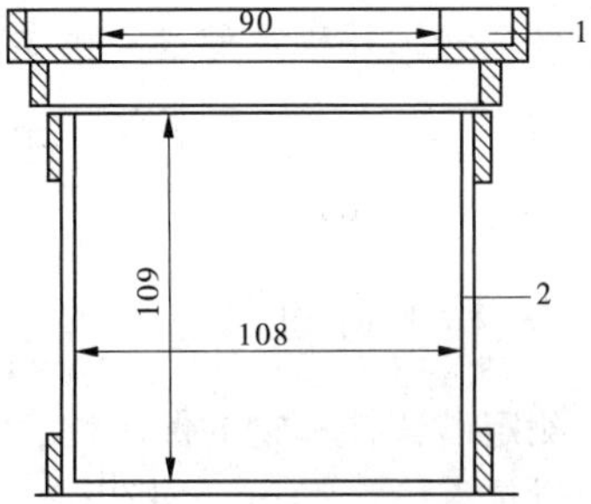

1—漏斗;2—容量筒。

图 5-2　砂浆密度测定仪　(单位:mm)

三、检测步骤

(1)容量筒容积校正时,选择一块能覆盖住容量筒顶面的玻璃板,称出玻璃板和容量筒质量。向容量筒中灌入温度为(20±5)℃的饮用水,灌到接近上口时,一边不断加水,一边把玻璃板沿筒口徐徐推入盖严。玻璃板下不得存在气泡。擦净玻璃板面及筒壁外的水分,称量容量筒、水和玻璃板质量(精确至 5 g)。两次质量之差(以 kg 计)即为容量筒的容积(L)。

(2)按照任务 2 的规定测定砂浆拌和物的稠度。

(3)用湿布擦净容量筒的内表面,称出容量筒质量 m_1,精确至 5 g。

(4)可采用人工或机械方法捣实。当砂浆稠度大于 50 mm 时,宜采用人工插捣法;当砂浆稠度不大于 50 mm 时,宜采用机械振动法。

采用人工插捣时,将砂浆拌和物一次装满容量筒,使稍有富余,用捣棒由边缘向中心均匀地插捣 25 次。当插捣过程中砂浆沉落到低于筒口时,应随时添加砂浆,再用木槌沿容量筒外壁敲击 5~6 次。

采用机械振动时,将砂浆拌和物一次装满容量筒连同漏斗在振动台上振动 10 s,当振动过程中砂浆沉入到低于筒口时,应随时添加砂浆。

(5)捣实或振动后,应将筒口多余的砂浆拌和物刮去,使砂浆表面平整,然后将容量筒外壁擦净,称出砂浆和容量筒总质量 m_2,精确至 5 g。

四、结果计算与评定

(1)砂浆拌和物表观密度按式(5-10)计算,精确至 10 kg/m³。

$$\rho = \frac{m_2 - m_1}{V} \times 1\ 000 \tag{5-10}$$

式中 ρ——表观密度,kg/m³;

m_1——容量筒质量,kg;

m_2——容量筒与试样总质量,kg;

V——容量筒容积,L。

(2)取两次试验结果的算术平均值作为测定值,精确至 10 kg/m³。

【规范规定】 *砌筑砂浆拌和物的表观密度要求:水泥砂浆不小于 1 900 kg/m³,水泥混合砂浆和预拌砌筑砂浆不小于 1 800 kg/m³。*

任务 4　砂浆保水性检测

码 5-7　视频:砂浆保水性检测

一、检测目的

测定砂浆拌和物的保水性,为砂浆配合比设计、砂浆拌和物质量评定提供依据。

二、仪器设备

(1)金属或硬塑料圆环试模:内径100 mm、内部高度25 mm。

(2)可密封的取样容器:应清洁、干燥。

(3)2 kg的重物。

(4)金属滤网:网格尺寸45 μm,圆形,直径为(110±1)mm。

(5)超白滤纸:应采用现行国家标准《化学分析滤纸》(GB/T 1914—2017)规定的中速定性滤纸,直径应为110 mm,单位面积质量应为200 g/m^2。

(6)2片金属或玻璃的方形或圆形不透水片,边长或直径应大于110 mm。

(7)天平:量程200 g,感量为0.1 g;量程2 000 g,感量为1 g,各一台。

(8)干燥箱。

三、检测步骤

(1)称量底部不透水片与干燥试模质量 m_1 和15片中速定性滤纸质量 m_2。

(2)将砂浆拌和物一次性填入试模,并用抹刀插捣数次,当装入的砂浆略高于试模边缘时,用抹刀以45°角一次性将试模表面多余的砂浆刮去,然后用抹刀以较平的角度在试模表面反方向将砂浆刮平。

(3)抹掉试模边的砂浆,称量试模、底部不透水片与砂浆总质量 m_3。

(4)用金属滤网覆盖在砂浆表面,再在滤网表面放上15片滤纸,用上部不透水片盖在滤纸表面,以2 kg的重物把上部不透水片压住。

(5)静置2 min后移走重物及上部不透水片,取出滤纸(不包括滤网),迅速称量滤纸质量 m_4。

(6)按照砂浆的配合比及加水量计算砂浆的含水率。当无法计算时,可按下面的规定测定砂浆的含水率。

测定砂浆含水率时,应称取(100±10)g砂浆拌和物试样,置于一干燥并已称重的盘中,在(105±5)℃的干燥箱中烘干至恒重,砂浆含水率应按式(5-11)计算,并精确至0.1%。

$$\alpha = \frac{m_6 - m_5}{m_6} \times 100\% \tag{5-11}$$

式中 α——砂浆含水率(%);

m_5——烘干后砂浆样本的质量,g,精确至1 g;

m_6——砂浆样本的总质量,g,精确至1 g。

取两次试验结果的算术平均值作为砂浆的含水率,精确至0.1%。当两个测定值之差超过2%时,此组试验结果应为无效。

四、结果计算与评定

砂浆保水率应按式(5-12)计算:

$$W = \left[1 - \frac{m_4 - m_2}{\alpha \times (m_3 - m_1)}\right] \times 100\% \tag{5-12}$$

式中 W——砂浆保水率(%);

m_1——底部不透水片与干燥试模质量,g,精确至 1 g;

m_2——15 片滤纸吸水前的质量,g ,精确至 0.1 g;

m_3——试模、底部不透水片与砂浆总质量,g,精确至 1 g;

m_4——15 片滤纸吸水后的质量,g,精确至 0.1 g;

α——砂浆含水率(%)。

取两次试验结果的算术平均值作为砂浆的保水率,精确至 0.1%,且第二次试验应重新取样测定。当两个测定值之差超过 2%时,此组试验结果应为无效。

【规范规定】 *砌筑砂浆的保水率要求,见表 5-2。*

任务 5 砂浆分层度检测

一、检测目的

测定砂浆拌和物的分层度,以确定在运输及停放时砂浆拌和物的稳定性。

二、仪器设备

(1)砂浆分层度测定仪:如图 5-3 所示,由上、下两层金属圆筒及左、右两根连接螺栓组成。圆筒内径为 150 mm,上节高度为 200 mm,下节带底净高为 100 mm。上、下层连接处需加宽到 3~5 mm,并设有橡胶垫圈。

(2)振动台:振幅为(0.5±0.05)mm,频率为(50±3)Hz。

(3)砂浆稠度仪、木槌等。

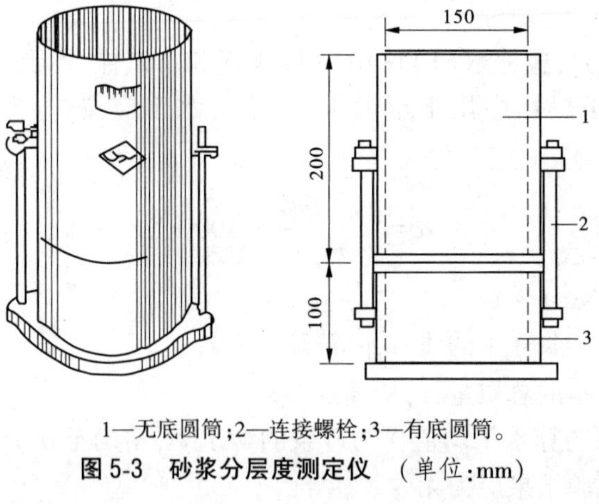

1—无底圆筒;2—连接螺栓;3—有底圆筒。

图 5-3 砂浆分层度测定仪 (单位:mm)

三、检测步骤

分层度的测定可采用标准法和快速法。当发生争议时,应以标准法的测定结果为准。

(一)标准法

(1)按稠度检测方法测定砂浆拌和物的稠度(沉入度)K_1。

(2)将砂浆拌和物一次性装入分层度测定仪圆筒内,待装满后,用木槌在容器周围距离大致相等的4个不同部位分别轻轻敲击1~2下,当砂浆沉落到低于筒口时,应随时添加,然后刮去多余砂浆并用抹刀抹平。

(3)静置30 min后,去掉上节200 mm砂浆,然后将剩余的100 mm砂浆倒在拌和锅内拌2 min,再按上述稠度检测方法测其稠度K_2。

(二)快速法

(1)按稠度检测方法测定砂浆拌和物的稠度(沉入度)K_1。

(2)将分层度测定仪圆筒预先固定在振动台上,砂浆一次装入筒内,振动20 s。

(3)去掉上节200 mm砂浆,将剩余的100 mm砂浆倒出放在拌和锅内拌2 min,再按稠度检测方法测其稠度K_2。

四、结果计算与评定

(1)前后两次测得的稠度之差为砂浆分层度值,即$\Delta = K_1 - K_2$。

(2)取两次试验结果的算术平均值作为该砂浆的分层度值,精确至1 mm。

(3)当两次分层度试验值之差大于10 mm时,应重新取样测定。

任务6 砂浆立方体抗压强度检测

码5-8 视频:砂浆立方体抗压强度检测

一、检测目的

检测砂浆立方体抗压强度是否满足工程要求。

二、仪器设备

(1)试模:为70.7 mm×70.7 mm×70.7 mm的带底试模,应符合现行相关标准的规定,应具有足够的刚度并拆装方便。试模内表面应机械加工,其不平度应为每100 mm不超过0.05 mm,组装后各相邻面的不垂直度不应超过±0.5°。

(2)压力试验机:精度应为1%,试件破坏荷载应不小于压力试验机量程的20%,且不应大于全量程的80%。

(3)振动台、捣棒、垫板等。

三、检测步骤

(一)试件制作及养护

(1)采用立方体试件,每组试件3个。

(2)应采用黄油等密封材料涂抹试模的外接缝,试模内应涂刷薄层机油或脱膜剂。将拌制好的砂浆一次性装满砂浆试模,成型方法根据稠度而定。当稠度大于50 mm时,宜采用人工插捣成型;当稠度不大于50 mm时,宜采用振动台振实成型。

人工插捣：应采用捣棒均匀地由边缘向中心按螺旋方式插捣 25 次，插捣过程中当砂浆沉落低于试模口时，应随时添加砂浆，可用油灰刀插捣数次，并用手将试模一边抬高 5~10 mm 各振动 5 次，砂浆应高出试模顶面 6~8 mm。

机械振动：将砂浆一次性装满试模，放置到振动台上，振动时试模不得跳动，振动 5~10 s 或持续到表面出浆为止，不得过振。

(3) 待表面水分稍干后，将高出试模部分的砂浆沿试模顶面刮去并抹平。

(4) 试件制作后，应在温度为(20±5)℃的环境下静置(24±2) h，对试件进行编号、拆模。当气温较低时，或者凝结时间大于 24 h 的砂浆，可适当延长时间，但不应超过 2 d。试件拆模后应立即放入温度为(20±2)℃、相对湿度为 90%以上的标准养护室中养护。养护期间，试件彼此间隔不得小于 10 mm，混合砂浆、湿拌砂浆试件上表面应覆盖，以防有水滴在试件上。

(二) 抗压强度试验

(1) 试件从养护地点取出后，应及时进行试验。试验前将试件表面擦拭干净，测量尺寸，并检查其外观，并应计算试件的承压面积。当实测尺寸与公称尺寸之差不超过 1 mm 时，可按公称尺寸进行计算。

(2) 将试件安放在试验机的下压板(或下垫板)上，试件的承压面应与成型时的顶面垂直，试件的中心应与试验机下压板(或下垫板)中心对准。开动试验机，当上压板与试件或上垫板接近时，调整球座，使接触面均衡受压。承压试验应连续而均匀地加荷，加荷速度应为 0.25~1.5 kN/s；砂浆强度不大于 2.5 MPa 时，宜取下限。当试件接近破坏而开始迅速变形时，停止调整试验机油门，直至试件破坏，然后记录破坏荷载。

四、结果计算与评定

(1) 砂浆立方体抗压强度按式(5-13)计算，精确至 0.1 MPa。

$$f_{m,cu} = K\frac{P}{A} \tag{5-13}$$

式中　$f_{m,cu}$——砂浆立方体试件抗压强度，MPa；

P——试件破坏荷载，N；

A——试件承压面积，mm^2；

K——换算系数，取 1.35。

(2) 应以三个试件测值的算术平均值作为该组试件的砂浆立方体抗压强度平均值，精确至 0.1 MPa。

(3) 当三个测值的最大值或最小值中有一个与中间值的差值超过中间值的 15%时，应把最大值及最小值一并舍去，取中间值作为该组试件的抗压强度值。

(4) 当最大值和最小值与中间值的差值均超过中间值的 15%时，该组试验结果应为无效。

码 5-9　文档：砂浆检测委托单、原始记录、检测报告

项目 3 其他砂浆

主要内容	知识目标	技能目标
抹灰砂浆、预拌砂浆、防水砂浆、接缝砂浆、钢丝网水泥砂浆等	掌握抹灰砂浆、预拌砂浆、防水砂浆、接缝砂浆、钢丝网水泥砂浆等砂浆的特点及工程应用	能够根据工程特点和要求,经济合理地选择砂浆品种

一、抹灰砂浆

大面积涂抹于建筑物墙、顶棚、柱等表面的砂浆,即为抹灰砂浆,也称抹面砂浆。抹灰砂浆包括水泥抹灰砂浆(以水泥为胶凝材料,加入细骨料和水按一定比例配制而成)、水泥粉煤灰抹灰砂浆(以水泥、粉煤灰为胶凝材料,加入细骨料和水按一定比例配制而成)、水泥石灰抹灰砂浆(以水泥为胶凝材料,加入石灰膏、细骨料和水按一定比例配制而成)、掺塑化剂水泥抹灰砂浆(以水泥或添加部分粉煤灰的水泥为胶凝材料,加入细骨料、水和适量塑化剂按一定比例配制而成)、聚合物水泥抹灰砂浆(以水泥为胶凝材料,加入细骨料、水和适量聚合物按一定比例配制而成)及石膏抹灰砂浆(以半水石膏或Ⅱ型无水石膏单独或两者混合后为胶凝材料,加入细骨料、水和多种外加剂按一定比例配制而成)等。

抹灰砂浆与砌筑砂浆相比,要求砂浆具有良好的和易性和黏结力,容易抹成均匀平整的薄层;与基层有足够的黏结力,长期使用不致开裂和脱落。因此,抹灰砂浆的胶凝材料用量要比砌筑砂浆多一些。

(一)抹灰砂浆的性能

配制强度等级不大于 M20 的抹灰砂浆,宜用 32.5 级通用硅酸盐水泥或砌筑水泥;配制强度等级大于 M20 的抹灰砂浆,宜用强度等级不低于 42.5 级的通用硅酸盐水泥。用通用硅酸盐水泥拌制抹灰砂浆时,可掺入适量的石灰膏、粉煤灰、粒化高炉矿渣粉、沸石粉等,不应掺入消石灰粉。用砌筑水泥拌制抹灰砂浆时,不得再掺加粉煤灰等矿物掺合料。拌制抹灰砂浆,可根据需要掺入改善砂浆性能的添加剂。

抹灰砂浆的品种宜根据使用部位或基体种类按表 5-8 选用。

表 5-8 抹灰砂浆的品种选用

使用部位或基体种类	抹灰砂浆品种
内墙	水泥抹灰砂浆、水泥石灰抹灰砂浆、水泥粉煤灰抹灰砂浆、掺塑化剂水泥抹灰砂浆、聚合物水泥抹灰砂浆、石膏抹灰砂浆
外墙、门窗洞口外侧壁	水泥抹灰砂浆、水泥粉煤灰抹灰砂浆
温(湿)度较高的车间和房屋、地下室、屋檐、勒脚等	水泥抹灰砂浆、水泥粉煤灰抹灰砂浆

续表 5-8

使用部位或基体种类	抹灰砂浆品种
混凝土板和墙	水泥抹灰砂浆、水泥石灰抹灰砂浆、聚合物水泥抹灰砂浆、石膏抹灰砂浆
混凝土顶棚、条板	聚合物水泥抹灰砂浆、石膏抹灰砂浆
加气混凝土砌块(板)	水泥石灰抹灰砂浆、水泥粉煤灰抹灰砂浆、掺塑化剂水泥抹灰砂浆、聚合物水泥抹灰砂浆、石膏抹灰砂浆

抹灰砂浆不但可以保护基层免受大气环境的侵蚀作用,提高其耐久性,还可以牢固地黏结在基层上,使建筑物表面光滑、平整、美观,具有一定的装饰效果。抹灰应分层进行,常分成底层、中层和面层涂抹,水泥抹灰砂浆每层厚度宜为 5~7 mm,水泥石灰抹灰砂浆每层宜为 7~9 mm,并应待前一层达到六七成干后再涂抹后一层。底层砂浆主要起与基层的黏结作用,因此砂浆应具有良好的和易性和黏结力,并且要求基层表面比较粗糙,以增加与砂浆的黏结面积,增强黏结效果,施工稠度宜为 90~110 mm。中层砂浆主要起找平作用,可省去,施工稠度宜为 70~90 mm。面层砂浆主要起保护和装饰作用,可以适当加入麻刀、纸筋等纤维增强材料,以提高其抗裂性,施工稠度宜为 70~80 mm。聚合物水泥抹灰砂浆的施工稠度宜为 50~60 mm,石膏抹灰砂浆的施工稠度宜为 50~70 mm。

(二)抹灰砂浆的配合比设计

抹灰砂浆与砌筑砂浆的配合比设计方法过程相同,同样包括:计算试配强度,选取相应品种抹灰砂浆配合比材料用量,配合比试配、调整与确定,详见《抹灰砂浆技术规程》(JGJ/T 220—2010),此处不再赘述。

《抹灰砂浆技术规程》(JGJ/T 220—2010)规定:抹灰砂浆配合比应采取质量计量;抹灰砂浆的分层度宜为 10~20 mm;预拌砂浆保水率应满足现行行业标准《预拌砂浆》(JG/T 230—2007)的规定;抹灰砂浆中可加入纤维,掺量应经试验确定;用于外墙的抹灰砂浆的抗冻性应满足设计要求。

1. 水泥抹灰砂浆

水泥抹灰砂浆的强度等级分为 M15、M20、M25、M30,拌和物的表观密度不宜小于 1 900 kg/m^3,保水率不宜小于 82%,拉伸黏结强度不应小于 0.20 MPa。水泥抹灰砂浆配合比的材料用量可按表 5-9 选用。

表 5-9　水泥抹灰砂浆配合比的材料用量　单位:kg/m^3

强度等级	水泥	砂	水
M15	330~380	1 m^3 砂的堆积密度值	250~300
M20	380~450		
M25	400~450		
M30	460~530		

2. 水泥粉煤灰抹灰砂浆

水泥粉煤灰抹灰砂浆的强度等级分为 M5、M10、M15，拌和物的表观密度不宜小于 1 900 kg/m^3，保水率不宜小于 82%，拉伸黏结强度不应小于 0. 15 MPa。配制水泥粉煤灰抹灰砂浆不应使用砌筑水泥；粉煤灰取代水泥的用量不宜超过 30%；用于外墙时，水泥用量不宜少于 250 kg/m^3。水泥粉煤灰抹灰砂浆配合比的材料用量可按表 5-10 选用。

表 5-10　水泥粉煤灰抹灰砂浆配合比的材料用量　　单位：kg/m^3

强度等级	水泥	粉煤灰	砂	水
M5	250~290	内掺，等量取代水泥量的 10%~30%	1 m^3 砂的堆积密度值	270~320
M10	320~350			
M15	350~400			

3. 水泥石灰抹灰砂浆

水泥石灰抹灰砂浆的强度等级分为 M2. 5、M5、M7. 5、M10，拌和物的表观密度不宜小于 1 800 kg/m^3，保水率不宜小于 88%，拉伸黏结强度不应小于 0. 15 MPa。水泥石灰抹灰砂浆配合比的材料用量可按表 5-11 选用。

表 5-11　水泥石灰抹灰砂浆配合比的材料用量　　单位：kg/m^3

强度等级	水泥	石灰膏	砂	水
M2. 5	200~230	(350~400)$-Q_c$	1 m^3 砂的堆积密度值	180~280
M5	230~280			
M7. 5	280~330			
M10	330~380			

注：Q_c 表示水泥用量。

4. 掺塑化剂水泥抹灰砂浆

掺塑化剂水泥抹灰砂浆的强度等级分为 M5、M10、M15，拌和物的表观密度不宜小于 1 800 kg/m^3，保水率不宜小于 88%，拉伸黏结强度不应小于 0. 15 MPa，且使用时间不应大于 2. 0 h。掺塑化剂水泥抹灰砂浆配合比的材料用量可按表 5-12 选用。

表 5-12　掺塑化剂水泥抹灰砂浆配合比的材料用量　　单位：kg/m^3

强度等级	水泥	砂	水
M5	260~300	1 m^3 砂的堆积密度值	250~280
M10	330~360		
M15	360~410		

二、预拌砂浆

预拌砂浆是指专业生产厂生产的湿拌砂浆或干混砂浆。湿拌砂浆是指水泥、细骨料、矿物掺合料、外加剂、添加剂和水按一定比例，在专业生产厂经计量、搅拌后，运至使用地点，并在规定时间内使用的拌和物。湿拌砂浆的品种和代号见表 5-13，分类见表 5-14，主要技术性能指标见表 5-15。

表 5-13　湿拌砂浆的品种和代号

品种	湿拌砌筑砂浆	湿拌抹灰砂浆	湿拌地面砂浆	湿拌防水砂浆
代号	WM	WP	WS	WW

表 5-14　湿拌砂浆的分类

项目	湿拌砌筑砂浆	湿拌抹灰砂浆		湿拌地面砂浆	湿拌防水砂浆
		普通抹灰砂浆	机喷抹灰砂浆		
强度等级	M5、M7.5、M10、M15、M20、M25、M30	M5、M7.5、M10、M15、M20		M15、M20、M25	M15、M20
抗渗等级	—	—		—	P6、P8、P10
稠度/mm	50、70、90	70、90、100	90、100	50	50、70、90
保塑时间/h	6、8、12、24	6、8、12、24		4、6、8	6、8、12、24

注：稠度可根据现场气候条件或施工要求确定。

表 5-15　湿拌砂浆的性能指标

项目		湿拌砌筑砂浆	湿拌抹灰砂浆		湿拌地面砂浆	湿拌防水砂浆
			普通抹灰砂浆	机喷抹灰砂浆		
保水率/%		≥88.0	≥88.0	≥92.0	≥88.0	≥88.0
压力泌水率/%		—	—	<40	—	—
14 d 拉伸黏结强度/MPa		—	M5：≥0.15 >M5：≥0.20	≥0.20	—	≥0.20
28 d 收缩率/%		—	≤0.20		—	≤0.15
抗冻性	强度损失率/%	≤25				
	质量损失率/%	≤5				

注：有抗冻要求时，应进行抗冻性试验。

干混砂浆是指由胶凝材料、干燥细骨料、添加剂及根据性能确定的其他组分，按一定比例，在专业生产厂经计量、混合而成的干态混合物，在使用地点按规定比例加水或配套组分拌和使用。干混砂浆的品种和代号见表 5-16，部分干混砂浆的分类见表 5-17，主要技术性能指标见表 5-18。

表 5-16 干混砂浆的品种和代号

品种	干混砌筑砂浆	干混抹灰砂浆	干混地面砂浆	干混普通防水砂浆	干混陶瓷砖黏结砂浆	干混界面砂浆
代号	DM	DP	DS	DW	DTA	DIT
品种	干混聚合物水泥防水砂浆	干混自流平砂浆	干混耐磨地坪砂浆	干混填缝砂浆	干混饰面砂浆	干混修补砂浆
代号	DWS	DSL	DFH	DTG	DDR	DRM

表 5-17 部分干混砂浆的分类

项目	干混砌筑砂浆		干混抹灰砂浆			干混地面砂浆	干混普通防水砂浆
	普通砌筑砂浆	薄层砌筑砂浆	普通抹灰砂浆	薄层抹灰砂浆	机喷抹灰砂浆		
强度等级	M5、M7.5、M10、M15、M20、M25、M30	M5、M10	M5、M7.5、M10、M15、M20	M5、M7.5、M10	M5、M7.5、M10、M15、M20	M15、M20、M25	M15、M20
抗渗等级	—	—	—	—	—	—	P6、P8、P10

表 5-18 干混砂浆的性能指标

项目		干混砌筑砂浆		干混抹灰砂浆			干混地面砂浆	干混普通防水砂浆
		普通砌筑砂浆	薄层砌筑砂浆	普通抹灰砂浆	薄层抹灰砂浆	机喷抹灰砂浆		
保水率/%		≥88.0	≥99.0	≥88.0	≥99.0	≥92.0	≥88.0	≥88.0
凝结时间/h		3~12	—	3~12	—	—	3~9	3~12
2 h 稠度损失率/%		≤30	—	≤30	—	≤30	≤30	≤30
压力泌水率/%		—	—	—	—	<40	—	—
14 d 拉伸黏结强度/MPa		—	—	M5:≥0.15 >M5:≥0.20	≥0.30	≥0.20	—	≥0.20
28 d 收缩率/%		—		≤0.20			—	≤0.15
抗冻性	强度损失率/%	≤25						
	质量损失率/%	≤5						

注:有抗冻要求时,应进行抗冻性试验。

三、防水砂浆

防水砂浆是指在水泥砂浆中掺入防水剂配制而成的抗渗性能良好的特种砂浆。常用的防水剂有氯化物金属盐类、金属皂类、有机硅等。防水剂可堵塞砂浆的毛细孔，提高砂浆的密实度及抗裂性，从而提高砂浆的抗渗性能。防水砂浆应分4~5层涂抹于基层材料的表面，每层厚度约5 mm，每层均需在初凝前压实一遍，最后一层要压光，并且要注意养护，以提高防水效果。

防水砂浆属于刚性防水层，适用于堤坝、隧洞、水池、沟渠等具有一定刚度的混凝土或砖石砌体工程，不适用于变形较大或可能发生不均匀沉陷的建筑物防水层。

四、接缝砂浆

在建筑物基础或老混凝土上浇筑混凝土时，为避免混凝土中的石子与基础或老混凝土接触，影响接合面的胶结强度，应先铺一层砂浆，此种砂浆称为接缝砂浆。接缝砂浆的水灰比应与混凝土的水灰比相同，或稍小一点。灰砂比应比混凝土的灰砂比稍高一些，以达到适宜的稠度为准。

五、钢丝网水泥砂浆

钢丝网水泥砂浆简称钢丝网水泥，是由几层重叠的钢丝网，经浇捣30~50 MPa的高强度水泥砂浆构成的，一般厚度为30~40 mm。由于在水泥砂浆中分散配置细而密的钢丝网，因而较钢筋混凝土有更好的弹性、抗拉强度和抗渗性，并能承受冲击荷载的作用。在水利工程中，钢丝网水泥砂浆主要用于制作压力管道、渡槽及闸门等薄壁结构物。

六、小石子砂浆

在水泥砂浆中掺入适量的小石子，称为小石子砂浆。这种砂浆主要用于毛石砌体中。在毛石砌体中，石块之间的空隙率可高达40%~50%，而且空隙尺寸大，因而要由小石子砂浆砌筑。

小石子砂浆所用石子粒径为5~10 mm或5~20 mm。石子的掺量为骨料总量的20%~30%。这种砂浆改善了骨料级配，降低了水泥用量，提高了砂浆的强度、弹性模量和表观密度。

七、微沫砂浆

微沫砂浆是一种在砂浆中掺入微沫剂（松香热聚物等）配制成的砂浆。微沫剂掺量一般占水泥质量的0.005%~0.010%。由于砂浆在搅拌过程中能产生大量封闭微小的气泡，从而提高了新拌砂浆的和易性，增强了砂浆的保水、抗冻、抗渗等性能，同时也可大幅度地节约石灰膏用量。如将微沫剂与氯盐复合使用，还能提高砂浆低温施工的效果。

八、聚合物砂浆

聚合物砂浆复合材料包括聚合物浸渍砂浆（PIM）、聚合物改性砂浆（PCM或称为聚合物水泥砂浆)和聚合物砂浆(PM)三大类。下面以聚合物改性砂浆为例做重点介绍。

聚合物改性砂浆是由水泥砂浆与聚合物乳胶复合而成的。聚合物乳胶是聚合物砂浆的黏结材料,其用量为水泥用量的10%~20%(以固含量计算)。常用的聚合物乳胶有丁苯乳胶、丙烯酸酯乳胶、氯丁乳胶和EVA(乙酸乙烯-乙烯)乳液等。由于各种高分子聚合物有各自的特性,所以对水泥砂浆的改性效果也各不相同,丁苯乳胶价格较为便宜,因此应用最为广泛。丙烯酸酯乳胶主要用于需着色、耐紫外线的建筑部位。氯丁乳胶属于人工合成橡胶乳液,乳液在水泥水化产物的表面形成的膜,具有橡胶的特性,弹性好。使用这种乳胶配制而成的聚合物水泥砂浆的抗拉强度和抗折强度都有较大的提高。EVA乳液表面张力较低,易于对物体表面进行浸润,故黏结性较好。这种乳液配制成的聚合物水泥砂浆能够与多种基体(普通混凝土、砂浆、瓷砖、砖、钢材和木材)较好地黏结。因此,应根据不同的使用要求,选用不同的聚合物乳胶进行水泥砂浆的改性。

聚合物水泥砂浆已经广泛应用于混凝土结构加固。选用聚合物改性砂浆作为混凝土结构的修补材料主要有以下理由:①聚合物水泥砂浆具有良好的黏结性和耐水性;②聚合物水泥砂浆不需要潮湿养护,尽管最初2 d保持潮湿会更好;③聚合物水泥砂浆的收缩与普通混凝土相同或略低一些;④聚合物水泥砂浆的抗折强度、抗拉强度、耐磨性、抗冲击能力比普通混凝土高,而弹性模量更低;⑤聚合物水泥砂浆的抗冻融性能较好。

聚合物水泥砂浆在防腐领域的应用也很广。聚合物水泥砂浆比普通混凝土的抗渗性、耐介质性能好得多,能阻止介质渗入,从而提高砂浆结构的耐腐蚀性能。因此,在许多防腐蚀场合得到应用,主要有防腐蚀地面(如化工厂地面、化学实验室地面等)、钢筋混凝土结构的防腐涂层、温泉浴池和污水管等。

习　题

一、填空题

1. 砂浆按照用途分为______、______、______等,按照胶凝材料不同分为______、______和______等。

2. 砌筑砂浆的和易性包括______和______两个方面的含义。

3. 砂浆的流动性用______表示,保水性用______表示。

4. 水泥砂浆的强度等级分为______、______、______、______、______、______和______七个强度等级。

5. 对抹面砂浆要求具有良好的______、较高的______。普通抹面砂浆通常分三层进行,底层主要起______作用,中层主要起______作用,面层主要起______作用。

二、单项选择题

1. 砌筑砂浆的流动性指标用(　　)表示。

A. 坍落度　　B. 维勃稠度　　C. 沉入度　　D. 保水率

2. 砌筑砂浆的保水性指标用(　　)表示。

A. 坍落度　B. 维勃稠度　C. 沉入度　D. 保水率

3. 砌筑砂浆的强度,对于吸水基层时,主要取决于(　　)。

A. 水胶比　B. 水泥用量　C. 单位用水量　D. 水泥强度和水泥用量

4. 用于石砌体的砂浆强度,主要取决于(　　)。

A. 砂用量　B. 水泥用量

C. 水泥强度等级　D. 水泥强度和水灰比

5. 新拌砂浆应具备的技术性质是(　　)。

A. 黏结力　B. 耐久性　C. 强度　D. 和易性

三、简述题

1. 砂浆的和易性包括哪些内容？各用什么指标表示？
2. 对砌筑砂浆的组成材料有哪些技术要求？
3. 砌筑不吸水基层材料和吸水基层材料时,砂浆强度与哪些因素有关？
4. 砌筑砂浆与抹面砂浆的区别是什么？

四、计算题

某工程砌筑烧结普通砖,需要 M7.5 水泥混合砂浆。所用材料为:水泥采用 32.5 级矿渣硅酸盐水泥;中砂,含水率 2%,堆积密度为 1 560 kg/m^3;石灰膏稠度为 110 mm;自来水。该施工单位无历史资料,施工水平一般。试计算该砂浆的配合比。

模块6　砌体材料及其检测

【学习目标】

1. 掌握砌筑石材、砌墙砖、砌块的种类、规格、技术要求及应用。
2. 能熟练对砌体材料的外观质量、强度等性能指标进行检测。

砌体结构是常见的结构形式之一,建筑工程中的基础、墙体,水利工程中的闸坝、涵洞、挡土墙等多为砌体结构。主要砌体材料包括石材、砖、砌块等。合理选用砌体材料,对建筑物的功能、安全、施工及造价等均具有重要意义。

项目1　砌筑石材

主要内容	知识目标	技能目标
岩石的种类,石材的技术性质,工程中常用砌筑石材的规格	了解石材的种类,熟悉常用天然岩石的性质,掌握砌筑石材的规格	能够对石材的强度等性能进行检测,能根据工程特点和环境条件经济合理地选择砌筑石材

凡由天然岩石开采的、经加工或未经过加工的石材,统称为天然石材。天然石材作为建筑材料已具有悠久的历史,因其来源广泛、质地坚固、耐久性好,因此被广泛用于水利工程、建筑工程及其他工程。

一、岩石种类

岩石是由各种不同地质作用所形成的天然矿物的集合体。组成岩石的矿物称造岩矿物。绝大多数岩石是由多种造岩矿物组成的,比如花岗岩是由长石、石英、云母及某些暗色矿物组成;少数岩石是由一种矿物组成的,如石灰岩由方解石矿物组成。由于不同地质条件的作用,各种造岩矿物在不同的地质条件下形成不同类型的岩石,通常可分为三大类:岩浆岩、沉积岩和变质岩。

(一)岩浆岩

岩浆岩又称火成岩,它是因地壳变动,熔融的岩浆在地壳内部上升后冷却而形成的。岩浆岩是组成地壳的主要岩石,占地壳总质量的89%。岩浆岩根据冷却条件的不同,又分为深成岩、喷出岩和火山岩三种。

1. 深成岩

深成岩是地壳深处的岩浆在很大的覆盖压力下缓慢冷却形成的岩石。深成岩构造致密,表观密度大,抗压强度高,耐磨性好,吸水率小,抗冻性、耐水性和耐久性好。天然石材中的花岗岩属于典型的深成岩。

2. 喷出岩

喷出岩是熔融的岩浆喷出地表后,在压力降低并迅速冷却的条件下形成的岩石。当喷出岩形成较厚的岩层时,其性质类似深成岩;当喷出岩形成的岩层较薄时,则形成的岩石常呈多孔结构,性质近似于火山岩。

3. 火山岩

火山岩又称火山碎屑岩,它是火山爆发时的岩浆被喷到空中,经急速冷却后形成的碎屑岩石,如火山灰、浮石等。火山岩都是轻质多孔结构的材料,其中火山灰被大量用作水泥的混合料,而浮石可用作轻质骨料来配制轻骨料混凝土。

(二)沉积岩

沉积岩又叫水成岩,是由露出地表的岩石(母岩)风化后,经过风力搬迁、流水冲移而沉淀堆积,在离地表不太深处形成的岩石。沉积岩为层状结构,其各层的成分、结构、颜色、层厚等均不相同。与岩浆岩相比,沉积岩结构密实性较差,孔隙率大、表观密度小、吸水率大,强度较低,耐久性也较差。

沉积岩虽然只占地壳总质量的5%,但在地球上分布极其广泛,约占地壳表面积的75%。沉积岩一般藏于地表不太深处,易于开采。常用的沉积岩有石灰岩、砂岩等。

(三)变质岩

变质岩是由地壳中原有的岩浆岩或沉积岩,在地壳变动和岩浆活动产生的温度和压力下,使原岩石在固态状态下发生再结晶,使其矿物成分、结构构造以至化学成分发生部分或全部改变所形成的新岩石。通常沉积岩变质后,结构较原岩石致密,坚实耐用,性能更好,称为副变质岩;而岩浆岩变质后,结构不如原岩石坚实,性能变差,称为正变质岩。常用的变质岩有大理石、石英岩、片麻岩等。

二、工程中常用的岩石

(一)工程中常用的岩浆岩

1. 花岗岩

花岗岩主要由石英、长石和少量云母组成,有时还含有少量的暗色矿物(角闪石、辉石)。天然花岗石具有表观密度大、抗压强度高、吸水率很低、材质硬度大、耐腐蚀性强等特点。在工程中常用作饰面、基础、基座、路面、闸坝、桥墩等。

2. 玄武岩

玄武岩为喷出岩,多呈隐晶质或斑状结构,是岩浆岩中最重要的岩石。其主要矿物成分为斜长石和辉石。玄武岩颜色深暗,密度大,抗压强度因构造不同而波动较大,一般为100~500 MPa,脆性及硬度大,不易加工。主要用于铺筑路面,铺砌堤岸边坡等,也是铸石原料和配制高强混凝土的良好骨料。

3. 辉绿岩

辉绿岩为浅成基性岩,主要矿物成分与玄武岩相同,具有较高的耐酸性,可作为耐酸混凝土骨料。其熔点在1 400~1 500 ℃,可用作铸石的原料,铸出的材料结构均匀、密实、抗酸蚀,常用作化工设备的耐酸衬里。

4. 浮石、火山凝灰岩

火山喷发时,部分熔岩喷至空中,因温度和压力急剧降低,形成不同粒径的粉碎疏松颗粒,其中粉状或疏松的沉积物称为火山灰,粒径大于 5 mm 的泡沫状多孔岩石称为浮石,经胶结并致密的火山灰称为火山凝灰岩。这些岩石为多孔结构,表观密度小,强度比较低,导热系数小,可用作砌墙材料和轻混凝土骨料。

(二)工程中常用的沉积岩

1. 石灰岩

石灰岩俗称“灰岩”或“青石”,主要矿物成分是方解石,常含有白云石、菱镁石、石英、黏土矿物等。其特点是构造细密、层理分明,密度为 2 600~2 800 kg/m^3,抗压强度一般为 80~160 MPa,并且具有较高的耐水性和抗冻性。

石灰岩分布广、硬度小,易于开采加工,具有一定的强度和耐久性,所以被广泛应用于建筑、水利、交通工程中。其块石可砌筑基础、墙体、桥墩、堤坝护坡等,其碎石是常用的混凝土骨料。此外,石灰岩也是生产石灰和水泥的主要原料。

2. 砂岩

砂岩是由粒径 0.05~2 mm 的砂粒(多为耐风化的石英、长石、白云母等矿物及部分岩石碎屑)经天然胶结物质胶结而成的碎屑沉积岩。其性能与胶结物的种类及胶结的密实程度有关。以氧化硅胶结的称硅质砂岩,呈浅灰色,质地坚硬耐久,加工困难,性能接近花岗岩;以碳酸钙胶结的称石灰质砂岩,近于白色,质地较软,容易加工,但易受化学腐蚀;以氧化铁胶结的称铁质砂岩,呈黄色或紫红色,质地较差,次于石灰质砂岩;黏土胶结的称黏土质砂岩,呈灰色,遇水易软化,不宜用于基础及水工建筑物中。

(三)工程中常用的变质岩

1. 大理岩

大理岩由石灰岩、白云岩变质而成,俗称大理石,主要矿物成分为方解石、白云石。大理岩构造致密,抗压强度高,硬度不大,易于开采、加工和磨光。纯大理岩为白色,又称汉白玉。当含有杂质时,呈灰、绿、黑、黄、红等色,形成各种美丽图案,磨光后是室内高级装饰材料。由于大理石化学稳定性差,不耐酸碱,当大理石中的碳酸钙遇到雨雪中的二氧化碳时,较容易形成酸,从而使表面失去光泽或出现斑点。除个别品种(如艾叶青、汉白玉)可以用于室外,其他品种不宜用于室外装饰。

2. 石英岩

石英岩由硅质砂岩变质而成。砂岩变质后形成坚硬致密的变晶结构,强度高,硬度大,加工困难,耐久性强,可用于各类砌筑工程、重要建筑物的贴面、铺筑道路,以及用作混凝土骨料。

3. 片麻岩

片麻岩由花岗岩变质而成,其矿物成分与花岗岩类似,片麻状构造,各个方向物理力学性质不同。垂直于片理的抗压强度为 150~200 MPa,沿片理的易于开采和加工,但在冻融作用下易成层剥落,故抗冻性差,易于风化。常用作碎石、堤坝护坡、渠道衬砌等。

三、石材的主要技术性质

(一)表观密度

石材表观密度的大小主要与其矿物组成、结构的致密程度等有关。一般情况下,同种岩石,其表观密度越大,抗压强度越高,孔隙率越小,吸水率越低,耐久性越好。天然石材按其表观密度分为重质石材和轻质石材两类。表观密度大于或等于 1 800 kg/m^3 的为重质石材,主要用于建筑物的基础、墙体、地面、路面、桥梁以及水工建筑物等。表观密度小于 1 800 kg/m^3 的为轻质石材,可用来砌筑保暖房屋的墙体。

(二)抗压强度

《砌体结构设计规范》(GB 50003—2011)规定,石材的强度等级可用边长为 70 mm 的立方体标准试件的抗压强度表示。抗压强度取三个试件破坏强度的平均值。试件也可采用表 6-1 所列的其他尺寸的立方体,但应对其试验结果乘以相应的换算系数后方可作为石材的强度等级。天然石材的强度等级分为 MU100、MU80、MU60、MU50、MU40、MU30、MU20 等七个等级。

表 6-1 强度等级

立方体边长/mm	200	150	100	70	50
换算系数	1.43	1.28	1.14	1	0.86

天然石材的抗压强度取决于岩石的矿物组成、结构、构造特征、胶结物质的种类及均匀性等。如花岗石的主要造岩矿物是石英、长石、云母和少量暗色矿物,若石英含量高,则强度高;若云母含量高,则强度低。

(三)耐水性

石材的耐水性用软化系数表示。软化系数是指石材在吸水饱和条件下的抗压强度与干燥条件下的抗压强度之比,反映石材的耐水性能。石材的耐水性分为高、中、低三等。软化系数大于 0.90 的石材称为高耐水性石材,软化系数在 0.70~0.90 的为中耐水性石材,软化系数在 0.60~0.70 的为低耐水性石材。一般软化系数小于 0.60 的石材,不允许用于重要建筑。

(四)抗冻性

石材的抗冻性用冻融循环次数表示。石材在吸水饱和状态下,经过规定次数的反复冻融循环,若无贯穿裂纹,且质量损失不超过 5%,强度损失不大于 25%,则认为抗冻性合格。石材的抗冻性与其吸水率密切相关,吸水率大的石材其抗冻性也较差。通常认为吸水率低于 0.5%的石材,其抗冻性较高,无须进行抗冻性试验。

四、砌筑石材

工程中常用的砌筑石材按其加工后的外形规则程度分为毛石和料石两类。

(一)毛石

毛石是由爆破直接获得的形状不规则的石块,根据其外形又分为乱毛石和平毛石两种。

1. 乱毛石

乱毛石形状不规则，一般在一个方向的尺寸达 300～400 mm，质量为 20～30 kg，其中部厚度一般不小于 200 mm。主要用于砌筑基础、勒角、墙身、堤坝、挡土墙等。

2. 平毛石

平毛石是由乱毛石略经加工而成，形状较乱毛石整齐，其形状基本上有六个面，但表面粗糙，中部厚度不小于 200 mm。主要用于砌筑基础、墙身、勒角、桥墩、涵洞等。

(二) 料石

料石是指经人工凿琢或机械加工而成的规则六面体块石。按表面加工的平整度可分为以下三种。

1. 细料石

通过细加工，外表规则，叠砌面凹入深度不应大于 10 mm，截面的宽度、高度不宜小于 200 mm，且不宜小于长度的 1/4。

2. 粗料石

规格尺寸同细料石，但叠砌面凹入深度不应大于 20 mm。

3. 毛料石

毛料石外形大致方正，一般不加工或仅稍加修整，高度不应小于 200 mm，叠砌面凹入深度不应大于 25 mm。

项目 2　砌墙砖

主要内容	知识目标	技能目标
烧结砖包括烧结普通砖、烧结多孔砖和多孔砌块、烧结空心砖和空心砌块，非烧结砖包括蒸压灰砂实心砖与实心砌块、蒸压粉煤灰砖等	熟悉烧结普通砖、烧结多孔砖和多孔砌块、烧结空心砖和空心砌块、蒸压灰砂实心砖与实心砌块、蒸压粉煤灰砖的规格、技术性能与应用范围	能够对砌墙砖的外观质量、强度等性能进行检测，能根据工程特点和环境条件经济合理地选择砌墙砖

一、烧结砖

码 6-1　微课：砌体块材认知

烧结砖按其规格尺寸、孔洞率、孔的尺寸大小和数量分为烧结普通砖、烧结多孔砖和多孔砌块、烧结空心砖和空心砌块。

(一) 烧结普通砖

烧结普通砖是以黏土、页岩、煤矸石、粉煤灰、建筑渣土、淤泥、污泥等为主要原材料，经成型、焙烧而成，无孔洞或孔洞率小于 25% 的普通砖，按主要原料分为黏土砖(N)、页岩砖(Y)、煤矸石砖(M)、粉煤灰砖(F)、建筑渣土砖

(Z)、淤泥砖(U)、污泥砖(W)、固体废弃物砖(G)。

烧结普通砖的尺寸规格是 240 mm×115 mm×53 mm。其中 240 mm×115 mm 面称为大面,240 mm×53 mm 面称为条面,115 mm×53 mm 面称为顶面。在砌筑时,4 块砖长、8 块砖宽、16 块砖厚,再分别加上砌筑灰缝(每个灰缝宽度为 8～12 mm,平均取 10 mm),其长度均为 1 m。理论上,1 m^3 砖砌体需用砖 512 块。

烧结普通砖根据是否满足尺寸偏差、外观质量、强度、抗风化性能、泛霜和石灰爆裂、放射性核素限量等指标要求分为合格品与不合格品两个质量等级,且只要有一项不合格,该烧结普通砖则为不合格品。

1. 技术要求

(1)尺寸偏差。烧结普通砖的尺寸偏差应符合表 6-2 的规定。

表 6-2　尺寸偏差

单位:mm

公称尺寸	指标	
	样本平均偏差	样本极差,≤
长度(240)	±2.0	6.0
宽度(115)	±1.5	5.0
高度(53)	±1.5	4.0

(2)外观质量。烧结普通砖的外观质量应符合表 6-3 的规定。

表 6-3　外观质量

单位:mm

项目		指标
两条面高度差,≤		2
弯曲,≤		2
杂质凸出高度,≤		2
缺棱掉角的三个破坏尺寸,不得同时大于		5
裂纹长度,≤	a. 大面上宽度方向及其延伸至条面的长度	30
	b. 大面上长度方向及其延伸至顶面的长度或条面、顶面上水平裂纹的长度	50
完整面,≥		一条面和一顶面

注:1. 为砌筑挂浆面施加的凹凸纹、槽、压花等不算作缺陷。

2. 凡有下列缺陷之一者,不得称为完整面:①缺损在条面或顶面上造成的破坏面尺寸同时大于 10 mm×10 mm;②条面或顶面上裂纹宽度大于 1 mm,其长度超过 30 mm;③压陷、粘底、焦花在条面或顶面上的凹陷或凸出超过 2 mm,区域尺寸同时大于 10 mm×10 mm。

(3)强度等级。烧结普通砖根据抗压强度分为 MU30、MU25、MU20、MU15 和 MU10 五个强度等级,见表 6-4。

表 6-4　强度等级　单位:MPa

强度等级	抗压强度平均值 $\bar{f}$, ≥	强度标准值 f_k, ≥
MU30	30.0	22.0
MU25	25.0	18.0
MU20	20.0	14.0
MU15	15.0	10.0
MU10	10.0	6.5

(4)抗风化性能。抗风化性能是指在干湿变化、温度变化、冻融变化等物理因素作用下,材料不破坏并长期保持原有性质的能力。它是材料耐久性的重要内容之一。烧结普通砖的抗风化性能是一项综合性指标,主要受砖的吸水率与地域位置的影响,因而用于东北三省、内蒙古、新疆等严重风化区的烧结普通砖,必须进行冻融试验。风化区用风化指数进行划分。风化指数是指日气温从正温降至负温或负温升至正温的每年平均天数与每年从霜冻之日起至霜冻消失之日止这一期间降水总量(以 mm 计)的平均值的乘积。风化指数大于或等于 12 700 为严重风化区,风化指数小于 12 700 为非严重风化区。风化区划分见表 6-5。

表 6-5　风化区划分

严重风化区		非严重风化区	
1. 黑龙江省	11. 河北省	1. 山东省	11. 福建省
2. 吉林省	12. 北京市	2. 河南省	12. 台湾地区
3. 辽宁省	13. 天津市	3. 安徽省	13. 广东省
4. 内蒙古自治区	14. 西藏自治区	4. 江苏省	14. 广西壮族自治区
5. 新疆维吾尔自治区		5. 湖南省	15. 海南省
6. 宁夏回族自治区		6. 江西省	16. 云南省
7. 甘肃省		7. 浙江省	17. 上海市
8. 青海省		8. 四川省	18. 重庆市
9. 陕西省		9. 贵州省	
10. 山西省		10. 湖北省	

表 6-5 中严重风化区中的 1、2、3、4、5 地区的砖必须进行冻融试验,其他地区砖的抗风化性能符合表 6-6 的规定时可不做冻融试验,否则,必须进行冻融试验。淤泥砖、污泥砖、固体废弃物砖应进行冻融试验。冻融试验是将吸水饱和的 5 块砖,在-20~-15 ℃条件下冻结 3 h,再放入 10~20 ℃水中融化不少于 2 h,称为 1 个冻融循环。每 5 次冻融循环,检查 1 次冻融过程中出现的破坏情况,如冻裂、缺棱、掉角、剥落等。经 15 次冻融循环

后，检查试样在冻融过程中的质量损失、冻裂长度、缺棱、掉角和剥落等破坏情况。规范规定：冻融试验后，每块砖样不允许出现分层、掉皮、缺棱、掉角等冻坏现象；冻后裂纹长度不得大于表 6-3 中第 5 项裂纹长度的规定。

表 6-6　抗风化性能

<table>
<tr><th rowspan="3">种类</th><th colspan="4">严重风化区</th><th colspan="4">非严重风化区</th></tr>
<tr><th colspan="2">5 h 沸煮吸水率/%，≤</th><th colspan="2">饱和系数，≤</th><th colspan="2">5 h 沸煮吸水率/%，≤</th><th colspan="2">饱和系数，≤</th></tr>
<tr><th>平均值</th><th>单块最大值</th><th>平均值</th><th>单块最大值</th><th>平均值</th><th>单块最大值</th><th>平均值</th><th>单块最大值</th></tr>
<tr><td>黏土砖、建筑渣土砖</td><td>18</td><td>20</td><td rowspan="2">0.85</td><td rowspan="2">0.87</td><td>19</td><td>20</td><td rowspan="2">0.88</td><td rowspan="2">0.90</td></tr>
<tr><td>粉煤灰砖</td><td>21</td><td>23</td><td>23</td><td>25</td></tr>
<tr><td>页岩砖</td><td rowspan="2">16</td><td rowspan="2">18</td><td rowspan="2">0.74</td><td rowspan="2">0.77</td><td rowspan="2">18</td><td rowspan="2">20</td><td rowspan="2">0.78</td><td rowspan="2">0.80</td></tr>
<tr><td>煤矸石砖</td></tr>
</table>

（5）泛霜和石灰爆裂。泛霜是指可溶性的盐在砖表面的盐析现象，一般呈白色粉末、絮团或絮片状，又称为起霜、盐析或盐霜。泛霜不仅有损建筑物的外观，而且结晶膨胀还会引起砖的表层酥松，甚至剥落。

石灰爆裂是指烧结普通砖的原料或内燃物质中夹杂着石灰石，焙烧时被烧成生石灰，砖受潮后，砖内的生石灰逐渐熟化并产生体积膨胀，使砖体发生膨胀性破坏的现象。石灰爆裂影响砖墙的平整度、灰缝的平直度，甚至使墙面产生裂纹，使墙体破坏。

烧结普通砖的泛霜及石灰爆裂技术要求见表 6-7。

表 6-7　烧结普通砖的泛霜及石灰爆裂技术要求

项目	指标
泛霜	每块砖不允许出现严重泛霜
石灰爆裂	（1）2 mm<最大破坏尺寸≤15 mm 的爆裂区域，每组砖不得多于 15 处，其中大于 10 mm 的不得多于 7 处； （2）不允许出现最大破坏尺寸大于 15 mm 的爆裂区域； （3）试验后抗压强度损失不得大于 5 MPa

2. 应用

烧结普通砖是历史悠久、应用范围最广的墙体材料，具有强度较高、耐久性好、保温隔热、隔音等优点，可砌筑砖柱、拱、烟囱、筒拱式过梁和基础等，也可与轻混凝土、保温隔热材料等配合使用。在砖砌体中配置适当的钢筋或钢丝网，可作为薄壳结构、钢筋砖过梁等。

烧结黏土砖制砖取土，大量毁坏农田，并有自重大、能耗高、尺寸小、施工效率低、抗震性能差等缺点，因此我国正大力推广墙体材料改革。目前，墙体材料发展方向是以空心化（多孔砖和空心砖）、大体积化（砌块、轻质板材）、利用工业废渣为主要趋势，从而逐步代替实心黏土砖。

（二）烧结多孔砖和多孔砌块

烧结多孔砖（其孔洞率不小于28%）和多孔砌块（其孔洞率不小于33%）是以黏土、页岩、煤矸石、粉煤灰、淤泥（江河湖淤泥）及其他固体废弃物等为主要原料，经焙烧制成，主要用于建筑物承重部位的多孔砖和多孔砌块。

1. 分类与规格

（1）分类。按主要原料分为黏土砖和黏土砌块（N）、页岩砖和页岩砌块（Y）、煤矸石砖和煤矸石砌块（M）、粉煤灰砖和粉煤灰砌块（F）、淤泥砖和淤泥砌块（U）、固体废弃物砖和固体废弃物砌块（G）。

（2）规格。烧结多孔砖和多孔砌块的外形一般为直角六面体，在与砂浆的结合面上应设有增加结合力的粉刷槽和砌筑砂浆槽。

①粉刷槽：混水墙用烧结多孔砖和多孔砌块，应在条面和顶面上设有均匀分布的粉刷槽或类似结构，深度不小于2 mm。

②砌筑砂浆槽：烧结多孔砌块至少应在一个条面或顶面上设立砌筑砂浆槽。两个条面或顶面都有砌筑砂浆槽时，砌筑砂浆槽深应大于15 mm且小于25 mm；只有一个条面或顶面有砌筑砂浆槽时，砌筑砂浆槽深应大于30 mm且小于40 mm。砌筑砂浆槽宽应超过砂浆槽所在砌块面宽度的50%。

烧结多孔砖（见图6-1）和烧结多孔砌块（见图6-2）的长度、宽度、高度尺寸应符合下列要求：

①烧结多孔砖规格尺寸（mm）：290、240、190、180、140、115、90。

②烧结多孔砌块规格尺寸（mm）：490、440、390、340、290、240、190、180、140、115、90。

其他规格尺寸由供需双方协商确定。

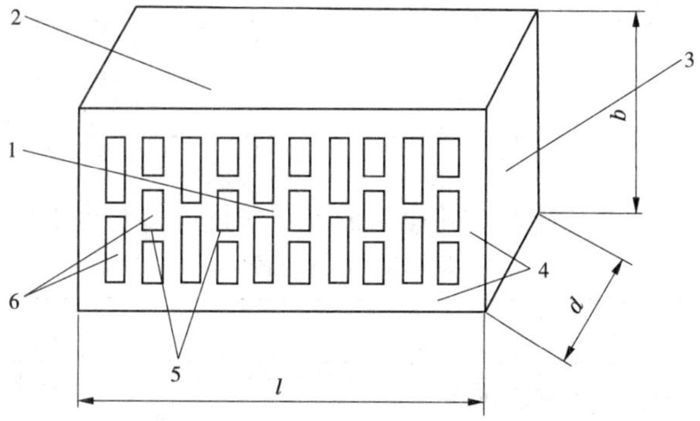

1—大面（坐浆面）；2—条面；3—顶面；4—外壁；5—肋；6—孔洞；l—长度；b—宽度；d—高度。

图6-1　烧结多孔砖示意图

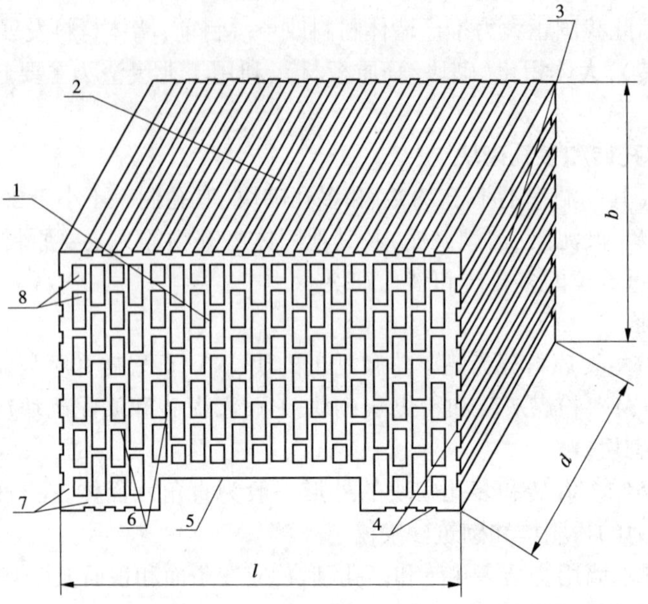

1—大面(坐浆面);2—条面;3—顶面;4—粉刷槽;5—砂浆槽;6—肋;
7—外壁;8—孔洞;l—长度;b—宽度;d—高度。

图 6-2 烧结多孔砌块示意图

2. 技术要求

(1)尺寸允许偏差。烧结多孔砖和多孔砌块的尺寸允许偏差应符合表 6-8 的规定。

表 6-8 尺寸允许偏差　　单位:mm

尺寸	样本平均偏差	样本极差,≤
>400	±3.0	10.0
300~400	±2.5	9.0
200~300	±2.5	8.0
100~200	±2.0	7.0
<100	±1.5	6.0

(2)外观质量。烧结多孔砖和多孔砌块的外观质量应符合表 6-9 的规定。

表 6-9 外观质量　　单位:mm

项目	指标
完整面,≥	一条面和一顶面
缺棱掉角的三个破坏尺寸,不得同时大于	30

续表 6-9

项目		指标
裂纹长度	a. 大面(有孔面)上深入孔壁 15 mm 以上宽度方向及其延伸到条面的长度,≤	80
	b. 大面(有孔面)上深入孔壁 15 mm 以上长度方向及其延伸到顶面的长度,≤	100
	c. 条面或顶面上的水平裂纹,≤	100
杂质在烧结多孔砖和多孔砌块上造成的凸出高度,≤		5

注:凡有下列缺陷之一者,不能称为完整面:①缺损在条面或顶面上造成的破坏面尺寸同时大于 20 mm×30 mm;②条面或顶面上裂纹宽度大于 1 mm,其长度超过 70 mm;③压陷、焦花、粘底在条面或顶面上的凹陷或凸出超过 2 mm,区域最大投影尺寸同时大于 20 mm×30 mm。

(3)强度等级。根据抗压强度分为 MU30、MU25、MU20、MU15、MU10 五个强度等级,各强度等级的强度值应符合表 6-10 的规定。

表 6-10　强度等级　单位:MPa

强度等级	抗压强度平均值 $\bar{f}$,≥	强度标准值 f_k,≥
MU30	30.0	22.0
MU25	25.0	18.0
MU20	20.0	14.0
MU15	15.0	10.0
MU10	10.0	6.5

(4)密度等级。烧结多孔砖的密度等级分为 1 000、1 100、1 200、1 300 四个等级,烧结多孔砌块的密度等级分为 900、1 000、1 100、1 200 四个等级(见表 6-11)。

表 6-11　密度等级

密度等级		3 块砖或砌块干燥表观密度平均值/(kg/m^3)
烧结多孔砖	烧结多孔砌块	
—	900	≤900
1 000	1 000	900~1 000
1 100	1 100	1 000~1 100
1 200	1 200	1 100~1 200
1 300	—	1 200~1 300

(5)孔型、孔结构及孔洞率。烧结多孔砖和多孔砌块的孔型、孔结构及孔洞率应符合表 6-12 的规定。

表 6-12 孔型、孔结构及孔洞率

孔型	孔洞尺寸/mm		最小外壁厚/mm	最小肋厚/mm	孔洞率/%		孔洞排列
	孔宽 b	孔长 L			烧结多孔砖	烧结多孔砌块	
矩形条孔或矩形孔	≤13	≤40	≥12	≥5	≥28	≥33	(1)所有孔宽应相等。孔采用单向或双向交错布置; (2)孔洞排列上下、左右应对称,分布均匀,手抓孔的长度方向尺寸必须平行于砖的表面

注:1. 矩形孔的孔长 L、孔宽 b 满足 $L \geqslant 3b$ 时,为矩形条孔。

2. 孔四个角应做成过渡圆角,不得做成直尖角。

3. 如设有砌筑砂浆槽,则砌筑砂浆槽不计算在孔洞率内。

4. 规格大的烧结多孔砖和多孔砌块应设置手抓孔,手抓孔的尺寸为(30~40)mm×(75~85)mm。

(6)泛霜、石灰爆裂与抗风化性能。

每块烧结多孔砖和多孔砌块不允许出现严重泛霜。

石灰爆裂要求:①破坏尺寸大于 2 mm 且小于或等于 15 mm 的爆裂区域,每组烧结多孔砖和多孔砌块不得多于 15 处,其中大于 10 mm 的不得多于 7 处;②不允许出现破坏尺寸大于 15 mm 的爆裂区域。

抗风化性能:表 6-5 中严重风化区中的 1、2、3、4、5 地区的烧结多孔砖和多孔砌块及其他地区以淤泥、固体废弃物为主要原料生产的烧结多孔砖和多孔砌块必须进行冻融试验;其他地区以黏土、页岩、煤矸石、粉煤灰为主要原料生产的烧结多孔砖和多孔砌块的抗风化性能符合表 6-13 的规定时可不做冻融试验,否则必须进行冻融试验。冻融试验后,每块烧结多孔砖和多孔砌块不允许出现裂纹、分层、掉皮、缺棱、掉角等冻坏现象。

表 6-13 抗风化性能

种类	严重风化区				非严重风化区			
	5 h 沸煮吸水率/%,≤		饱和系数,≤		5 h 沸煮吸水率/%,≤		饱和系数,≤	
	平均值	单块最大值	平均值	单块最大值	平均值	单块最大值	平均值	单块最大值
黏土砖和砌块	21	23	0.85	0.87	23	25	0.88	0.90
粉煤灰砖和砌块	23	25			30	32		

续表 6-13

种类	严重风化区				非严重风化区			
	5 h 沸煮吸水率/%,≤		饱和系数,≤		5 h 沸煮吸水率/%,≤		饱和系数,≤	
	平均值	单块最大值	平均值	单块最大值	平均值	单块最大值	平均值	单块最大值
页岩砖和砌块	16	18	0. 74	0. 77	18	20	0. 78	0. 80
煤矸石砖和砌块	19	21			21	23		

注:粉煤灰掺入量(质量比)小于 30%时,按黏土砖和砌块规定判定。

3. 应用

烧结多孔砖和多孔砌块主要用于建筑物的承重墙体。工程中使用时常使孔洞垂直于承压面,以充分利用砖的抗压强度。

(三)烧结空心砖和空心砌块

烧结空心砖和空心砌块是以黏土、页岩、煤矸石为主要原料,经焙烧而成的孔洞率不小于 40%,孔的尺寸大而数量少的空心砖和空心砌块。

1. 分类、规格与质量等级

(1)分类。按主要原料分为黏土空心砖和空心砌块(N)、页岩空心砖和空心砌块(Y)、煤矸石空心砖和空心砌块(M)、粉煤灰空心砖和空心砌块(F)、淤泥空心砖和空心砌块(U)、建筑渣土空心砖和空心砌块(Z)、固体废弃物空心砖和空心砌块(G)。

(2)规格。烧结空心砖和空心砌块的外形为直角六面体(见图 6-3),其长度、宽度、高度应符合下列要求:

①长度规格尺寸(mm):390、290、240、190、180(175)、140;

②宽度规格尺寸(mm):190、180(175)、140、115;

③高度规格尺寸(mm):180(175)、140、115、90。

其他规格尺寸由供需双方协商确定。

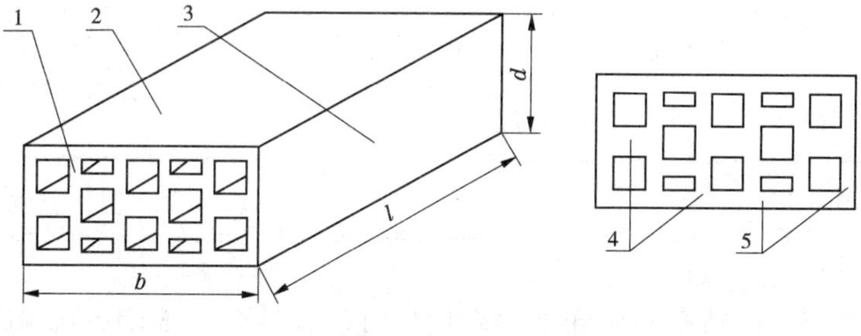

1—顶面;2—大面;3—条面;4—肋;5—壁;l—长度;b—宽度;d—高度。

图 6-3　烧结空心砖和空心砌块示意图

(3)质量等级。强度、密度、抗风化性能和放射性物质合格的砖和砌块,根据尺寸偏差、外观质量、孔洞排列及其结构、泛霜、石灰爆裂、密度等级、抗风化性能等指标分为合格品与不合格品。

2. 技术要求

(1)尺寸偏差。烧结空心砖和空心砌块的尺寸允许偏差应符合表 6-14 的规定。

表 6-14 尺寸允许偏差

单位:mm

尺寸	样本平均偏差	样本极差,≤
>300	±3.0	7.0
200~300	±2.5	6.0
100~200	±2.0	5.0
<100	±1.7	4.0

(2)外观质量。烧结空心砖和空心砌块的外观质量应符合表 6-15 的要求。

表 6-15 外观质量

单位:mm

<table>
<tr><th colspan="2">项目</th><th>指标</th></tr>
<tr><td colspan="2">(1)弯曲,≤</td><td>4</td></tr>
<tr><td colspan="2">(2)缺棱掉角的三个破坏尺寸,不得同时大于</td><td>30</td></tr>
<tr><td colspan="2">(3)垂直度差,≤</td><td>4</td></tr>
<tr><td rowspan="2">(4)未贯穿裂纹长度,≤</td><td>a. 大面上宽度方向及其延伸到条面的长度</td><td>100</td></tr>
<tr><td>b. 大面上长度方向或条面上水平面方向的长度</td><td>120</td></tr>
<tr><td rowspan="2">(5)贯穿裂纹长度,≤</td><td>a. 大面上宽度方向及其延伸到条面的长度</td><td>40</td></tr>
<tr><td>b. 壁、肋沿长度方向、宽度方向及其水平方向的长度</td><td>40</td></tr>
<tr><td colspan="2">(6)肋、壁内残缺长度,≤</td><td>40</td></tr>
<tr><td colspan="2">(7)完整面,≥</td><td>一条面或一大面</td></tr>
</table>

注:凡有下列缺陷之一者,不能称为完整面:①缺损在大面、条面上造成的破坏面尺寸同时大于 20 mm×30 mm;②大面、条面上裂纹宽度大于 1 mm,其长度超过 70 mm;③压陷、粘底、焦花在大面、条面上的凹陷或凸出超过 2 mm,区域尺寸同时大于 20 mm×30 mm。

(3)强度等级。烧结空心砖和空心砌块按抗压强度分为 MU10.0、MU7.5、MU5.0、MU3.5 四个强度等级,见表 6-16。

表 6-16 烧结空心砖和空心砌块的强度等级 单位:MPa

<table>
<tr><th rowspan="2">强度等级</th><th rowspan="2">抗压强度平均值$\bar{f}$,≥</th><th>变异系数δ≤0.21</th><th>变异系数δ>0.21</th></tr>
<tr><th>强度标准值f_k,≥</th><th>单块最小抗压强度值f_{min},≥</th></tr>
<tr><td>MU10.0</td><td>10.0</td><td>7.0</td><td>8.0</td></tr>
<tr><td>MU7.5</td><td>7.5</td><td>5.0</td><td>5.8</td></tr>
<tr><td>MU5.0</td><td>5.0</td><td>3.5</td><td>4.0</td></tr>
<tr><td>MU3.5</td><td>3.5</td><td>2.5</td><td>2.8</td></tr>
</table>

(4)密度等级。烧结空心砖和空心砌块根据体积密度不同分为800、900、1 000、1 100四个密度等级,见表6-17。

表 6-17 密度等级

密度等级	5块密度平均值/(kg/m³)
800	≤800
900	801~900
1 000	901~1 000
1 100	1 001~1 100

(5)抗风化性能。表6-5中严重风化区中的1、2、3、4、5地区的烧结空心砖和空心砌块必须进行冻融试验;其他地区的烧结空心砖和空心砌块的抗风化性能符合表6-18的规定时可不做冻融试验,否则必须进行冻融试验。冻融试验后,每块烧结空心砖和空心砌块不允许出现分层、掉皮、缺棱掉角等冻坏现象;冻后裂纹长度不大于表6-15中(4)、(5)项合格品的规定。

表 6-18 抗风化性能

<table>
<tr><th rowspan="4">产品类别</th><th colspan="8">项目</th></tr>
<tr><th colspan="4">严重风化区</th><th colspan="4">非严重风化区</th></tr>
<tr><th colspan="2">5 h沸煮吸水率/%,≤</th><th colspan="2">饱和系数,≤</th><th colspan="2">5 h沸煮吸水率/%,≤</th><th colspan="2">饱和系数,≤</th></tr>
<tr><th>平均值</th><th>单块最大值</th><th>平均值</th><th>单块最大值</th><th>平均值</th><th>单块最大值</th><th>平均值</th><th>单块最大值</th></tr>
<tr><td>黏土砖和砌块</td><td>21</td><td>23</td><td rowspan="2">0.85</td><td rowspan="2">0.87</td><td>23</td><td>25</td><td rowspan="2">0.88</td><td rowspan="2">0.90</td></tr>
<tr><td>粉煤灰砖和砌块</td><td>23</td><td>25</td><td>30</td><td>32</td></tr>
<tr><td>页岩砖和砌块</td><td>16</td><td>18</td><td rowspan="2">0.74</td><td rowspan="2">0.77</td><td>18</td><td>20</td><td rowspan="2">0.78</td><td rowspan="2">0.80</td></tr>
<tr><td>煤矸石砖和砌块</td><td>19</td><td>21</td><td>21</td><td>23</td></tr>
</table>

注:1. 粉煤灰掺入量(质量分数)小于30%时,按黏土空心砖和空心砌块规定判定。

2. 淤泥、建筑渣土及其他固体废弃物掺入量(质量分数)小于30%时,按相应产品类别规定判定。

烧结空心砖和空心砌块的技术要求还包括泛霜、石灰爆裂，其具体指标的规定与烧结普通砖相同。

3. 应用

烧结空心砖和空心砌块自重较轻，强度较低，主要用作非承重墙，如多层建筑内隔墙或框架结构的填充墙等。

烧结多孔砖和多孔砌块、烧结空心砖和空心砌块是主要的烧结空心制品，其生产与烧结普通砖相比，一方面可减少黏土的消耗量 20%~30%，节约耕地；另一方面，墙体的自重至少减轻 30%~35%，降低造价近 20%，保温隔热和吸声性能有较大提高。所以，推广使用烧结多孔砖和多孔砌块、烧结空心砖和空心砌块也是加快我国墙体材料改革，促进墙体材料工业技术进步的措施之一。

二、非烧结砖

不经焙烧而制成的砖均称为非烧结砖。常用石灰、含硅材料（砂子、粉煤灰、煤矸石、炉渣和页岩等）加水拌和，经压制成型、蒸汽养护或蒸压养护而成。主要品种有蒸压灰砂实心砖和实心砌块、蒸压粉煤灰砖等。

（一）蒸压灰砂实心砖和实心砌块

蒸压灰砂实心砖（或实心砌块），是指以石灰和砂子为主要原料，允许掺入颜料和外加剂，经坯料制备、压制成型、蒸压养护而成的实心砖（或实心砌块）。其中空心率小于 15%、长度不小于 500 mm 或高度不小于 300 mm 的蒸压灰砂实心砌块称为大型蒸压灰砂实心砌块。

《蒸压灰砂实心砖和实心砌块》（GB/T 11945—2019）规定，蒸压灰砂实心砖和实心砌块的规格尺寸可根据工程应用砌筑灰缝的宽度和厚度要求，由供需双方确定，其中尺寸为 240 mm×115 mm×53 mm 的灰砂砖称为标准砖。灰砂实心砖和实心砌块的吸水率应不大于 12%，碳化系数应不小于 0. 85，软化系数应不小于 0. 85。根据抗压强度分为 MU10、MU15、MU20、MU25、MU30 五个强度等级，各强度等级的抗压强度应符合表 6-19 的规定。

表 6-19　蒸压灰砂实心砖和实心砌块的强度等级

强度等级	抗压强度/MPa	
	平均值，≥	单个最小值，≥
MU10	10. 0	8. 5
MU15	15. 0	12. 8
MU20	20. 0	17. 0
MU25	25. 0	21. 2
MU30	30. 0	25. 5

灰砂实心砖和实心砌块具有强度较高、干缩率和尺寸偏差小、大气稳定性好、耐久性好等优点，常用于工业与民用建筑的基础和墙体。灰砂实心砖和实心砌块 MU15 及以上

强度等级的可用于建筑物的基础及其他建筑，MU10 的仅可用于防潮层以上的建筑部位使用。灰砂实心砖和实心砌块不得用于长期受热 200 ℃以上、受急冷急热和有酸性介质侵蚀的建筑部位。

（二）蒸压粉煤灰砖

蒸压粉煤灰砖是以粉煤灰、生石灰为主要原料，掺入适量的石膏、外加剂、颜料和骨料等，经坯料制备、成型、高压蒸汽养护而成的实心砖。

粉煤灰砖的外形尺寸同烧结普通砖，即长 240 mm、宽 115 mm、高 53 mm。

《蒸压粉煤灰砖》（JC/T 239—2014）规定，按砖的外观质量、尺寸偏差、强度等级、干燥收缩值、碳化系数、吸水率等指标分为合格品与不合格品。按抗压强度和抗折强度分为 MU10、MU15、MU20、MU25、MU30 五个强度等级，各等级的强度值应符合表 6-20 的规定。

表 6-20　蒸压粉煤灰砖强度等级

强度等级	抗压强度/MPa		抗折强度/MPa	
	平均值，≥	单块最小值，≥	平均值，≥	单块最小值，≥
MU10	10.0	8.0	2.5	2.0
MU15	15.0	12.0	3.7	3.0
MU20	20.0	16.0	4.0	3.2
MU25	25.0	20.0	4.5	3.6
MU30	30.0	24.0	4.8	3.8

粉煤灰砖可用于工业与民用建筑的墙体和基础，但用于基础或易受冻融和干湿交替作用的建筑部位，必须使用 MU15 及以上强度等级的砖。粉煤灰砖不得用于长期受热（200 ℃以上）、受急冷急热和有酸性介质侵蚀的建筑部位。为避免或减少收缩裂缝的产生，用粉煤灰砖砌筑的建筑物，应适当增设圈梁及伸缩缝或其他措施。

项目3　烧结砖检测

主要内容	知识目标	技能目标
烧结砖的取样，烧结砖的尺寸测量，烧结砖的外观质量检验，烧结砖的抗压强度检测	掌握烧结砖的取样、尺寸测量、外观质量检验及抗压强度检测方法步骤，熟悉烧结砖性能指标的评价标准	能够进行烧结砖的取样，能进行烧结砖的尺寸测量、外观质量检验及抗压强度检测

任务 1　烧结砖的取样

一、检测依据

《砌墙砖试验方法》(GB/T 2542—2012)、《烧结普通砖》(GB/T 5101—2017)、《烧结多孔砖和多孔砌块》(GB 13544—2011)、《烧结空心砖和空心砌块》(GB/T 13545—2014)。

二、取样方法

烧结砖以 3.5 万~15 万块为一检验批,不足 3.5 万块也按一批计;采用随机取样,外观质量检验的砖样在每一检验批的产品堆垛中抽取,数量为 50 块;尺寸偏差检验的砖样从外观质量检验后的样品中抽取,数量为 20 块,其他项目的砖样从外观质量和尺寸偏差检验后的样品中抽取。强度等级检验抽样数量为 10 块。

任务 2　烧结砖的尺寸测量

一、检测目的

检测砖试样的几何尺寸是否符合标准,评判砖的质量。

二、仪器设备

砖用卡尺(分度值为 0.5 mm)。

三、检测方法

砖样的长度应在砖的两个大面的中间处分别测量 2 个尺寸,宽度应在砖的两个大面的中间处分别测量 2 个尺寸,高度应在砖的两个条面的中间处分别测量 2 个尺寸,如图 6-4 所示。当被测处缺损或凸出时,可在其旁边测量,但应选择不利的一侧进行测量。测量精确至 0.5 mm。

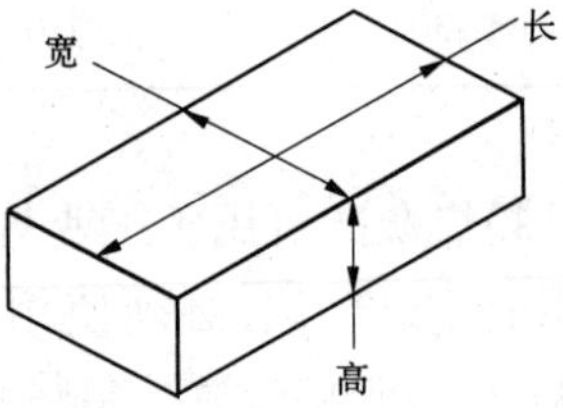

图 6-4　砖的尺寸量法

四、结果计算与评定

每一方向尺寸以两个测量值的算术平均值表示,精确至 1 mm。

任务 3　烧结砖的外观质量检验

一、检测目的

检查砖外表的完好程度,评判砖的质量。

二、仪器设备

砖用卡尺(分度值为 0.5 mm),钢直尺(分度值 1 mm)。

三、检测方法

（1）缺损。缺棱掉角在砖上造成的破损程度，以破损部分对长、宽、高三个棱边的投影尺寸来度量，称为破坏尺寸，如图 6-5 所示。缺损造成的破坏面，是指缺损部分对条面、顶面（空心砖为条面、大面）的投影面积，如图 6-6 所示。空心砖内壁残缺及肋残缺尺寸，以长度方向的投影尺寸来度量。

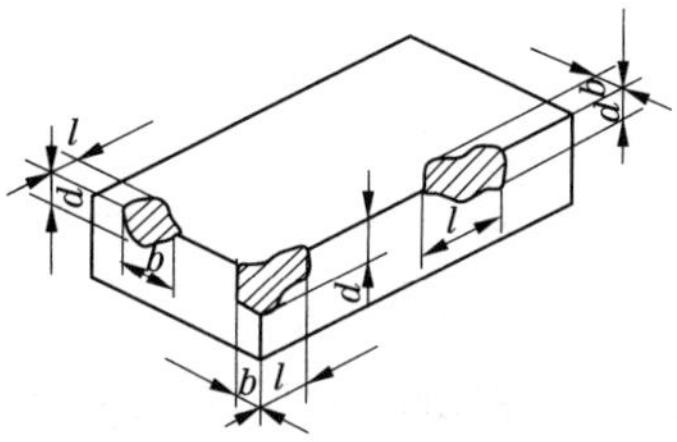

l—长度方向的投影尺寸；*b*—宽度方向的投影尺寸；*d*—高度方向的投影尺寸。

图 6-5 砖的破坏尺寸量法

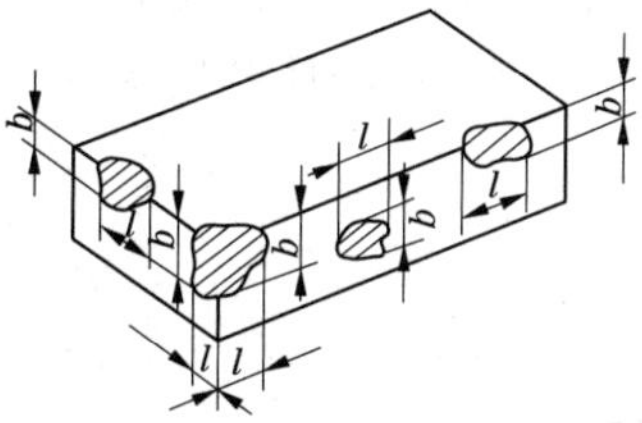

l—长度方向的投影尺寸；*b*—宽度方向的投影尺寸。

图 6-6 缺损在条面、顶面上造成破坏面量法

（2）裂纹。裂纹分为长度方向、宽度方向和水平方向三种，以被测方向上的投影长度表示。如果裂纹从一个面延伸至其他面上，则累计其延伸的投影长度 l，如图 6-7 所示。多孔砖的孔洞与裂纹相通时，则将孔洞包括在裂纹内一并测量，如图 6-8 所示。裂纹长度以在三个方向上分别测得的最长裂纹作为测量结果。

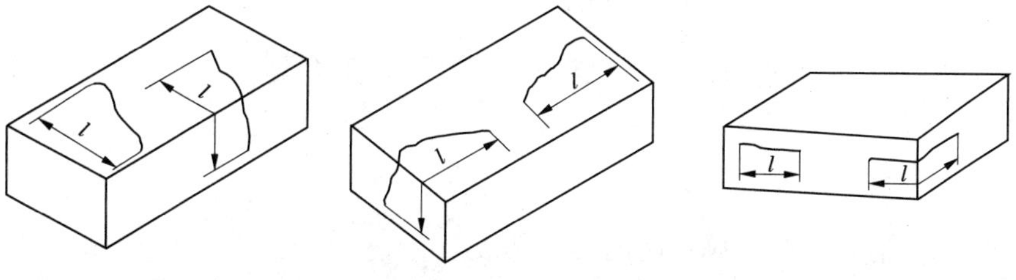

(a)宽度方向裂纹长度量法　(b)长度方向裂纹长度量法　(c)水平方向裂纹长度量法

图 6-7 裂纹长度量法

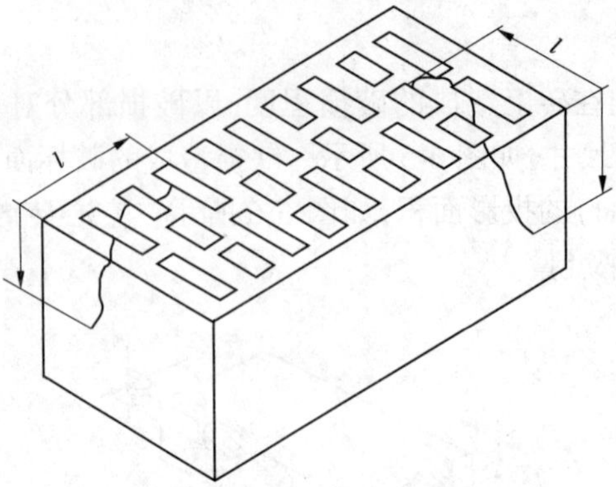

l—裂纹总长度。

图 6-8　多孔砖裂纹通过孔洞时量法

(3)弯曲。分别在大面和条面上测量,测量时将砖用卡尺的两只脚沿棱边两端放置,择其弯曲最大处将垂直尺推至砖面,如图 6-9 所示。但不应将因杂质或碰伤造成的凹陷计算在内。以弯曲测量中测得的较大者作为测量结果。

(4)砖杂质凸出高度量法。杂质在砖面上造成的凸出高度,以杂质距砖面的最大距离表示。测量时将砖用卡尺的两只脚置于杂质凸出部分两侧的砖平面上,以垂直尺测量,如图 6-10 所示。

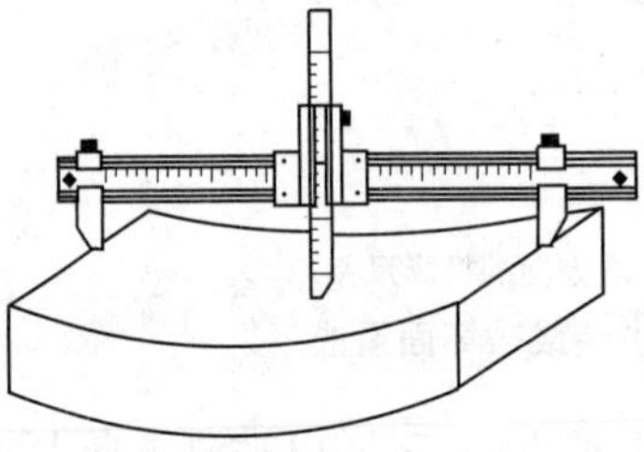

图 6-9　弯曲量法

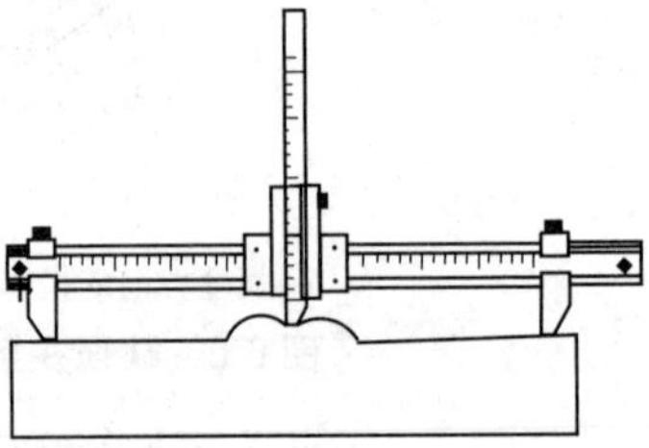

图 6-10　砖杂质凸出高度量法

四、结果计算与评定

外观测量以 mm 为单位,不足 1 mm 者均按 1 mm 计。

任务 4　烧结砖的抗压强度检测

一、检测目的

通过测定砖的抗压强度,确定砖的强度等级。

二、仪器设备

(1)材料试验机:试验机示值相对误差不超过±1%,其下加压板应为球铰支座,预期最大破坏荷载应在量程的 20%~80%。

(2)振动台、制样模具、搅拌机:应符合 GB/T 25044 的要求。

(3)抗压强度试验用净浆材料:应符合 GB/T 25183 的要求。

(4)切割设备、钢直尺(分度值不应大于 1 mm)等。

三、检测方法

(一)试样数量

试样数量为 10 块。

(二)试样制备

试样制备分为一次成型制样、二次成型制样和非成型制样。

(1)一次成型制样。该方法适用于采用样品中间部位切割,交错叠加灌浆制成强度试验试样的方式。具体步骤:①将试样锯成两个半截砖,两个半截砖用于叠合部分的长度不得小于 100 mm,如图 6-11 所示。如果不足 100 mm,应另取备用试样补足。②将已切割开的半截砖放入室温的净水中浸 20~30 min 后取出,在钢丝网架上滴水 20~30 min,以断口相反方向装入制样模具中。用插板控制两个半截砖间距不应大于 5 mm,砖大面与模具间距不应大于 3 mm,砖断面、顶面与模具间垫以橡胶垫或其他密封材料,模具内表面涂油或脱膜剂。制样模具及插板如图 6-12 所示。③将净浆材料按照配制要求,置于搅拌机中搅拌均匀。④将装好试样的模具置于振动台上,加入适量搅拌均匀的净浆材料,振动 0.5~1 min,停止振动,静置至净浆材料达到初凝时间(15~19 min)后拆模。

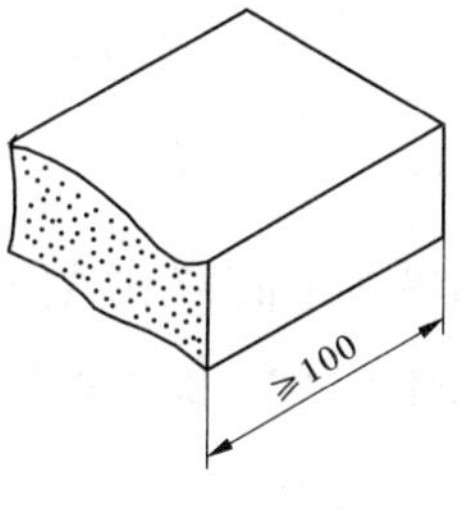

图 6-11 半截砖长度示意图 (单位:mm)

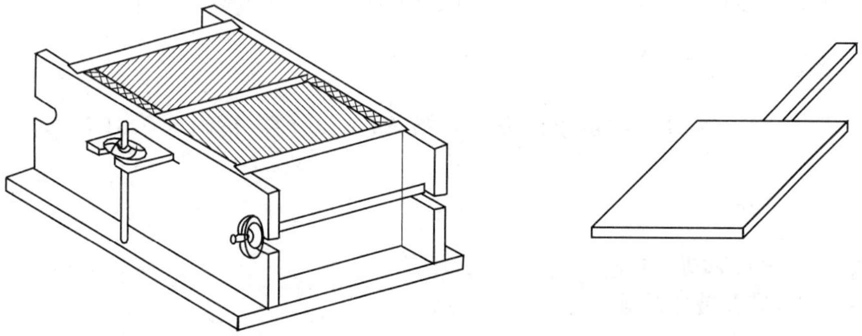

(a)模具　　(b)插板

图 6-12 一次成型制样模具及插板

(2)二次成型制样。该方法适用于采用整块样品上下表面灌浆制成强度试验试样的方式。具体步骤:①将整块试样放入室温的净水中浸 20~30 min 后取出,在钢丝网架上滴水 20~30 min。②按照净浆材料配制要求,置于搅拌机中搅拌均匀。③模具内表面涂油或脱膜剂,加入适量搅拌均匀的净浆材料,将整块试样一个承压面与净浆接触,装入制样模具中,承压面找平层厚度不应大于 3 mm。接通振动台电源,振动 0.5~1 min,停止振动,静置至净浆材料达到初凝时间(15~19 min)后拆模。按同样方法完成整块试样另一承压面的找平。二次成型制样模具如图 6-13 所示。

(3)非成型制样。该方法适用于试样无须进行表面找平处理制样的方式。具体步骤:①将试样锯成两个半截砖,两个半截砖用于叠合部分的长度不得小于 100 mm。如果不足 100 mm,应另取备用试样补足。②两个半截砖切断口相互叠放,叠合部分不得小于 100 mm,如图 6-14 所示,即为抗压强度试样。

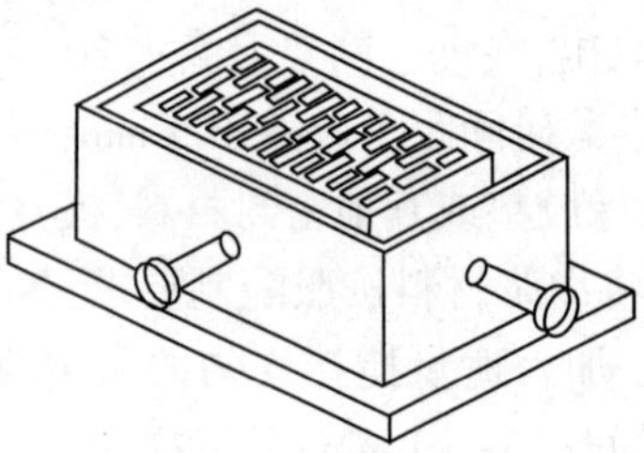

图 6-13　二次成型制样模具

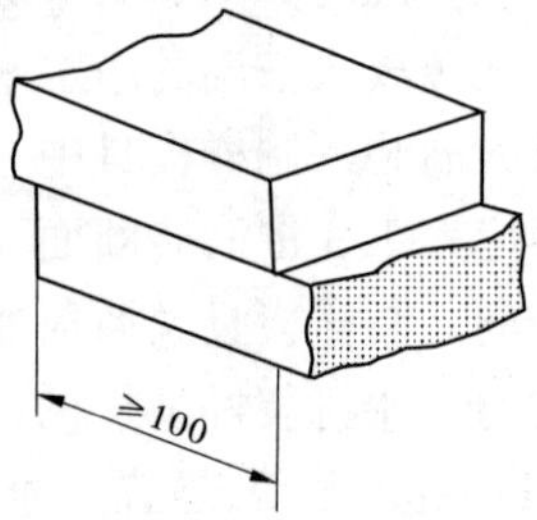

图 6-14　两个半砖叠合示意图　(单位:mm)

(三)试件养护

(1)一次成型制样、二次成型制样在不低于 10 ℃的不通风室内养护 4 h。

(2)非成型制样不需要养护,试样气干状态直接进行试验。

(四)强度测定

测量每个试样连接面或受压面的长、宽尺寸各两个,分别取其平均值,精确至 1 mm。将试样平放在加压板的中央,垂直于受压面加荷,加荷过程应均匀平稳,不得发生冲击或振动。加荷速度以(2~6)kN/s 为宜,直至试件破坏,记录最大破坏荷载 P。

四、结果计算与评定

(1)结果计算。每块试样的抗压强度 f_p 按式(6-1)计算,精确至 0.01 MPa。

$$f_p = \frac{P}{LB} \tag{6-1}$$

式中 f_p—— 抗压强度,MPa;

P —— 最大破坏荷载,N;

L —— 受压面(连接面)的长度,mm;

B —— 受压面(连接面)的宽度,mm。

(2)结果评定。试验后按式(6-2)、式(6-3)分别计算出强度变异系数 δ、标准差 S。

$$\delta = \frac{S}{\bar{f}} \tag{6-2}$$

$$S = \sqrt{\frac{1}{9}\sum_{i=1}^{10}(f_i - \bar{f})^2} \tag{6-3}$$

式中　δ—— 砖强度变异系数，精确至0.01；

S——10块试样的抗压强度标准差，MPa，精确至0.01 MPa；

$\bar{f}$—— 10块试样的抗压强度平均值，MPa，精确至0.01 MPa；

f_i——单块试样抗压强度测定值，MPa，精确至0.01 MPa。

样本量 $n=10$ 时的强度标准值按式(6-4)计算。

$$f_k = \bar{f} - 1.83S \tag{6-4}$$

式中　f_k——强度标准值，MPa，精确至0.1 MPa。

《烧结空心砖和空心砌块》(GB/T 13545—2014)规定，对于烧结空心砖和空心砌块的抗压强度按下列要求评定：

①当变异系数 $\delta \leqslant 0.21$ 时，按抗压强度平均值 $\bar{f}$、强度标准值 f_k 指标评定砖的强度等级。

②当变异系数 $\delta > 0.21$ 时，按抗压强度平均值 $\bar{f}$、单块最小抗压强度值 f_{min} 指标评定其强度等级。

《烧结普通砖》(GB/ T 5101—2017)、《烧结多孔砖和多孔砌块》(GB 13544—2011)规定：按抗压强度平均值 $\bar{f}$、强度标准值 f_k 指标评定烧结普通砖、多孔砖和多孔砌块的强度等级。

项目4　砌　块

主要内容	知识目标	技能目标
蒸压加气混凝土砌块，混凝土小型空心砌块	掌握各种砌块的规格、特点、技术性能及应用范围	能够评定砌块的质量；能够根据工程实际情况合理选择和使用砌块

砌块是一种形体大于砌墙砖的人造砌筑块材，其外形多为直角六面体，主规格的长度、宽度或高度有一项或一项以上分别大于365 mm、240 mm或115 mm，但高度不大于长度或宽度的6倍，长度不超过高度的3倍。

砌块作为一种新型墙体材料，可以充分利用地方资源和工业废渣，并可节省黏土资源和改善环境，符合可持续发展的战略要求。其生产工艺简单，生产周期短，尺寸较大，可提高砌筑效率，降低施工过程中的劳动强度，减轻房屋自重，改善墙体功能，降低工程造价，推广使用砌块是墙体材料改革的一条有效途径。

砌块的分类方法有很多，若按用途可分为承重砌块和非承重砌块；按有无孔洞可分为实心砌块（无孔洞或空心率小于 25%）和空心砌块（空心率≥25%）；按产品主规格的尺寸可分为大型砌块（高度大于 980 mm）、中型砌块（高度为 380～980 mm）和小型砌块（高度大于 115 mm、小于 380 mm）；按材质可分为硅酸盐砌块、轻骨料混凝土砌块、加气混凝土砌块、普通混凝土砌块等。

一、蒸压加气混凝土砌块

蒸压加气混凝土砌块简称加气混凝土砌块，是以钙质材料（水泥、石灰等）和硅质材料（砂、矿渣、粉煤灰等）为主要原料，掺加发气剂（铝粉）及其他调节材料，经配料、搅拌、浇注、发气静停、切割、蒸压养护等工艺制成的一种轻质、多孔的块体材料。

（一）分类与规格

（1）分类。加气混凝土砌块按尺寸偏差分为Ⅰ型和Ⅱ型，Ⅰ型适用于薄灰缝砌筑，Ⅱ型适用于厚灰缝砌筑。按抗压强度分为 A1.5、A2.0、A2.5、A3.5、A5.0 五个级别，强度级别 A1.5、A2.0 适用于建筑保温。按干密度分为 B03、B04、B05、B06、B07 五个级别，干密度级别 B03、B04 适用于建筑保温。

（2）规格。蒸压加气混凝土砌块规格见表 6-21。

表 6-21　蒸压加气混凝土砌块规格　　单位：mm

长度	高度	宽度
600	100　120　125 150　180　200 240　250　300	200　240　250　300

（二）技术要求

（1）尺寸偏差和外观。蒸压加气混凝土砌块的尺寸偏差和外观应符合表 6-22 的规定。

表 6-22　尺寸偏差和外观

项目		指标 Ⅰ型	指标 Ⅱ型
尺寸允许偏差/mm	长度 L	±3	±4
尺寸允许偏差/mm	宽度 B	±1	±2
尺寸允许偏差/mm	高度 H	±1	±2
缺棱掉角	最小尺寸/mm，≤	10	30
缺棱掉角	最大尺寸/mm，≤	20	70
缺棱掉角	三个方向尺寸之和不大于 120 mm 的掉角个数/个，≤	0	2

续表 6-22

项目		指标	
		Ⅰ型	Ⅱ型
裂纹长度	裂纹长度/mm,≤	0	70
	任意面不大于 70 mm 裂缝条数/条,≤	0	1
	每块裂缝总数/条,≤	0	2
损坏深度/mm,≤		0	10
表面疏松、分层、表面油污		无	无
平面弯曲/mm,≤		1	2
直角度/mm,≤		1	2

(2)抗压强度和干密度。蒸压加气混凝土砌块的抗压强度和干密度应符合表 6-23 的要求。

表 6-23 抗压强度和干密度要求

强度级别	抗压强度/MPa,≥		干密度级别	平均干密度/(kg/m^3),≤
	平均值	最小值		
A1.5	1.5	1.2	B03	350
A2.0	2.0	1.7	B04	450
A2.5	2.5	2.1	B04	450
			B05	550
A3.5	3.5	3.0	B04	450
			B05	550
			B06	650
A5.0	5.0	4.2	B05	550
			B06	650
			B07	750

(三)应用

蒸压加气混凝土砌块具有质量轻、保温隔热、隔声性能好、抗震性强、耐火性好、易于加工和施工效率高等优点,常用于低层建筑的承重墙、多层建筑的间隔墙和高层框架结构的填充墙,也可用作屋面和墙体的保温隔热材料。但不得用于建筑物的基础和长期处于水中、有碱性化学物质侵蚀介质的环境中,也不得用于温度长期高于 80 ℃的建筑部位。

二、普通混凝土小型砌块

普通混凝土小型砌块是以水泥、矿物掺合料、砂、石、水等为原料,经搅拌、振动成型、养护等工艺制成的小型砌块。砌块按空心率分为空心砌块(空心率不小于 25%,代号 H)和实心砌块(空心率小于 25%,代号 S);按使用时砌筑墙体的结构和受力情况,分为承重结构用砌块(代号 L,简称承重砌块)、非承重结构用砌块(代号 N,简称非承重砌块);按其功能或使用方法分为主块型砌块、辅助砌块和免浆砌块。主块型砌块是外形为直角六面体,长度尺寸为 400 mm 减砌筑时竖向灰缝厚度,高度尺寸为 200 mm 减砌筑时水平灰缝厚度,条面是封闭完好的砌块。辅助砌块是与主块型砌块配套使用的、特殊形状与尺寸的砌块,分为空心和实心两种,包括各种异形砌块,如圈梁砌块、一端开口的砌块、七分头块、半块等。免浆砌块是砌块砌筑(垒砌)成墙片过程中,无须使用砌筑砂浆,块与块之间主要靠榫槽结构相连的砌块。

(一)规格与等级

1. 规格

普通混凝土小型砌块各部位的名称如图 6-15 所示。

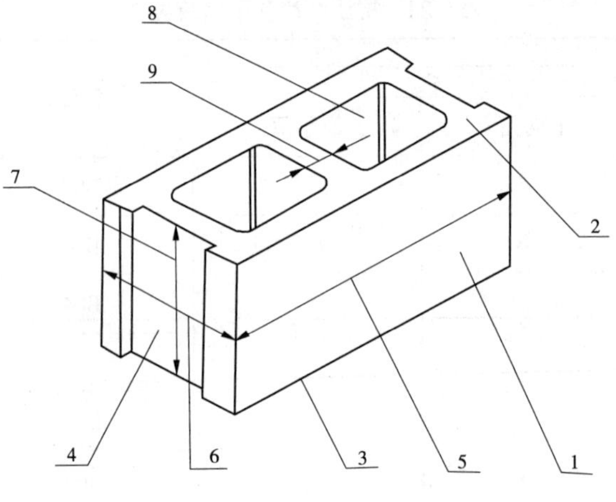

1—条面;2—坐浆面(肋厚较小的面);3—铺浆面(肋厚较大的面);
4—顶面;5—长度;6—宽度;7—高度;8—壁;9—肋。

图 6-15 普通混凝土小型砌块各部位的名称

砌块的外形宜为直角六面体,普通混凝土小型砌块的规格尺寸见表 6-24。

表 6-24 普通混凝土小型砌块的规格尺寸 单位:mm

长度	宽度	高度
390	90、120、140、190、240、290	90、140、190

注:其他规格尺寸可由供需双方协商确定。采用薄灰缝砌筑的块型,相关尺寸可做相应调整。

2. 等级

按砌块的抗压强度分级,见表 6-25。

表 6-25 普通混凝土小型砌块的强度等级 单位:MPa

砌块种类	承重砌块(L)	非承重砌块(N)
空心砌块(H)	7.5、10.0、15.0、20.0、25.0	5.0、7.5、10.0
实心砌块(S)	15.0、20.0、25.0、30.0、35.0、40.0	10.0、15.0、20.0

(二)技术要求

(1)尺寸偏差。普通混凝土小型砌块的尺寸允许偏差应符合表 6-26 的规定。对于薄灰缝砌块,其高度允许偏差应控制在+1 mm、-2 mm。

表 6-26 普通混凝土小型砌块的尺寸允许偏差

项目名称	尺寸允许偏差/mm
长度	±2
宽度	±2
高度	+3,-2

(2)外观质量。普通混凝土小型砌块的外观质量应符合表 6-27 的规定。

表 6-27 普通混凝土小型砌块的外观质量

项目名称		允许值
弯曲/mm,≤		2
缺棱掉角	个数,≤	1
	三个方向投影尺寸的最大值/mm,≤	20
裂纹延伸的投影尺寸累计/mm,≤		30

(3)强度等级。普通混凝土小型砌块的强度等级应符合表 6-28 的规定。

表 6-28 普通混凝土小型砌块的强度等级 单位:MPa

强度等级	平均值,≥	单块最小值,≥
MU5.0	5.0	4.0
MU7.5	7.5	6.0
MU10	10.0	8.0
MU15	15.0	12.0
MU20	20.0	16.0
MU25	25.0	20.0
MU30	30.0	24.0
MU35	35.0	28.0
MU40	40.0	32.0

(4)抗冻性。普通混凝土小型砌块的抗冻性应符合表 6-29 的规定。

表 6-29　普通混凝土小型砌块的抗冻性

使用条件	抗冻指标	质量损失率/%	强度损失率/%
夏热冬暖地区	D15	平均值≤5 单块最大值≤10	平均值≤20 单块最大值≤30
夏热冬冷地区	D25		
寒冷地区	D35		
严寒地区	D50		

(三)应用

普通混凝土小型砌块具有质量轻、施工效率高、适应性强、造价低等优点，一般用于地震烈度为Ⅷ度及以下的建筑物墙体。由于其干缩较大，为减少墙体开裂，要求承重砌块的线性干燥收缩值不大于 0.45 mm/m，非承重砌块的线性干燥收缩值不大于 0.65 mm/m。

习　题

一、填空题

1. 目前所用的砌体材料主要有______、______和______等。
2. 烧结砖按其孔洞率、孔的尺寸大小和数量分为______、______、______。
3. 烧结普通砖的外形为直角六面体，其标准尺寸为______。
4. 砌块按其主规格的尺寸，可分为______、______和______。
5. 烧结多孔砖和多孔砌块的孔洞率分别为不小于______、______。

二、单项选择题

1. 与烧结普通砖相比较，免烧砖具有(　　)的特点。
   A. 强度明显较低　B. 尺寸小　C. 质量轻　D. 耐久性差
2. 与烧结普通砖相比较，砌块具有(　　)的特点。
   A. 强度高　B. 尺寸大　C. 原材料种类少　D. 施工效率低
3. 与混凝土砌块相比较，加气混凝土砌块具有(　　)的特点。
   A. 强度高　B. 质量大　C. 尺寸大　D. 保温性好
4. 现代建筑中，用于墙体的材料，主要有(　　)三类。
   A. 钢材、水泥、木材　B. 砖、石材、木材
   C. 砖、石材、水泥　D. 砖、砌块、板材
5. 砌墙砖按生产工艺可分为(　　)。
   A. 红砖、青砖　B. 普通砖、砌块
   C. 烧结砖、免烧砖　D. 实心砖、空心砖

6. 烧结普通砖的标准尺寸是(　　)。

A. 240 mm×115 mm×53 mm　　B. 250 mm×125 mm×55 mm

C. 240 mm×120 mm×55 mm　　D. 240 mm×120 mm×50 mm

7. 理论上,每立方米砖砌体大约需要砖(　　)块。

A. 520　　B. 512　　C. 496　　D. 478

8. 烧结普通砖的强度等级是根据(　　)来划分的。

A. 3 块样砖的平均抗压强度　　B. 5 块样砖的平均抗压强度

C. 8 块样砖的平均抗压强度　　D. 10 块样砖的平均抗压强度

9. 烧结空心砖和空心砌块的孔洞率不小于(　　)。

A. 15%　　B. 28%　　C. 33%　　D. 40%

10. 与多孔砖相比较,空心砖的孔洞(　　)。

A. 数量多、尺寸大　　B. 数量多、尺寸小

C. 数量少、尺寸大　　D. 数量少、尺寸小

11. 砖内过量的可溶性盐受潮吸水而溶解,随水分蒸发迁移至砖表面,在过饱和状态下析出晶体,形成白色粉状附着物,这种现象称为(　　)。

A. 石灰爆裂　　B. 偏析　　C. 盐析　　D. 泛霜

12. 砖在长期受风雨、冻融等作用下,抵抗破坏的能力称为(　　)。

A. 抗风化性能　　B. 抗冻性　　C. 耐水性　　D. 坚固性

三、简述题

1. 工程中常用的岩石有哪几种?性能和用途各有哪些?
2. 工程中常用的砌筑石材有哪几种?各自用途有哪些?
3. 简述烧结砖主要有哪些种类。它们有何区别?
4. 简述烧结普通砖的技术要求有哪几项。如何评价烧结普通砖的质量等级?
5. 简述如何判定烧结普通砖的强度等级。
6. 简述烧结多孔砖、烧结空心砖与烧结普通砖相比,在使用上有何技术经济意义。
7. 简述常用砌块的特性及应用。

四、计算题

有烧结普通砖一批,经抽样 10 块做抗压强度试验(每块砖的受压面积以 120 mm×115 mm 计),结果如表 6-30 所示。确定该批烧结普通砖的强度等级。

表 6-30　抗压强度试验结果

砖编号	1	2	3	4	5	6	7	8	9	10
破坏荷载/kN	235	226	216	220	257	256	181	282	268	252
抗压强度/MPa										

模块 7　建筑钢材及其检测

【学习目标】

1. 熟悉钢结构用钢材和钢筋混凝土用钢材的种类、规格与应用。
2. 能熟练对钢材进行取样及力学性能指标检测。

建筑钢材是指建筑工程中所用的各类钢材，包括钢结构中所使用的钢板、钢管、各种型钢（角钢、工字钢、槽钢、H 型钢等）和钢筋混凝土结构中所使用的各种钢筋、钢丝、钢绞线。

建筑钢材材质均匀密实，强度高，塑性和韧性好，能承受冲击和振动荷载，易于加工（焊接、铆接、切割等），且与混凝土的黏结性能良好（二者的线膨胀系数相近），因此广泛应用于水利、建筑、铁路、桥梁等工程中。建筑钢材的主要缺点是容易锈蚀，耐火性差，维护费用高。

项目 1　建筑钢材的技术性质

主要内容	知识目标	技能目标
钢材的分类，钢材的力学性质和工艺性能，钢材的化学成分及对钢材技术性质的影响，钢材的冷加工与热处理	熟悉钢材的力学性质和工艺性能指标，理解钢材的冷加工原理与应用，了解钢材化学成分对钢材性能的影响	能够进行钢筋取样及钢筋的拉伸和冷弯性能检测

一、钢材的分类

码 7-1　微课：钢材的认知

（一）钢的冶炼

钢材属于黑色金属材料，钢和铁的主要成分是铁和碳。钢和铁的区别主要在于含碳量的多少，含碳量小于 2%的铁碳合金称为钢，含碳量大于 2%时则为铁。

钢由生铁冶炼而成。将铁矿石、石灰石、焦炭以及少量的锰矿石在炼铁炉内，经高温冶炼，铁矿石内氧化铁还原成生铁，此时生铁中碳、磷、硫、氮等杂质的含量较高，生铁硬而脆，塑性差，应用上受到很大的限制。按断口颜色，生铁可分为白口铁和灰口铁，灰口铁即为铸铁，可以用来浇铸成铸铁件，如用于铸造承受静荷载的管材、机座等次要构件；白口铁一般用于炼钢。

炼钢的原理是以生铁作为主要原料，将生铁在熔融状态下进行氧化，使生铁中的含碳量降低到 2%以下，同时使磷、硫、氮等其他杂质也减少到规定数值内，最后加入脱氧剂进行脱氧。钢的含碳量一般限制在 2%以下，且其他有害杂质含量较少。

常用的炼钢方法有转炉炼钢法、平炉炼钢法、电炉炼钢法三种。

1. 转炉炼钢法

转炉炼钢法又分空气转炉炼钢法和氧气转炉炼钢法两种，以氧气转炉炼钢法为主。

(1)空气转炉炼钢法。将高压热空气由转炉底部或侧面吹入至熔融状态的铁液中，铁水中的杂质与空气中的氧起氧化作用从而被除去。由于冶炼时间短，吹入的空气中含有氮、氢等有害气体，难以准确控制化学成分，硫、磷、氧等杂质不易除去，钢的质量较差，但该方法不需燃料，成本低。空气转炉炼钢法一般用来炼制普通碳素钢，现逐渐被氧气转炉炼钢法所取代。

(2)氧气转炉炼钢法。由转炉顶部吹入高压纯氧，代替空气吹入炼钢炉内铁水中，能有效地除去磷、硫等杂质，使钢的质量显著提高，因此可炼出优质的碳素钢和合金钢，是现代炼钢的主流方法。

2. 平炉炼钢法

以液态或固态生铁、废铁或适量铁矿石作原料，用煤气或重油为燃料在平炉中加热冶炼，依靠铁矿石、废钢铁中的氧、空气中的氧或吹入的氧，使杂质氧化而被除去。平炉熔炼时间长，易调整和控制成分，杂质含量少，成品质量高，可用来炼制优质碳素钢、合金钢或有特殊要求的专用钢。但能耗大、冶炼时间长、投资大、成本高。

3. 电炉炼钢法

以生铁和废钢为原料，用电力为能源的冶炼方法称为电炉炼钢法。其熔炼温度高，温度容易控制，清除杂质彻底，电炉钢的质量最好，但炼钢产量低，成本最高。适合于冶炼优质碳素钢和特殊合金钢。

钢水脱氧后浇铸成钢锭，钢锭在冷却过程中，因钢内某些元素在铁的液相中的溶解度高，这些元素向凝固较迟的钢锭中心集中，导致化学成分在钢锭截面上分布不均匀。这种现象称为化学偏析。其中，以磷、硫等的偏析最为严重，偏析现象对钢的质量影响很大。

(二)钢材的分类

钢材的品种繁多，应用中常有以下几种分类方法。

1. 按化学成分及主要质量等级分类

钢材按化学成分分为非合金钢、低合金钢和合金钢，其合金元素含量应符合《钢分类：第 1 部分 按化学成分分类》(GB/T 13304.1—2008)的要求。

钢材按主要质量等级分为普通钢、优质钢、特殊钢。普通钢在生产过程中不需要特别控制质量要求；优质钢在生产过程中需要特别控制质量(例如控制晶粒度，降低硫、磷含量，提高表面质量或增加工艺控制等)，但这种钢的生产控制不如特殊钢严格；特殊钢在生产过程中需要特别严格控制质量和性能(例如严格控制化学成分、纯洁度等)。

2. 按脱氧程度分类

根据脱氧程度不同，可分为沸腾钢(代号 F)、镇静钢(代号 Z)和特殊镇静钢(TZ)三种。

(1)沸腾钢。脱氧不完全或不充分的钢,钢液在浇铸过程中残留的氧化铁和碳生成一氧化碳气体从钢液中逸出,引起钢液剧烈沸腾,形象地称为沸腾钢。沸腾钢中碳、有害杂质磷、硫等的偏析较严重,钢的致密程度差,气泡含量多,成分不均匀,冲击韧性和焊接性能均较差,但成本低,被广泛应用于一般建筑结构中。

(2)镇静钢。炼钢时一般采用硅铁、锰铁和铝锭等作脱氧剂,脱氧充分,钢水在铸锭时无气泡产生,在锭模内能够平静凝固,称镇静钢。镇静钢含有较少的有害杂质,其结构组织致密,化学成分均匀,机械性能好,但成本较高。常用于承受冲击荷载的结构和预应力混凝土工程。

(3)特殊镇静钢。脱氧程度比镇定钢还要充分还要彻底的钢称为特殊镇静钢,其质量最好,适用于特别重要的结构工程。

3. 按用途分类

(1)结构钢。结构钢是主要用作工程结构构件及机械零件的钢。

(2)工具钢。工具钢是主要用作各种量具、刀具及模具的钢。

(3)特殊钢。特殊钢是具有特殊物理、化学或机械性能的钢,如不锈钢、耐热钢、耐磨钢、磁钢、电工用钢等。

二、钢材的技术性能

建筑钢材的主要性能包括力学性能、工艺性能和化学性能等。

(一)力学性能

建筑钢材的力学性能主要包括拉伸性能、冲击韧性、疲劳强度和硬度等。

码 7-2　微课:钢材的技术性质(一)

1. 拉伸性能

拉伸是建筑钢材的主要受力形式,所以拉伸性能是衡量钢材性能和选用钢材的重要依据。通常用低碳钢的拉伸试验来描述钢材的拉伸性能。

将低碳钢制成一定规格的试件,放在万能试验机上进行拉伸试验,低碳钢的含碳量低,强度较低,塑性较好,其应力-应变曲线(R-ε 图)如图 7-1 所示。从应力-应变曲线可以看出,低碳钢拉伸过程可分为四个阶段:弹性阶段(OA)、屈服阶段(AB)、强化阶段(BC)和颈缩阶段(CD)。

(1)弹性阶段(OA)。OA 段是一条直线,应力与应变成正比,钢材表现为弹性。与 A 点对应的应力称为弹性极限,用 R_p 表示,单位为 MPa。当加荷到 OA 上任意一点应力 R,此时产生的应变为 ε,当荷载卸掉后,应变将恢复到零。在 OA 段,应力和应变的比值称为弹性模量,即 $E=R/\varepsilon$,单位为 MPa。弹性模量反映钢材抵抗变形的能力,它是计算结构变形的重要指标。土木工程中常用低碳钢的弹性极限 $R_p=180\sim200$ MPa,弹性模量 $E=(2.0\sim2.1)\times10^5$ MPa。

(2)屈服阶段(AB)。应力超过弹性极限后,应力与应变不再成正比关系,钢材开始产生塑性变形,此时荷载(应力)基本不变,而变形(应变)增加较快,即应力-应变曲线中的锯齿段,好像钢材受力屈服了,因此称为“屈服阶段”。在屈服阶段,试样发生屈服应力首

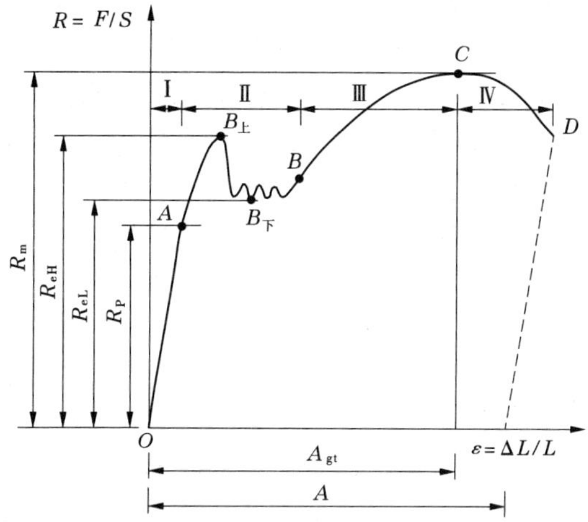

图 7-1　低碳钢受拉时应力-应变曲线

次下降前的最大应力，即锯齿形的最高点 $B_{上}$（上屈服点）对应的应力称为上屈服强度，用 R_{eH} 表示；不计初始瞬时效应时的最小应力，即锯齿形的最低点 $B_{下}$（下屈服点）对应的应力称为下屈服强度，用 R_{eL} 表示。因上屈服强度不稳定，通常以下屈服强度 R_{eL} 作为钢材的屈服强度（也有用 R_{eH} 的）。钢材受力达到屈服强度后，开始出现明显的塑性变形，尽管尚未破坏，但由于变形过大，已不能满足使用要求，因此设计中一般以屈服强度作为钢材强度的取值依据。

码 7-3　动画：低碳钢拉伸

中碳钢和高碳钢（硬钢）的拉伸过程无明显的屈服阶段，难以准确测定屈服强度，其应力-应变曲线如图 7-2 所示。通常以产生残余变形为原标距长度的 0.2%时所对应的应力值作为屈服强度，用 $R_{p0.2}$ 表示。

（3）强化阶段（BC）。应力超过屈服强度后，钢材内部组织产生晶格畸变、晶粒破碎等，阻止了塑性变形的进一步发展，其抵抗变形能力又重新提高，B→C 呈上升趋势，称为强化阶段。应力-应变曲线的最高点 C 点对应的应力称为强度极限或抗拉强度，用 R_m 表示。

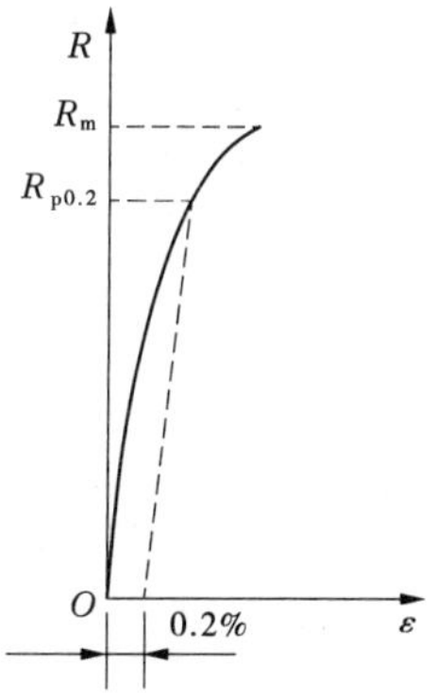

图 7-2　中碳钢与高碳钢（硬钢）的应力-应变曲线

钢材的抗拉强度虽然不能作为计算依据，但是屈服强度与抗拉强度的比值，即屈强比（R_{eL}/R_m）在工程中具有重要意义。屈强比越小，说明屈服强度与抗拉强度相差越大，钢材在应力超过屈服强度工作时的可靠性越大，结构的安全储备越大，结构越安全；屈强比过小，钢材的有效利用率过低，造成浪费。屈强比越大，钢材的有效利用率越高，但结构的安全可靠性降低。因此，屈强比不宜过小或过大，合理的屈强比一般为 0.60~0.75。

（4）颈缩阶段（CD）。试件受力达到最高点 C 点后，其抵抗变形的能力明显降低，钢材的变形速度明显加快，而承载能力明显下降。试件被拉长,最薄弱处(有杂质或缺陷)的截面急剧缩小,出现"颈缩现象",钢材将在此处断裂,故 *CD* 段称为颈缩阶段。

拉伸试验,除能检测钢材屈服强度和抗拉强度等强度指标外,还能检测出钢材的塑性。塑性表示钢材在外力作用发生塑性变形而不破坏的能力,它是钢材的一个重要性能指标。钢材塑性用断后伸长率或断面收缩率表示。

试件断后标距的残余伸长量与原始标距之比的百分率称为断后伸长率。将拉断后的试件在断口处拼合,量出拉断后标距的长度,如图 7-3 所示,按下式计算钢材的断后伸长率 A。

$$A = \frac{L_u - L_0}{L_0} \times 100\% \tag{7-1}$$

式中 L_u——试件断裂后标距的长度,mm;

L_0——试件的原始标距,mm;

A——断后伸长率(%)。

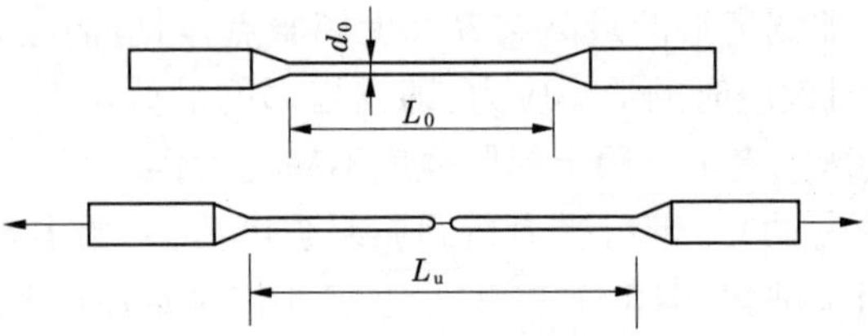

图 7-3 钢材的拉伸试件

试件断裂后横截面面积的最大缩减量与原始横截面面积之比的百分率称为断面收缩率,按式(7-2)计算。

$$Z = \frac{S_0 - S_u}{S_0} \times 100\% \tag{7-2}$$

式中 S_u——试件拉断处的截面面积,mm^2;

S_0——试件原始截面面积,mm^2;

Z——断面收缩率(%)。

断后伸长率和断面收缩率都表示钢材断裂前经受塑性变形的能力,都是衡量钢材塑性的重要指标。断后伸长率和断面收缩率越大,表示钢材塑性越好。通常,钢材是在弹性范围内使用的,但在应力集中区域,其应力可能超过屈服强度,此时局部产生一定的塑性变形,可使结构中的应力产生重分布,从而避免结构破坏。

钢材拉伸时,在试件标距范围内塑性变形分布是不均匀的,颈缩处塑性变形最大,离颈缩处越远塑性变形越小,故试件原始标距(L_0)与直径(d_0)之比越大,颈缩处的伸长量占总伸长量的比例越小,其断后伸长率越小。通常,钢材拉伸试件的原始标距取 $L_0 = 5.65\sqrt{S_0} = 5d_0$ 或 $L_0 = 11.3\sqrt{S_0} = 10d_0$,称为比例试样,其断后伸长率分别用 A 和 $A_{11.3}$ 表示;当按比例试样确定的原始标距 L_0 小于 15 mm 时,测量的不确定度增大,通常采用非比例试样。对于非比例试样,符号 A 应附以下脚注说明所使用的原始标距,以毫米(mm)

表示，例如 $A_{100\ mm}$ 表示原始标距为 100 mm 的断后伸长率。对于同种钢材，$A > A_{11.3}$，$A_{100\ mm} > A_{200\ mm}$。

断后伸长率只反映颈缩处及附近区域的塑性变形，不能反映钢材颈缩前的平均变形，也不能反映弹性变形。由于各类钢材的颈缩特征有差异，且断口拼接测量有误差，难以真实反映钢材的拉伸变形性能，因此以钢材在最大力作用下的总延伸率 A_{gt}，即最大力时原始标距的总延伸（包括塑性延伸和弹性延伸）与引伸计标距之比的百分率，来评定钢材的拉伸变形性能更科学合理。

最大力总延伸率 A_{gt} 的测定方法有引伸计法（见钢筋拉伸性能试验部分）和手工法。采用手工法测定时，试验前在试件两个端部分别画出测量区 $Y-V$，测量区与夹具的距离应不小于 20 mm 或钢筋公称直径 d（取二者之较大者），测定标记 Y 和 V 的距离 L_0（L_0 应为 100 mm）。试件拉断后，在较长钢材段上选择标记 Y 和 V，标记 V 与断口的距离应不小于 50 mm 或 $2d$（取二者之较大者），测定断裂后标记 Y 和 V 的距离 L，见图 7-4。若夹持区与测量区之间的距离小于 20 mm 或 d（选择较大者），试验无效。

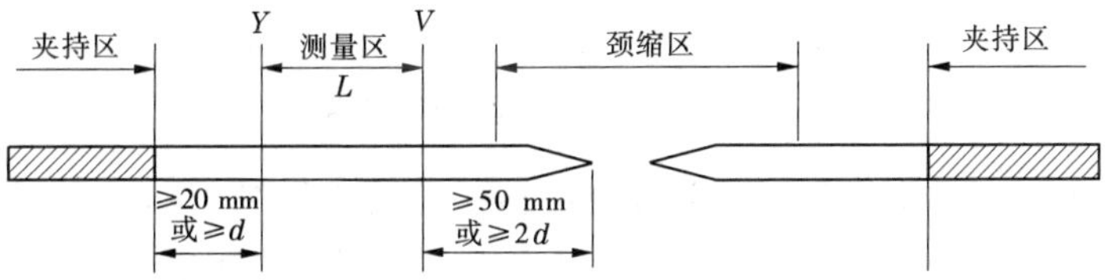

图 7-4　最大力总延伸率测定示意图

最大力总延伸率 A_{gt} 按式（7-3）计算。

$$A_{gt} = \left(\frac{L - L_0}{L_0} + \frac{R_m^0}{E}\right) \times 100\% \tag{7-3}$$

式中　A_{gt}——最大力总延伸率（%）；

L——断裂后 Y 和 V 之间的距离，mm；

L_0——试验前 Y 和 V 之间的距离，mm；

R_m^0——抗拉强度实测值，MPa；

E——钢材的弹性模量，可取 2.0×10^5 MPa。

2. 冲击韧性

冲击韧性是指钢材抵抗冲击荷载而不破坏的能力。相关规范规定以刻槽的标准试件，在冲击试验机的摆锤作用下，以破坏后缺口处单位面积所消耗的功来表示，符号为 α_k，如图 7-5 所示。显然，α_k 值越大，钢材的冲击韧性越好。冲击韧性按式（7-4）计算。

$$\alpha_k = \frac{mg(H - h)}{A_0} \tag{7-4}$$

式中　α_k——冲击韧性，J/cm^2；

m——摆锤的质量，kg；

g——重力加速度，通常取 9.81 m/s^2；

H——摆锤冲击前摆起的高度，mm；

h——摆锤冲击后摆起的高度,mm;

A_0——试件槽口处断面面积,mm^2。

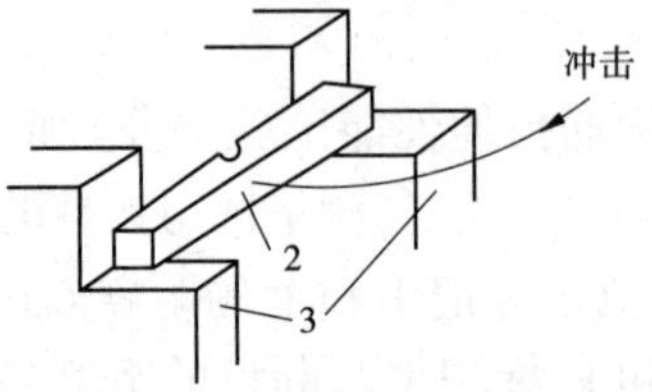

(a)试件装置

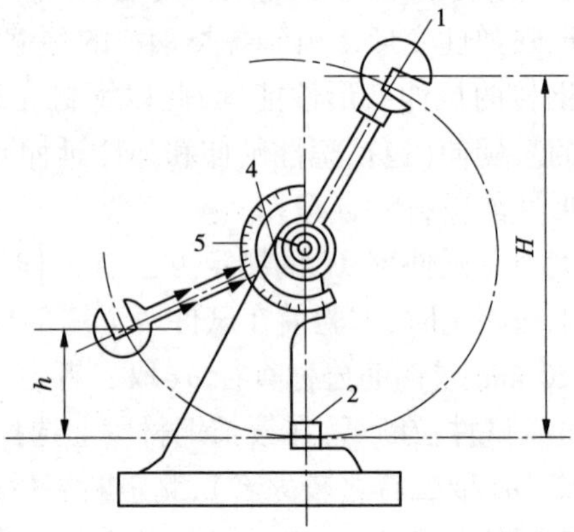

(b)摆冲式试验机工作原理

1—摆锤;2—试件;3—试验台;4—刻度盘;5—指针。

图 7-5　冲击韧性试验示意图

影响钢材冲击韧性的因素很多,当钢材内硫、磷的含量高,脱氧不完全,存在化学偏析,含有非金属夹杂物及焊接形成的微裂纹时,钢材的冲击韧性都会显著降低。

码 7-4　动画:钢材冲击韧性试验

此外,环境温度对钢材的冲击韧性影响很大。试验表明,冲击韧性随温度的降低而下降,开始时下降缓慢,当达到一定温度范围时(狭窄的温度区间),钢材的冲击韧性骤然下降而呈脆性,即冷脆性,此时的温度称为脆性临界温度(又称脆性转变温度),如图 7-6 所示。脆性临界温度越低,钢材的低温冲击韧性越好。因此,在负温下使用的结构,应选用脆性临界温度较使用温度低的钢材。由于脆性临界温度的测定较复杂,相关规范中通常是根据气温条件测定-20 ℃或-40 ℃的冲击韧性指标。

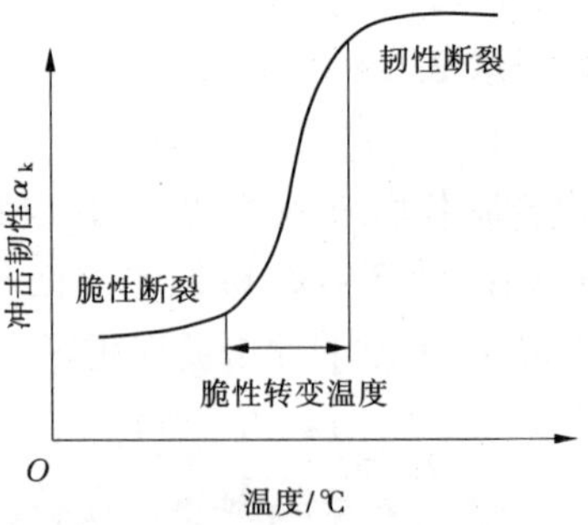

图 7-6　温度对冲击韧性的影响

3. *疲劳强度*

钢材在交变荷载反复作用下,可在远小于抗拉强度的情况下突然破坏,这种破坏称为疲劳破坏。钢材的疲劳破坏指标用疲劳强度(或称疲劳极限)来表示,它是指试件在交变应力下,作用 $10^6 \sim 10^7$ 周次,不发生疲劳破坏的最大应力值。

研究表明,钢材的疲劳破坏由拉应力引起,首先在局部开始形成微细裂纹,其后由于裂纹尖端处产生应力集中而导致裂缝不断扩大,直至形成全截面贯穿裂缝,钢材发生突然的断裂。钢材的内部组织结构、化学成分偏析、受力状态、截面变化、表面质量、加工损伤等,都是影响钢材疲劳强度的因素。疲劳破坏经常突然发生,因而有很大的危险性,往往造成严重事故,所以在设计承受反复荷载且须进行疲劳验算的结构时,应当了解所用钢材的疲劳强度。

4. *硬度*

钢材的硬度是指其表面抵抗硬物压入产生局部变形的能力。测定钢材硬度的方法有布氏硬度法、洛氏硬度法和维氏硬度法三种。常用的硬度指标为布氏硬度和洛氏硬度。

(1)布氏硬度。布氏硬度法的测定原理是利用直径为 D(mm)的淬火钢球,以荷载 P(N)将其压入试件表面,经规定的持续时间后卸去荷载,得到直径为 d(mm)的压痕,荷载 P 与压痕表面积 A(mm^2)之比即布氏硬度(代号 HB)值,此值无量纲。图 7-7 是布氏硬度测定示意图。布氏硬度法比较准确,但是压痕较大,不宜用于成品检验。

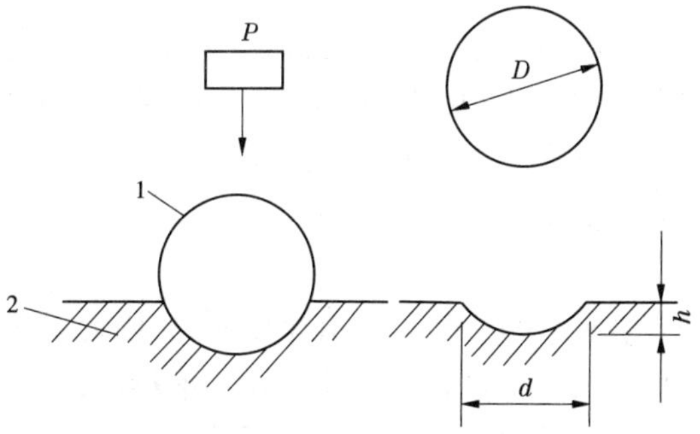

1—淬火钢球;2—试件;3—h 压痕的深度

图 7-7　布氏硬度测定示意图

材料的硬度是材料弹性、塑性、强度、韧性等性能的综合反映。试验证明,钢材的 HB 值与其抗拉强度之间有较好的相关性,可以用硬度值估计抗拉强度,而不破坏钢材。对于碳素钢,当 HB<175 时,$R_m = 3.6$HB(MPa);当 HB>175 时,$R_m = 3.5$HB(MPa)。

(2)洛氏硬度。洛氏硬度试验是将金刚石圆锥体或钢球等压头,按一定荷载压入试件表面,以压头压入试件深度来表示洛氏硬度值(代号 HR),此值无量纲。洛氏硬度法的压痕小,所以常用于判断钢材的热处理效果。

码 7-5　动画:钢材布氏硬度试验

(二)工艺性能

钢材应具有良好的工艺性能,可以保证钢材顺利通过各种加工,满足施工工艺的要求。冷弯、冷拉、冷拔及焊接性能是建筑钢材的重要工艺性能。

1. 冷弯性能

冷弯性能是指钢材在常温下,以一定的弯芯直径和弯曲角度对钢材进行弯曲,钢材能够承受弯曲变形的能力。

钢材的冷弯,一般以弯曲角度 α、弯芯直径 D 与钢材厚度(或直径)d 的比值 D/d 来表示弯曲的程度,如图 7-8 所示。弯曲角度越大、D/d 越小,表示钢材的冷弯性能越好。

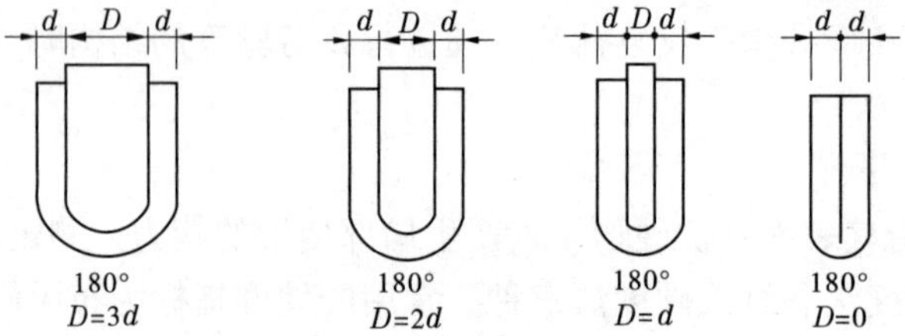

图 7-8 钢材冷弯

码 7-6 微课:钢材的技术性质(二)

在常温下,以规定弯芯直径和弯曲角度(90°或 180°)对钢材进行弯曲,在弯曲处外表面即受拉区或侧面无裂纹、起层、鳞落或断裂等现象,则钢材冷弯合格。如有上述一种或一种以上的现象出现,则钢材的冷弯性能不合格。

伸长率反映的是钢材在均匀变形下的塑性,而冷弯是在更严苛的条件下对钢材塑性的严格检验,它能反映钢材内部晶格组织是否均匀、是否存在内应力及夹杂物等缺陷。同时在焊接时,局部脆性及焊接接头质量的缺陷也可通过冷弯试验发现,因此钢材的冷弯性能也是评定焊接质量的重要指标。

2. 焊接性能

建筑工程中,钢材间的连接 90%以上采用焊接方式,因此要求钢材应有良好的焊接性能。焊接时,由于在很短的时间内达到很高的温度,钢材局部融化的体积很小,冷却速度很快,在焊缝处必然产生剧烈的膨胀和收缩,因而易产生变形、内应力和内部组织的变化,使焊缝周围的钢材产生硬脆倾向,降低了焊接质量。可焊性良好的钢材,焊缝及其附近过热区钢材不应产生裂缝、气孔、夹渣等明显的缺陷及硬脆倾向,焊接接头质量应与母材相近,焊接才牢固可靠。

钢材的化学成分、冶炼质量、冷加工、焊接工艺及焊条材料等都会影响焊接性能。含碳量小于 0.25%的碳素钢具有良好的可焊性,含碳量大于 0.3%时可焊性变差;硫、磷及气体杂质会使可焊性降低;加入过多的合金元素也会降低可焊性。对于高碳钢和合金钢,为提高焊接质量,一般需要采用预热和焊后热处理,以保证质量。

钢材焊接后必须取样进行焊接质量检验,一般包括拉伸试验,有些焊接种类还包括弯曲试验,要求试验时试件的断裂不能发生在焊接处,且焊缝处应无裂纹、砂眼、咬肉和焊件变形等缺陷。

三、钢材的化学成分

钢材的性能主要取决于其中的化学成分。钢材的化学成分主要是铁和碳,此外还有少量的硅、锰、硫、磷、氧等元素,这些元素的存在对钢材性能有不同的影响。

(一)碳(C)

碳是决定钢材性质的主要因素。含碳量在0.8%以下时,随着含碳量的增加,钢的强度和硬度提高,塑性和韧性降低;但当含碳量大于1.0%时,随着含碳量的增加,钢的强度反而下降。含碳量增加,钢的焊接性能变差,尤其当含碳量大于0.3%时,钢的可焊性显著降低。含碳量对碳素结构钢性能的影响如图7-9所示。

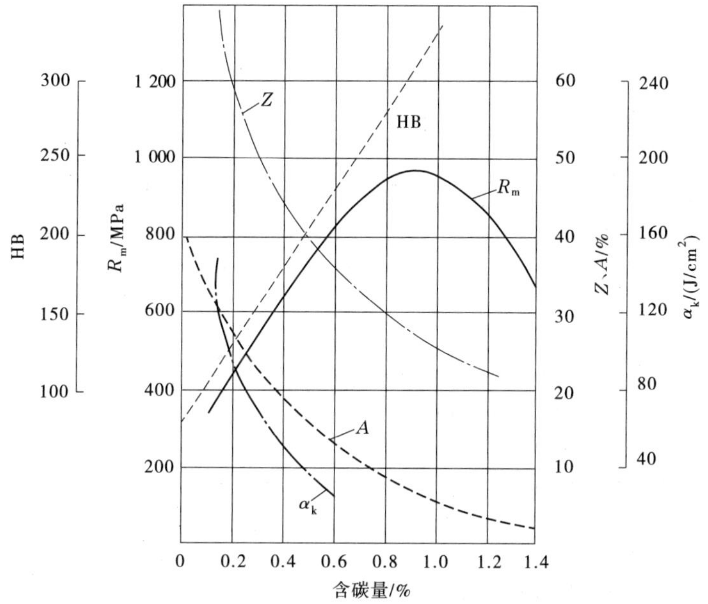

R_m—抗拉强度;HB—硬度;A—断后伸长率;Z—断面收缩率;α_k—冲击韧性。

图7-9 含碳量对碳素结构钢性能的影响

(二)有益元素

1. 硅(Si)

硅是我国低合金钢的主加合金元素,炼钢时能起脱氧作用,是钢的有益元素。硅含量在1.0%以下时,可提高钢的强度、疲劳极限、耐腐蚀性及抗氧化性,对塑性和韧性影响不大。当硅的含量超过1%时,塑性和韧性显著降低,冷脆性增加,可焊性变差。通常非合金钢中硅含量<0.50%,低合金钢含硅量≥0.50%且<0.90%,合金钢含硅量≥0.90%。

2. 锰(Mn)

锰是我国低合金钢的主加合金元素,炼钢时能起脱氧除硫作用,是钢的有益元素。锰的脱氧作用比硅弱一些,但可以削弱硫所引起的热脆性,使钢材的热加工性能得到改善,同时能细化晶粒,提高钢材的强度和硬度。含锰量小于1.0%时,对钢材的塑性和韧性影响不大;含锰量大于1.0%时,会降低钢材的耐腐性和焊接性能。通常非合金钢中锰含量<1.00%,低合金钢含锰量≥1.00%且<1.40%,合金钢含锰量≥1.40%。

3. 钛(Ti)

钛是我国合金钢常用的微量合金元素,是炼钢的强脱氧剂,能细化晶粒,显著提高强度,并改善韧性和焊接性,减少时效敏感性,但塑性稍有降低。

4. 钒(V)

钒是我国合金钢常用的微量合金元素,是炼钢的弱脱氧剂,在钢中形成碳化物和氮化物,能细化晶粒,有效提高强度,减少时效敏感性,但钒与碳、氮、氧等有害元素的亲和力很强,会增加焊接时的淬硬性。

(三)有害元素

1. 硫(S)

硫是钢材中主要的有害元素之一,硫会引起钢材的"热脆性",降低钢材的各种机械性能,使钢材的可焊性、冲击韧性、耐疲劳性和抗腐蚀性降低。建筑钢材的含硫量应尽可能减少,一般要求含硫量小于0.050%。

2. 磷(P)

磷是钢材中主要的有害元素之一,磷会引起钢材的"冷脆性",磷含量提高,钢材的强度、硬度、耐磨性和耐蚀性提高,塑性、韧性和可焊性显著下降。建筑用钢含磷量一般不超过0.045%。

3. 氧(O)

含氧量增加,使钢材的机械强度降低,塑性和韧性降低,促进时效,还能使热脆性增加,焊接性能变差。建筑钢材的含氧量应尽可能减少。

4. 氮(N)

氮使钢材的强度提高,塑性特别是韧性显著下降。氮会加剧钢的时效敏感性和冷脆性,使可焊性变差。

四、钢材的冷加工与热处理

(一)冷加工

将钢材于常温下进行冷拉、冷拔或冷轧,使之产生塑性变形,从而提高强度,但钢材的塑性和韧性会降低,这个过程称为冷加工(或称为冷加工强化)。

土木工程中对大量使用的钢筋,往往同时进行冷加工和时效处理,常用的冷加工方法是冷拉和冷拔。

码7-7　动画:钢筋冷拉　　　码7-8　动画:钢筋冷拔

1. 冷拉

将热轧钢筋用拉伸设备在常温下拉长,使之产生一定的塑性变形称为冷拉。冷拉后的钢筋不仅屈服强度提高20%~30%,钢筋长度还增加(4%~10%),因此冷拉也是节约钢材(一般为10%~20%)的一种措施。

钢材经冷拉后屈服阶段缩短,伸长率减小,材质变硬。

实际冷拉时,应通过试验确定冷拉控制参数。冷拉参数的控制,直接关系到冷拉效果和钢材质量。钢筋的冷拉可采用控制应力或控制冷拉率的方法。当采用控制应力方法时，在控制应力下的最大冷拉率应满足规定要求；当最大冷拉率超过规定要求时，应进行力学性能检验。当采用控制冷拉率方法时，冷拉率必须由试验确定，测定冷拉率时钢筋的冷拉应力应满足规定要求。对不能分清炉罐号的热轧钢筋，不应采取控制冷拉率的方法。

2. 冷拔

将光圆钢筋在常温条件下通过硬质合金拔丝模孔强行拉拔，称为冷拔，如图 7-10 所示。钢筋在冷拔过程中不仅受拉，还受到挤压作用。经过一次或多次冷拔后，钢筋的屈服强度可提高 40%~60%，但是塑性明显降低，具有硬钢的特性。

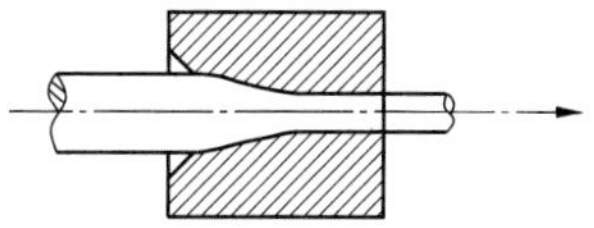

图 7-10　冷拔

3. 冷轧

冷轧是将圆钢在冷轧机上轧成断面形状规则的钢筋，可提高其强度及与混凝土的黏结力。钢筋在冷轧时，纵向与横向同时产生变形，故能较好地保持其塑性和内部结构均匀性。

(二) 时效

钢材经过冷拉后，于常温下存放 15~20 d 或加热到 100~200 ℃，并保持 2~3 h 后，钢材强度将进一步提高，这个过程称为时效处理。前者称为自然时效，后者称为人工时效。通常对强度较低的钢材可采用自然时效，强度较高的钢材则须采用人工时效。对钢材进行冷加工强化与时效处理的目的是提高钢材的屈服强度，以便节约钢材。

钢材经冷加工及时效处理前后的性能变化如图 7-11 所示。图中 *OABCD* 曲线为未经过冷拉加工和时效处理试件的应力-应变曲线，将钢筋原材拉伸至超过屈服点但不超过抗拉强度(使之产生塑性变形)的某一点 *K*，卸去荷载，钢筋的应力-应变曲线沿 *KO′* 恢复部分变形(弹性变形部分)，保留 *OO′* 残余变形。若立即将试件重新拉伸(冷拉无时效)，

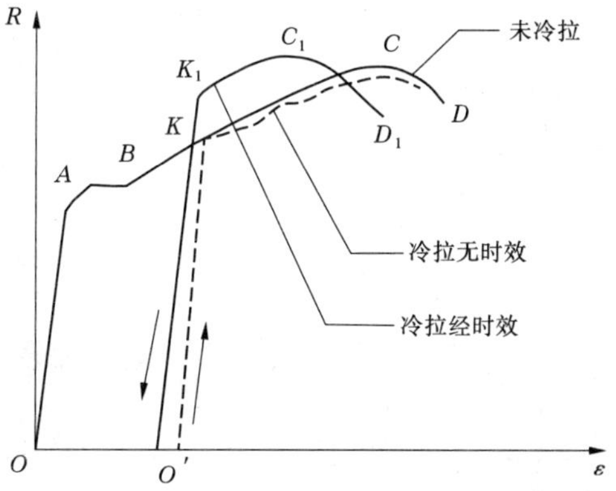

图 7-11　钢筋冷拉前后应力-应变曲线的变化

钢筋的屈服点升高至 K 点，以后的应力-应变关系与原来曲线 KCD 相似。这表明钢筋经冷拉后，屈服强度得到提高，抗拉强度和塑性与钢筋原材基本相同。如在钢筋原材拉伸至超过屈服点但不超过抗拉强度（使之产生塑性变形）的某一点 K_1 卸去荷载，然后进行自然时效或人工时效，再将钢筋拉伸。通过冷拉时效处理，钢筋的屈服点升高至 K_1 点，以后的应力-应变关系 $K_1C_1D_1$ 比原来曲线 KCD 短。这表明钢筋经冷拉时效后，屈服强度进一步提高，与钢筋原材相比，抗拉强度亦有所提高，塑性和韧性则相应降低。

（三）钢材的热处理

热处理是将钢材按一定规则加热、保温和冷却，通过改变晶体组织，或消除由于冷加工产生的内应力，从而获得所需性能的一种工艺过程。钢材的热处理一般在生产厂家进行。在施工现场，有时需对焊接件进行热处理。钢材热处理的方法有以下几种。

1. 退火

退火是将钢材加热到一定温度（一般为 723 ℃以上），保温后缓慢冷却（随炉冷却）的一种热处理工艺。退火能消除钢材中内应力，改善钢的显微结构，细化晶粒，达到提高塑性和韧性的目的。

2. 正火

正火是退火的一种特例，正火是在空气中冷却，两者仅冷却速度不同。与退火相比，正火后钢材的硬度、强度较高，但塑性比退火处理的小。

3. 淬火

淬火是将钢材加热到一定温度（一般为 900 ℃以上），保持一定时间，立即放入水或油等冷却介质中快速冷却的一种热处理操作。淬火可提高钢材的强度和硬度，但钢材的塑性和韧性明显降低。

4. 回火

回火是将淬火后的钢材在 723 ℃以下的温度内重新加热到某一温度，保温后按一定速度冷却至室温的过程。回火可消除淬火产生的内应力，使钢材硬度降低，塑性和韧性得到一定提高。

项目 2　钢筋检测

主要内容	知识目标	技能目标
钢筋的取样方法，钢筋拉伸试验，钢筋弯曲试验	掌握钢筋取样、钢筋拉伸试验、钢筋弯曲试验的方法步骤，熟悉钢筋性能指标的评价标准	能够进行钢筋的取样，能进行钢筋拉伸、钢筋弯曲等性能检测，会评定钢筋质量

任务1 钢筋的取样方法

一、检测依据

《钢及钢产品 力学性能试验取样位置和试样制备》(GB/T 2975—2018)、《钢筋混凝土用钢材试验方法》(GB/T 28900—2022)、《金属材料 拉伸试验 第1部分:室温试验方法》(GB/T 228.1—2021)、《金属材料 弯曲试验方法》(GB/T 232—2024)、《钢筋混凝土用钢 第1部分:热轧光圆钢筋》(GB/T 1499.1—2024)、《钢筋混凝土用钢 第2部分:热轧带肋钢筋》(GB/T 1499.2—2024)等。

二、检验批的规定

钢筋应按批进行检查和验收,检验批的规定如下:

(1)热轧光圆钢筋、热轧带肋钢筋、余热处理钢筋每批由同一牌号、同一炉罐号、同一规格的钢筋组成。每批重量通常不超过60 t。超过60 t的部分,每增加40 t(或不足40 t的余数),增加一个拉伸试样和一个弯曲试样。

(2)低碳钢热轧圆盘条、优质碳素钢热轧盘条每批由同一炉号、同一牌号、同一尺寸的盘条组成。

(3)冷轧带肋钢筋每批应由同一牌号、同一外形、同一规格、同一生产工艺和同一交货状态的钢筋组成,每批不大于60 t。

三、钢筋取样方法

钢筋取样时,应从每批钢筋中抽取抽样产品,然后按相关规范规定的取样方法截取试样。每批钢筋的检验项目(此处仅列拉伸和弯曲两项)、取样方法和取样数量见表7-1。

表7-1 钢筋的检验项目、取样方法和取样数量

钢筋种类	检验项目	取样数量	取样方法	试验方法
低碳钢热轧圆盘条	拉伸	每批1个	GB/T 2975	GB/T 228.1、GB/T 232、GB/T 28900
	弯曲	每批2个	不同根盘条切取、GB/T 2975	
优质碳素钢、热轧盘条	拉伸	每批2个	不同根盘条切取、GB/T 2975	
	弯曲	每批1个	GB/T 2975	
热轧光圆钢筋	拉伸	每批2个	不同根(盘)钢筋切取	
	弯曲	每批2个	不同根(盘)钢筋切取	
热轧带肋钢筋	拉伸	每批2个	不同根(盘)钢筋切取	
	弯曲	每批2个	不同根(盘)钢筋切取	
冷轧带肋钢筋	拉伸	每盘1个	在每盘中随机切取	
	弯曲	每批2个	在任一盘中随机切取	

四、试验条件

试验一般在 10～35 ℃的室温范围内进行。对于温度要求严格的试验，试验温度应为(23±5)℃。

码 7-9　动画：钢筋原材取样　　码 7-10　动画：焊接钢筋取样

任务 2　钢筋拉伸试验

一、检验目的

检测钢材的力学性能，评定钢材质量。

二、仪器设备

(1)试验机：应按照《金属材料 静力单轴试验机的检验与校准 第 1 部分：拉力和(或)压力试验机 测力系统的检验与校准》(GB/T 16825.1—2022)进行检验，并应为Ⅰ级或优于Ⅰ级准确度。

(2)引伸计：应符合《金属材料 单轴试验用引伸计系统的标定》(GB/T 12160—2019)的要求。

(3)钢筋打点机或划线机、游标卡尺。

三、检测步骤

码 7-11　视频：钢筋拉伸试验

(一)试样的制作

试样原始标距 L_0 与横截面面积 S_0 有 $L_0=k\sqrt{S_0}$ 关系者称为比例试样。国际上使用的比例系数 k 的值为 5.65。原始标距应不小于 15 mm。当试样横截面面积太小，以致采用比例系数 k 为 5.65 的值不能符合这一最小标距要求时，可以采用较高的值(优先采用 11.3 的值)或采用非比例试样。非比例试样其原始标距(L_0)与原始横截面面积(S_0)无关。

对于直径 $d_0\geqslant 4$ mm 的钢筋，属于比例试件，原始标距 $L_0=k\sqrt{S_0}$，其中比例系数 k 通常取 5.65，也可以取 11.3。对于比例试样，应将原始标距的计算值按 GB/T 8170 修约至最接近 5 mm 的倍数。机加工试件的平行长度 $L_c\geqslant L_0+d_0/2$，对于仲裁试验 $L_c\geqslant L_0+2d_0$。钢筋拉伸试件不允许进行车削加工，对未加工试样 L_c 是指夹持部分之间的距离，其应足够长，以使试样原始标距的标记与最接近夹头间的距离不小于 $\sqrt{S_0}$，满足对断后伸长率或最大力总延伸率测定的要求。试件的总长度取决于夹持方法，原则上试件的总长 $L_t>L_c+4d_0$。

对于直径 $d_0<4$ mm 的钢丝，属于非比例试件，其原始标距 L_0 应取(200±2) mm 或(100±1) mm。试验机两夹头之间的试样长度 L_c 应至少等于 L_0+3d_0，最小值为 L_0+20 mm。如果不测定断后伸长率，两夹头间的最小自由长度可以为 50 mm。

试验前将试样原始标距细分为 5 mm（推荐）到 10 mm 的 N 等份。试样原始标距应用小标记、细划线或细墨线做原始标记，但不得用引起过早断裂的缺口做标记；也可以标记一系列套叠的原始标距；也可以在试样表面划一条平行于试样纵轴的线，并在此线上标记原始标距。

(二)试样原始横截面面积(S_0)的测定

原始横截面面积的测定应准确到±1%。

对于钢筋(圆形截面)试样，应在标距的两端及中间三处，分别在两个相互垂直的方向测量试样的直径，取其算术平均值计算该处的横截面面积。取三处横截面面积的平均值作为试样的原始横截面面积。

(三)上、下屈服强度 R_{eH}、R_{eL} 的测定

上屈服强度 R_{eH} 可以从力-延伸曲线或峰值力显示器上测得，定义为力首次下降前的最大力值对应的应力。

下屈服强度 R_{eL} 可以从力-延伸曲线上测得，定义为不计初始瞬时效应时屈服阶段中的最小力所对应的应力。

对于上、下屈服强度位置判定的基本原则如下：

(1)屈服前的第 1 个峰值应力(第 1 个极大值应力)判为上屈服强度，不管其后的峰值应力比它大或比它小。

(2)屈服阶段中如呈现两个或两个以上的谷值应力，舍去第 1 个谷值应力(第 1 个极小值应力)不计，取其余谷值应力中之最小者判为下屈服强度。如只呈现 1 个下降谷，此谷值应力判为下屈服强度。

(3)屈服阶段中呈现屈服平台，平台应力判为下屈服强度；如呈现多个而且后者高于前者的屈服平台，判第 1 个平台应力为下屈服强度。

(4)正确的判断结果应是下屈服强度一定低于上屈服强度。

(四)断后伸长率(A)、断裂总延伸率(A_t)和最大力总延伸率(A_{gt})的测定

(1)为了测定断后伸长率，应将试样断裂的部分仔细地拼接在一起，使其轴线处于同一直线上，并采取特别措施确保试样断裂部分适当接触后测量试样断后标距。这对小横截面试样和低伸长率试样尤为重要。

断后伸长率按式(7-1)计算。

对于比例试样，若原始标距不为 $5.65\sqrt{S_0}$（S_0 为平行长度的原始横截面面积)，符号 A 应附以下脚注说明所使用的比例系数，例如 $A_{11.3}$ 表示原始标距(L_0)为 $11.3\sqrt{S_0}$ 的断后伸长率。对于非比例试样，符号 A 应附以下脚注说明所使用的原始标距，以毫米(mm)表示，例如 $A_{80\ \mathrm{mm}}$ 表示原始标距(L_0)为 80 mm 的断后伸长率。

应使用分辨力足够的量具或测量装置测定断后伸长量(L_u-L_0),并准确到±0.25 mm。

如规定的最小断后伸长率小于5%,建议按规范采取特殊方法进行测定。原则上只有断裂处与最接近的标距标记的距离不小于原始标距的1/3的情况方为有效。但断后伸长率大于或等于规定值,不管断裂位置处于何处,测量均为有效。当断裂处与最接近的标距标记的距离小于原始标距的1/3时,可采用移位法测定断后伸长率。

(2)移位法测定断后伸长率(见图7-12)。当试样断裂处与最接近的标距标记的距离小于原始标距的1/3时,可以使用如下方法测定。

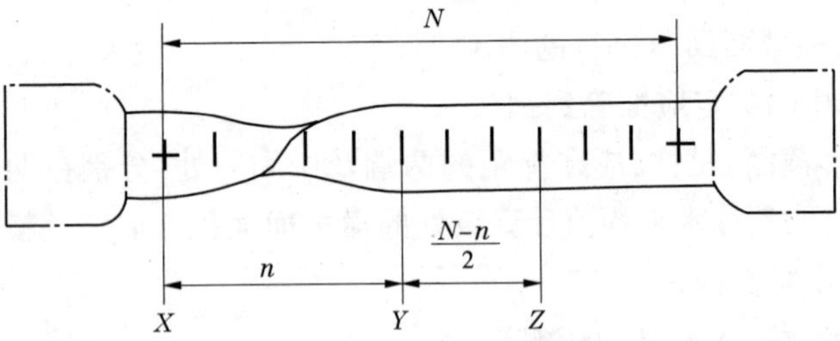

(a)(N-n)为偶数

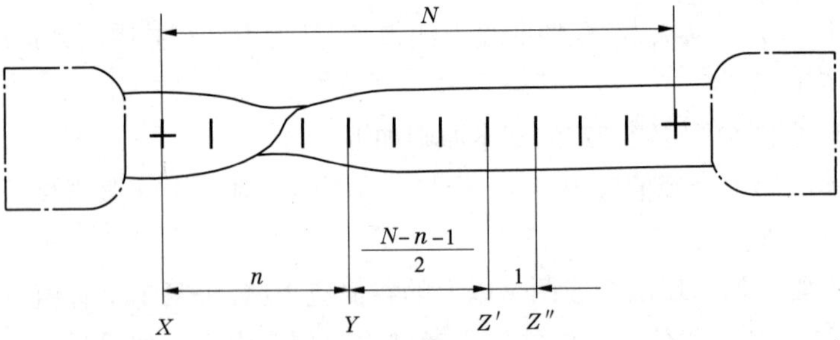

(b)(N-n)为奇数

图7-12 移位方法的图示说明(试样头部形状仅为示意)

试验前,将原始标距(L_0)细分为5 mm(推荐)到10 mm的N等份。试验后,以符号X表示断裂后试样短段的标距标记,以符号Y表示断裂试样长段的等分标记,此标记与断裂处的距离最接近于断裂处至标距标记X的距离。

如X与Y之间的分格数为n,按如下规定测定断后伸长率。

①如$N-n$为偶数,测量X与Y之间的距离l_{XY}和测量从Y至距离为$\frac{1}{2}(N-n)$个分格的Z标记之间的距离l_{YZ}。按式(7-5)计算断后伸长率:

$$A=\frac{l_{XY}+2l_{YZ}-L_0}{L_0}\times 100\% \tag{7-5}$$

②如 $N-n$ 为奇数，测量 X 与 Y 之间的距离 l_{XY}，以及从 Y 至距离分别为 $\frac{1}{2}(N-n-1)$ 和 $\frac{1}{2}(N-n+1)$ 个分格的 Z' 和 Z'' 标记之间的距离 $l_{YZ'}$ 和 $l_{YZ''}$。按式(7-6)计算断后伸长率：

$$A=\frac{l_{XY}+l_{YZ'}+l_{YZ''}-L_0}{L_0}\times 100\% \tag{7-6}$$

(3)能用引伸计测定断裂延伸的试验机，引伸计标距(L_e)应等于试样原始标距(L_0)，无须标出试样原始标距的标记。以断裂时的总延伸作为伸长测量时，为了得到断后伸长率，应从总延伸中扣除弹性延伸部分。

原则上，断裂发生在引伸计标距(L_e)以内方为有效，但断后伸长率大于或等于规定值时，不管断裂位置处于何处，测量均为有效。

(4)在用引伸计得到的力-延伸曲线上测定断裂总延伸。断裂总延伸率 A_t 按式(7-7)计算：

$$A_t=\frac{\Delta L_f}{L_e}\times 100\% \tag{7-7}$$

式中　A_t——断裂总延伸率(%)；

L_e——引伸计标距，mm；

ΔL_f——断裂总延伸，mm。

(5)在用引伸计得到的力-延伸曲线上测定最大力总延伸。最大力总延伸率 A_{gt} 按式(7-8)计算：

$$A_{gt}=\frac{\Delta L_m}{L_e}\times 100\% \tag{7-8}$$

式中　A_{gt}——最大力总延伸率(%)；

L_e——引伸计标距，mm；

ΔL_m——最大力总延伸，mm。

(五)抗拉强度(R_m)的测定

用引伸计得到的力-延伸曲线上的最大力(F_m)除以试样原始横截面面积(S_0)，即为抗拉强度：

$$R_m=\frac{F_m}{S_0} \tag{7-9}$$

四、试验结果数值的修约

试验测定的性能结果数值应按照相关产品标准的要求进行修约。如低碳钢热轧圆盘条、优质碳素钢热轧盘条、热轧光圆钢筋、热轧带肋钢筋、冷轧带肋钢筋的产品标准中明确规定，检验结果的数值修约应符合 YB/T 081—2013 的规定，见表 7-2。

表 7-2　金属材料拉伸试验数据的修约间隔

测定项目	性能范围	修约间隔
强度	≤200 MPa	1 MPa
	>200～1 000 MPa	5 MPa
	>1 000 MPa	10 MPa
延伸率	—	0.1%
断后伸长率	≤10%	0.5%
	>10%	1%
断面收缩率	≤25%	0.5%
	>25%	1%

如产品标准未规定修约具体要求,应按照如下要求进行修约:

(1)强度性能值修约至 1 MPa。

(2)屈服点延伸率修约至 0.1%,其他延伸率和断后伸长率修约至 0.5%。

(3)断面收缩率修约至 1%。

任务 3　钢筋弯曲试验

一、检验目的

检测钢材的弯曲性能,评定钢材质量。

码 7-12　视频:钢筋弯曲试验

二、仪器设备

应在配备下列弯曲装置之一的试验机或压力机上完成试验。

(1)支辊式弯曲装置:如图 7-13 所示,支辊长度和弯曲压头的宽度应大于试样宽度或直径。弯曲压头的直径由产品标准规定。支辊和弯曲压头应具有足够的硬度。除非另有规定,支辊间距离 l 应按式(7-10)确定:

$$l = (D + 3a) \pm 0.5a \tag{7-10}$$

此距离在试验期间应保持不变。

(2)V 形模具式弯曲装置。

(3)虎钳式弯曲装置。

(4)符合弯曲试验原理的其他弯曲装置(例如翻板式弯曲装置等)亦可使用。

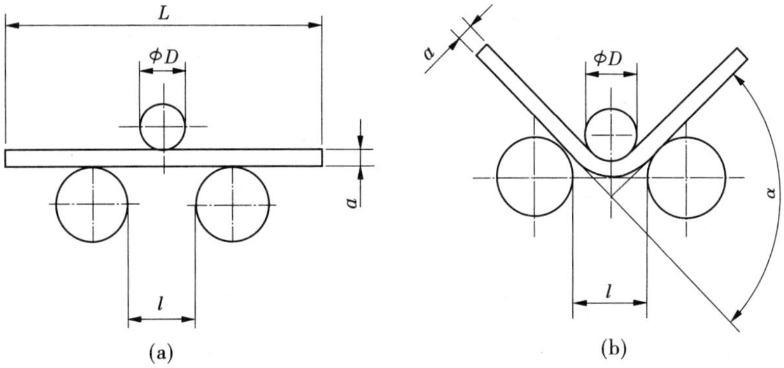

图 7-13　支辊式弯曲装置

三、检测步骤

(一)试样准备

按钢筋的取样方法(见任务 1)进行取样。试样表面不得有划痕和损伤。试样长度应根据钢筋直径和所使用的试验设备确定。

(二)试验方法

按照相关产品标准规定,采用下列方法之一完成试验:

(1)试样弯曲至规定角度的试验。应将试件放置于两支辊上,试样轴线应与弯曲压头轴线垂直,弯曲压头在两支辊之间的中点处对试件连续施加力使其弯曲,直至达到规定的弯曲角度。

使用上述方法如不能直接达到规定的弯曲角度,应将试件置于两平行压板之间,连续对其两端施压使进一步弯曲,直到达到规定的弯曲角度。

弯曲试验时,应缓慢施加弯曲力,以使材料能够自由地进行塑性变形。当出现争议时,弯曲压头的位移速率应为(1.0±0.2)mm/s。

(2)试样弯曲至两臂相互平行的试验。首先对试样进行初步弯曲,然后将试样置于两平行压板之间,连续施加力压其两端使之进一步弯曲,直至两臂平行。试验时可加或不加垫块。垫块厚度应按相关标准或协议规定。

(3)试样弯曲至两臂直接接触的试验。首先对试样进行初步弯曲,然后将试样置于两平行压板之间,对试样两端连续施加压力进行进一步的弯曲,直至两臂直接接触。

四、检测结果评定

(1)应按相关产品标准的要求评定弯曲试验结果。产品标准未规定时,不使用放大辅助设备观察弯曲后的试样,弯曲外表面无目视可见裂纹应评定为合格。

(2)如相关产品标准规定弯曲角度,该值为试验最小值;如规定弯曲压头直径,该值为试验最大值。

码 7-13　文档:
钢筋检测委托单、
原始记录、
检测报告

项目 3　建筑钢材的技术要求与应用

主要内容	知识目标	技能目标
钢结构用钢材,钢筋混凝土用钢材,钢材的防锈与防火	掌握碳素结构钢、低合金高强度结构钢的力学性质与应用,熟悉常用钢筋的品种、规格、性能与应用	能根据工程实际情况,合理选择和使用钢结构用钢和钢筋混凝土用钢

一、钢材的品种

在建筑工程中应用最广泛的钢品种主要有碳素结构钢、优质碳素结构钢和低合金高强度结构钢。

(一)碳素结构钢

碳素结构钢在各类钢中产量最大,用途最广泛,多轧制成型材、钢板等,可供焊接、铆接和螺栓连接。

码 7-14　微课:钢材的品种

1. 牌号及表示方法

钢的牌号由代表屈服点的字母、屈服点数值、质量等级符号、脱氧方法符号等四个部分按顺序组成。其中,以“Q”代表屈服点,碳素结构钢按屈服点的大小分为 Q195、Q215、Q235、Q275 四个不同强度级别的牌号;质量等级以硫、磷等杂质含量由多到少,分为 A、B、C、D 四个不同的质量等级;脱氧方法以 F 表示沸腾钢、Z 和 TZ 表示镇静钢和特殊镇静钢,Z 和 TZ 在钢的牌号中可以省略。

例如,Q235AF 表示屈服点为 235 MPa 的 A 级沸腾钢,Q235D 表示屈服点为 235 MPa 的 D 级特殊镇静钢。

2. 技术要求

碳素结构钢的化学成分、力学性能、冷弯性能,应分别符合表 7-3~表 7-5 的要求。

表 7-3　碳素结构钢的化学成分

牌号	等级	厚度(或直径)/mm	脱氧方法	化学成分/%,不大于				
				C	Si	Mn	S	P
Q195	—	—	F、Z	0.12	0.30	0.50	0.040	0.035
Q215	A	—	F、Z	0.15	0.35	1.20	0.050	0.045
	B						0.045	

续表 7-3

牌号	等级	厚度(或直径)/mm	脱氧方法	化学成分/%,不大于				
				C	Si	Mn	S	P
Q235	A	—	F、Z	0.22	0.35	1.40	0.050	0.045
	B			0.20			0.045	
	C		Z	0.17			0.040	0.040
	D		TZ				0.035	0.035
Q275	A	—	F、Z	0.24	0.35	1.50	0.050	0.045
	B	≤40	Z	0.21			0.045	0.045
		>40		0.22				
	C	—	Z	0.20			0.040	0.040
	D	—	TZ				0.035	0.035

注:经需方同意,Q235B 的含碳量可不大于 0.22%。

表 7-4　碳素结构钢的力学性能

牌号	等级	屈服强度 R_{eH}/MPa,不小于						抗拉强度 R_m/MPa	断后伸长率 A/%,不小于					冲击试验(V 型缺口)	
		厚度或直径/mm							厚度或直径/mm					温度/℃	冲击吸收功(纵向)/J,不小于
		≤16	>16~40	>40~60	>60~100	>100~150	>150~200		≤40	>40~60	>60~100	>100~150	>150~200		
Q195	—	195	185	—	—	—	—	315~430	33	—	—	—	—	—	—
Q215	A	215	205	195	185	175	165	335~450	31	30	29	27	26	—	—
	B													+20	27
Q235	A	235	225	215	215	195	185	370~500	26	25	24	22	21	—	—
	B													+20	27
	C													0	
	D													-20	
Q275	A	275	265	255	245	225	215	410~540	22	21	20	18	17	—	—
	B													+20	27
	C													0	
	D													-20	

注:1. Q195 的屈服强度值仅供参考,不作为交货条件。

2. 厚度大于 100 mm 的钢材,抗拉强度下限允许降低 20 MPa。宽带钢(包括剪切钢板)抗拉强度上限不作为交货条件。

3. 厚度小于 25 mm 的 Q235B 级钢材,如供方能保证冲击吸收功值合格,经需方同意,可不做检验。

表 7-5 碳素结构钢冷弯试验指标

牌号	试样方向	冷弯试验(试样宽度 $B=2a$, 180°)	
		试样厚度或直径 a/mm	
		≤60	>60~100
		弯芯直径 D	
Q195	纵	0	—
	横	0.50a	
Q215	纵	0.50a	1.5a
	横	a	2a
Q235	纵	a	2a
	横	1.5a	2.5a
Q275	纵	1.5a	2.5a
	横	2a	3a

注:钢材厚度(或直径)大于 100 mm 时,弯曲试验由双方协商。

3. 碳素结构钢的应用

Q195、Q215 含碳量低,强度低,塑性、韧性、加工性能和焊接性能好,主要用于轧制薄板和盘条,制造铁钉、铆钉、地脚螺栓等。

Q235 具有较高的强度,良好的塑性、韧性和焊接性,综合性能好,能满足一般钢结构和钢筋混凝土结构用钢要求,在工程中应用十分广泛。用 Q235 大量轧制各种型钢、钢板及钢筋。其中,Q235A 钢仅适用于承受静荷载作用的结构,Q235C、Q235D 钢可用于重要的焊接结构。

Q275 强度较高,但塑性、韧性和可焊性能有所降低,不易焊接和冷加工,可用于轧制钢筋、制作螺栓配件等。

(二)优质碳素结构钢

1. 分类与代号

1)钢棒按使用加工方法分

(1)压力加工用钢 UP:①热加工用钢(UHP);②顶锻用钢(UF);③冷拔坯料用钢(UCD)。

(2)切削加工用钢 UC。

2)钢棒按表面种类分

(1)压力加工表面(SPP)。

(2)酸洗(SA)。

(3)喷丸(砂)(SS)。

(4)剥皮(SF)。

(5)磨光(SP)。

2.牌号与应用

根据《优质碳素结构钢》(GB/T 699—2015)的规定,优质碳素结构钢共有28个牌号。优质碳素结构钢的牌号由平均含碳量的万分数、含锰量标识两个部分构成。其中平均含碳量的万分数用两位阿拉伯数字表示;含锰量标识用Mn(只有较高含锰量时才表示)。优质碳素结构钢的牌号分别是08、10、15、20、25、30、35、40、45、50、55、60、65、70、75、80、85、15Mn、20Mn、25Mn、30Mn、35Mn、40Mn、45Mn、50Mn、60Mn、65Mn、70Mn。如“45”表示平均含碳量为0.45%,普通含锰量的优质碳素结构钢;“30Mn”表示平均含碳量为0.30%,较高含锰量的优质碳素结构钢。

优质碳素结构钢对有害杂质含量控制严格,质量稳定,综合性能好,但成本较高。其性能主要取决于含碳量的多少,含碳量高,则强度高,塑性和韧性差。在建筑工程中,30~45号钢主要用于重要结构的钢铸件和高强度螺栓等,45号钢用作预应力混凝土锚具,65~80号钢用于生产预应力混凝土用钢丝和钢绞线。

(三)低合金高强度结构钢

低合金高强度结构钢是一种在碳素结构钢的基础上添加总量不小于5%合金元素的钢材,所加合金元素主要有锰(Mn)、硅(Si)、钒(V)、钛(Ti)、铌(Nb)、铬(Cr)、镍(Ni)及稀土元素。其目的是提高钢的屈服强度、抗拉强度、耐磨性、耐蚀性及耐低温性能等。

1.牌号及其表示方法

低合金高强度结构钢的牌号由代表屈服强度“屈”字的汉语拼音字母Q、规定的最小上屈服强度数值、交货状态代号、质量等级(B、C、D、E、F五级)四部分组成。

交货状态分为热轧、正火、正火轧制、热机械轧制四种。交货状态为热轧时,交货状态代号为AR或WAR可省略;交货状态为正火或正火轧制时,交货状态代号均用N表示;交货状态为热机械轧制时,交货状态代号用M表示。

Q+规定的最小上屈服强度数值+交货状态代号,简称钢级。

热轧制钢分为Q355、Q390、Q420、Q460四个钢级;正火、正火轧制钢分为Q355N、Q390N、Q420N、Q460N四个钢级;热机械轧制钢分为Q355M、Q390M、Q420M、Q460M、Q500M、Q550M、Q620M、Q690M八个钢级。

Q355ND表示最小上屈服强度为355 MPa,交货状态为正火或正火轧制,质量等级为D级的低合金高强度结构钢。

2.力学性能

根据《低合金高强度结构钢》(GB/T 1591—2018)的规定,热轧钢材的拉伸性能和伸长率应符合表7-6、表7-7的规定,正火、正火轧制钢材的拉伸性能应符合表7-8的规定,热机械轧制钢材的拉伸性能应符合表7-9的规定,低合金高强度结构钢夏比(V型)冲击试验和冲击吸收能量应符合表7-10的规定,低合金高强度结构钢的弯曲性能应符合表7-11的规定。

表 7-6　热轧钢材的拉伸性能

牌号		上屈服强度 R_{eH}[a]/MPa,不小于									抗拉强度 R_m/MPa,不小于			
		公称厚度(直径)/mm												
钢级	质量等级	≤16	>16~40	>40~63	>63~80	>80~100	>100~150	>150~200	>200~250	>250~400	≤100	>100~150	>150~250	>250~400
Q355	B、C	355	345	335	325	315	295	285	275	—	470~630	450~600	450~600	—
	D									265[b]				450~600[b]
Q390	B、C、D	390	380	360	340	340	320	—	—	—	490~650	470~620	—	—
Q420[c]	B、C	420	410	390	370	370	350	—	—	—	520~680	500~650	—	—
Q460[c]	C	460	450	430	410	410	390	—	—	—	550~720	530~700	—	—

注:a. 当屈服不明显时,可用规定塑性延伸强度 $R_{p0.2}$ 代替上屈服强度。

b. 只适用于质量等级为 D 级的钢板。

c. 只适用于型钢和棒材。

表 7-7　热轧钢材的伸长率

牌号		上屈服强度 R_{eH}[a]/MPa,不小于						
		公称厚度(直径)/mm						
钢级	质量等级	试样方向	≤40	>40~63	>63~100	>100~150	>150~250	>250~400
Q355	B、C、D	纵向	22	21	20	18	17	17[a]
		横向	20	19	18	18	17	17[a]
Q390	B、C、D	纵向	21	20	20	19	—	—
		横向	20	19	19	18	—	—
Q420[b]	B、C	纵向	20	19	19	19	—	—
Q460[b]	C	纵向	18	17	17	17	—	—

注:a. 只适用于质量等级为 D 级的钢板。

b. 只适用于型钢和棒材。

表 7-8　正火、正火轧制钢材的拉伸性能

牌号	等级	上屈服强度 R_{eH}[a]/MPa，不小于								抗拉强度 R_m/MPa			断后伸长率 A/%，不小于					
		公称厚度或直径/mm																
		≤16	>16~40	>40~63	>63~80	>80~100	>100~150	>150~200	>200~250	≤100	>100~200	>200~250	≤16	>16~40	>40~63	>63~80	>80~200	>200~250
Q355N	B、C、D、E、F	355	345	335	325	315	295	285	275	470~630	450~600	450~600	22	22	22	21	21	21
Q390N	B、C、D、E	390	380	360	340	340	320	310	300	490~650	470~620	470~620	20	20	20	19	19	19
Q420N	B、C、D、E	420	400	390	370	360	340	330	320	520~680	500~650	500~650	19	19	19	18	18	18
Q460N	C、D、E	460	440	430	410	400	380	370	370	540~720	530~710	510~690	17	17	17	17	17	16

注：a. 当屈服不明显时，可用规定塑性延伸强度 $R_{p0.2}$ 代替上屈服强度。

表 7-9　热机械轧制钢材的拉伸性能

牌号	等级	上屈服强度 R_{eH}[a]/MPa，不小于						抗拉强度 R_m/MPa					断后伸长率 A/%，不小于
		公称厚度或直径/mm											
		≤16	>16~40	>40~63	>63~80	>80~100	>100~120	≤40	>40~63	>63~80	>80~100	>100~120[b]	
Q355M	B、C、D、E、F	355	345	335	325	325	320	470~630	450~610	440~600	440~600	430~590	22
Q390M	B、C、D、E	390	380	360	340	340	335	490~650	480~640	470~630	460~620	450~610	20
Q420M	B、C、D、E	420	400	390	380	370	365	520~680	500~660	480~640	470~630	460~620	19

续表 7-9

牌号	等级	上屈服强度 R_{eH}[a]/MPa，不小于						抗拉强度 R_m/MPa					断后伸长率 A/%，不小于
		公称厚度或直径/mm											
		≤16	>16~40	>40~63	>63~80	>80~100	>100~120	≤40	>40~63	>63~80	>80~100	>100~120[b]	
Q460M	C、D、E	460	440	430	410	400	385	540~720	530~710	510~690	500~680	490~660	17
Q500M	C、D、E	500	490	480	460	450	—	610~770	600~760	590~750	540~730	—	17
Q550M	C、D、E	550	540	530	510	500	—	670~830	620~810	600~790	590~780	—	16
Q620M	C、D、E	620	610	600	580	—	—	710~880	690~880	670~860	—	—	15
Q690M	C、D、E	690	680	670	650	—	—	770~940	750~920	730~900	—	—	14

注：a. 当屈服不明显时，可用规定塑性延伸强度 $R_{p0.2}$ 代替上屈服强度。

b. 对于型钢和棒材，厚度或直径不大于 150 mm。

表 7-10　低合金高强度结构钢夏比（V 型）冲击试验的温度和冲击吸收能量

牌号		以下试验温度的冲击吸收能量最小值 KV_2/J									
钢级	质量等级	20 ℃		0 ℃		−20 ℃		−40 ℃		−60 ℃	
		纵向	横向	纵向	横向	纵向	横向	纵向	横向	纵向	横向
Q355、Q390、Q420	B	34	27	—	—	—	—	—	—	—	—
Q355、Q390、Q420、Q460	C	—	—	34	27	—	—	—	—	—	—
Q355、Q390	D	—	—	—	—	34[a]	27[a]	—	—	—	—
Q355N、Q390N、Q420N	B	34	27	—	—	—	—	—	—		
Q355N、Q390N、Q420N、Q460N	C	—	—	34	27	—	—	—	—	—	—
	D	55	31	47	27	40[b]	20	—	—	—	—
	E	63	40	55	34	47	27	31[c]	20[c]	—	—
Q355N	F	63	40	55	34	47	27	31	20	27	16

续表 7-10

牌号		以下试验温度的冲击吸收能量最小值 KV_2/J									
钢级	质量等级	20 ℃		0 ℃		-20 ℃		-40 ℃		-60 ℃	
		纵向	横向	纵向	横向	纵向	横向	纵向	横向	纵向	横向
Q355M、Q390M、Q420M	B	34	27	—	—	—	—	—	—	—	—
Q355M、Q390M、Q420M、Q460M	C	—	—	34	27	—	—	—	—	—	—
	D	55	31	47	27	40[b]	20	—	—	—	—
	E	63	40	55	34	47	27	31[c]	20[c]	—	—
Q355M	F	63	40	55	34	47	27	31	20	27	16
Q500M、Q550M、Q620M、Q690M	C	—	—	55	34	—	—	—	—	—	—
	D	—	—	—	—	47[b]	27	—	—	—	—
	E	—	—	—	—	—	—	31[c]	20[c]	—	—

注：a. 仅适用于厚度大于 250 mm 的 Q355D 钢板。

b. 当需方指定时，D 级钢可做-30 ℃冲击试验时，其冲击吸收能量纵向不小于 27 J。

c. 当需方指定时，E 级钢可做-50 ℃冲击试验时，其冲击吸收能量纵向不小于 27 J、横向不小于 16 J。

表 7-11 低合金高强度结构钢弯曲性能

试样方向	180°弯曲试验 D—弯曲压头直径，a—试样厚度（直径）	
	公称厚度（直径）	
	≤16 mm	>16~100 mm
对于公称宽度不小于 600 mm 的钢板及钢带，拉伸试验取横向试样；其他钢材的拉伸试验取纵向试样	$D=2a$	$D=3a$

3. 特性及应用

由于低合金高强度结构钢中合金元素的结晶强化和固熔强化等作用，该钢材不但具有较高的强度，而且具有较好的塑性、韧性和可焊性。因此，在钢结构和钢筋混凝土结构中常用低合金高强度结构钢轧制型钢、钢板、钢管及钢筋，特别适用于各种重型结构、高层结构、大跨度结构及桥梁工程。

二、钢结构用钢材

钢结构是建筑、桥梁等工程常用结构形式之一，钢结构采用的钢材品种主要有热轧型钢、冷弯薄壁型钢、热(冷)轧钢板和钢管等。

码 7-15　微课：钢结构用钢选用

(一)热轧型钢

常见的热轧型钢有工字钢、H 型钢、槽钢、角钢、剖分 T 型钢和 Z 型钢等，截面如图 7-14 所示。

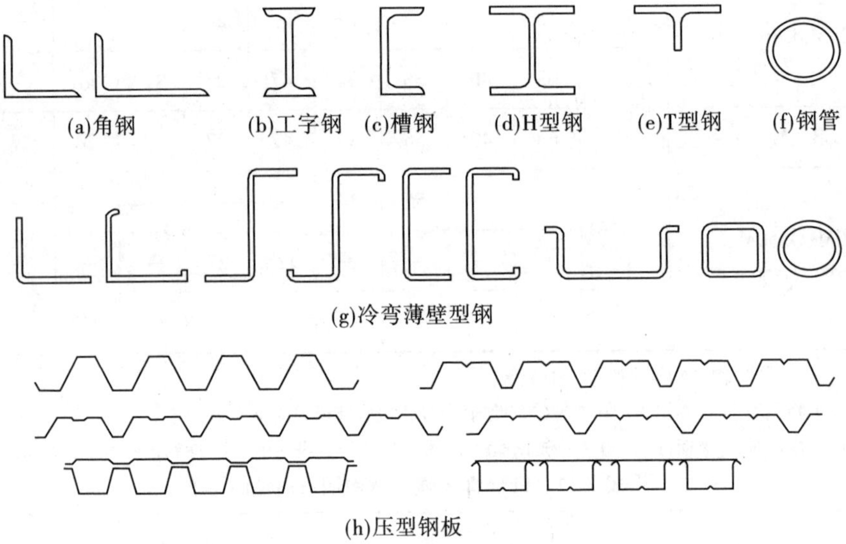

图 7-14　热轧型钢及冷弯薄壁型钢

(1)热轧角钢。《热轧型钢》(GB/T 706—2016)规定，角钢分等边角钢和不等边角钢两种，主要用来制作桁架等格构式结构的杆件和支撑等连接杆件。角钢型号的表示方法为在符号"∠"后加"长边宽度×短边宽度×边厚度"(不等边角钢，如∠125×80×8)，或加"边宽度×边厚度"(等边角钢，如∠125×8)。目前，我国生产的角钢最大边宽度为 250 mm，角钢的供应长度一般为 4~19 m。

(2)热轧普通工字钢。普通工字钢的型号用符号"I"后加截面高度的厘米数来表示，20 号以上的工字钢又按腰厚度不同，分为 a、b 或 a、b、c 等类别。例如，I20a 表示高度为 200 mm，腰厚度为 a 类的工字钢。截面高度相同的工字钢，可能有几种不同的腰厚度和腿宽度，所以在型钢后面分别加 a、b、c 予以区别，例如 I30a、I30b、I30c 分别表示截面高度为 30 mm 的 a、b、c 型工字钢；腰厚度和腿宽度按 a、b、c 顺序递增。普通工字钢腿厚度较腰厚度大，其腿宽度较截面高度小得多，两个主轴方向的惯性矩相差较大，因此截面对弱轴的惯性矩较小，不宜单独用作受压构件，而宜用作腰平面内受弯的构件。我国生产的普通工字钢规格有 10~63 号。热轧普通工字钢的供应长度为 5~19 m。

(3)热轧槽钢。槽钢适于作檩条等双向受弯的构件，也可用其组成组合或格构式构件。槽钢的型号与工字钢相似，在符号"["的后面加截面高度的厘米数来表示。根据腰厚度的不同,分为 a、b、c 等类别,例如[32a 指截面高度 320 mm,腰较薄的槽钢。热轧槽钢腿厚度比腰厚度大,腿宽度比截面高度小很多,截面对弱轴(平行于腰的主轴)惯性矩小,且与弱轴不对称。普通槽钢规格有[5~[40。热轧槽钢的供货长度为 5~19 m。

(4)热轧 H 型钢。《热轧 H 型钢和剖分 T 型钢》(GB/T 11263—2024)规定,热轧 H 型钢分为通用 H 型钢(H)和扩展 H 型钢(HK)两类。H 型钢是一种由工字钢发展而来的经济截面型钢,与普通工字钢相比,其翼缘内外表面平行,内表面无斜度,翼缘端部为直角,与其他构件连接方便。

(5)热轧剖分 T 型钢。剖分 T 型钢是由 H 型钢剖分而成的。用剖分 T 型钢代替由双角钢组成的 T 型钢截面,其截面力学性能更为优越,且制作方便。

(二)冷弯薄壁型钢

冷弯薄壁型钢一般由厚度为 1.5~6 mm 的钢板或钢带经冷弯或模压制成。截面各部分厚度相同,转角处均呈圆弧形。冷弯薄壁型钢有各种截面形式,如图 7-14(g)所示。其特点是壁薄,截面形式和尺寸均可按受力特点合理设计,能充分利用钢材的强度。因而与面积相同的热轧型钢相比,其截面惯性矩大,是一种高效经济的截面。一般用于跨度小、荷载轻的轻型钢结构中。

(三)钢板

钢板可直接轧制(称为单轧钢板)或由宽钢带剪切(称为剪切钢板或连轧钢板)而成,分为冷轧钢板和热轧钢板。通常冷轧钢板的厚度不大于 4.00 mm;热轧钢板中单轧钢板的厚度为 3.00~4.50 mm,连轧钢板的厚度不大于 25.4 mm。厚钢板主要用于结构构件,薄钢板主要用于屋面板、楼板、墙板等。在钢结构中,单块钢板一般不能独立工作,需用几块钢板组合成工字形、T 形或箱形截面的构件来承受荷载。

(四)压型钢板

压型钢板是用涂层板或镀层板经辊压冷弯,沿板宽方向形成波形截面的成型钢板,其截面呈梯形、V 形、U 形或类似的波形等,如图 7-14(h)所示。压型钢板曲折的波形大大增加了钢板在其平面外的惯性矩、刚度和抗弯能力,具有重量轻、强度高、抗震性能好、施工简便、外形美观等优点,主要用作屋面板、墙面板、楼盖板和装饰板等。

三、钢筋混凝土用钢材

钢筋混凝土结构用钢,主要由碳素结构钢、优质碳素结构钢和低合金高强度结构钢经热轧(或冷轧)、冷拔和热处理等工艺加工而成。常用的有热轧钢筋、冷轧带肋钢筋、余热处理钢筋,预应力混凝土用螺纹钢筋钢棒、钢丝和钢绞线等。

(一)热轧钢筋

热轧钢筋按表面形状分为热轧光圆钢筋和热轧带肋钢筋两种。

1. 热轧光圆钢筋

热轧光圆钢筋是经热轧成型,横截面通常为圆形,且表面光滑的成品钢筋。热轧光圆钢筋屈服强度特征值为 300 级,其牌号由 HPB 和屈服强度特征值构成,表示为 HPB300。

码 7-16 微课:钢筋混凝土用钢选用

热轧光圆钢筋的公称直径范围为 6~25 mm。热轧光圆钢筋的力学性能和工艺性能应符合表 7-12 的规定。

表 7-12　热轧光圆钢筋的力学性能与工艺性能

牌号	屈服强度 R_{eL}/MPa	抗拉强度 R_m/MPa	断后伸长率 A/%	最大力总延伸率 A_{gt}/%	冷弯试验 180°，D—弯芯直径，a—钢筋公称直径
	不小于				
HPB300	300	420	25	10.0	$D=a$

2. 热轧带肋钢筋

热轧带肋钢筋是经热轧成型，横截面为圆形，且表面通常有两条纵肋和沿长度方向均匀分布的月牙形横肋，如图 7-15 所示。带肋钢筋通常带有纵肋，也可不带纵肋。

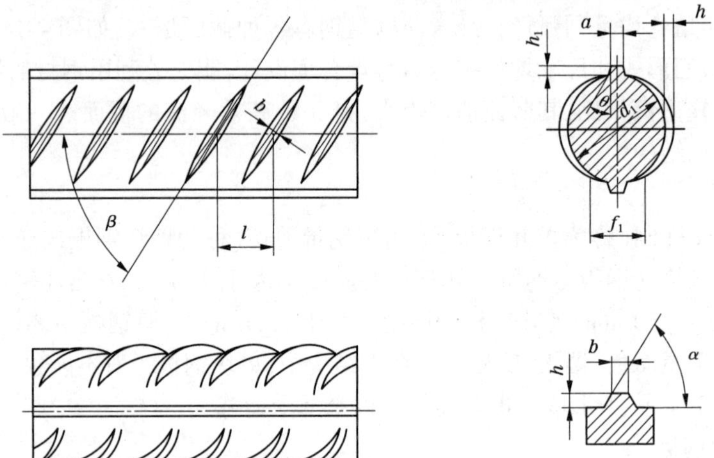

d_1—钢筋内径；α—横肋斜角；h—横肋高度；β—横肋与轴线夹角；h_1—纵肋高度；
θ—纵肋斜角；a—纵肋顶宽；l—横肋间距；b—横肋顶宽；f_1—横肋末端间隙。

图 7-15　热轧带肋钢筋外形图

热轧带肋钢筋分为普通热轧带肋钢筋和细晶粒热轧带肋钢筋(是在热轧过程中，通过控轧和控冷工艺形成的)，公称直径范围为 6~50 mm，按照屈服强度特征值分为 400、500、600 级。普通热轧钢筋的牌号由 HRB 和屈服强度特征值构成，分为 HRB400、HRB500、HRB600、HRB400E、HRB500E 五个牌号；细晶粒热轧钢筋的牌号由 HRBF 和屈服强度特征值构成，分为 HRBF400、HRBF500、HRBF400E、HRBF500E 四个牌号。其中带“E”的是抗震钢筋。

钢筋应在其表面轧上牌号标志、生产企业序号(行政区划代码前 2 位和许可证后 3 位数字)和公称直径毫米数字，准许轧上经注册的厂名或商标代替行政区划代码前 2 位。钢筋牌号以阿拉伯数字或阿拉伯数字加英文字母表示，HRB400、HRB500、HRB600 分别以 4、5、6 表示，HRBF400、HRBF500 分别以 C4、C5 表示，HRB400E、HRB500E 分别以 4E、5E 表示，HRBF400E、HRBF500E 分别以 C4E、C5E 表示。厂名以汉语拼音字头表示，公称直径毫米数以阿拉伯数字表示。

热轧带肋钢筋的力学性能和工艺性能应符合表 7-13、表 7-14 的规定。

表 7-13　热轧带肋钢筋的力学性能

牌号	屈服强度 R_{eL}/MPa	抗拉强度 R_m/MPa	断后伸长率 A/%	最大力总延伸率 A_{gt}/%	R_m^0/R_{eL}^0	R_{eL}^0/R_{eL}
	不小于					不大于
HRB400、HRBF400	400	540	16	7.5	—	—
HRB400E、HRBF400E			—	9.0	1.25	1.30
HRB500、HRBF500	500	630	15	7.5	—	—
HRB500E、HRBF500E			—	9.0	1.25	1.30
HRB600	600	730	14	7.5	—	—

注：1. R_m^0 为钢筋实测抗拉强度，R_{eL}^0 为钢筋实测下屈服强度。

2. 直径 28~40 mm 各牌号钢筋的断后伸长率 A 可降低 1%；直径大于 40 mm 各牌号钢筋的断后伸长率 A 可降低 2%。

表 7-14　热轧带肋钢筋的工艺性能　　单位：mm

牌号	公称直径 d	弯曲压头直径 D
HRB400、HRBF400、HRB400E、HRBF400E	6~25	4d
	28~40	5d
	>40~50	6d
HRB500、HRBF500、HRB500E、HRBF500E	6~25	6d
	28~40	7d
	>40~50	8d
HRB600	6~25	6d
	28~40	7d
	>40~50	8d

对牌号带 E 的热轧带肋钢筋应进行反向弯曲试验。根据需方要求，其他牌号钢筋也可进行反向弯曲试验。反向弯曲试验的弯曲压头直径比弯曲试验相应增加一个钢筋公称直径。反向弯曲试验方法：先正向弯曲 90°后，再反向弯曲 20°。经反向弯曲试验后，钢筋受弯曲部位表面不得产生裂缝。

3. 特性及应用

为节约钢材，我国大力提倡采用高强度等级钢筋。《混凝土结构设计标准》（GB/T 50010—2010）规定热轧钢筋的应用如下：

（1）纵向受力普通钢筋（用于混凝土结构构件中的各种非预应力筋）可采用 HRB400、HRB500、HRBF400、HRBF500、HPB300、RRB400（余热处理钢筋）钢筋；梁、柱和斜撑构件的纵向受力普通钢筋宜采用 HRB400、HRB500、HRBF400、HRBF500 钢筋。

（2）箍筋宜采用 HRB400、HRBF400、HPB300、HRB500、HRBF500 钢筋。

《混凝土结构工程施工质量验收规范》（GB 50204—2015）和《钢筋混凝土用钢　第 2 部分：热轧带肋钢筋》（GB/T 1499. 2—2024）规定，对按一、二、三级抗震等级设计的框架和斜撑构件（含梯段）中的纵向受力普通钢筋应采用 HRB400E、HRBF400E、HRB500E、HRBF500E 钢筋，其最大力总延伸率的实测值、抗拉强度实测值与屈服强度实测值的比值、屈服强度实测值与屈服强度标准值的比值应符合表 7-13 的要求。

（二）冷轧带肋钢筋

热轧圆盘条经冷轧后，在其表面带有沿长度方向均匀分布的横肋的钢筋，称为冷轧带肋钢筋。

冷轧带肋钢筋按延性高低分为冷轧带肋钢筋和高延性冷轧带肋钢筋两类。冷轧带肋钢筋的牌号由 CRB+抗拉强度特征值构成；高延性冷轧带肋钢筋的牌号由 CRB+抗拉强度特征值+H 构成，C、R、B、H 分别为冷轧、带肋、钢筋、高延性四个词的英文首位字母。冷轧带肋钢筋共分为 CRB550、CRB650、CRB800、CRB600H、CRB800H 五个牌号。

CRB550 钢筋的公称直径范围为 4 ~ 12 mm，CRB600H 钢筋的公称直径范围为 4 ~ 16 mm，CRB650、CRB800、CRB800H 钢筋的公称直径为 4 mm、5 mm、6 mm。冷轧带肋钢筋的力学性能和工艺性能应符合表 7-15 的规定。有关技术要求细则见《冷轧带肋钢筋》（GB 13788—2024）。

冷轧带肋钢筋与热轧圆盘条相比，具有强度高、塑性好、综合力学性能优良、握裹力强、节约钢材、降低成本等优点。CRB550、CRB600H 为普通钢筋混凝土用钢筋，CRB650、CRB800、CRB800H 为预应力混凝土用钢筋。

（三）钢筋混凝土用余热处理钢筋

钢筋混凝土用余热处理钢筋是热轧后利用热处理原理进行表面控制冷却，并利用芯部预热自身完成回火处理所得的成品钢筋。

钢筋混凝土用余热处理钢筋按屈服强度特征值分为 400 级、500 级，按用途分为可焊和非可焊两类。钢筋混凝土用余热处理钢筋的牌号构成及其含义见表 7-16，力学性能与工艺性能见表 7-17。

表 7-15　冷轧带肋钢筋的力学性能和工艺性能

分类	牌号	规定塑性延伸强度 $R_{p0.2}$/MPa，不小于	抗拉强度 R_m/MPa，不小于	R_m/$R_{p0.2}$，不小于	断后伸长率/%，不小于		最大力总延伸率/%，不小于	弯曲试验 180°	反复弯曲次数	应力松弛初始应力应相当于公称抗拉强度的 70%
					A	$A_{100\ mm}$	A_{gt}			1 000 h 松弛率/%，不大于
普通钢筋混凝土用	CRB550	500	550	1.05	12.0	—	2.5	$D=3d$	—	—
	CRB600H	540	600	1.05	14.0	—	5.0	$D=3d$	—	—
预应力混凝土用	CRB650	585	650	1.05	—	4.0	4.0	—	3	8
	CRB800	720	800	1.05	—	4.0	4.0	—	3	8
	CRB800H	720	800	1.05	—	7.0	4.0	—	4	5

注：表中 D 为弯芯直径，d 为钢筋公称直径。

表 7-16　钢筋混凝土用余热处理钢筋的牌号构成及其含义

类别	牌号	牌号构成	英文字母含义
非可焊	RRB400、RRB500	RRB+规定的屈服强度特征值	RRB—余热处理钢筋的英文缩写；W—焊接的英文缩写
可焊	RRB400W	RRB+规定的屈服强度特征值+ W	

表 7-17　钢筋混凝土用余热处理钢筋的力学性能与工艺性能

牌号	屈服强度 R_{eL}/MPa	抗拉强度 R_m/MPa	断后伸长率 A/%	最大力总延伸率 A_{gt}/%	公称直径 d/mm	弯芯直径 D/mm
RRB400	400	540	14	5.0	8~25	$4d$
RRB500	500	630	13	5.0	8~25	$5d$
RRB400W	430	570	16	7.5	28~40	$6d$

注：直径 28~40 mm 各牌号钢筋的断后伸长率 A 可降低 1%，直径大于 40 mm 各牌号钢筋的断后伸长率 A 可降低 2%。

余热处理后钢筋的强度提高，但是其延性、可焊性、机械连接性及施工适应性降低。一般可用于对变形性能及加工性能要求不高的构件中，如基础、大体积混凝土、楼板、墙体以及次要的中小结构构件等。

（四）预应力混凝土用螺纹钢筋

预应力混凝土用螺纹钢筋是采用热轧、轧后余热处理或热处理等工艺生产的带有不连续外螺纹（无纵肋），用于预应力混凝土的直条钢筋（PSB）。该钢筋在任意截面处均可用匹配形状的内螺纹连接器或锚具进行连接或锚固。公称直径为 15~75 mm，推荐公称直径 25 mm、32 mm。

根据《预应力混凝土用螺纹钢筋》（GB/T 20065—2016），螺纹钢筋按屈服强度最小值分为 PSB785、PSB830、PSB930、PSB1080、PSB1200 五个牌号，其力学性能见表 7-18。

表 7-18　预应力混凝土用螺纹钢筋的力学性能

牌号	屈服强度 R_{eL}/MPa	抗拉强度 R_m/MPa	断后伸长率 A/%	最大力总延伸率 A_{gt}/%	应力松弛性能	
	不小于				初始应力	1 000 h 后应力松弛率 V_t/%
PSB785	785	980	8	3.5	$0.7R_m$	≤4.0
PSB830	830	1 030	7			
PSB930	930	1 080	7			
PSB1080	1 080	1 230	6			
PSB1200	1 200	1 330	6			

（五）预应力混凝土用钢棒

盘条经加工后加热到奥氏体化温度后快速冷却，然后在相变温度以下加热进行回火所得的钢棒，称为预应力混凝土用钢棒（PCB）。《预应力混凝土用钢棒》（GB/T 5223.3—2017）规定，按钢棒表面形状分为光圆钢棒、螺旋槽钢棒、螺旋肋钢棒、带肋钢棒四种，见表 7-19。

表 7-19　预应力混凝土用钢棒

种类	代号	公称直径/mm
光圆钢棒	P	6、7、8、9、10、11、12、13、14、15、16
螺旋槽钢棒	HG	7.1、9.0、10.7、12.6、14.0
螺旋肋钢棒	HR	6、7、8、9、10、11、12、13、14、15、16、18、20、22
带肋钢棒	R	6、8、10、12、14、16

按钢棒的韧性级别分为延性 35 和延性 25，分别指钢棒的最大力总延伸率不小于 3.5%、不小于 2.5%。

钢棒按抗拉强度标准值分为 1 080、1 230、1 420、1 570 四级，并以抗拉强度标记产品。公称直径为 9.0 mm，公称抗拉强度为 1 420 MPa，35 级延性预应力混凝土用螺旋槽钢棒，标记为：PCB 9.0-1420-35-L-HG-GB/T 5223.3。

预应力混凝土用钢棒具有高强度、高韧性和高握裹力等优点，主要用于预应力混凝土桥梁轨枕，还用于预应力梁、板结构及吊车梁等。预应力混凝土用钢棒成盘供应，开盘后能自行伸直，不需调直和焊接，施工方便，且节约钢材。

(六)预应力混凝土用钢丝和钢绞线

预应力混凝土用钢丝或钢绞线常作为大型预应力混凝土构件的主要受力钢筋。

1. 预应力混凝土用钢丝

预应力混凝土用钢丝简称钢丝,是以优质碳素结构钢盘条为原料,经淬火、酸洗、冷拉等工艺制成的用作预应力混凝土骨架的钢丝。

根据《预应力混凝土用钢丝》(GB/T 5223—2014)的规定,预应力混凝土用钢丝按加工状态分为冷拉钢丝和消除应力钢丝两类,按外形分为光圆钢丝、螺旋肋钢丝和刻痕钢丝三种。

预应力混凝土用钢丝每盘由一根钢丝组成,其盘重不小于1 000 kg,不小于10盘时允许有10%的盘数小于1 000 kg,但不小于300 kg。钢丝表面不得有裂缝和油污,也不允许有影响使用的拉痕、机械损伤等。消除应力的钢丝表面允许存在回火颜色。

预应力混凝土用钢丝强度高,韧性好,而且具有质量稳定、安全可靠、无接头、施工方便等优点,主要用于大跨度屋架、薄腹梁、大跨度吊车梁、桥梁、电杆、轨枕或曲线配筋的渡槽等预应力混凝土构件。

2. 预应力混凝土用钢绞线

预应力混凝土用钢绞线简称钢绞线,是由多根直径2.5 mm以上的高强度钢丝捻制而成的。为减少应用时的应力松弛,钢绞线捻制后应进行连续的稳定化处理。

钢绞线按捻制结构分为九类,其代号为:(1×2)——用两根冷拉光圆钢丝捻制的标准型钢绞线;(1×3)——用三根冷拉光圆钢丝捻制的标准型钢绞线;(1×3I)——用三根刻痕钢丝捻制的刻痕钢绞线;(1×7)——用七根冷拉光圆钢丝捻制的标准型钢绞线;(1×7)C——用七根冷拉光圆钢丝捻制后再经冷拔成的模拔型钢绞线;(1×7I)——用六根刻痕钢丝和一根冷拉光圆中心钢丝捻制的刻痕钢绞线;(1×7H)——用六根螺旋肋钢丝和一根冷拉光圆中心钢丝捻制的螺旋肋钢绞线;(1×19S)——用十九根冷拉光圆钢丝捻制的1+9+9西鲁式钢绞线;(1×19W)——用十九根冷拉光圆钢丝捻制的1+6+6/6瓦林吞式钢绞线。

每盘卷钢绞线重量不小于1 000 kg,不小于10盘时允许有10%的盘数小于1 000 kg,但不小于300 kg。除非需方有特殊要求,钢绞线表面不得有油、润滑脂等物质。钢绞线表面不得有影响使用性能的有害缺陷。钢绞线允许有轻微的浮锈,但不得有目视可见的锈蚀麻坑。钢绞线表面允许存在回火颜色。

钢绞线的尺寸、外形、质量及允许偏差、力学性能等均应满足《预应力混凝土用钢绞线》(GB/T 5224—2023)的规定。

钢绞线具有强度高、柔性好、无接头、与混凝土黏结性好、易锚固等特点,广泛应用于大跨度、重荷载、曲线配筋的后张法预应力混凝土结构中。

【工程案例7-1】 2010年央视报道了某城市建筑工程中出现了大量的"瘦身"钢筋。所谓"瘦身"钢筋就是一些不法企业为了谋取利益,违反国家标准,把钢筋混凝土工程中用的钢筋拉长拉细。如直径10 mm的钢筋,拉伸后直径变成9 mm,甚至不到9 mm。试分析"瘦身"钢筋对工程的危害。

原因分析:工程中使用的钢筋既要满足强度的要求,又要具备良好的塑性。钢筋经超拉被“瘦身”后，钢筋的塑性被破坏，即钢筋变“脆”了，这对建筑质量的影响主要体现在整体结构和抗震性方面。房屋受到地震等巨大外力作用时，塑性好的钢筋会随建筑的变形而被拉长，从而减缓其倒塌过程，延长人的逃生时间，而被过度超拉变“脆”的钢筋则容易瞬间断裂，使房屋迅速倒塌。

四、钢材的防锈与防火

（一）钢材的防锈

1. 钢材的锈蚀

钢材的锈蚀是指钢的表面与周围介质发生化学作用或电化学作用而遭到侵蚀并破坏的现象。钢材锈蚀的主要影响因素有环境湿度、侵蚀性介质的性质及数量、钢材材质及表面状况等。根据钢材与环境介质作用的机制，锈蚀可分为化学锈蚀和电化学锈蚀两类。

（1）化学锈蚀。化学锈蚀是指钢材直接与周围介质发生化学反应而产生的锈蚀。化学锈蚀多数是氧化作用使钢材表面形成疏松的铁氧化物。在常温下，钢材表面形成一薄层钝化能力很弱的氧化保护膜，它疏松、易破裂，有害介质可进一步渗入而发生反应，造成锈蚀。在干燥环境下，化学锈蚀速度缓慢，但在温度和湿度较大的情况下，这种锈蚀进展加快。

（2）电化学锈蚀。电化学锈蚀是指钢材与电解质溶液接触而产生电流，形成微电池而引起的锈蚀。钢材本身含有铁、碳等多种成分，在表面介质作用下，各成分的电极电位不同，形成许多微电池。在潮湿空气中，钢材表面将覆盖一层薄的水膜。在阳极区，铁被氧化成 Fe^{2+} 进入水膜。因为水中溶有来自空气中的氧，故在阴极区氧将被还原为 OH^-，两者结合成为不溶于水的 $Fe(OH)_2$，并进一步氧化成为疏松易剥落的红棕色铁锈 $Fe(OH)_3$。电化学锈蚀是建筑钢材在存放和使用中发生锈蚀的主要形式。

钢材锈蚀后，受力面积减小，承载能力下降。在钢筋混凝土中，钢筋锈蚀会引起钢筋混凝土顺筋开裂。

2. 钢材锈蚀的防止

钢材的锈蚀既有内因（材质），又有外因（环境介质作用），因此要防止或减少钢材的锈蚀，必须从钢材本身的易腐蚀性、隔离环境中的侵蚀性介质或改变钢材表面状况方面入手。

（1）表面刷漆。表面刷漆是钢结构防止锈蚀的常用方法。刷漆通常有底漆、中间漆和面漆三道。底漆要求有较好的附着力和防锈能力，常用的有红丹、环氧富锌漆、云母氧化铁和铁红环氧底漆等。中间漆为防锈漆，常用的有红丹、铁红等。面漆要求有较好的牢度和耐候性，能保护底漆不受损伤或风化，常用的有灰铅、醇酸磁漆和酚醛磁漆等。

钢材表面涂刷漆时，一般为一道底漆、一道中间漆和两道面漆。要求高时可增加一道中间漆或面漆。使用防锈涂料时，应注意钢构件表面的除锈，注意底漆、中间漆和面漆的匹配。

（2）表面镀金属。用耐腐蚀性好的金属，以电镀或喷镀的方法覆盖在钢材的表面，提高钢材的耐腐蚀能力。常用的方法有镀锌（如白铁皮）、镀锡（如马口铁）、镀铜和镀铬等。

（3）制成合金钢。钢材的化学成分对耐锈蚀性有很大影响，如在钢中加入少量的铜、铬、镍、钼等合金元素，制成不锈钢。这种钢既有致密的表面防腐保护，提高了耐锈蚀能力，同时又有良好的焊接性能。

(4)混凝土中钢筋的防腐。为了防止混凝土中钢筋锈蚀，应保证混凝土的密实度及钢筋外侧混凝土保护层的厚度；控制混凝土中最大水胶比及最小水泥用量；在二氧化碳浓度高的工业区采用硅酸盐水泥或普通硅酸盐水泥；限制氯盐外加剂的掺加量和保证混凝土一定的碱度；对于预应力混凝土，应禁止使用含氯盐的骨料和外加剂。另外，也可采用环氧涂层钢筋、混凝土表面喷涂、阴极保护等辅助措施。

(二)钢材的防火

钢是不燃性材料，但并不表明钢材能耐火。温度在 200 ℃以内，钢材的性能基本不变；超过 300 ℃，钢材的弹性模量、屈服点均开始显著下降，应变急剧增大；到达 600 ℃时钢材基本失去承载能力。试验表明，无保护层时钢柱和钢屋架的耐火极限只有 0.25 h，而裸露钢梁的耐火极限只有 0.15 h。所以，没有防火保护层的钢结构不能够抵抗火灾。为了克服钢结构耐火性差的特点，可采用下列保护方法。

1. 涂覆钢结构防火涂料

在钢结构构件表面喷涂防火涂料，使之形成耐火隔热保护层，以提高钢结构的耐火极限。这种方法的隔热效果好，施工不受钢结构构件形体的约束，不需要辅助构件及设备，而且涂层密度小、自重轻，还具有一定的装饰效果，越来越多的钢结构工程选择使用防火涂料。

防火涂料分为膨胀型和非膨胀型两种。膨胀型(薄型)防火涂料的涂层厚度一般为 2~7 mm，附着力较强。因膨胀型防火涂料内含膨胀组分，遇火后会膨胀增厚 5~10 倍，形成多孔结构，阻隔火焰和热量，起到良好的隔热防火作用，可使构件的耐火极限达到 0.5~1.5 h。非膨胀型(厚型)防火材料的涂层厚度一般为 8~50 mm，密度小，强度低，喷涂后需再用装饰面层隔护，耐火极限可达 0.5~3.0 h。

2. 包封法

包封法，即用现浇混凝土外包或在钢结构外表涂抹砂浆等方式形成外包层，将钢结构包封起来，以提高钢结构的耐火极限。现浇成型的实体混凝土外包层通常用钢丝网或钢筋来加强，以限制收缩裂缝和遇火爆裂，并保证外包层的强度；但由于混凝土的密度较大，应用上受到一定的限制。在施工现场对钢结构表面涂抹砂浆作为保护层，砂浆可以是石灰水泥砂浆或是石膏砂浆，也可以掺入珍珠岩或石棉。此外，外包层也可以用珍珠岩、石棉、石膏或石棉水泥、轻混凝土做成预制板，采用胶黏剂、钉子、螺栓等固定在钢结构上。

3. 水冷却法

水冷却法，即在钢结构空心且密封的构件中填充水，发生火灾时，通过水在钢结构构件内循环，吸收钢材本身受到的热量，从而使钢结构在火灾中能保持较低的温度，不会因升温过高而丧失承载能力。理论上，水冷却法是保护钢结构的有效方法，但其要求钢结构构件设有空心封闭的空间，应用上受到一定的限制。

4. 屏蔽法

屏蔽法，即将钢结构设置在耐火材料组成的墙体或顶棚内，或将构件包藏在两片墙之间的空隙里，可以屏蔽火浪的冲击，延缓钢材升温，从而提高钢结构的耐火性。该方法只要增加少许耐火材料或不增加即能达到防火的目的，是一种最为经济有效的防火方法。

习 题

一、填空题

1. 钢材按炼钢过程中脱氧程度不同可分为______、______和______三大类。

2. 钢材的主要性能包括______性能和______性能。

3. 低碳钢从开始受力至拉断可分为四个阶段：______、______、______和______。

4. 碳素结构钢的牌号由代表屈服点字母______、______、______和______四部分构成。

5. 热轧钢筋根据表面形状分为______和______。

6. 冷弯检验是：按规定的______和______进行弯曲后，检查试件弯曲处外面及侧面不发生断裂、裂缝或起层，即认为冷弯性能合格。

二、名词解释

1. 钢的低温冷脆性　　2. 钢的时效处理　　3. 冷加工

4. 屈服强度　　5. 钢的冲击韧性

三、单项选择题

1. 钢材中(　　)的含量过高，将导致其热脆现象发生。

A. 碳　　B. 磷　　C. 硫　　D. 氮

2. 对同一种钢材，原始标距越长其伸长率就(　　)。

A. 越大　　B. 越小　　C. 不变　　D. 不一定

3. 钢材随着含碳量的增加，其(　　)降低。

A. 抗拉强度　　B. 硬度　　C. 塑性　　D. 屈服强度

4. 伸长率是衡量钢材的(　　)指标。

A. 弹性　　B. 塑性　　C. 脆性　　D. 硬度

5. 结构设计时，碳素钢以(　　)作为设计计算取值的依据。

A. 弹性极限　　B. 屈服强度　　C. 抗拉强度　　D. 比例极限

6. 钢材经冷加工后，性能会发生显著变化，但不会发生 (　　)变化。

A. 强度提高　　B. 塑性增大　　C. 变硬　　D. 变脆

7. 建筑工程中所用的钢绞线一般采用(　　)钢材为原料加工而成。

A. 普通碳素结构钢　　B. 优质碳素结构钢

C. 普通低合金结构钢　　D. 普通中合金钢

8. 钢材表面锈蚀的主要原因是(　　)。

A. 钢材本身含有杂质　　B. 表面不平，经冷加工后存在内应力

C. 有外部电解质作用　　D. 电化学作用

9. 一钢筋试件,拉断后标距部分长度为 120 mm,则伸长率 $A_{100\ mm}$ 为(　　),要求修约至 0.5%。

A. 10.0%　　B. 12.0%

C. 20.0%　　D. 钢筋直径未知,不能计算

10. 一直径为 16 mm 的钢筋试件,拉断后标距部分长度为 103 mm,则伸长率 A 为(　　),要求修约至 0.5%。

A. 28.75%　　B. 29.0%

C. 28.8%　　D. 原始标距未知,不能计算

11. 直径为 20 mm 的同一钢筋,其断后伸长率有(　　)。

A. $A_{180\ mm}>A_{100\ mm}>A_{11.3}>A$　　B. $A=A_{100\ mm}>A_{180\ mm}>A_{11.3}$

C. $A_{180\ mm}>A_{11.3}>A>A_{100\ mm}$　　D. $A>A_{11.3}>A_{100\ mm}>A_{180\ mm}$

12. 热轧带肋钢筋屈服强度特征值 R_{eL}、实测屈服强度 R_{eL}^0 和实测抗拉强度 R_m^0 三者的大小关系是(　　)。

A. $R_{eL}>R_{eL}^0>R_m^0$　　B. $R_m^0>R_{eL}^0>R_{eL}$

C. $R_m^0>R_{eL}>R_{eL}^0$　　D. $R_{eL}>R_m^0>R_{eL}^0$

四、简述题

1. 什么是建筑钢材？钢的冶炼方法主要有哪几种？冶炼方法不同,性能上有何影响？

2. 生铁和钢各有什么主要特点？

3. 按脱氧程度不同钢材分为哪几类？各有何特点？

4. 建筑钢材的主要技术性能有哪些？低碳钢在拉伸过程中可分成几个阶段？各阶段的特点如何？

5. 何谓钢材的冷加工和时效？对钢材的性能有何影响？为什么？

6. 钢材的化学成分对钢材的力学性能有何影响？

7. 碳素结构钢有几个牌号？举例说明碳素结构钢牌号的含义。

8. 与碳素结构钢相比,低合金高强度结构钢有何优点？低合金高强度结构钢的牌号怎样表示？试举例说明。

9. 热轧带肋钢筋根据什么分出等级？共分几级？牌号如何表示？

10. 钢材腐蚀的原因是什么？如何防止腐蚀？

11. 钢材为何要做防火处理？

五、计算题

有一钢筋试件,直径为 25 mm,原始标距为 125 mm,做拉伸试验,屈服点荷载为 201.0 kN,最大荷载为 250.3 kN,拉断后测得断后标距长为 138 mm,求该钢筋的屈服强度、抗拉强度及断后伸长率。(强度修约至 1 MPa,断后伸长率修约至 0.5%。)

模块 8　沥青及沥青混凝土

【学习目标】

1. 能合理选择和使用沥青及沥青混凝土。
2. 能进行沥青混凝土的配合比设计。
3. 能对沥青的主要性能指标进行检测。

沥青是一种有机胶凝材料，它是由多种碳氢化合物及其非金属衍生物组成的混合物，在常温下为黑褐色或黑色固体、半固体或黏性液体状态。沥青不溶于水，可溶于多种有机溶剂，具有良好的黏性、塑性、防水性和防腐性等，因此在交通、建筑及水利等工程中，广泛用作路面、防水、防潮和防腐材料。

沥青按产源分为地沥青和焦油沥青两大类，其中地沥青包括石油沥青和天然沥青；焦油沥青包括煤沥青、木沥青、泥炭沥青等。工程中常用的沥青材料主要为石油沥青和煤沥青。石油沥青的技术性质优于煤沥青，在工程中应用更为广泛。

项目 1　沥青材料

主要内容	知识目标	技能目标
石油沥青的组分与结构、技术性质及选用，煤沥青的特性，改性沥青的种类及特点	了解石油沥青的组分与结构，理解石油沥青的主要技术性质，掌握石油沥青的选用	能够对石油沥青的性能指标进行检测，能根据工程性质、当地气候条件、使用部位及施工方法来选用沥青

一、石油沥青

码 8-1　微课：石油沥青的技术性质

（一）石油沥青的组分与结构

石油沥青的化学组成复杂，对其组成进行分析很困难，且其化学组成也不能反映出沥青性质的差异，所以一般不对沥青进行化学分析。通常从使用角度出发，将沥青中化学性质和物理力学性质相近的成分划分为若干个组，称为“组分”。石油沥青的主要组分有油分、树脂和地沥青质，它们的特性见表 8-1。

表 8-1　石油沥青各组分的特性

组分	颜色	状态	密度/(g/cm^3)	含量/%	特点	作用
油分	无色至淡黄色	黏性液体	0.7~1.0	40~60	可溶于苯等大部分有机溶剂,不溶于酒精	赋予沥青以流动性。油分多,流动性大,而黏滞性小,温度敏感性大
树脂	黄色至深褐色	黏稠半固体	1.0~1.1	15~30	溶于汽油等有机溶剂,难溶于酒精和丙酮	赋予沥青以塑性和黏滞性。树脂含量增多,沥青塑性增大,温度敏感性增大
地沥青质	深褐色至黑色	硬脆固体	1.1~1.5	10~30	溶于三氯甲烷、二硫化碳,不溶于酒精	赋予沥青稳定性和黏滞性。含量高,沥青黏性、耐热性提高,温度敏感性小,但塑性降低,脆性增加

石油沥青中还含有蜡,它会降低石油沥青的黏滞性和塑性,同时对温度特别敏感(温度稳定性差),所以蜡是石油沥青的有害成分。

沥青中的油分和树脂可以互溶,树脂能浸润地沥青质。沥青的结构是以地沥青质为核心,周围吸附部分树脂和油分,构成胶团,无数胶团分散在油分中形成胶体结构。

根据沥青中各组分含量的不同,沥青可以有三种胶体状态:溶胶型结构(地沥青质含量较少)、凝胶型结构(地沥青质含量较多)和溶-凝胶型结构(地沥青质、油分、树脂含量介于前两种之间)。溶胶型结构的沥青具有较好的自愈性和低温变形能力,但是高温稳定性差;凝胶型结构的沥青常温下具有较好的温度稳定性,但低温变形能力较差;溶-凝胶型结构的性质介于上述两种之间,大多数优质石油沥青属于这种结构状态。

石油沥青的状态随温度不同也会改变。温度升高,固体石油沥青中的易溶成分逐渐变为液态,使石油沥青流动性提高;当温度降低时,它又恢复为原来的状态。石油沥青中各组分不稳定,会因环境中的阳光、空气、水等因素作用而变化,油分、树脂减少,地沥青质增多,这一过程称为“老化”。这时,石油沥青的塑性降低,脆性增加,变硬,出现脆裂,失去防水、防腐蚀效果。

(二)石油沥青的主要技术性质

1. 黏滞性

石油沥青的黏滞性(又称黏性),是反映材料内部阻碍其相对流动的一种特性,表示沥青软硬、稀稠的程度,是划分沥青牌号的主要性能指标。固体或半固体沥青的黏滞性用“针入度”表示,液体石油沥青的黏滞性用“黏滞度”表示。

针入度是在温度为 25 ℃时,以质量 100 g 的标准针经 5 s 沉入沥青试样的深度,以 1/10 mm 为 1 度,如图 8-1 所示。针入度的数值越小,表明黏滞性越大。

黏滞度是在一定温度(25 ℃或 60 ℃)条件下,经规定直径(3.5 mm 或 10 mm)的孔,漏下 50 mL 沥青所需的秒数,如图 8-2 所示。黏滞度越大,表示沥青的黏滞性越大。

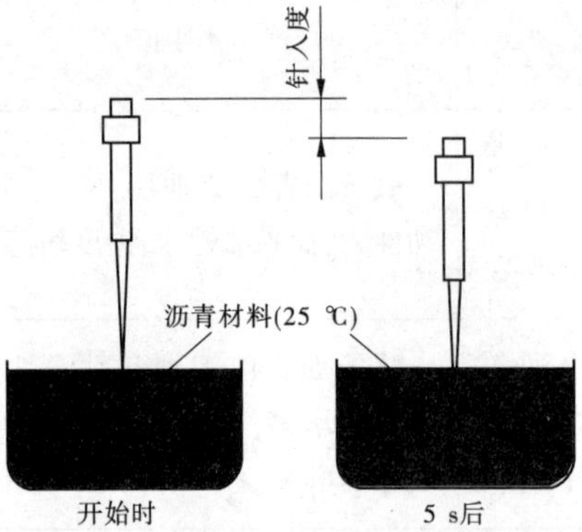

图 8-1 针入度测定示意图

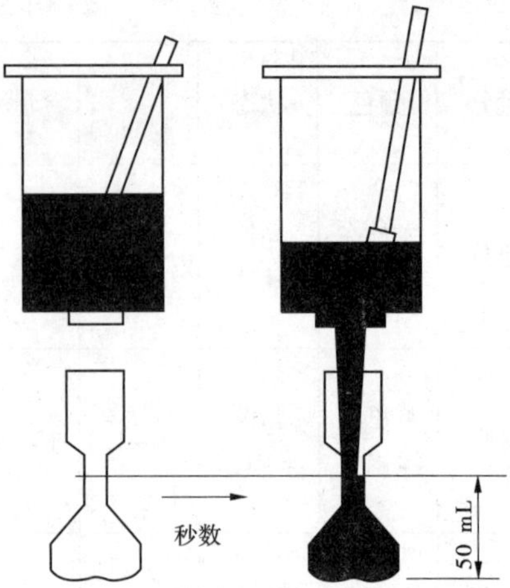

图 8-2 黏滞度测定示意图

地沥青质含量高,有适量的树脂和较少的油分时,石油沥青黏滞性大。在一定的温度范围内,温度升高时,黏滞性降低,反之增大。

码 8-2 动画:沥青针入度试验

码 8-3 动画:沥青黏滞度试验

2. 塑性

塑性指石油沥青在外力作用下产生变形而不破坏,除去外力后,仍保持变形后的形状不变,而且不发生破坏的性质。沥青的塑性反映了沥青开裂后的自愈能力及受机械应力作用后变形而不破坏的能力,是石油沥青的主要性能之一。

石油沥青的塑性用延度表示。延度是将沥青制成“8”字形标准试件,在 25 ℃水中以每分钟 5 cm 的速度拉伸至试件断裂时的伸长值,以“cm”为单位,如图 8-3 所示。延度愈大,塑性愈好,柔性和抗断裂性越好。

塑性与组分、温度及膜层厚度有关。当树脂含量较高,且其组分又适当时,则塑性较好;温度高则塑性增大;膜层增厚,塑性也增大;反之则塑性越差。

3. 温度敏感性

温度敏感性是指石油沥青的黏滞性和塑性随温度升降而变化的性能。由于沥青是一种高分子非晶态热塑性物质,故没有固定的熔点。

建筑工程要求沥青的黏性及塑性,当温度变化时,其变化幅度较小,即温度敏感性小。工程中常通过加入滑石粉、石灰石粉等矿物掺料,来减小其温度敏感性。

温度敏感性用软化点来表示,软化点通过“环球法”试验测定。将沥青试样装入规定尺寸的铜环中，上置规定尺寸和质量的钢球，再将置球的铜环放在有水或甘油的烧杯中，以 5 ℃/min 的速度加热至沥青软化下垂达 25 mm 时的温度，即为沥青的软化点，如图 8-4 所示。

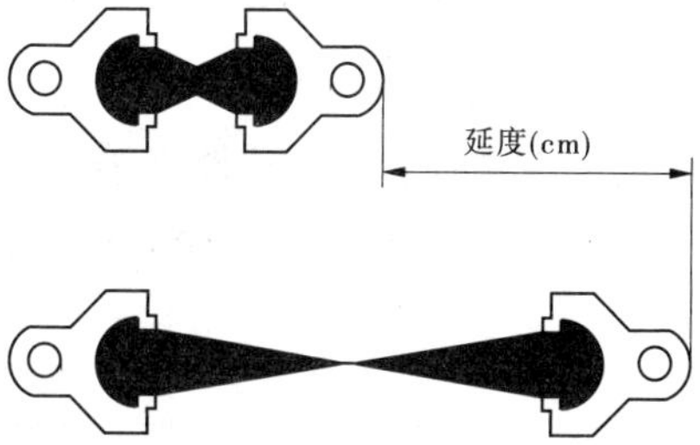

图 8-3　延度测定示意图

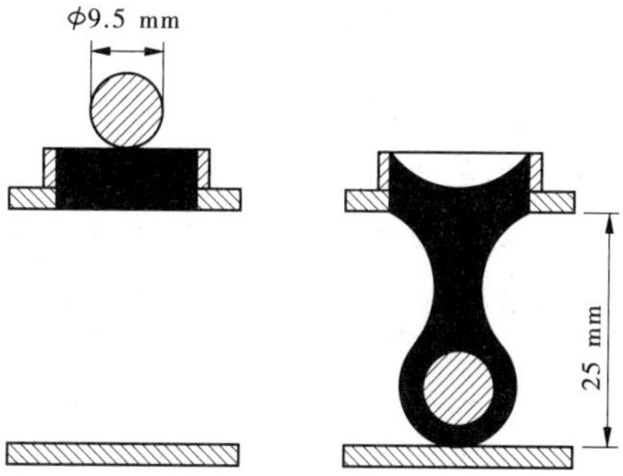

图 8-4　软化点测定示意图

码 8-4　动画：沥青延度试验

码 8-5　动画：沥青软化点试验

软化点越高，沥青的耐热性越好，即温度敏感性越小，温度稳定性越好。

4. 大气稳定性

石油沥青在热、阳光、氧气和潮湿等大气因素的长期综合作用下抵抗老化的性能，称为大气稳定性，也是沥青材料的耐久性。在大气因素的综合作用下，沥青中各组分会发生不断递变，低分子化合物将逐步转变成高分子物质，即油分和树脂逐渐减少，而地沥青质逐渐增多。石油沥青随着时间的进展，流动性和塑性将逐渐减小，硬脆性逐渐增大，直至脆裂，这个过程称为石油沥青的“老化”。所以大气稳定性即为沥青抵抗老化的性能。

大气稳定性可以用沥青试样在加热蒸发前后的“蒸发损失百分率”和“蒸发后针入度比”来表示。蒸发损失百分率越小，蒸发后针入度比越大，则表示沥青的大气稳定性越好。

以上四种性质是石油沥青材料的主要性质，此外，为评定沥青的品质和保证施工安全，还应了解石油沥青的溶解度、闪点和燃点等性质。

溶解度是指沥青在溶液（苯或二硫化碳）中可溶部分质量占全部质量的百分率。沥青的溶解度可用来确定沥青中有害杂质含量。一般石油沥青溶解度高达 98%以上，而天然沥青因含不溶性矿物质，溶解度低。

闪点是指沥青达到软化点后再继续加热，则会发生热分解而产生挥发性的气体，当与空气混合，在一定条件下与火焰接触，初次产生蓝色闪光时的沥青温度。燃点是指沥青温度达到闪点,温度如再上升,与火接触而产生的火焰能持续燃烧 5 s 以上时,这个开始燃烧时的温度即为燃点。闪点和燃点的高低,表明沥青引起火灾或爆炸的可能性大小,它关系到运输、储存和加热使用等方面的安全。因此,在熬制沥青时加热温度必须低于闪点和燃点,为安全起见,沥青加热还应与火焰隔离。

(三)石油沥青的分类及技术标准

根据我国现行石油沥青标准,在工程建设中常用的石油沥青分为道路石油沥青、建筑石油沥青和普通石油沥青等,各品种按技术性质划分为不同的牌号。道路石油沥青与建筑石油沥青的技术要求分别见表 8-2、表 8-3。

表 8-2　道路石油沥青

项目		质量指标				
		200	180	140	100	60
针入度(25 ℃,100 g,5 s)/(1/10 mm)		200~300	150~200	110~150	80~110	50~80
延度(25 ℃)/cm,≥		20	100	100	90	70
软化点/℃		30~48	35~48	38~51	42~55	45~58
溶解度/%,≥		99.0				
闪点(开口)/℃,≥		180	200	230		
密度(25 ℃)/(g/m^3)		报告				
蜡含量/%,≤		4.5				
薄膜烘箱试验(163 ℃,5 h)	质量变化/%,≤	1.3	1.3	1.3	1.2	1.0
	针入度比/%	报告				
	延度(25℃)/cm	报告				

注:如 25 ℃延度达不到,15 ℃延度达到时,也认为是合格的,指标要求与 25 ℃延度一致。

表 8-3　建筑石油沥青

项目	质量指标		
	10	30	40
针入度(25 ℃,100 g,5 s)/(1/10 mm)	10~25	26~35	36~50
针入度(46 ℃,100 g,5 s)/(1/10 mm)	报告		
针入度(0 ℃,200 g,5 s)/(1/10 mm),≥	3	6	6
延度(25 ℃,5 cm/min)/cm,≥	1.5	2.5	3.5
软化点/℃,≥	95	75	60

续表 8-3

项目	质量指标		
	10	30	40
溶解度/%,≥	99.0		
蒸发后质量变化(163 ℃,5 h)/%,≤	1		
蒸发后25 ℃针入度比/%,≥	65		
闪点(开口)/℃,≥	260		

从表8-2、表8-3可以看出,对同一品种石油沥青,牌号愈小,沥青愈硬;牌号愈大,沥青愈软。同时随着牌号增加,沥青的黏性减小(针入度增加),塑性增加(延度增大),而温度敏感性增大(软化点降低)。

(四)石油沥青的选用

在选用沥青材料时应根据工程性质、当地气候条件、使用部位及施工方法来选择不同品种和不同牌号的沥青。在满足主要技术性能要求的前提下,应选用较大牌号的石油沥青,以保证其具有较长的使用年限。

道路石油沥青具有黏滞性小、塑性好等特点,可用来拌制沥青砂浆和沥青混合料,用于道路路面或车间地面等工程,部分牌号也可用于建筑工程。道路石油沥青还可用作密封材料、黏结剂及沥青涂料等工程。

建筑石油沥青具有良好的防水性、黏结性、耐热性及温度稳定性,但黏滞性大、塑性较差,主要用于制作防水卷材、防水涂料和沥青胶等,用于屋面及地下防水、沟槽防水防腐蚀及管道防腐等工程。一般屋面工程用沥青材料的软化点应比本地区屋面最高温度高20~25 ℃,并适当考虑屋面的坡度,以避免夏季流淌。对不受较高温度作用的部位,宜选择牌号较大的沥青,严寒地区屋面工程不宜单独使用10号建筑石油沥青。

普通石油沥青,由于含有害成分石蜡较多(一般含量大于5%,有的高达20%以上),具有温度敏感性较大、黏性较小、塑性较差的特点,故在工程中不宜单独使用,一般与其他种类的石油沥青掺配后使用。

(五)石油沥青的掺配

施工中,当采用一种沥青不能满足所要求的软化点时,可采用两种或两种以上的沥青进行掺配使用。掺配时要注意遵循石油沥青只与石油沥青掺配,煤沥青只与煤沥青掺配的原则。

两种沥青的掺配比例可用式(8-1)、式(8-2)计算。

$$Q_1 = \frac{T_2 - T}{T_2 - T_1} \times 100\% \tag{8-1}$$

$$Q_2 = 1 - Q_1 \tag{8-2}$$

式中　Q_1——低软化点沥青用量(%);

Q_2——高软化点沥青用量(%);

T——要求配制的沥青软化点,℃;

T_1——低软化点沥青软化点，℃；

T_2——高软化点沥青软化点，℃。

当三种及以上沥青进行掺配时，仍然按此式用两两相配的原则计算。

以计算的掺配比例和其邻近的比例（5%～10%）进行试配（混合熬制均匀），测定掺配后沥青的软化点，然后绘制“掺配比-软化点”关系曲线，即可从曲线上确定出所要求的掺配比例。

二、煤沥青

煤沥青俗称柏油，是炼焦或生产煤气的副产品。烟煤在干馏过程中的挥发物质，经冷凝而成黑色黏性液体，称为煤焦油，煤焦油再经分馏提取各种油品后的残渣即为煤沥青。根据蒸馏温度的不同，煤沥青可分为低温煤沥青、中温煤沥青和高温煤沥青三种。建筑工程中所采用的煤沥青多为黏稠或半固体的低温煤沥青。

（一）煤沥青的特性

与石油沥青相比，煤沥青具有以下特性：

（1）因含有蒽、萘、酚等物质，有着特殊的臭味和毒性，故其防腐能力强。

（2）因含表面活性物质较多，故与矿物表面黏附能力强，不易脱落。

（3）含挥发性和化学稳定性差的成分较多，在热、光、氧气等长期综合作用下，煤沥青的组成变化较大，易硬脆，故大气稳定性差。

（4）含有较多的游离碳，塑性差，容易因变形而开裂。

由于煤沥青的主要技术性质比石油沥青差，且有毒、易污染水质，所以建筑工程中较少采用。煤沥青具有很好的防腐和黏结性能，主要用于配制防腐涂料、胶黏剂、防水涂料、油膏等，适用于地下防水层或材料防腐，适量掺入石油沥青中，可增强石油沥青的黏结力。

（二）煤沥青与石油沥青的简易鉴别

石油沥青与煤沥青性质有别，必须认真鉴别，不能混淆，其简易鉴别方法见表 8-4。

表 8-4　石油沥青与煤沥青的鉴别

鉴别方法	石油沥青	煤沥青
密度/(g/cm^3)	近于 1.0	1.25～1.28
燃烧	烟少、无色、有松香味、无毒	烟多、黄色、臭味大、有毒
锤击	声哑、有弹性、韧性好	声脆、韧性差
颜色	呈辉亮褐色	浓黑色
溶解	易溶于煤油或汽油中，呈棕黑色	难溶于煤油或汽油中，呈黄绿色

三、改性沥青

工程中使用的沥青应具备较好的综合性能，如在高温下要有足够的强度和热稳定性；在低温下要有良好的柔韧性；在加工和使用条件下具有抗“老化”能力；与各种矿物材料具有良好的黏结性等。通常沥青材料不能满足这些要求,并且沥青材料本身存在一些固有的缺陷,如冷脆、热淌、易老化、开裂等。为此常用下述方法对沥青进行改性,以满足使用要求。

(一)矿物填料改性沥青

在沥青中加入一定数量的矿物填充料,可以提高沥青的黏性和耐热性,减小沥青的温度敏感性,同时也减少了沥青的耗用量,主要适用于生产沥青胶。

常用矿物填料有粉状和纤维状两种。常用的有滑石粉、石灰石粉、硅藻土、石棉绒和云母粉等。

矿物填充料改性机制:由于沥青对矿物填充料的润湿和吸附作用,沥青可以单分子状态排列在矿物颗粒(或纤维)表面,形成结合力牢固的沥青薄膜,称为结构沥青。结构沥青具有较高的黏性和耐热性等,但是矿物填充料的掺入量要适当,一般掺量为20%~40%时,可以形成恰当的结构沥青膜层。

(二)树脂改性沥青

用树脂改性石油沥青,可以改善沥青的耐寒性、耐热性、黏结性和不透气性。在生产卷材、密封材料和防水涂料等产品时均需应用。常用的树脂有聚氯乙烯(PVC)、聚丙烯(PP)、无规聚丙烯(APP)等。

(三)橡胶改性沥青

1. 氯丁橡胶改性沥青

石油沥青中掺入氯丁橡胶后,可使其气密性、低温柔性、耐化学腐蚀性、耐光、耐臭氧性、耐燃性等得到大大改善。氯丁橡胶掺入的方法有溶剂法和水乳法。溶剂法是先将氯丁橡胶溶于一定的溶剂(如甲苯)中形成溶液,然后掺入液态沥青中并混合均匀即可。水乳法是将橡胶和石油沥青分别制成乳液,然后混合均匀即可使用。

2. 丁基橡胶改性沥青

丁基橡胶改性沥青的配制方法与氯丁橡胶改性沥青类似。

3. 热塑性丁苯橡胶(SBS)改性沥青

SBS改性沥青兼有橡胶和塑料的特性,常温下具有橡胶的弹性,在高温下又能像塑料那样熔融流动,成为可塑的材料。所以,采用SBS改性沥青,其耐高温、低温性能均有较明显提高。

4. 再生橡胶改性沥青

再生橡胶掺入石油沥青中,同样可大大提高石油沥青的气密性,低温柔性,耐光、热和臭氧性,以及耐候性,且价格低廉。

(四)橡胶和树脂共混改性沥青

同时用橡胶和树脂来改性石油沥青,可使石油沥青兼具橡胶和树脂的特性,且树脂比橡胶便宜,两者又有较好的混溶性,因此可获得较好的技术经济效果。

项目 2 沥青检测

主要内容	知识目标	技能目标
沥青针入度检测，沥青延度检测，沥青软化点检测	掌握沥青针入度、延度、软化点检测的方法步骤，熟悉沥青性能指标的评价标准	能够进行沥青针入度、延度、软化点等性能检测，会评定沥青的质量

任务 1 沥青针入度检测

一、检测依据

《沥青针入度测定法》(GB/T 4509—2010)。

码 8-6 视频：沥青针入度检测

二、检测目的

测定沥青的针入度，以确定沥青的黏滞性，评定沥青质量。

三、仪器设备

(1)针入度仪：如图 8-5 所示，能使针连杆在无明显摩擦下垂直运动，并能指示穿入深度精确到 0.1 mm 的仪器均可使用。针连杆的质量为(47.5±0.05)g。针和针连杆的总质量为(50±0.05)g，另附(50±0.05)g 和(100±0.05)g 的砝码各一个，可以组成(100±0.05)g 和(200±0.05)g 的载荷，以满足试验所需的载荷条件。仪器设有放置平底玻璃皿的平台，并有调节水平的装置，针连杆应与平台相垂直。仪器设有针连杆制动按钮，紧压按钮，针连杆可自由下落。针连杆要易于装卸，以便定期检查其重量。

(2)标准针：由硬化回火的不锈钢制成，洛氏硬度为 54~60，针长约 50 mm，长针长约 60 mm，所有针的直径为 1.00~1.02 mm。针的一端应磨成 8.7~9.7°的锥形。圆锥表面粗糙度的算术平均值为 0.2~0.3 μm，针应装在一个黄铜或不锈钢的金属箍中。针箍及其附件总质量为(2.50±0.05)g。每个针箍上打印单独的标志号码。每根针应附有国家计量部门的检验单，并定期进行检验。

(3)试样皿：金属或玻璃的圆柱形平底容器。试样皿的最小尺寸要求见表 8-5。

表 8-5 试样皿的最小尺寸

针入度范围	直径/mm	深度/mm
小于 40	33~55	8~16
40~200	55	35
200~350	55~75	45~70
350~500	75	70

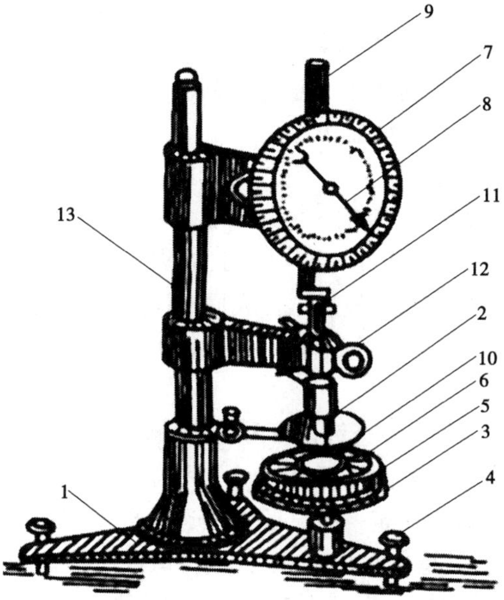

1—底座;2—小镜;3—圆形平台;4—调平螺丝;5—保温器;6—试样;
7—刻度盘;8—指针;9—活杆;10—标准针;11—针连杆;12—按钮;13—砝码。

图8-5 针入度仪

(4)恒温水浴:容量不少于10 L,能保持温度控制在试验温度下±0.1 ℃范围。水浴中距水底部50 mm处有一个带孔的支架,这一支架离水面至少有100 mm。如果针入度测定时在水浴中进行,支架应足够支撑针入度仪。在低温下测定针入度时,水浴中装入盐水。

(5)平底玻璃皿:容量不少于350 mL,深度要没过最大的试样皿。内设一个不锈钢三角支架,以保证试样皿稳定。

(6)温度计:液体玻璃温度计,刻度范围为-8~55 ℃,分度值为0.1 ℃。或满足此准确度、精度和灵敏度的测温装置均可使用。温度计或测温装置应定期按检验方法进行校正。

(7)计时器:刻度为0.1 s或小于0.1 s,60 s内的准确度达到±0.1 s的任何计时装置均可。直接连到针入度仪上的任何计时设备应进行精确校正,以提供±0.1 s的时间间隔。

四、检测方法与步骤

针入度试验时,除非另行规定,标准针、针连杆与附加砝码的总质量为(100±0.05)g,温度为(25±0.1)℃,时间为5 s。特定试验可采用的其他条件见《沥青针入度测定法》(GB/T 4509—2010)。

(一)准备工作

(1)小心加热样品,不断搅拌以防局部过热,加热到使样品能够易于流动。加热时焦油沥青的加热温度不超过软化点60 ℃,石油沥青不超过软化点90 ℃。加热时间在保证样品充分流动的基础上尽量短。加热、搅拌过程中避免试样中进入气泡。

(2)将试样倒入预先选好的试样皿中,试样深度应至少是预计针入深度的120%。如果试样皿的直径小于65 mm,而预计针入度高于200,每个试验条件都要倒3个样品。如果样品足够,浇注的样品要达到试样皿边缘。

(3)将试样皿松松地盖住,以防灰尘落入。在15~30 ℃的室温下,小的试样皿(ϕ33 mm×16 mm)中的样品冷却45 min至1.5 h,中等试样皿(ϕ55 mm×35 mm)中的样品冷却1~1.5 h,较大的试样皿中的样品冷却1.5~2.0 h,冷却结束后将试样皿和平底玻璃皿一起放入测试温度下的水浴中,水面应没过试样表面10 mm以上。在规定的试验温度下恒温,小试样皿恒温45 min~1.5 h,中等试样皿恒温1~1.5 h,较大试样皿恒温1.5~2.0 h。

(二)检测步骤

(1)调节针入度仪使之水平,检查针连杆和导轨,确保上面无水和其他物质。如果预计针入度超过350应选择长针,否则用标准针。先用合适的溶剂将针擦干净,再用干净的布擦干,然后将针插入针连杆中固定。按试验条件选择合适的砝码并放好砝码。

(2)如果测试时针入度仪是在水浴中,则直接将试样皿放在浸在水中的支架上,使试样完全浸在水中。如果试验时针入度仪不在水浴中,将已恒温到试验温度的试样皿放在平底玻璃皿中的三角支架上,用与水浴相同温度的水完全覆盖样品,将平底玻璃皿放置在针入度仪的平台上。慢慢放下针连杆,使针尖刚刚接触到试样的表面,必要时用放置在合适位置的光源观察针头位置,使针尖与水中针头的投影刚刚接触为止。轻轻拉下活杆,使其与针连杆顶端相接触,调节针入度仪上的表盘读数指零或归零。

(3)在规定时间内快速释放针连杆,同时启动秒表或计时装置,使标准针自由下落穿入沥青试样中,到规定时间使标准针停止移动,如图8-1所示。

(4)拉下活杆,再使其与针连杆顶端接触,此时表盘指针的读数即为试样的针入度,或自动方式停止锥入,通过数据显示设备直接读出锥入深度数值,得到针入度,用1/10 mm表示。

(5)同一试样至少重复测定3次,各测试点之间及与试样皿边缘的距离都不得小于10 mm。每次试验前都应将试样和平底玻璃皿放入恒温水浴中,每次测定都要用干净的针。当针入度小于200时可将针取下用合适的溶剂擦净后继续使用。当针入度超过200时,每个试样皿中扎一针,三个试样皿得到三个数据。或者每个试样至少用三根针,每次试验用的针留在试样中,直到三根针扎完时再将针从试样中取出。但这样测得的针入度的最高值和最低值之差,不得超过规范中关于重复性的规定。

五、结果计算与评定

(1)以三次测定针入度的平均值,取至整数,作为该沥青的针入度。三次测定的针入度值相差不应大于表8-6中的数值。

如果误差超过了表8-6规定的范围,利用第二个样品重复试验。如果结果再次超过允许值,则取消所有的试验结果,重新进行试验。

表 8-6　针入度测定最大允许差值

针入度/(1/10mm)	0~49	50~149	150~249	250~349	350~500
允许差值/(1/10mm)	2	4	6	8	20

(2)试验的重复性与再现性要求。重复性:同一操作者在同一实验室使用同一试验仪器对同一样品测得的两次结果不超过平均值的 4%。再现性:不同操作者在不同实验室用同一类型的不同仪器对同一样品测得的两次结果不超过平均值的 11%。

任务 2　沥青延度检测

码 8-7　视频:沥青延度检测

一、检测依据

《沥青延度测定法》(GB/T 4508—2010)。

二、检测目的

测定沥青的延度,以确定沥青的塑性,评定沥青质量。

三、仪器设备

(1)延度仪:如图 8-6 所示,试验时能按规定要求将试件持续浸没于水中,能以一定的速度拉伸试件,启动时无明显振动。

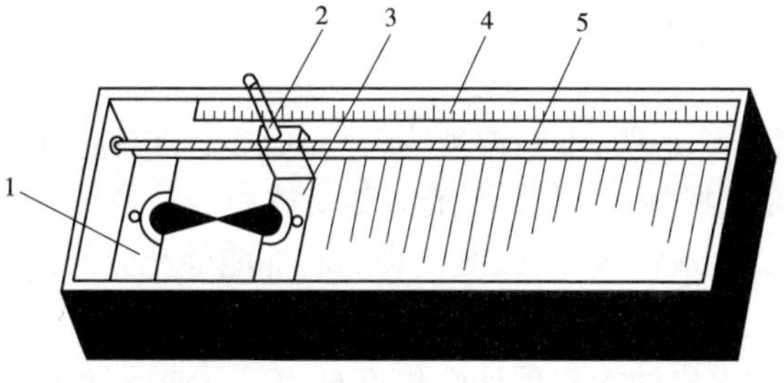

1—支板;2—指针;3—滑板;4—标尺;5—螺旋杆。

图 8-6　沥青延度仪

(2)试件模具:由黄铜制造,由两个弧形端模和两个侧模组成,形状及尺寸如图 8-7 所示。

(3)恒温水浴:容量不少于 10 L,控制温度±0.1 ℃。试件浸入水中深度不得小于 100 mm,水浴中设置带孔的搁架以支撑试件,搁架距水浴底部不得小于 50 mm。

(4)温度计:0~50 ℃,分度为 0.1 ℃和 0.5 ℃各一支。

(5)隔离剂:以质量计,由两份甘油和一份滑石粉调制而成。

(6)支撑板:黄铜板,一面应磨光至表面粗糙度为 Ra0.63。

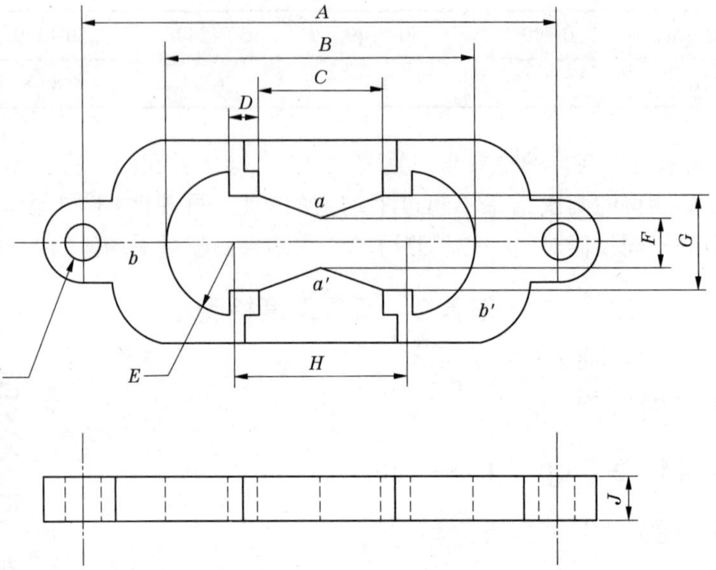

A—两端模环中心点距离(111. 5~113. 5 mm);*B*—试件总长(74. 54~75. 5 mm);*C*—端模间距(29. 7~30. 3 mm);
D—肩长(6. 8~7. 2 mm);*E*—半径(15. 75~16. 25 mm);*F*—最小横断面宽(9. 9~10. 1 mm);
G—端模口宽(19. 8~20. 2 mm);*H*—两半圆心间距离(42. 9~43. 1 mm);
I—端模孔直径(6. 54~6. 7 mm);*J*—厚度(9. 9~10. 1 mm)。

图 8-7　延度仪模具

四、试样制备

延度试验时,非经特殊说明,试验温度为(25±0. 5)℃,拉伸速度为(5±0. 25)cm/min。

(1)将模具组装在支撑板上,将隔离剂涂于支撑板表面及侧模的内表面,以防沥青粘在模具上。板上的模具要水平放好,以便模具的底部能够充分与板接触。

(2)小心加热样品,充分搅拌以防局部过热,加热到使样品能够易于流动。煤焦油沥青样品加热温度不超过煤焦油沥青预计软化点 60 ℃,石油沥青样品加热温度不超过石油沥青预计软化点 90 ℃。样品的加热时间在不影响样品性质和保证样品充分流动的基础上尽量短。

将熔化后的样品充分搅拌之后倒入模具中,在组装模具时要小心,不要弄乱了配件。在倒样时使试样呈细流状,自模的一端至另一端往返倒入,使试样略高出模具,将试件在空气中冷却 30~40 min,然后置于规定温度的水浴中保持 30 min 取出,用热的直刀或铲将高出模具的沥青刮除,使试样与模具齐平。

(3)将支撑板、模具和试件一起放入水浴中,并在试验温度下保持 85~95 min,然后从板上取下试件,拆掉侧模,立即进行拉伸试验。

五、检测步骤

(1)将模具两端的孔分别套在沥青延度仪的柱上,然后以一定的速度拉伸,直到试件拉伸断裂。拉伸速度允许误差在±5%以内,测量试件从拉伸到断裂所经过的距离,以 cm 表示,如图 8-3 所示。试验时,试件距水面和水底的距离不小于 2.5 cm,并且要使温度保持在规定温度的±0.5 ℃范围内。

(2)如果沥青浮于水面或沉入槽底,则试验不正常。应使用乙醇或氯化钠调整水的密度,使沥青材料既不浮于水面,又不沉入槽底。

(3)正常的试验应将试样拉成锥形或线形或柱形,直至在断裂时实际横断面面积接近于零或一均匀断面。如果三次试验得不到正常结果,则报告在该条件下延度无法测定。

六、结果计算与评定

(1)若 3 个试件测定值在其平均值的 5%内,取平行测定 3 个结果的平均值作为测定结果。若 3 个试件测定值不在其平均值的 5%以内,但其中两个较高值在平均值的 5%以内,则弃去最低测定值,取两个较高值的平均值作为测定结果,否则重新测定。

(2)试验的重复性与再现性要求。重复性:同一操作者在同一实验室使用同一试验仪器在不同时间对同一样品进行试验得到的结果不超过平均值的 10%。再现性:不同操作者在不同实验室用相同类型的仪器对同一样品进行试验得到的结果不超过平均值的 20%。

任务 3　沥青软化点检测

一、检测依据

《沥青软化点测定法　环球法》(GB/T 4507—2014)。

码 8-8　视频:沥青软化点检测

二、检测目的

测定沥青的软化点,以确定沥青的耐热性,评定沥青质量。

三、仪器设备

(1)肩环:黄铜肩环(亦称环)两只,其尺寸规格见图 8-8(a)。

(2)球:两只直径为 9.5 mm 的钢球,每只质量为(3.50±0.05)g。

(3)钢球定位器:两只钢球定位器用于使钢球定位于试样中央,其形状和尺寸见图 8-8(b)。

(4)浴槽:可以加热的玻璃容器,其内径不小于 85 mm,离加热底部的深度不小于 120 mm。

(5)环支撑架与支架系统:一只铜支撑架(亦称支架),用于支撑两个水平位置的环,其形状和尺寸见图 8-8(c);支架系统由上支撑板、铜支撑架、下支撑板用长螺栓连接而成,支架系统置于浴槽内,其组合装置见图 8-8(d)。支撑架上的肩环的底部距离下支撑板的表面为 25 mm,下支撑板的下表面距离浴槽底部为(16±3)mm。

(6)温度计:测温范围在 30~180 ℃,最小分度值为 0.5 ℃的全浸式温度计。

(7)材料:新煮沸过的蒸馏水或甘油,用作加热介质;隔离剂以两份甘油和一份滑石粉调制而成(以重量计)。

(8)其他:0.3~0.5 mm 的金属网筛;电炉或其他加热器。

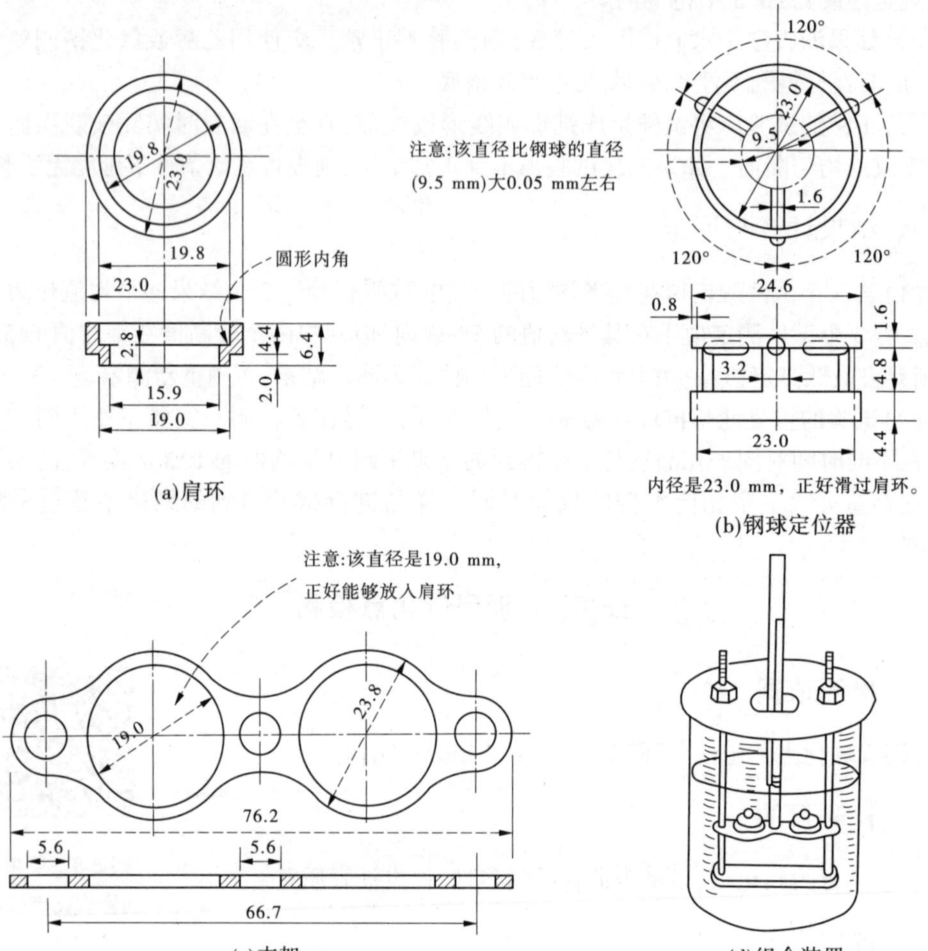

图 8-8 肩环、钢球定位器、支架、组合装置图 (单位:mm)

四、检测方法与步骤

(一)准备工作

(1)样品的加热时间在不影响样品性质和保证样品充分流动的基础上尽量短。石油沥青、改性沥青、天然沥青以及乳化沥青残留物加热温度不应超过预计沥青软化点 110 ℃。煤焦油沥青样品加热温度不应超过煤焦油沥青预计软化点 55 ℃。

(2)如果重复试验,不能重新加热样品,应在干净的容器中用新鲜样品制备试样。

(3)若估计软化点在 120~157 ℃,应将肩环与铜支撑板预热至 80~100 ℃,然后将肩环放到涂有隔离剂的支撑板上,否则会出现沥青试样从肩环中完全脱落的现象。

(4)向每个环中倒入略过量的沥青试样,让试件在室温下至少冷却 30 min。对于在室温下较软的样品,应将试件在低于预计软化点 10 ℃以上的环境中冷却 30 min,从开始倒试样时起至完成试验的时间不得超过 240 min。

(5)当试样冷却后，用稍加热的小刀或刮刀干净地刮去多余的沥青，使得每一个圆片饱满且和环的顶部齐平。

(二)检测步骤

(1)选择加热介质。新煮沸过的蒸馏水适用于软化点为 30～80 ℃的沥青，起始加热介质温度应为(5±1)℃；甘油适于软化点为 80～157 ℃的沥青，起始加热介质温度应为(30±1)℃。

(2)把仪器放在通风橱内并配置两个样品环、钢球定位器，并将温度计插入合适的位置，浴槽装满加热介质，并使各仪器处于适当位置。用镊子将钢球置于浴槽底部，使其同支架的其他部位达到相同的起始温度。

(3)如果有必要，将浴槽置于冰水中，或小心加热并维持适当的起始浴温达 15 min，并使仪器处于适当位置，注意不要污染浴液。

(4)再次用镊子从浴槽底部将钢球夹住并置于定位器中。

(5)从浴槽底部加热使温度以恒定的速率(5 ℃/min)上升。试验期间不能取加热速率的平均值，但在 3 min 后，升温速度应达到(5±0.5)℃/min，若温度上升速率超过此限定范围，则此次试验失败。

(6)当两个包着沥青的球刚触及下支撑板时，分别记录温度计所显示的温度，如图 8-4 所示。无须对温度计的浸没部分进行校正。取两个温度的平均值作为沥青的软化点。当软化点在 30～157 ℃时，如果两个温度的差值超过 1 ℃，则重新试验。

五、结果计算与评定

取两个结果的平均值作为测定结果，并同时报告浴槽中使用加热介质的种类。

项目 3 沥青混凝土

主要内容	知识目标	技能目标
沥青混凝土的分类，组成材料，技术性质及配合比设计	掌握沥青混凝土的种类、特点、组成材料及技术性质	能根据工程要求正确合理地选择和使用沥青混凝土

经过加热的矿料(砂、石子、填料等)和沥青，按适当的配合比拌和而成的混合物，称为沥青混合料。经压实或浇筑密实后的沥青混合料称为沥青混凝土。

沥青混凝土不仅具有良好的力学性能和防水性能，而且具有一定的高温稳定性和低温柔韧性，用它铺筑的路面平整、无裂缝，而且具有一定的粗糙度，路面减震、吸声、无强烈反光，使行车舒适、安全。此外，沥青混凝土也是良好的防水材料，常用于土石坝及其他水利工程的防渗。

一、沥青混凝土的分类

沥青混凝土常按用途、矿料颗粒级配、施工方法进行分类。

(1)按用途可分为道路沥青混凝土和水工沥青混凝土等。

(2)按矿料颗粒级配可分为密级配沥青混凝土、开级配沥青混凝土。密级配沥青混凝土是指用粒径较小的粗骨料和含量较多的细骨料、填料和沥青制备成渗透系数很小的沥青混凝土,主要用作防渗层材料。开级配沥青混凝土是指用粒径较大、含量较多的粗骨料,少量填料和沥青制备成渗透系数较大的沥青混凝土,主要用于基层的整平、胶结和排水。

(3)按施工方法可分为碾压式沥青混凝土和浇筑式沥青混凝土。碾压式沥青混凝土中,沥青没有把骨料的空隙全部填满,主要靠骨料的咬合力和沥青黏性共同抵抗荷载,可用于防渗心墙、道路、护面等。浇筑式沥青混凝土中,沥青几乎把骨料的空隙全部填满,施工时在自重作用下或略加振动就能密实,主要靠沥青的黏性抵抗荷载,可用于防水涂层、封闭层等。

二、沥青混凝土的组成材料

沥青混凝土的组成材料主要有沥青、矿质材料(矿料)及掺料。沥青混凝土的技术性质随着各组成材料的性质、配合比和制备工艺等因素的差异而改变。因此,制备沥青混凝土时,应严格控制其组成材料的质量。

(一)沥青材料

沥青的质量反映在沥青牌号上,其主要指标是针入度、软化点、延度、溶解度和闪点等。不同的工程,不同的区域,对沥青质量要求也不同。沥青材料应根据工程类别、结构性能要求、气候条件、建筑物工作条件、沥青混凝土的种类和施工方法等进行选择。如对于碾压式沥青混凝土防渗面板,在确保斜坡热稳定性的前提下,宜采用较高牌号的沥青。浇筑式沥青混凝土宜采用针入度小、温度敏感性小的沥青。

(二)矿料

矿料是粗骨料、细骨料和填料的总称。

粗骨料,是指粒径大于2.36 mm的石料。粗骨料宜采用碱性岩石破碎的碎石;当采用未经破碎的卵石料时,其用量不宜超过粗骨料用量的50%,并经试验研究论证。粗骨料应质地坚硬、新鲜、密实、清洁、不含过量有害杂质,不因加热而引起性质变化,并且与沥青黏附性好。

细骨料粒径为2.36~0.075 mm,可采用天然砂或人工砂等,加工碎石筛余的石屑也可利用,但其级配应符合要求。细骨料应质地坚硬、新鲜、密实、清洁、不含过量有害杂质,不因加热而引起性质变化,并且与沥青黏附性好。

填料是指在沥青混合料中起充填作用的粒径小于0.075 mm的矿物质粉末,也称矿粉。通常由石灰岩等碱性石料加工磨细得到,水泥、消石灰、粉煤灰等材料有时也可作为填料使用。矿粉要求洁净、干燥,其含水率应小于0.5%,且不结团块。矿粉能提高沥青混合料的强度、热稳定性及耐久性。

(三)掺料

掺料是指掺加在沥青或矿料中的物料,主要作用是改善沥青混凝土的性能。如在沥青中掺加抗剥离剂或在矿料中掺加消石灰、普通硅酸盐水泥或其他高分子材料,可改善沥青与酸性骨料的黏附性。在沥青中掺用 SBS(苯乙烯-丁二烯-苯乙烯嵌段共聚物)材料,可改善沥青混凝土低温抗裂性和热稳定性。

三、沥青混凝土的技术性质

不同的工程建筑物,要求的沥青混凝土技术性能指标不同。如公路路面沥青混凝土,其主要技术性质要求有高温稳定性、低温抗裂性、耐久性、抗滑性、水稳定性和施工和易性等。《土石坝沥青混凝土面板和心墙设计规范》(SL 501—2010)规定,水工沥青混凝土应具有和易性、热稳定性、水稳定性、抗渗性、抗裂性等。

(一)和易性

和易性是指沥青混合料在拌和、运输、摊铺及压实过程中具有与施工条件相适应,既保证质量又便于施工的性能。和易性良好的沥青混合料能在运输过程中顺畅装卸,不至于在各通道中阻塞,有利于其均匀顺畅地摊铺。在相同的压实强度下,和易性好的沥青混凝土能得到最大程度的压实,从而得到密实的、孔隙率最小的沥青混凝土,保证施工质量和工程质量。沥青混合料和易性目前尚无成熟的测定方法,多是凭经验判定。

沥青混合料的和易性与组成材料的性质、用量及拌和质量有关。使用黏滞性较小的沥青,能配制成流动性高、松散性强、易于施工的沥青混合料;当使用黏滞性大的沥青时,流动性及分散性较差;沥青用量过多时易出现泛油,使运输时卸料困难,并难以铺平。矿质混合料中,粗细骨料的颗粒大小相差过大,缺乏中间颗粒,则容易产生离析分层;使用未经烘干的矿粉,易使沥青混合料结块、质地不均匀,不易摊铺;矿粉用量过多,使沥青混合料黏稠,但矿粉用量过少,则会降低沥青混合料的抗渗性、强度及耐久性等。拌和质量对沥青混合料的性能影响较大,一般应采用强制式搅拌机拌制。

(二)热稳定性

热稳定性是指沥青混凝土在高温条件下及外荷载长期作用下不发生严重变形或流淌的性质。热稳定性指标可用热稳定性系数、斜坡流淌值或马歇尔稳定度和流值来表示。

1. 热稳定性系数

热稳定性系数是指沥青混凝土在受热前后抗压强度的比值,按式(8-3)计算。

$$K_r = R_{20}/R_{50} \tag{8-3}$$

式中　K_r——热稳定性系数;

R_{20}——20 ℃时沥青混凝土抗压强度值,MPa;

R_{50}——50 ℃时沥青混凝土抗压强度值,MPa。

热稳定性系数越小,沥青混凝土的热稳定性越好。

《土石坝沥青混凝土面板和心墙设计规范》(SL 501—2010)规定,防渗面板沥青混凝土的热稳定性系数应不大于 4.5。

2. 斜坡流淌值

斜坡流淌值指模拟沥青混凝土流变性的试验值,是反映沥青混凝土在高温下的流变稳定性指标。规范规定,防渗面板沥青混凝土的斜坡流淌值不宜大于 0.8 mm。

斜坡流淌值试验方法是将 ϕ101 mm×63.5 mm 的试件,置于与坝面坡度相同的斜坡上,在可能达到的最高温度下(一般为 70 ℃)保持 48 h,测出距试件底部高度为 50 mm 处的位移值,其值即斜坡流淌值。

3. 马歇尔稳定度和流值

马歇尔稳定度和流值是沥青混凝土热稳定性评定的主要指标,通过马歇尔稳定度仪(见图 8-9)测定。将规定温度的圆柱试件侧放在加荷压头内,使试件在试验机上以(50±5)mm/min 的速度加荷,试件破坏时达到的最大荷载即为稳定度(以 kN 计,精确至 0.01 kN),试件达到最大荷载时所发生的变形即为流值(以 mm 计,精确至 0.1 mm)。通常路面沥青混凝土马歇尔稳定度大于 5 000~7 500 N,马歇尔流值为 2~4 mm。

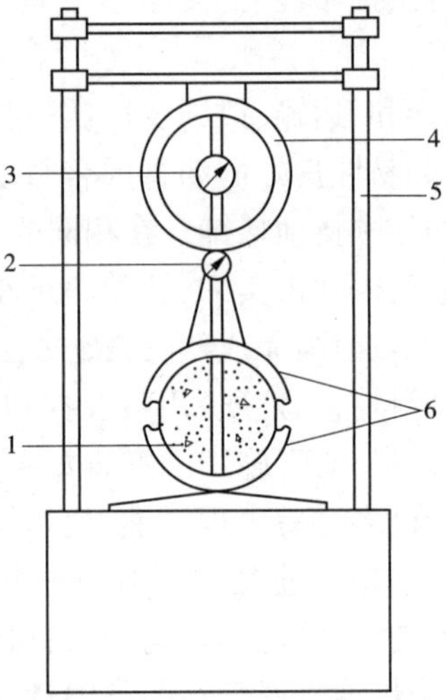

1—试件;2—流值表;3—百分表;4—应力环;5—压力架;6—半圆形压头。

图 8-9　马歇尔稳定度仪示意图

(三)水稳定性

水稳定性是指沥青混凝土长期在水作用下,其物理力学性能保持稳定的性质。通常水工沥青混凝土用水稳定性系数来表示。水稳定性系数按式(8-4)计算。

$$K_w = R_2/R_1 \tag{8-4}$$

式中　K_w——水稳定性系数;

R_2——真空饱水后沥青混凝土抗压强度值,MPa;

R_1——未浸水的沥青混凝土抗压强度值,MPa。

水稳定性系数越大,沥青混凝土耐久性越好。沥青混凝土的水稳定性主要取决于沥青材料性能、骨料与沥青材料的黏结力及沥青混凝土的孔隙率等。《土石坝沥青混凝土面板和心墙设计规范》(SL 501—2010)规定,碾压式沥青混凝土面板防渗层的沥青混凝土水稳定性系数应不小于 0.9,孔隙率应不大于 3%。

(四)抗渗性

沥青混凝土的抗渗性用渗透系数来表示。渗透系数可通过渗透试验测定,而工程中实际需要的沥青混凝土的渗透系数的大小则应根据工程要求来确定。如碾压式沥青混凝土面板防渗层，要求用孔隙率不大于 3%的密级配沥青混凝土，其渗透系数要求不大于 1×10^{-8} cm/s；而排水层的沥青混凝土渗透系数要求不小于 1×10^{-2} cm/s。

沥青混凝土的抗渗性取决于矿料的级配、填充空隙的沥青用量，以及沥青混凝土的压实程度。一般，矿料的级配好、沥青用量较多、密实度较大的沥青混凝土，其抗渗性较好。沥青混凝土的渗透系数与孔隙率的关系如图 8-10 所示。当孔隙率小于 4%时，渗透系数可小于 10^{-7} cm/s。因此，在设计和施工中，常以 4%的孔隙率作为防渗沥青混凝土的控制指标。

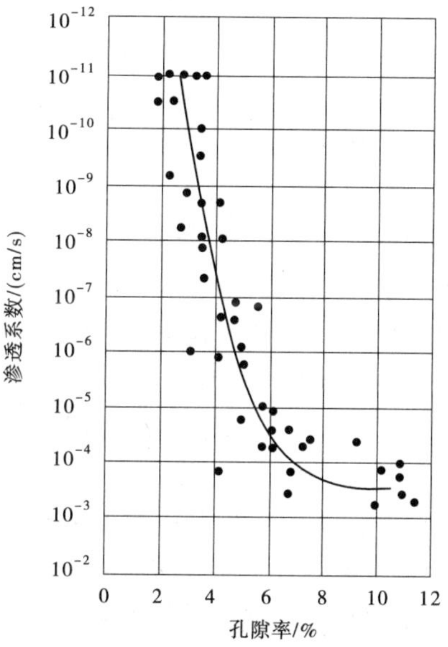

图 8-10　沥青混凝土渗透系数与孔隙率关系曲线

四、沥青混凝土的配合比设计

沥青混凝土配合比设计就是根据沥青混凝土的技术要求，确定矿料级配和沥青用量，使沥青混凝土既满足工程技术要求，又符合经济的原则。目前，还没有一套公认的简洁方法和步骤来进行沥青混凝土配合比设计，主要根据沥青混凝土的技术要求和已建工程经验初选配合比的几个主要参数，然后通过室内试验和场外摊铺试验进行比较和选择。

（一）初选配合比

1. 配合比参数的确定

沥青混凝土配合比设计主要是矿料配合比设计和最佳沥青用量的确定，反映为级配指数（粗细骨料率）、填料用量和沥青用量（油石比）三个主要配合比参数。

配合比参数应根据沥青混凝土的技术要求和已建工程经验初选。如沥青混凝土面板防渗层的沥青混凝土配合比参数范围为：骨料最大粒径 16～19 mm，级配指数 0. 24～0. 28，填料占矿料总质量的 10%～16%，沥青含量为 6. 5%～8. 5%。不同种类的沥青混凝土配合比参数可以根据以往工程经验选择，也可以参考《土石坝沥青混凝土面板和心墙设计规范》(SL 501—2010)条文说明中提供的经验数值选用。

2. 矿料级配选择

根据初选的级配指数、骨料最大粒径,矿料级配选择可采用丁朴荣公式(8-5)计算。

$$p_i = p_{0.075} + (100 - p_{0.075}) \frac{d_i^r - 0.075^r}{D_{max}^r - 0.075^r} \tag{8-5}$$

式中 p_i——通过孔径为 d_i 的过筛率(%);

$p_{0.075}$——填料用量(%);

d_i——某一筛孔尺寸,mm;

r——级配指数,无量纲;

D_{max}——骨料最大粒径,mm。

根据式(8-5)可以计算出骨料各粒级的用量。

(二)室内比较试验,确定室内配合比

(1)室内比较试验验证,选出较优配合比。可先按4~5种沥青用量、3~4种填料含量、2~3种级配指数组成不同配合比进行关键性能试验,选出较优配合比。对初选的配合比进行比较试验时,为减少试验工作量,不必做全部性能的试验,可根据工程特点,选择关键的性能进行试验。如北方寒冷地区的面板工程,可选择抗冻裂的性能和变形性能;南方炎热地区的面板工程,可选择抗流淌性能和变形性能。一般采用先固定两个参数(可按初选参数的中值),对第三个参数在初选数值范围内拟定几个值,计算对应的配合比,并逐个进行关键性能试验,建立该参数与关键性能之间的关系曲线,并从中找出该参数的较优值。以此类推,找出三个参数的较优值,并以此得出较优配合比。

(2)全面试验验证,选出最优配合比。根据设计规定的技术要求,对选择出的较优的2~3种配合比进行水稳定性、热稳定性、渗透系数等全面的性能试验验证,从中选出最优配合比,即为室内配合比。

(三)现场铺筑试验,确定施工配合比

现场铺筑试验应采用工程所用的原材料和施工设备进行试验,其内容包括:一是检验施工设备运行情况和工艺可行性,确定碾压温度和遍数;二是检验沥青混合料生产系统中的称量计量、温度检测以及现场无损检测的可靠性;三是检验室内配合比在施工条件下是否满足规范要求,必要时进行相应的调整。在此基础上选定出技术性能符合设计要求,又能保证施工质量的配合比,即施工配合比。

习　题

一、填空题

1. 石油沥青的组分主要包括________、________和________三种。

2. 石油沥青是一种________胶凝材料,在常温下呈________、________或________状态。

3. 道路石油沥青的牌号有________、________、________、________和

__________五个;建筑石油沥青的牌号有__________、__________和__________三个。

4. 同一品种石油沥青的牌号越高,则针入度越__________,黏性越__________;延度越__________,塑性越__________;软化点越__________,温度敏感性越__________。

5. 石油沥青的塑性是指____________________,塑性用__________指标表示。

6. 石油沥青的三大技术指标是__________、__________和__________,它们分别表示石油沥青的__________性、__________性和__________性。

7. 石油沥青的温度敏感性是沥青的__________性和__________性随温度变化而改变的性能。当温度升高时,沥青的__________性增大,__________性减小。

8. 沥青混合料由__________、__________和__________组成。

二、名词解释

1. 石油沥青的黏滞性
2. 石油沥青的针入度
3. 石油沥青的塑性
4. 沥青混合料

三、单项选择题

1. 沥青的塑性用(　　)指标来表示。

A. 针入度　　B. 延度　　C. 软化点　　D. 闪点

2. 沥青是(　　)材料。

A. 亲水性　　B. 憎水性　　C. 吸水　　D. 绝热

3. 下列选项中,除(　　)外均为改性沥青。

A. 氯丁橡胶沥青　　B. 聚乙烯树脂沥青

C. 沥青胶　　D. 煤沥青

4. (　　)说明石油沥青的大气稳定性愈高。

A. 蒸发损失率愈小,蒸发后针入度比愈大

B. 蒸发损失率和蒸发后针入度比愈大

C. 蒸发损失率愈大,蒸发后针入度比愈小

D. 蒸发损失率和蒸发后针入度比愈小

四、判断题

1. 石油沥青的黏滞性用针入度表示,针入度值的单位是“mm”。(　　)

2. 石油沥青的组分是油分、树脂和地沥青质,它们都是随时间的延长而逐渐减少的。(　　)

3. 当温度在一定范围内变化时,石油沥青的黏滞性和塑性变化较小时,则为温度敏感性较大。(　　)

4. 石油沥青的牌号越高,其温度敏感性越大。(　　)

5. 石油沥青的软化点越低,则其温度敏感性越小。(　　)

6. 当采用一种沥青不能满足配制沥青胶所要求的软化点时,可随意采用石油沥青与煤沥青掺配。(　　)

7. 石油沥青的牌号愈高,其综合性能就愈好。(　　)

8. 石油沥青比煤沥青的毒性大,防腐能力也更强。(　　)

五、简述题

1. 石油沥青的主要技术性质是什么?各用什么指标表示?

2. 石油沥青的老化与组分有何关系?沥青老化过程中性质发生哪些变化?沥青老化对工程有何影响?

3. 简述建筑石油沥青、道路石油沥青和普通石油沥青的工程应用。

4. 简述煤沥青的特点与应用。

5. 简述煤沥青与石油沥青的鉴别方法。

6. 简述沥青混合料的分类。

7. 简述沥青混合料的组成材料及要求。

8. 简述沥青混合料的主要技术性质。

9. 简述沥青混合料的配合比设计步骤。

六、计算题

某防水工程需软化点为 80 ℃的石油沥青 30 t,现有 60 号和 10 号石油沥青,测得其软化点分别是 49 ℃和 98 ℃,问这两种牌号的石油沥青如何掺配?

附录　建筑材料检测试验记录表

附表 1　通用材料检测委托单

委托日期：　　年　月　日　　　　　　　　　　　　委托编号：

<table>
<tr><td>委托单位</td><td colspan="2"></td><td>样品编号</td><td colspan="2"></td></tr>
<tr><td>工程名称</td><td colspan="2"></td><td>样品名称</td><td colspan="2"></td></tr>
<tr><td>样品状态</td><td colspan="2"></td><td>规格型号</td><td colspan="2"></td></tr>
<tr><td>生产单位</td><td colspan="2"></td><td>样品数量</td><td colspan="2"></td></tr>
<tr><td>见证单位</td><td colspan="2"></td><td>见证人</td><td colspan="2"></td></tr>
<tr><td>委托人</td><td colspan="2"></td><td>联系电话</td><td colspan="2"></td></tr>
<tr><td>检测依据</td><td colspan="2"></td><td>检测类别</td><td colspan="2">□委托检验　□委托检验(见证取样)
□委托检验(监督抽样)</td></tr>
<tr><td rowspan="2">抽样要求</td><td>抽样地点</td><td>抽样基数</td><td>抽样数量</td><td>抽样人</td><td>抽样时间</td></tr>
<tr><td></td><td></td><td></td><td></td><td></td></tr>
<tr><td>代表数量</td><td colspan="5"></td></tr>
<tr><td>检测项目</td><td colspan="5"></td></tr>
<tr><td>工程部位</td><td colspan="5"></td></tr>
<tr><td>需要说明情况</td><td colspan="5">样品备份：有□　无□
样品处理要求：破坏□　　取回□　　检测单位处理□
样品资料：图纸(　份)□　计算书□　抽样单□　设计说明□　产品说明□</td></tr>
<tr><td>样品流向</td><td colspan="2"></td><td>受理人</td><td colspan="2"></td></tr>
<tr><td colspan="6">说明：
1. 委托人对样品的状态、资料的完整性和检验依据等填写清楚，实验室予以确认。
2. 样品按实验室规定统一编号，样品编号与检测编号相同。
3. 检验方样品留置：对破坏性检测的样品不予退回，由实验室统一处理；对非破坏性检测的样品，委托方在检测结束后 15 天内，不取回样品又未说明情况的，样品由实验室统一处理。
4. 委托人及受理人签字后，表明合同内容已被双方确认，合同生效。
5. 本委托书一式四份(存根、随样品、检测报告、委托人各一份)。</td></tr>
</table>

附表 2　水泥检测原始记录 1

委托日期________________　　委托编号________________

样品编号________________　　品种等级________________

包装种类________________　　出厂日期________________

仪器设备及环境条件	设备名称	设备型号	设备编号	设备状态	温度/℃	相对湿度/%
样品状态				检测依据		

(1)细度

测定日期	测定方法	序号	试样质量/g	筛余物质量/g	筛余百分数/%	修正系数	修正后筛余百分数/%	
							单个值	平均值
		1						
		2						

(2)标准稠度用水量

测定日期	测定方法	试样质量/g	拌和水量/mL	试杆距底板距离/mm	试锥下沉深度/mm	标准稠度用水量/%

(3)凝结时间

测定日期	水泥全部加入水中时刻(h:min)	初凝测定时刻(h:min)	试针沉至距底板距离/mm	初凝时间/min	终凝测定时刻(h:min)	试体上有无环形附件痕迹	终凝时间/min

主检________________　　校核________________

附表 3　水泥检测原始记录 2

委托日期________________　　委托编号________________

样品编号________________　　品种等级________________

包装种类________________　　出厂日期________________

<table>
<tr><td colspan="9">(4)安定性</td></tr>
<tr><td>测定方法</td><td>制件日期</td><td>测定日期</td><td colspan="5">试件沸煮前后情况</td><td>测定结果</td></tr>
<tr><td rowspan="2">试饼法</td><td rowspan="2"></td><td rowspan="2"></td><td>试件 1</td><td colspan="4"></td><td rowspan="2"></td></tr>
<tr><td>试件 2</td><td colspan="4"></td></tr>
<tr><td rowspan="4">雷氏法</td><td rowspan="4"></td><td rowspan="4"></td><td rowspan="2">试件号</td><td rowspan="2">A 值/mm</td><td rowspan="2">C 值/mm</td><td colspan="2">C-A 值/mm</td><td rowspan="4"></td></tr>
<tr><td>单值</td><td>均值</td></tr>
<tr><td>1</td><td></td><td></td><td></td><td rowspan="2"></td></tr>
<tr><td>2</td><td></td><td></td><td></td></tr>
</table>

<table>
<tr><td colspan="5">(5)胶砂流动度</td></tr>
<tr><td>试验日期</td><td>水泥质量/g</td><td>标准砂质量/g</td><td>用水量/mL</td><td>胶砂流动度/mm</td></tr>
<tr><td></td><td></td><td></td><td></td><td></td></tr>
</table>

<table>
<tr><td colspan="8">(6)胶砂抗折强度</td></tr>
<tr><td rowspan="2">制件日期</td><td rowspan="2">试验日期</td><td rowspan="2">龄期/d</td><td rowspan="2">棱柱体正方形截面的边长/mm</td><td rowspan="2">支撑圆柱之间的距离/mm</td><td rowspan="2">荷载/kN</td><td colspan="2">抗折强度/MPa</td></tr>
<tr><td>单块值</td><td>代表值</td></tr>
<tr><td rowspan="3"></td><td rowspan="3"></td><td rowspan="3"></td><td rowspan="3"></td><td rowspan="3"></td><td></td><td></td><td rowspan="3"></td></tr>
<tr><td></td><td></td></tr>
<tr><td></td><td></td></tr>
<tr><td rowspan="3"></td><td rowspan="3"></td><td rowspan="3"></td><td rowspan="3"></td><td rowspan="3"></td><td></td><td></td><td rowspan="3"></td></tr>
<tr><td></td><td></td></tr>
<tr><td></td><td></td></tr>
</table>

<table>
<tr><td colspan="9">(7)胶砂抗压强度</td></tr>
<tr><td rowspan="2">制件日期</td><td rowspan="2">试验日期</td><td rowspan="2">龄期/d</td><td rowspan="2">受压面积/mm^2</td><td rowspan="2" colspan="2">荷载/kN</td><td colspan="3">抗压强度/MPa</td></tr>
<tr><td colspan="2">单块值</td><td>代表值</td></tr>
<tr><td rowspan="3"></td><td rowspan="3"></td><td rowspan="3"></td><td rowspan="3"></td><td></td><td></td><td></td><td></td><td rowspan="3"></td></tr>
<tr><td></td><td></td><td></td><td></td></tr>
<tr><td></td><td></td><td></td><td></td></tr>
<tr><td rowspan="3"></td><td rowspan="3"></td><td rowspan="3"></td><td rowspan="3"></td><td></td><td></td><td></td><td></td><td rowspan="3"></td></tr>
<tr><td></td><td></td><td></td><td></td></tr>
<tr><td></td><td></td><td></td><td></td></tr>
</table>

主检________________　　校核________________

附表 4　粉煤灰检测原始记录

委托日期＿＿＿＿＿＿＿＿　　委托编号＿＿＿＿＿＿＿＿

样品编号＿＿＿＿＿＿＿＿　　品种等级＿＿＿＿＿＿＿＿

代表数量＿＿＿＿＿＿＿＿　　试验日期＿＿＿＿＿＿＿＿

仪器设备及环境条件	设备名称	设备型号	设备编号	设备状态	温度/℃	相对湿度/%
样品状态				检测依据		

(1)细度

序号	试样质量/g	筛余物质量/g	45 μm 方孔筛筛余百分数/%	修正系数	修正后筛余百分数/%	
					单个值	平均值
1						
2						

(2)含水量

烘干前试样质量/g	烘干后试样质量/g	含水率/%

(3)烧失量

水泥试样质量/g	灼烧后试样质量/g	烧失量/%

(4)需水量比

胶砂种类	水泥/g	标准砂/g	粉煤灰/g	需水量/mL	胶砂流动度/mm			需水量比/%
					单个值		平均值	
对比胶砂	250	750	—	125				
试验胶砂	175	750	75					

(5)活性指数

胶砂种类	水泥/g	粉煤灰/g	标准砂/g	水/mL	28 d 破坏荷载/kN		28 d 抗压强度/MPa			活性指数/%
					单块值		单块值		均值	
对比胶砂										
试验胶砂										

主检＿＿＿＿＿＿＿＿　　校核＿＿＿＿＿＿＿＿

附表 5　细骨料检测原始记录 1

委托日期＿＿＿＿＿＿＿＿＿＿　　委托编号＿＿＿＿＿＿＿＿＿＿

样品编号＿＿＿＿＿＿＿＿＿＿　　规格种类＿＿＿＿＿＿＿＿＿＿

代表数量＿＿＿＿＿＿＿＿＿＿　　试验日期＿＿＿＿＿＿＿＿＿＿

仪器设备及环境条件	设备名称	设备型号	设备编号	设备状态	温度/℃	相对湿度/%
样品状态			检测依据			

(1)表观密度

试验次数	试样质量 G_0/g	瓶+水+试样质量 G_1/g	瓶+水质量 G_2/g	试验水温 t/℃	温度修正系数 α_t	表观密度 ρ_0/(kg/m³) $\rho_0=(\frac{G_0}{G_0+G_2-G_1}-\alpha_t)\times1\ 000$	平均值
1							
2							

(2)堆积密度

试验次数	容量筒+砂质量 G_1/g	容量筒质量 G_2/g	容量筒容积 V/L	堆积密度 ρ_0'/(kg/m³) $\rho_0'=(G_1-G_2)/V$	平均值
1					
2					
空隙率/%	$P'=\left(1-\frac{\rho_0'}{\rho_0}\right)\times100\%=$				

(3)含泥量

试验次数	试验前烘干试样质量 G_0/g	试验后烘干试样质量 G_1/g	含泥量 Q_a/% $Q_a=\frac{G_0-G_1}{G_0}\times100\%$	平均值
1				
2				
附注：				

主检＿＿＿＿＿＿＿＿＿＿　　校核＿＿＿＿＿＿＿＿＿＿

附表 6　细骨料检测原始记录 2

委托日期________________　　　　委托编号________________

样品编号________________　　　　规格种类________________

代表数量________________　　　　试验日期________________

(4)泥块含量

试验次数	试验前烘干试样质量 G_0/g	试验后烘干试样质量 G_1/g	泥块含量Q_b/%	
			$Q_b=\frac{G_0-G_1}{G_0}\times100\%$	平均值
1				
2				

(5)含水率

试验次数	烘干前试样质量 m_0/g	烘干后试样质量 m_1/g	含水率 ω/%	
			$\omega=\frac{m_0-m_1}{m_1}\times100\%$	平均值
1				
2				

(6)饱和面干吸水率

试验次数	饱和面干试样质量 m_0/g	烘干后试样质量 m_1/g	饱和面干吸水率ω_a/%	
			$\omega_a=\frac{m_0-m_1}{m_1}\times100\%$	平均值
1				
2				

(7)颗粒级配

筛孔尺寸/mm	筛余量/g		分计筛余 a_i/%			累计筛余 A_i/%		
	1	2	1	2	平均	1	2	平均
4.75								
2.36								
1.18								
0.60								
0.30								
0.15								
筛底								
结果评定	细度模数	样 1:M_{X1} =		样 2:M_{X2} =	均值:M_X =	粗细情况		
	级配区				区	级配情况		

主检________________　　　　校核________________

附表 7 粗骨料检测原始记录 1

委托日期__________ 委托编号__________

样品编号__________ 规格种类__________

代表数量__________ 试验日期__________

仪器设备及环境条件	设备名称	设备型号	设备编号	设备状态	温度/℃	相对湿度/%
样品状态			检测依据			

(1)表观密度

试验次数	烘干后试样的质量 G_0/g	吊篮及试样在水中的质量 G_1/g	吊篮在水中的质量 G_2/g	试验水温 t/℃	温度修正系数 α_t	表观密度 ρ_0/(kg/m^3)	
						$\rho_0=\left(\frac{G_0}{G_0+G_2-G_1}-\alpha_t\right)\times 1\ 000$	平均值
1							
2							

(2)堆积密度

试验次数	容量筒和试样的质量 G_1/g	容量筒的质量 G_2/g	容量筒容积 V/L	堆积密度 ρ_0'/(kg/m^3)	
				$\rho_0'=(G_1-G_2)/V$	平均值
1					
2					
空隙率/%	$P'=\left(1-\frac{\rho_0'}{\rho_0}\right)\times 100\%=$				

(3)含泥量

试验次数	试验前烘干试样质量 G_0/g	试验后烘干试样质量 G_1/g	含泥量 Q_a/%	
			$Q_a=\frac{G_0-G_1}{G_0}\times 100\%$	平均值
1				
2				
附注：				

主检__________ 校核__________

附表 8　粗骨料检测原始记录 2

委托日期________________　　委托编号________________

样品编号________________　　规格种类________________

代表数量________________　　试验日期________________

(4)泥块含量

试验次数	试验前烘干试样质量 G_0/g	试验后烘干试样质量 G_1/g	泥块含量 Q_b/% $Q_b=\frac{G_0-G_1}{G_0}\times100\%$	泥块含量 Q_b/% 平均值
1				
2				

(5)含水率

试验次数	烘干前试样质量 m_0/g	烘干后试样质量 m_1/g	含水率 ω/% $\omega=\frac{m_0-m_1}{m_1}\times100\%$	含水率 ω/% 平均值
1				
2				

(6)吸水率

试验次数	饱和面干试样质量 m_0/g	烘干后试样质量 m_1/g	饱和面干吸水率 ω_a/% $\omega_a=\frac{m_0-m_1}{m_1}\times100\%$	饱和面干吸水率 ω_a/% 平均值
1				
2				

(7)压碎指标

试验次数	试样质量 G_1/g	压碎试验后筛余的试样质量 G_2/g	压碎指标值 Q_e/% $Q_e=\frac{G_1-G_2}{G_1}\times100\%$	压碎指标值 Q_e/% 平均值
1				
2				
3				

(8)颗粒级配

筛孔/mm	90.0	75.0	63.0	53.0	37.5	31.5	26.5	19.0	16.0	9.50	4.75	2.36	筛底
筛余量/g													
分计筛余/%													
累计筛余/%													
筛分试样总质量/kg					最大粒径/mm					级配情况			

(9)针、片状颗粒含量

试样质量 G_1/g	试样中所含针、片状颗粒的总质量 G_2/g	针、片状颗粒含量/%

附注：

主检________________　　校核________________

附表9 混凝土配合比设计原始记录1

委托编号____________ 试验日期____________

仪器设备及环境条件	设备名称	设备型号	设备编号	设备状态	温度/℃	相对湿度/%
样品状态				检测依据		

(1)环境类别及作用等级				
一类环境	二类环境	三类环境	四类环境	五类环境

(2)技术条件							
工程名称			使用部位			施工方法	
坍落度/mm		强度等级		抗渗等级		抗冻等级	

(3)使用材料								
水泥	产地		品种		强度等级		报告编号	
掺合料1	产地		名称		掺量/%		报告编号	
掺合料2	产地		名称		掺量/%		报告编号	
砂	产地		表观密度		细度模数		报告编号	
石1	产地		品种规格		表观密度		报告编号	
			最大粒径		空隙率			
石2	产地		品种规格		表观密度		报告编号	
			最大粒径		空隙率			
外加剂1	产地		名称		掺量/%		报告编号	
外加剂2	产地		名称		掺量/%		报告编号	
拌和用水	水源种类						报告编号	

(4)初步理论配合比计算								
配制强度	$f_{cu,o}=f_{cu,k}+t\sigma$		水胶比	强度	抗冻	抗渗	耐久性	选取
砂率/%			单位用水量/(kg/m^3)		假定表观密度/(kg/m^3)			
每方混凝土材料用量/(kg/m^3)								
配比序号	水胶比	水泥	掺合料	砂	石1	石2	外加剂	水

主检____________ 校核____________

附表 10 混凝土配合比设计原始记录 2

委托编号____________ 试验日期____________

(5)试拌校正										
配比序号	项目	水泥	掺合料 1	掺合料 2	砂	石 1	石 2	外加剂 1	外加剂 2	水
	( )L 试配用量/kg									
	调整用量/kg									
	校正后实际用量/kg									
	( )L 试配用量/kg									
	调整用量/kg									
	校正后实际用量/kg									
	( )L 试配用量/kg									
	调整用量/kg									
	校正后实际用量/kg									

(6)拌和物工作性能								
配比序号	初始工作性能		停放 30 min 工作性能		停放 60 min 工作性能		黏聚性	保水性
	坍落度/mm	扩展度/mm	坍落度/mm	扩展度/mm	坍落度/mm	扩展度/mm		

(7)拌和物表观密度				
配比序号	容量筒质量/kg	容量筒容积/L	容量筒与试样的总质量/kg	表观密度/(kg/m³)

(8)压力泌水率			
配比序号	加压至 10 s 时的泌水量 V_{10}/mL	加压至 140 s 时的泌水量 V_{140}/mL	压力泌水率 B_V/%
附注:			

主检____________ 校核____________

附表 11　混凝土配合比设计原始记录 3

委托编号＿＿＿＿＿＿＿＿＿＿　　　　　　　　　　　　　　　　试验日期＿＿＿＿＿＿＿＿＿＿

(9)抗压强度试验								
配比序号	试件编号	制件日期	试验日期	龄期/d	试件尺寸/mm	破坏荷载/kN	抗压强度/MPa	代表值/MPa

(10)确定理论配合比										
项目	水泥	掺合料 1	掺合料 2	砂	石 1	石 2	外加剂 1	外加剂 2	水	水胶比
配比用料/(kg/m^3)										
理论配合比比值										
附注：										

主检＿＿＿＿＿＿＿＿＿＿　　　　　　　　　　校核＿＿＿＿＿＿＿＿＿＿

附表12 混凝土立方体抗压强度检测原始记录

委托编号______________

<table>
<tr><td rowspan="3">仪器设备及环境条件</td><td>设备名称</td><td>设备型号</td><td>设备编号</td><td>设备状态</td><td>示值范围</td><td>温度/℃</td><td>湿度/%</td></tr>
<tr><td></td><td></td><td></td><td></td><td></td><td rowspan="2"></td><td rowspan="2"></td></tr>
<tr><td></td><td></td><td></td><td></td><td></td></tr>
<tr><td>样品状态</td><td colspan="3"></td><td>检测依据</td><td colspan="3"></td></tr>
<tr><td>强度等级</td><td colspan="2"></td><td colspan="2">试件尺寸/mm</td><td colspan="3"></td></tr>
<tr><td colspan="8">抗压试验记录</td></tr>
</table>

<table>
<tr><td>检测编号</td><td>工程部位</td><td>制件日期</td><td>试验日期</td><td>龄期/d</td><td>承压面积 A/mm^2</td><td>破坏荷载 P/kN</td><td>抗压强度 f_{cu}/MPa</td><td>代表值/MPa</td></tr>
<tr><td rowspan="3"></td><td rowspan="3"></td><td rowspan="3"></td><td rowspan="3"></td><td rowspan="3"></td><td rowspan="3"></td><td></td><td></td><td rowspan="3"></td></tr>
<tr><td></td><td></td></tr>
<tr><td></td><td></td></tr>
<tr><td rowspan="3"></td><td rowspan="3"></td><td rowspan="3"></td><td rowspan="3"></td><td rowspan="3"></td><td rowspan="3"></td><td></td><td></td><td rowspan="3"></td></tr>
<tr><td></td><td></td></tr>
<tr><td></td><td></td></tr>
<tr><td rowspan="3"></td><td rowspan="3"></td><td rowspan="3"></td><td rowspan="3"></td><td rowspan="3"></td><td rowspan="3"></td><td></td><td></td><td rowspan="3"></td></tr>
<tr><td></td><td></td></tr>
<tr><td></td><td></td></tr>
<tr><td rowspan="3"></td><td rowspan="3"></td><td rowspan="3"></td><td rowspan="3"></td><td rowspan="3"></td><td rowspan="3"></td><td></td><td></td><td rowspan="3"></td></tr>
<tr><td></td><td></td></tr>
<tr><td></td><td></td></tr>
<tr><td rowspan="3"></td><td rowspan="3"></td><td rowspan="3"></td><td rowspan="3"></td><td rowspan="3"></td><td rowspan="3"></td><td></td><td></td><td rowspan="3"></td></tr>
<tr><td></td><td></td></tr>
<tr><td></td><td></td></tr>
<tr><td rowspan="3"></td><td rowspan="3"></td><td rowspan="3"></td><td rowspan="3"></td><td rowspan="3"></td><td rowspan="3"></td><td></td><td></td><td rowspan="3"></td></tr>
<tr><td></td><td></td></tr>
<tr><td></td><td></td></tr>
<tr><td colspan="9">附注：$f_{cu}=P/A$。</td></tr>
</table>

主检______________　　　　校核______________

附表 13　混凝土抗冻检测原始记录

样品名称		样品编号		检测依据	
设备名称		设备编号		设备状态	
样品状态		抗冻等级		环境条件	T：℃ RH：%
制件日期		检测日期		检测地点	

项目 日期	试件序号	试件质量 G_n/g	n 次冻融循环后重量损失率 W_n/%	n 次冻融循环后平均质量损失率/%	冻融循环前的自振频率 f_0/Hz	n 次冻融循环后的自振频率 f_n/Hz	n 次冻融循环后平均相对动弹性模量/%
循环次数 0	1						
	2						
	3						
循环次数 25	1						
	2						
	3						
循环次数 50	1						
	2						
	3						
循环次数 75	1						
	2						
	3						
循环次数 100	1						
	2						
	3						
循环次数 125	1						
	2						
	3						
循环次数 150	1						
	2						
	3						
检测说明	W_n—n 次冻融循环后试件质量损失率(%)；P_n—n 次冻融循环后试件相对动弹性模量(%)； G_0—冻融循环前的试件的质量，g；f_0—试件冻融循环前的自振频率，Hz； G_n—n 次冻融循环后试件的质量，g；f_n—试件冻融循环 n 次后的自振频率，Hz。						

主检＿＿＿＿＿＿＿＿　　　　校核＿＿＿＿＿＿＿＿

附表14　混凝土抗渗检测原始记录

委托编号________

仪器设备及环境条件	设备名称	设备型号	设备编号	设备状态	示值范围	温度/℃	湿度/%
样品状态			检测依据				
强度等级		试件尺寸/mm					
制件日期		试验日期					

抗渗试验记录

加水压时间		水压 H/MPa	试件透水情况记录						值班人
			1号	2号	3号	4号	5号	6号	
确定抗渗等级 W($W=10H-1$)									

附注：1. 抗水渗透试验方法：逐级加压法；

2. 混凝土抗渗等级，以每组6个试件中2个出现渗水时的最大水压力表示。抗渗等级的计算公式：$W=10H-1$；若压力加压至规定数值，在8 h内，6个试件中表面渗水的试件少于2个，则试件的抗渗等级大于规定值。

主检________　　　　校核________

附表 15　砌筑砂浆配合比设计原始记录 1

样品名称	砂浆配合比			样品编号	
砂浆种类	砂浆	强度等级	M	稠度/mm	
其他要求	—			搅拌方法	机械搅拌
成型方法		检测日期		环境条件	温度： ℃ 湿度： %
设备名称					
设备编号					
设备状态					
检测依据	JGJ/T 98—2010　JGJ/T 70—2009				
检测内容:砂浆配合比原材料情况					

材料名称	水泥	砂	水	掺合料	外加剂
样品数量			—		
样品状态			—		
产地			当地		
名称、品种			—		
规格、等级			饮用水		
主要技术指标实测结果	安定性： 3 d 抗压强度： MPa 28 d 抗压强度：MPa	细度模数： 含泥量： % 泥块含量： % 堆积密度： kg/m^3		掺量： %	减水率： % 掺量： %
检测说明	实验室配比以材料的干燥状态为基准,施工中应根据使用材料的情况换算施工配合比。				

主检________________　　　　校核________________

附表 16　砌筑砂浆配合比设计原始记录 2

样品名称	砂浆配合比			样品编号	
砂浆种类	砂浆	强度等级	M	稠度/mm	
其他要求	—			搅拌方法	机械搅拌
成型方法		检测日期		环境条件	温度：　℃ 湿度：　%
检测依据	JGJ/T 98—2010　JGJ/T 70—2009				
检测内容：砂浆配合比原材料情况					

计算项目		计算结果	计算说明
试配强度/MPa			施工水平：优良(　)，一般(　)，较差(　)，强度标准差 σ 及系数 k 值：$\sigma=$　　MPa，$k=$
材料用量/(kg/m³)	水泥		计算或查表：水泥实测强度：　　MPa；砂浆特征系数：$\alpha=3.03$；$\beta=-15.09$
	石灰膏		每立方米砂浆中水泥和石灰膏总量可为 350 kg，石灰膏使用时的稠度宜为(120±5) mm
	砂		按干燥状态(含水率小于 0.5%)的堆积密度值作为计算值，砂堆积密度=　　　kg/m³
	水		根据砂浆稠度等要求选用。水泥混合砂浆为 240~310 kg，水泥砂浆和水泥粉煤灰砂浆为 270~330 kg
	掺合料		现场配制粉煤灰砂浆时，粉煤灰掺量可占胶凝材料总量的 15%~25%
	外加剂		预拌砌筑砂浆中可掺入保水增稠材料、外加剂等，掺量应经试配确定

砂浆计算配合比						
材料名称	水泥	砂	水	石灰膏	掺合料	外加剂
材料用量/(kg/m³)						
重量配合比						

检测说明	
	水泥用量：$Q_c=\dfrac{1\,000(f_{m0}-\beta)}{\alpha\times f_{ce}}$ 水泥强度：$f_{ce}=\gamma_c\times f_{ce,g}$ 式中：$f_{ce,g}$ 为水泥强度标准值，MPa；γ_c 为水泥强度等级值富余系数，无统计资料时可取 1.0；在无法取得水泥实测强度时，按该式计算水泥强度。 石灰膏用量 $Q_d=Q_a-Q_c$。

主检＿＿＿＿＿＿＿＿＿　　　　校核＿＿＿＿＿＿＿＿＿

附表 17　砌筑砂浆配合比设计原始记录 3

样品名称	砂浆配合比			样品编号	
砂浆种类	砂浆	强度等级	M	稠度/mm	
其他要求	—			搅拌方法	机械搅拌
成型方法		检测日期		环境条件	温度：　℃ 湿度：　%
检测依据	JGJ/T 98—2010　JGJ/T 70—2009				

检测内容：砂浆配合比试拌，搅拌用量(10)L						
材料名称	水泥	砂	水	石灰膏	掺合料	外加剂
试拌用料/kg						
试拌加减料/kg						
实际用料/kg						

检测项目			搅拌时间		稠度/mm	保水率/%							
			加水时间(h:m)	搅拌用时/s		m_1/g	m_2/g	m_3/g	m_4/g	m_5/g	m_6/g	α/g	W/g
检测结果	计算配比	1											
		2											
		平均	—	—		—	—	—	—	—	—		
	调整配比	1											
		2											
		平均	—	—		—	—	—	—	—	—		

砂浆基准配合比						
材料名称	水泥	砂	水	石灰膏	掺合料	外加剂
材料用量/(kg/m³)						
重量配合比						

检测说明	计算公式：$W=\left[1-\dfrac{m_4-m_2}{\alpha\times(m_3-m_1)}\right]\times100\%$ 式中：W 为砂浆保水率(%)；m_1 为底部不透水片与干燥试模质量，g；m_2 为 15 片滤纸吸水前的质量，g；m_3 为试模、底部不透水片与砂浆总质量，g；m_4 为 15 片滤纸吸水后的质量，g；α 为砂浆含水率(%)。

主检＿＿＿＿＿＿＿＿　　　　校核＿＿＿＿＿＿＿＿

附表 18　砌筑砂浆配合比设计原始记录 4

样品名称	砂浆配合比			样品编号	
砂浆种类	砂浆	强度等级	M	稠度/mm	
其他要求	—			搅拌方法	机械搅拌
成型方法		检测日期		环境条件	温度： ℃ 湿度： %
检测依据	JGJ/T 98—2010　JGJ/T 70—2009				
检测内容：砂浆配合比试配、调整，搅拌用量(10)L					

材料名称		水泥	砂	水	石灰膏	掺合料	外加剂
试拌用量/kg	基准+						
	基准						
	基准-						

检测项目			搅拌时间		稠度/mm	保水率							
			加水时间(h:m)	搅拌用时/s		m_1/g	m_2/g	m_3/g	m_4/g	m_5/g	m_6/g	α/g	W/g
检测结果	基准+	1											
		2											
		平均	—	—		—	—	—	—	—	—		
	基准	1											
		2											
		平均	—	—		—	—	—	—	—	—		
	基准-	1											
		2											
		平均	—	—		—	—	—	—	—	—		

检测说明

计算公式：$W=\left[1-\dfrac{m_4-m_2}{\alpha\times(m_3-m_1)}\right]\times100\%$

$$\alpha=\frac{m_6-m_5}{m_6}\times100\%$$

式中：α 为砂浆含水率(%)；m_5 为烘干后砂浆样本的质量，g；m_6 为砂浆样本总质量，g。

主检＿＿＿＿＿＿＿＿　　　　校核＿＿＿＿＿＿＿＿

附表 19　砌筑砂浆配合比设计原始记录 5

<table>
<tr><td colspan="3">样品名称</td><td colspan="3">砂浆配合比</td><td>样品编号</td><td></td></tr>
<tr><td colspan="3">砂浆种类</td><td>砂浆</td><td>强度等级</td><td>M</td><td>稠度/mm</td><td></td></tr>
<tr><td colspan="3">其他要求</td><td colspan="3">—</td><td>搅拌方法</td><td>机械搅拌</td></tr>
<tr><td colspan="3">成型方法</td><td></td><td>检测日期</td><td></td><td>环境条件</td><td>温度：　℃
湿度：　%</td></tr>
<tr><td colspan="3">检测依据</td><td colspan="5">JGJ/T 98—2010　JGJ/T 70—2009</td></tr>
<tr><td colspan="8">检测内容：砂浆配合比试配、调整，搅拌用量(10)L</td></tr>
<tr><td colspan="3" rowspan="2">检测项目</td><td colspan="5">表观密度</td></tr>
<tr><td>m_1/kg</td><td>m_2/kg</td><td>V/L</td><td>ρ/(kg/m³)</td><td>平均值/(kg/m³)</td></tr>
<tr><td rowspan="6">检测结果</td><td rowspan="2">基准+</td><td>1</td><td></td><td></td><td>1</td><td></td><td rowspan="2"></td></tr>
<tr><td>2</td><td></td><td></td><td>1</td><td></td></tr>
<tr><td rowspan="2">基准</td><td>1</td><td></td><td></td><td>1</td><td></td><td rowspan="2"></td></tr>
<tr><td>2</td><td></td><td></td><td>1</td><td></td></tr>
<tr><td rowspan="2">基准−</td><td>1</td><td></td><td></td><td>1</td><td></td><td rowspan="2"></td></tr>
<tr><td>2</td><td></td><td></td><td>1</td><td></td></tr>
<tr><td colspan="3">检测说明</td><td colspan="5">计算公式：
$\rho=\frac{m_2-m_1}{V}\times 1\ 000$
式中　ρ——砂浆拌和物的表观密度，kg/m³；
m_1——容量筒质量，kg；
m_2——容量筒及试样质量，kg；
V——容量筒容积，L。</td></tr>
</table>

主检__________________　　　　　　校核__________________

附表 20　砌筑砂浆配合比设计原始记录 6

样品名称	砂浆配合比			样品编号	
砂浆种类	砂浆	强度等级	M	稠度/mm	
其他要求	—			搅拌方法	机械搅拌
成型方法		检测日期		环境条件	温度：　℃ 湿度：　%
检测依据	JGJ/T 98—2010　JGJ/T 70—2009				
检测内容：砂浆配合比抗压强度					

检测项目	成型日期	截面尺寸/(mm×mm)	承压面积 A/mm^2	试压日期	龄期/d	P/kN	抗压强度 $f_{m,cu}$/MPa 单值	代表值	备注
基准+		70.7×70.7	4 998.49		7				
					28				
基准		70.7×70.7	4 998.49		7				
					28				
基准−		70.7×70.7	4 998.49		7				
					28				

检测说明

计算公式：$f_{m,cu}=K\frac{P}{A}$

式中　$f_{m,cu}$——砂浆立方体试件抗压强度，MPa；

P——试件破坏荷载，N；

A——试件承压面积，mm^2；

K——换算系数，取 1.35。

主检＿＿＿＿＿＿＿＿　　校核＿＿＿＿＿＿＿＿

附表 21 砌筑砂浆配合比设计原始记录 7

<table>
<tr><td>样品名称</td><td colspan="5">砂浆配合比</td><td colspan="2">样品编号</td><td></td></tr>
<tr><td>砂浆种类</td><td colspan="2">砂浆</td><td colspan="2">强度等级</td><td>M</td><td colspan="2">稠度/mm</td><td></td></tr>
<tr><td>其他要求</td><td colspan="5">—</td><td colspan="2">搅拌方法</td><td>机械搅拌</td></tr>
<tr><td>成型方法</td><td colspan="2"></td><td colspan="2">检测日期</td><td></td><td colspan="2">环境条件</td><td>温度: ℃
湿度: %</td></tr>
<tr><td>检测依据</td><td colspan="8">JGJ/T 98—2010 JGJ/T 70—2009</td></tr>
<tr><td colspan="9">检测内容:砂浆配合比试配、调整</td></tr>
<tr><td rowspan="2">试拌配合比</td><td>材料名称</td><td>水泥</td><td>砂子</td><td>水</td><td>石灰膏</td><td>掺合料</td><td colspan="2">外加剂</td></tr>
<tr><td>材料用量/(kg/m^3)</td><td></td><td></td><td></td><td></td><td></td><td colspan="2"></td></tr>
<tr><td>检测项目</td><td>次数</td><td>m_1/kg</td><td>m_2/kg</td><td>V/L</td><td>ρ_c/(kg/m^3)</td><td>ρ_t/(kg/m^3)</td><td>偏差值/%</td><td>校正系数 δ</td></tr>
<tr><td rowspan="3">试配配合比表观密度测定</td><td>1</td><td></td><td></td><td></td><td></td><td rowspan="3"></td><td rowspan="3"></td><td rowspan="3"></td></tr>
<tr><td>2</td><td></td><td></td><td></td><td></td></tr>
<tr><td>平均</td><td>—</td><td>—</td><td>—</td><td></td></tr>
<tr><td rowspan="3">密度校正配合比</td><td>材料名称</td><td>水泥</td><td>砂子</td><td>水</td><td>石灰膏</td><td>掺合料</td><td colspan="2">外加剂</td></tr>
<tr><td>材料用量/(kg/m^3)</td><td></td><td></td><td></td><td></td><td></td><td colspan="2"></td></tr>
<tr><td>质量配合比</td><td></td><td></td><td></td><td></td><td></td><td colspan="2"></td></tr>
<tr><td>检测说明</td><td colspan="8">1. 应选定符合试配强度及和易性要求、水泥用量最低的配合比作为砂浆的试配配合比;
2. 当砂浆的实测表观密度值与理论表观密度值之差的绝对值超过理论值的 2%时,应校正试配配合比。应将试配配合比的每项材料用量乘以校正系数 δ,确定为砂浆设计配合比。
3. 计算公式:$\rho_t = Q_c + Q_d + Q_s + Q_w$
式中 ρ_t——砂浆理论表观密度值,kg/m^3。
$\delta = \frac{\rho_c}{\rho_t}$
式中 δ——砂浆配合比校正系数;
ρ_c——砂浆实测表现密度值,kg/m^3;
ρ_t——砂浆的理论表观密度值,kg/m^3。</td></tr>
</table>

主检＿＿＿＿＿＿＿＿ 校核＿＿＿＿＿＿＿＿

附表 22　砂浆立方体抗压强度检测原始记录

委托编号____________________

仪器设备及环境条件	设备名称	设备型号	设备编号	设备状态	示值范围	温度/℃	湿度/%
样品状态				检测依据	JGJ/T 70—2009		
强度等级		试件尺寸/mm					

抗压试验记录									
检测编号	工程部位	制件日期	试验日期	龄期/d	承压面积 A/mm^2	破坏荷载 P/kN	换算系数 K	抗压强度 $f_{m,cu}/MPa$	代表值/MPa

附注：$f_{m,cu} = K\dfrac{P}{A}$

式中　$f_{m,cu}$——砂浆立方体试件抗压强度，MPa；

P——试件破坏荷载，N；

A——试件承压面积，mm^2；

K——换算系数，取 1.35。

主检____________________　　　　校核____________________

附表 23　钢筋原材料检测原始记录 1

试样名称		样品状态		环境条件	温度：　℃ 湿度：　%	检测日期	
检测项目							
检测依据							
设备名称							
设备编号							
设备状态							

检测内容

检测编号	牌号	直径/mm	弯曲性能/反向弯曲性能			力学性能											
						原始标距/mm		下屈服强度 R_{eL}^0		抗拉强度 R_m^0		断裂后标距 L_u/mm	断后伸长率 A/%	最大力断后标距 L_u'/mm	最大力总延伸率 A_{gt}/%	R_m^0/R_{eL}^0	R_{eL}^0/R_{eL}
			弯曲角度	弯芯直径/mm	检测结果	L_0	L_0'	拉力/kN	强度/MPa	拉力/kN	强度/MPa						
检测说明																	

主检________　　　　校核________

附表 24　钢筋原材料检测原始记录 2

<table>
<tr><td>试样名称</td><td colspan="5"></td><td colspan="3">样品编号</td><td colspan="2"></td></tr>
<tr><td>样品状态</td><td colspan="5"></td><td colspan="3">检测类别</td><td colspan="2"></td></tr>
<tr><td>环境条件</td><td colspan="5">温度：　　℃
湿度：　　%</td><td colspan="3">收样日期</td><td colspan="2"></td></tr>
<tr><td>检测项目</td><td colspan="5">重量偏差</td><td colspan="3">检测日期</td><td colspan="2"></td></tr>
<tr><td>检测依据</td><td colspan="10"></td></tr>
<tr><td>设备名称</td><td colspan="3"></td><td colspan="4"></td><td colspan="3"></td></tr>
<tr><td>设备编号</td><td colspan="3"></td><td colspan="4"></td><td colspan="3"></td></tr>
<tr><td>设备状态</td><td colspan="3"></td><td colspan="4"></td><td colspan="3"></td></tr>
<tr><td>检测编号</td><td>公称直径/mm</td><td>牌号</td><td colspan="8">检测结果</td></tr>
<tr><td rowspan="3"></td><td rowspan="3"></td><td rowspan="3"></td><td>单个试样实际长度/mm</td><td></td><td></td><td></td><td></td><td></td><td>试样总长度/mm</td><td></td></tr>
<tr><td>试样实际总重量/kg</td><td colspan="5"></td><td>试样理论重量/(kg/m)</td><td></td></tr>
<tr><td>重量偏差/%</td><td colspan="7"></td></tr>
<tr><td rowspan="3"></td><td rowspan="3"></td><td rowspan="3"></td><td>单个试样实际长度/mm</td><td></td><td></td><td></td><td></td><td></td><td>试样总长度/mm</td><td></td></tr>
<tr><td>试样实际总重量/kg</td><td colspan="5"></td><td>试样理论重量/(kg/m)</td><td></td></tr>
<tr><td>重量偏差/%</td><td colspan="7"></td></tr>
<tr><td>检测说明</td><td colspan="10">1. 样品状态特征描述：无锈蚀，无裂纹；
2. 钢筋实际重量与理论重量的偏差符合规定时，钢筋直径(内径)允许偏差不作为交货条件；
3. $重量偏差=\frac{试样实际总重量-(试样总长度\times理论重量)}{试样总长度\times理论重量}\times100\%$。</td></tr>
</table>

主检＿＿＿＿＿＿＿＿　　　　校核＿＿＿＿＿＿＿＿

附表 25 ×××工程质量检测有限公司水泥物理性能检测报告

委托单位				报告编号	
工程名称				检测编号	
水泥品种				强度等级	42.5
生产厂家				代表数量/t	
工程部位				收样日期	
检测类别		出厂日期		检测日期	
样品状态 特征描述				环境条件	温度： ℃ 湿度： %
检测依据				邮政编码	
实验室地址				检测地点	水泥室

检测内容									
检测项目		技术要求	检测结果						
细度	45 μm 筛筛余	不小于 5%							
	比表面积/(m^2/kg)	≥300 且≤400							
标准稠度用水量		—							
凝结时间	初凝	不小于 45 min							
	终凝	不大于 600 min							
安定性(沸煮法)		合格	试饼法：			雷氏法：			
抗折强度/MPa		技术指标	单块值						代表值
		3 d≥4.0							
		28 d≥6.5							
抗压强度/MPa		技术指标	单块值						代表值
		3 d≥17.0							
		28 d≥42.5							
结论									
使用设备									
检测说明		见证单位： 见证人： 委托人：							

批准： 审核： 主检： 检测单位：(盖章)

签发日期： 年 月 日

附表 26 ×××工程质量检测有限公司建设用砂检测报告

委托单位		报告编号	
工程名称		检测编号	
样品名称		规格种类	
生产厂家		环境条件	
工程部位		代表数量	
样品状态		检测地点	
检测类别		收样日期	
检测依据	GB/T 14684—2022	检测日期	
实验室地址		邮政编码	

检测内容

检测项目	技术指标			检测结果	单项评定
	Ⅰ类	Ⅱ类	Ⅲ类		
表观密度/(kg/m^3)	≥2 500				
堆积密度/(kg/m^3)	≥1 400				
空隙率/%	≤44				
细度模数	2.3~3.2	—			
含泥量/%	≤1.0	≤3.0	≤5.0		
泥块含量/%	≤0.2	≤1.0	≤2.0		
坚固性/%	≤8		≤10		

颗粒级配									
筛孔尺寸/mm		4.75	2.36	1.18	0.60	0.30	0.15	筛底	—
Ⅰ区		10~0	35~5	65~35	85~71	95~80	100~90	—	—
Ⅱ区		10~0	25~0	50~10	70~41	92~70	100~90	—	—
Ⅲ区		10~0	15~0	25~0	40~16	85~55	100~90	—	—
实测累计筛余/%									
分计筛余/%	规范	0~10	10~15	10~25	20~31	20~30	5~15	0~20	—
	实测								

结论	
使用设备	
检测说明	见证单位：　　　　见证人： 委托人：

批准：　　　　审核：　　　　主检：　　　　检测单位：(盖章)

签发日期：　　年　月　日

附表 27　×××工程质量检测有限公司建设用碎石(卵石)检测报告

<table>
<tr><td colspan="2">委托单位</td><td colspan="8"></td><td colspan="2">报告编号</td><td colspan="2"></td></tr>
<tr><td colspan="2">工程名称</td><td colspan="8"></td><td colspan="2">检测编号</td><td colspan="2"></td></tr>
<tr><td colspan="2">样品名称</td><td colspan="8"></td><td colspan="2">规格种类</td><td colspan="2"></td></tr>
<tr><td colspan="2">生产厂家</td><td colspan="8"></td><td colspan="2">环境条件</td><td colspan="2"></td></tr>
<tr><td colspan="2">工程部位</td><td colspan="8"></td><td colspan="2">代表数量</td><td colspan="2"></td></tr>
<tr><td colspan="2">样品状态</td><td colspan="8"></td><td colspan="2">检测地点</td><td colspan="2"></td></tr>
<tr><td colspan="2">检测类别</td><td colspan="8"></td><td colspan="2">收样日期</td><td colspan="2"></td></tr>
<tr><td colspan="2">检测依据</td><td colspan="8">GB/T 14685—2022</td><td colspan="2">检测日期</td><td colspan="2"></td></tr>
<tr><td colspan="2">实验室地址</td><td colspan="8"></td><td colspan="2">邮政编码</td><td colspan="2"></td></tr>
<tr><td colspan="14">检测内容</td></tr>
<tr><td colspan="2" rowspan="2">检测项目</td><td colspan="8">技术指标</td><td colspan="2" rowspan="2">检测结果</td><td colspan="2" rowspan="2">单项评定</td></tr>
<tr><td colspan="3">Ⅰ类</td><td colspan="3">Ⅱ类</td><td colspan="2">Ⅲ类</td></tr>
<tr><td colspan="2">表观密度/(kg/m³)</td><td colspan="8">≥2 600</td><td colspan="2"></td><td colspan="2"></td></tr>
<tr><td colspan="2">连续级配松散堆积空隙率/%</td><td colspan="3">≤43</td><td colspan="3">≤45</td><td colspan="2">≤47</td><td colspan="2"></td><td colspan="2"></td></tr>
<tr><td colspan="2">卵石含泥量/%</td><td colspan="3">≤0.5</td><td colspan="3">≤1.0</td><td colspan="2">≤1.5</td><td colspan="2"></td><td colspan="2"></td></tr>
<tr><td colspan="2">碎石石粉含量/%</td><td colspan="3">≤0.5</td><td colspan="3">≤1.5</td><td colspan="2">≤2.0</td><td colspan="2"></td><td colspan="2"></td></tr>
<tr><td colspan="2">泥块含量/%</td><td colspan="3">≤0.1</td><td colspan="3">≤0.2</td><td colspan="2">≤0.7</td><td colspan="2"></td><td colspan="2"></td></tr>
<tr><td colspan="2">针片状含量/%</td><td colspan="3">≤5</td><td colspan="3">≤8</td><td colspan="2">≤15</td><td colspan="2"></td><td colspan="2"></td></tr>
<tr><td colspan="2">坚固性/%</td><td colspan="3">≤5</td><td colspan="3">≤8</td><td colspan="2">≤12</td><td colspan="2"></td><td colspan="2"></td></tr>
<tr><td colspan="2">吸水率/%</td><td colspan="3">≤1.0</td><td colspan="3">≤2.0</td><td colspan="2">≤2.5</td><td colspan="2"></td><td colspan="2"></td></tr>
<tr><td rowspan="2">压碎指标/%</td><td>碎石</td><td colspan="3">≤10</td><td colspan="3">≤20</td><td colspan="2">≤30</td><td colspan="2"></td><td colspan="2"></td></tr>
<tr><td>卵石</td><td colspan="3">≤12</td><td colspan="3">≤14</td><td colspan="2">≤16</td><td colspan="2"></td><td colspan="2"></td></tr>
<tr><td rowspan="2">颗粒级配</td><td>筛孔/mm</td><td>90</td><td>75.0</td><td>63.0</td><td>53.0</td><td>37.5</td><td>31.5</td><td>26.5</td><td>19</td><td>16</td><td>9.5</td><td>4.75</td><td>2.36</td></tr>
<tr><td>累计筛余/%</td><td></td><td></td><td></td><td></td><td></td><td></td><td></td><td></td><td></td><td></td><td></td><td></td></tr>
<tr><td colspan="2">结论</td><td colspan="12"></td></tr>
<tr><td colspan="2">使用设备</td><td colspan="12"></td></tr>
<tr><td colspan="2">检测说明</td><td colspan="12">见证单位：　　　　　　　　见证人：
委托人：</td></tr>
</table>

批准：　　　　审核：　　　　主检：　　　　检测单位：(盖章)

签发日期：　　年　月　日

附表28　×××工程质量检测有限公司水工混凝土配合比设计检测报告

委托单位				报告编号	
工程名称				检测编号	
工程部位				抗渗抗冻等级	
检测依据				（混凝土）种类	
样品状态				坍落度/mm	
强度等级		检测类别		收样日期	
环境条件	温度：　℃ 湿度：　%	检测地点		检测日期	
实验室地址				邮政编码	

检测内容

材料情况	材料名称	水泥		砂		石子1		石子2		水
	生产单位、产地									
	品种、等级、规格									
	主要技术指标实测结果	安定性		细度模数		级配		级配		
		强度/MPa		含泥量/%		含泥量/%		含泥量/%		
	备注									

材料情况	材料名称	掺合料1	掺合料2	外加剂1	外加剂2
	生产厂牌				
	品种、规格、型号				
	备注				

材料名称	水泥	砂	石子1	石子2	水	掺合料1	掺合料2	外加剂1	外加剂2
材料用量/（kg/m^3）									
质量配合比									

水胶比	养护方法	坍落度/mm	砂率/%	7 d强度/MPa	28 d强度/MPa	抗渗、抗冻等级

结论	
使用设备	
检测说明	本配合比以材料的饱和面干状态为基准，施工中应根据现场有关材料的情况，换算为施工配合比。 见证单位：　　　　见证人： 委托人：

批准：　　　审核：　　　主检：　　　检测单位：（盖章）

签发日期：　　年　月　日

附表 29　×××工程质量检测有限公司混凝土立方体抗压强度检测报告

<table>
<tr><td>委托单位</td><td colspan="5"></td><td colspan="2">报告编号</td><td colspan="2"></td></tr>
<tr><td>工程名称</td><td colspan="5"></td><td colspan="2">环境条件</td><td colspan="2"></td></tr>
<tr><td>样品名称</td><td colspan="5"></td><td colspan="2">检测地点</td><td colspan="2"></td></tr>
<tr><td>样品状态</td><td colspan="5"></td><td colspan="2">检测类别</td><td colspan="2"></td></tr>
<tr><td>检测依据</td><td colspan="5"></td><td colspan="2">收样日期</td><td colspan="2"></td></tr>
<tr><td>实验室地址</td><td colspan="5"></td><td colspan="2">检测日期</td><td colspan="2"></td></tr>
<tr><td colspan="9">检测内容</td></tr>
<tr><td rowspan="2">检测编号</td><td rowspan="2">工程部位</td><td rowspan="2">强度等级</td><td rowspan="2">制件日期、试压日期</td><td rowspan="2">养护方法龄期/d</td><td rowspan="2">规格/mm</td><td rowspan="2">破坏荷载/kN</td><td colspan="2">抗压强度/MPa</td></tr>
<tr><td>单个值</td><td>代表值</td></tr>
<tr><td rowspan="3"></td><td rowspan="3"></td><td rowspan="3"></td><td rowspan="3"></td><td rowspan="3"></td><td rowspan="3"></td><td></td><td></td><td rowspan="3"></td></tr>
<tr><td></td><td></td></tr>
<tr><td></td><td></td></tr>
<tr><td rowspan="3"></td><td rowspan="3"></td><td rowspan="3"></td><td rowspan="3"></td><td rowspan="3"></td><td rowspan="3"></td><td></td><td></td><td rowspan="3"></td></tr>
<tr><td></td><td></td></tr>
<tr><td></td><td></td></tr>
<tr><td rowspan="3"></td><td rowspan="3"></td><td rowspan="3"></td><td rowspan="3"></td><td rowspan="3"></td><td rowspan="3"></td><td></td><td></td><td rowspan="3"></td></tr>
<tr><td></td><td></td></tr>
<tr><td></td><td></td></tr>
<tr><td rowspan="3"></td><td rowspan="3"></td><td rowspan="3"></td><td rowspan="3"></td><td rowspan="3"></td><td rowspan="3"></td><td></td><td></td><td rowspan="3"></td></tr>
<tr><td></td><td></td></tr>
<tr><td></td><td></td></tr>
<tr><td rowspan="3"></td><td rowspan="3"></td><td rowspan="3"></td><td rowspan="3"></td><td rowspan="3"></td><td rowspan="3"></td><td></td><td></td><td rowspan="3"></td></tr>
<tr><td></td><td></td></tr>
<tr><td></td><td></td></tr>
<tr><td>使用设备</td><td colspan="8"></td></tr>
<tr><td>检测说明</td><td colspan="8">见证单位：　　　　　　　　见证人：
委托人：</td></tr>
</table>

批准：　　　　审核：　　　　主检：　　　　检测单位：(盖章)

签发日期：　　年　　月　　日

附表 30 ×××工程质量检测有限公司砌筑砂浆配合比设计检测报告

委托单位		报告编号	
工程名称		检测编号	
工程部位		稠度/mm	
砂浆种类		环境条件	温度： ℃ 湿度： %
检测类别		收样日期	
强度等级		检测日期	
检测依据		检测地点	
实验室地址		邮政编码	

检测内容

<table>
<tr><td rowspan="9">材料情况</td><td>材料名称</td><td colspan="2">水泥</td><td colspan="2">砂</td><td>水</td></tr>
<tr><td>生产单位、产地</td><td colspan="2"></td><td colspan="2"></td><td></td></tr>
<tr><td>品种、等级、规格</td><td colspan="2"></td><td colspan="2"></td><td></td></tr>
<tr><td rowspan="3">主要技术指标
实测结果</td><td rowspan="2">安定性</td><td rowspan="2"></td><td>细度模数</td><td></td><td rowspan="3"></td></tr>
<tr><td>含泥量/%</td><td></td></tr>
<tr><td>抗压强度/MPa</td><td></td><td>堆积密度/(kg/m^3)</td><td></td></tr>
<tr><td>材料名称</td><td colspan="2">掺合料</td><td colspan="2">外加剂 1</td><td>外加剂 2</td></tr>
<tr><td>生产单位、产地</td><td colspan="2"></td><td colspan="2"></td><td></td></tr>
<tr><td>品种、规格、型号</td><td colspan="2"></td><td colspan="2"></td><td></td></tr>
</table>

砂浆配合比

每立方米	水泥	砂	水	掺合料	外加剂 1	外加剂 2
材料用量/kg						
质量配合比						
稠度/mm	保水率/%	养护方法	7 d 强度/MPa	28 d 强度/MPa	表观密度/(kg/m^3)	抗渗、抗冻等级

结论	
使用设备	
检测说明	本配合比以材料的干燥状态为基准,施工中应根据现场有关材料的情况,换算为施工配合比。 见证单位： 见证人： 委托人：

批准： 审核： 主检： 检测单位：(盖章)

签发日期： 年 月 日

附表 31　×××工程质量检测有限公司砂浆立方体抗压强度检测报告

<table>
<tr><td>委托单位</td><td colspan="5"></td><td colspan="2">报告编号</td><td colspan="2"></td></tr>
<tr><td>工程名称</td><td colspan="5"></td><td colspan="2">环境条件</td><td colspan="2"></td></tr>
<tr><td>样品名称</td><td colspan="5"></td><td colspan="2">检测地点</td><td colspan="2"></td></tr>
<tr><td>样品状态</td><td colspan="5"></td><td colspan="2">检测类别</td><td colspan="2"></td></tr>
<tr><td>检测依据</td><td colspan="5"></td><td colspan="2">收样日期</td><td colspan="2"></td></tr>
<tr><td>实验室地址</td><td colspan="5"></td><td colspan="2">检测日期</td><td colspan="2"></td></tr>
<tr><td colspan="9">检测内容</td></tr>
<tr><td rowspan="2">检测编号</td><td rowspan="2">工程部位</td><td rowspan="2">强度等级</td><td rowspan="2">制件日期、试压日期</td><td rowspan="2">养护方法龄期/d</td><td rowspan="2">规格/mm</td><td rowspan="2">破坏荷载/kN</td><td colspan="2">抗压强度/MPa</td></tr>
<tr><td>单个值</td><td>代表值</td></tr>
<tr><td rowspan="3"></td><td rowspan="3"></td><td rowspan="3"></td><td rowspan="3"></td><td rowspan="3"></td><td rowspan="3"></td><td></td><td></td><td rowspan="3"></td></tr>
<tr><td></td><td></td></tr>
<tr><td></td><td></td></tr>
<tr><td rowspan="3"></td><td rowspan="3"></td><td rowspan="3"></td><td rowspan="3"></td><td rowspan="3"></td><td rowspan="3"></td><td></td><td></td><td rowspan="3"></td></tr>
<tr><td></td><td></td></tr>
<tr><td></td><td></td></tr>
<tr><td rowspan="3"></td><td rowspan="3"></td><td rowspan="3"></td><td rowspan="3"></td><td rowspan="3"></td><td rowspan="3"></td><td></td><td></td><td rowspan="3"></td></tr>
<tr><td></td><td></td></tr>
<tr><td></td><td></td></tr>
<tr><td rowspan="3"></td><td rowspan="3"></td><td rowspan="3"></td><td rowspan="3"></td><td rowspan="3"></td><td rowspan="3"></td><td></td><td></td><td rowspan="3"></td></tr>
<tr><td></td><td></td></tr>
<tr><td></td><td></td></tr>
<tr><td rowspan="3"></td><td rowspan="3"></td><td rowspan="3"></td><td rowspan="3"></td><td rowspan="3"></td><td rowspan="3"></td><td></td><td></td><td rowspan="3"></td></tr>
<tr><td></td><td></td></tr>
<tr><td></td><td></td></tr>
<tr><td>使用设备</td><td colspan="8"></td></tr>
<tr><td>检测说明</td><td colspan="8">见证单位：　　　　　　　　　　见证人：
委托人：</td></tr>
</table>

批准：　　　　　　审核：　　　　　　主检：　　　　　　检测单位：(盖章)

签发日期：　　年　月　日

附表 32　×××工程质量检测有限公司钢筋(材)物理性能检测报告

委托单位				报告编号	
工程名称				检测编号	
工程部位				检测类别	
样品名称				代表数量/t	
生产厂家				收样日期	
样品数量		种类牌号	HRB400E	检测日期	
公称直径/mm		抗震等级		环境条件	温度： ℃ 湿度： %
样品状态				检测地点	
实验室地址				邮政编码	
检测依据					
检测项目	技术要求		检测结果		单项结论
重量偏差/%	±				
下屈服强度 R_{eL}^0/MPa	≥400				
抗拉强度 R_m^0/MPa	≥540				
断后伸长率 A/%	—				
最大力总延伸率 A_{gt}/%	≥9.0				
弯曲性能	弯曲 180°后,钢筋受弯曲部位表面不得产生裂纹	弯曲压头直径/mm			
反向弯曲性能	先正向弯曲 90°,再反向弯曲 20°,钢筋受弯曲部位不得产生裂纹	弯曲压头直径/mm			
实测抗拉强度与实际屈服强度之比:R_m^0/R_{eL}^0	≥1.25				
实测屈服强度与屈服强度特征值之比:R_{eL}^0/R_{eL}	≤1.30				
检测结论					
使用设备					
检测说明	见证单位：		见证人：		委托人：

批准：　　　　审核：　　　　主检：　　　　检测单位：(盖章)

签发日期：　　年　月　日

参考文献

[1] 钱晓倩,金南国,孟涛. 建筑材料[M]. 2 版. 北京:中国建筑工业出版社,2019.
[2] 张光碧. 建筑材料[M]. 2 版. 北京:中国电力出版社,2016.
[3] 张黎,刘放. 建筑材料[M]. 2 版. 南京:东南大学出版社,2017.
[4] 刘幼凡,早热木·巴拉提. 建筑材料与检测[M]. 北京:中国水利水电出版社,2017.
[5] 高建峰,廖霞柳,朱宏斌. 建筑材料应用与检测[M]. 北京:中国水利水电出版社,2017.
[6] 王秀花,张晨霞. 建筑材料[M]. 4 版. 北京:机械工业出版社,2020.

参考文献

[illegible]